守望者
The Catcher

现代性冲突中的伦理学
论欲望、实践推理和叙事

Ethics in the Conflicts of Modernity:
An Essay on Desire, Practical Reasoning, and Narrative

[英]阿拉斯代尔·麦金泰尔(Alasdair MacIntyre) 著

李茂森 译

中国人民大学出版社
·北京·

啊，恰如野火烧不尽，

我们还在大地上生息。

乔治·坎贝尔·海（George Campbell Hay）

目　录

前　言 1

第一章　关于欲望、利益和"善"的一些哲学问题 1

1.1　为什么要研究欲望？什么是欲望？什么是欲望的良好理由？ 1

1.2　"善"、利益和关于利益的分歧 11

1.3　表现主义对"善"和利益分歧的解释 15

1.4　人类繁荣意义上的"善"和利益：亚里士多德主义 21

1.5　表现主义和新亚里士多德主义之间的分歧 28

1.6　关于道德发展的两个论争 32

1.7　主体的判断和其欲望之间具有启发意义的冲突：
表现主义者、法兰克福和尼采 37

1.8　新亚里士多德主义的理性主体的概念 44

1.9　表现主义者和新亚里士多德主义者的较量：一场似乎
没有赢家的哲学冲突 54

1.10　我为什么没有探讨当今道德哲学家的哲学立场和道德立场 59

第二章　理论、实践以及它们的社会背景 68

2.1　如何回应第一章中描述的哲学争论：哲学理论的社会背景 68

2.2　以休谟为例：他用本土的、具体的观念来解释自然性
和普遍性 76

2.3　亚里士多德及其社会背景，阿奎那从该社会背景对
亚里士多德的复兴，阿奎那如何看似无关 82

2.4　马克思、剩余价值和对阿奎那在此看似无关的解释 89

2.5　学院派经济学呈现的理解模式和误解模式 96

2.6　马克思主义者和分配主义者竞相对主流观点的批判 101

2.7 关于如何超越第一章的对峙，我们学到了什么？　105

第三章　道德与现代性　111

3.1 道德：现代性的道德　111

3.2 适合现代性道德存在的现代性　116

3.3 国家和市场：国家伦理和市场伦理　120

3.4 欲望、目的以及欲望的多重性　124

3.5 通过规范对欲望的构建　128

3.6 现代性道德发挥作用的方式和原因　130

3.7 表现主义对现代性道德的质疑：表现主义批判的局限　133

3.8 奥斯卡·王尔德对现代性道德的质疑　136

3.9 D. H. 劳伦斯对现代性道德的质疑　141

3.10 伯纳德·威廉姆斯对现代性道德的质疑　144

3.11 给威廉姆斯提出的问题和威廉姆斯提出的问题　151

第四章　当代托马斯语义中发展起来的新亚里士多德主义：
关于相关性和理性论证的问题　161

4.1 给新亚里士多德主义提出的难题　161

4.2 家庭、职场和学校：共同利益和冲突　163

4.3 当地社区和冲突的政治：丹麦和巴西的例子　170

4.4 从社会主流的立场上看实践理性　176

4.5 从新亚里士多德主义的立场上看实践理性　181

4.6 主流的幸福概念　185

4.7 新亚里士多德主义对主流概念的批判　188

4.8 当代的一些冲突和不一致现象　194

4.9 托马斯-亚里士多德主义者在当代的辩论中如何论证
他们的主张：理性论证的问题　197

4.10 亚里士多德主义和托马斯主义对美德的相关性的理解　205

4.11 回应伯纳德·威廉姆斯对亚里士多德主义和托马斯主义的
概念与主张的批判　211

4.12 叙事　222

4.13 长期以来关于叙事的分歧　229

第五章　四个叙事　237

5.1　导论　237

5.2　瓦西里·格罗斯曼　238

5.3　桑德拉·戴·奥康纳　256

5.4　C. L. R. 詹姆斯　263

5.5　丹尼斯·福勒　284

5.6　结语　296

参考文献　306

索　引　315

译后记　335

前　言

本书分为五章。第一章首先探讨我们的欲望，以及我们应当如何看待 ix
欲望。这些不仅是哲学家在思考的问题，也是一般人经常会情不自禁地考
虑的问题。但是人们在深入思考这些问题时，也许就无意中进入了哲学思
辨，这就或多或少需要一些专业哲学家所提供的概念和论证的资源。人们
的探讨就这样成为哲学的探讨。然而，哲学在我们的文化中已经成为一门
非常专业的学科，哲学工作者主要是探讨他们之间的问题，不会考虑社会
大众是否对这些问题感兴趣。此外，哲学工作者在过去 50 年中拼命应付
学术出版要求，发表的论文越来越多，使大多数哲学课题都积累了丰富的
文献，虽然丰富到难以管理，但后人要写出新意，还必须阅读这些文献。
这里事先说明的是，本书的相关参考文献具有选择性，列举不多。如果我
要刻意引用所有心灵哲学和伦理学领域出版的相关著作，而且要解释如何
理解各位作者的主张，那么本书受篇幅所限就不可能完成如此庞大的写
作，在内容上也不适合一般读者。本书的对象是一般读者。

尽管如此，我的写作进展还是比较缓慢，过程比较艰辛，因为要考虑
到参考文献等问题。当然也不总是艰辛，而是在乏味的写作中有时感到艰
辛。如果本书的读者是专业哲学家，请他们理解，我在参考文献里没有引
用大量已经发表的著作，包括他们的著作，这是因为那些著作并不能让我
放弃或修改本书提出的观点和主张。欢迎读者自由评论我提出的主张，畅
所欲言。我写作的主要目的不是征求读者的赞同，因为读者是否赞同取决 x
于他们自己的理解和认可，我不能用本书的观点要求他们改变自己的立场。

第一章的研究中出现了一种哲学的对峙，这是两种互不相容的立场之
间的交锋，即表现主义的立场和某种亚里士多德主义的立场，两者关于

"善"的意义和用法、利益的本质都有自己的论点和主张，但又不足以平息对方的批评和反对，不能改变对方的思想。两者的立场不同，它们在理解欲望和实践推理之间的关系时有很大的分歧，这种对峙虽然是理论上的，但却会对实践产生重要的影响。有没有办法超越这种对峙的局面？我在第二章使用的策略是转换研究方法，认为要考虑哲学理论在研究相关问题时的社会和历史背景，以及哲学理论如何在这些背景中发生作用。我尤其考虑到这种理论有时会掩盖特定时间、地点的社会和经济现实，从而导致伦理和政治上的误解。我们如果要弥补这种理论的缺陷，更好地进行理论探讨，就至少需要能够认识到那些社会和经济现实。休谟、亚里士多德、阿奎那、马克思等人首先给我们提供了反思哲学理论和日常实践之关系的思想，这有助于理解我在第一章的结论中提出的相应问题，通过这些问题来理解具有显明现代性特征的道德和社会背景，进而理解我所分析的那些对立的哲学主张。

因此，本书第三章是从一种历史的、社会学的角度研究高度现代性的社会结构和社会生活的几个关键特征，相关论述会有点直白和概括，主要是强调道德在现代性进程中产生了新的和独特的面貌，第一章讨论的两种哲学立场的对峙就是由此而产生的。我认为，现代世界的"现代性道德"（Morality）是特定的，第一个字母要大写。我们如果要理解其如何存在和发生作用，就不但要考虑到与之相关的现代性的政治结构、经济结构和社会结构，而且要考虑到与之相关的现代模式的情感和欲望。我进一步认为，要充分理解表现主义，我们不仅必须考虑它如何颠覆性地批判了现代性道德，而且要考虑这种批评的局限。这些局限实际上就是表现主义作为一种理论的局限，在奥斯卡·王尔德（Oscar Wilde）、D. H. 劳伦斯（D. H. Lawrence）和伯纳德·威廉姆斯（Bernard Williams）三位著名现代性道德的批评者那里确实存在。哲学家威廉姆斯非同寻常地意识到了研究的历史和社会背景。他极大地促进了我们对思想现状的理解，也让我们知道还有其他的思想出路，这一方面是因为他的见解比较深刻，另一方面是因为他提出了问题，但没有解决问题。

我在第四章返回到最初的哲学探讨，现有的资源能够让我们更好地理解和超越我们遭遇的对峙，这不仅是因为我现在已经能够确定表现主义的成功和失败之处，而且是因为我现在能够更充分地解释如何推进实践中的理性论证。我们对威廉姆斯观点的讨论，非常重要地揭示了我们当代在伦理学和政治学上接受或拒绝新亚里士多德主义立场会有哪些不妥。因此，第四章主要是更全面地阐述新亚里士多德主义（尤其是托马斯主义）在当代社会秩序中的道德、政治、经济等方面的局限性和可能性。我的论证是想说明，只有从托马斯-亚里士多德主义的视角，我们才能在研究高度现代性的社会秩序时恰当地找出一些关键特征；托马斯-亚里士多德主义借助于马克思的深刻见解，能够为我们提供构建当代政治学和伦理学的资源，能够使我们并且要求我们从现代性内部制衡现代性。我认为，某种叙事对于理解实践生活和道德生活是不可缺少的。

第五章（即最后一章）是具体的传记研究，研究了 20 世纪四种非常不同的人生中从理论到实践、从欲望到实践推理的关系，取材人物是苏联小说家瓦西里·格罗斯曼（Vasily Grossman）、美国大法官桑德拉·戴·奥康纳（Sandra Day O'Connor）、特立尼达马克思主义历史学家和政治活动家 C. L. R. 詹姆斯（C. L. R. James）、爱尔兰天主教神父和政治活动家丹尼斯·福勒（Denis Faul）。从他们的人生经历中得到的意义，实际上和从亚里士多德、阿奎那以及马克思那里得到的思想一样，让我认识到政治研究和道德研究具有统一性、复杂性，与哲学、历史、社会学等学科具有直接联系。大家如果认同我的结论，就会痛惜当前的学术研究组织根本不利于这种研究。 xii

我也很清楚自己已经做出了太多的努力，但是还不够：不够，是因为我的批判和分析还应该更有深度；太多，则是因为我涉猎的范围太广。在本书的研究中，我好几次在不同的场合阐述了相同的观点。这种重复肯定会让一些读者感到不耐烦，但如果不重复而让读者过分频繁地参阅其他文本篇章的话，那么反而会扰乱他们的阅读。我主张的一些论点和提出的一些论证会重复、修改、更正或取代我早期著作与论文中的论点和论证，如果再引用这些早期的论述则会使文本凌乱不堪，所以我不想这样做。[1] 我从圣母大学哲学系的教学岗上退休后，得到了一些机构的大力支持和学术款待，在此首先向它们表示感谢：圣母大学伦理学和文化中心、圣母大学马利坦亚中心、伦敦都市大学当代亚里士多德伦理学和政治学研究中心。

几所大学的同事评阅了本书的初稿，慷慨赐教，在此向他们表示衷心的感谢：约瑟夫·邓恩（Joseph Dunne）、雷蒙德·高思（Raymond Geuss）、开尔文·奈特（Kelvin Knight）和以利亚·米尔格伦（Elijah Millgram）。感谢他们从各自的角度提出了意见，让我受益颇多，尽管我可能有负众望。还要感谢乔纳森·李尔（Jonathan Lear）、杰弗瑞·尼古拉（Jeffery Nicholas）和约翰·奥卡拉汉（John O'Callaghan），他们对某些具体章节提出了深刻意见。还要感谢剑桥大学出版社的两位读者，他们查阅了书中的错误和不明之处。尤其要感谢本书的编辑杰奎琳·弗兰奇（Jacqueline French）。我曾在伦敦都市大学的研讨会上宣读过本书早期的一些篇章。那些参加讨论会的学者提出了最好的批评意见，我当然对他们也心存感激。毋庸赘言，书中任何缺陷和错误都由我本人负责。

xiii 　　在此，我要表达一种非常特殊的感谢。在哲学领域，几乎没有哪个人或哪个论断具有最终决定性。总是会有争论，本书所涉及的主题和问题显然亦有争论：如何理解规范性判断和评价性判断？如何确定欲望和实践理性的特点？什么是适当的自我认识？叙事在我们理解人类生活中起什么作用？如何从托马斯主义的视角来理解这些问题？我坚持的每个立场都有别于那些智慧、敏锐和贤明的哲学家，他们不一定认可我的论点。我对他们表示感谢，因为是他们让我不断地重新思考这些论点。

　　我最感激的人是林恩·斯米达·乔伊（Lynn Sumida Joy），她不仅对早期的书稿提出了特别敏锐和指导性的意见，而且促成了本书的全部工作。

注释

　　[1] 第四章第 4.6 节和第 4.7 节的部分文字最初发表于我的论文《和当代文化对抗的哲学教育》（"Philosophical Education Against Contemporary Culture"），载《美国天主教哲学会论文集》（*Proceedings of the American Catholic Philosophical Association*）第 87 卷（2013 年），第 43-56 页；第 4.12 节的部分文字发表于我的论文《目的和结局》（"Ends and Endings"），载《美国天主教哲学季刊》（*American Catholic Philosophical Quarterly*）第 88 卷第 4 期（2014 年秋季），第 807-821 页。

第一章 关于欲望、利益和"善"的一些哲学问题

1.1 为什么要研究欲望? 什么是欲望? 什么是欲望的良好理由?

人生有很多不幸,造成不幸的原因亦有很多:可能是因为营养不良、疾病、伤害或早逝,也可能是因为怨恨、嫉妒或不受人待见,还可能是因为缺乏自我认识或过分怀疑自己,总之,原因有很多。我重点分析的是欲望对生活的误导或欲望让人疲惫不堪。这方面亦有不同的原因。有人一门心思只做一件事,要成为体育明星或社会名流或显赫的物理学家,达不到这个目的则失望至极,成为一生不幸的怨妇。有人想要做的事太多,但做事东一榔头西一棒槌,浪费了精力,最终发现所成不多。有人则清心寡欲,也许是害怕遭受失望的痛苦,认识不到自己的天赋和技能,也就永远无从发挥。这些例子说明,人生的道路之所以出现各种错误,是因为一些欲望使人疲惫不堪,走错了方向,或让人不会生活,这虽然不是唯一的原因,但确实让人走了岔路。

一位一心想成为体育明星的女子,也许会因为受伤而达不到这个目的。但正是她没有能力去发现和追求其他的欲望对象才使她在生活中感到失望。一位清心寡欲、没有什么奋斗目标的男子,可能是因为缺乏自我认识或过分怀疑自己或者两个原因都有。追求得太多的轻浮之人,可能有一些鼓动他造成了那么多浪费的朋友,而没有给他提出有益忠告的朋友。无论男女,把所有的希望都寄托在人生的一件事上,并且最终没有完成这件事,这种失败就像斯科特·菲茨杰拉德(Scott Fitzgerald)小说中的盖茨比(Gatsby)那样,"为漫长生活的唯一梦想付出了高昂代价"。想想这些情况,我们肯定要考虑自己的欲望会对事业产生什么影响,进而理清我们的欲望和我们为人处世的关系。我们如果在生活中遇到了挫折,是不是要

反问一下：我们或别人的欲望是否具有良好理由，即是否考虑到了自己的环境、性格、关系和过去的历史？

为了让这个问题更有意义，我们应该先关注欲望的另外一些特征。首先，欲望的对象非常多，我们每个人都是针对这些对象产生欲望，所以我们的欲望也非常多。某人想要一杯咖啡，想要很多东西，想解决这个微分方程，想加入当地的戏剧团体，不想再回到印第安纳州的南本德（South Bend）。某人想减肥，想在教学上事业有成，想在死之前去一次佛罗伦萨。他们想要的这个或那个都是在未来某个时间才会发生的事情。然而，我们对未来的欲望有时是现状的持续发展。某人现在很有人缘，则想将来继续招人喜爱。某人现在自豪地拥有一辆布加迪汽车，则想将来仍然是这样自豪的车主。此外，我们经常不只是希望事情对我们自己有利，也希望事情对特定的他人有利或不利。某人希望自己的朋友考试取得好成绩，希望当地的慈善"食物银行"（food bank）繁荣。某人在买布加迪汽车时上当受骗了，所以希望那个销售员会遭厄运。

这些都是日常生活中常见的现象，但实际上某些欲望还有其他相关特征。我们有一些共同的欲望，这些平常的欲望在容易满足时可能不被关注，如吃的欲望。但对于那些处于贫穷或遭遇饥荒的人来说，饥饿需求是每天不可避免的体验，这个欲望必须尽快满足，不可置之不理。然而，我们不应错误地认为感到饥饿需求就是吃的欲望。一位实验心理学家有这样的案例，她通过一些被试对象（包括她自己）研究了食物剥夺的效应。效应之一就是，越来越强烈地感觉到食物的需求。不过，实验者在随后一段时期内想不吃东西（也不想吃东西），以便研究自身的相应变化。感到饥饿是一回事，吃的欲望是另一回事。这也许像一位时装模特，她渴望保持身材苗条，她感到饥饿，但不想吃东西。

这当然和人类婴儿的反应截然不同，婴儿的欲望表现就是其感到需求时的表现，这种需求在不能立即得到满足时则表现为失望和恼怒。这种婴儿和成人之间的区别至少表现在三个方面。成人在感觉到身体需求时能够提出"此时此地满足这种需求是否合适"的问题，婴儿则不能。问题的答案亦如我想象出来的那位实验心理学家和时装模特的答案。这些成人意识到自己的需求，感受到是一回事，是否去满足自己的需求则是另一回事。

这样区分需求和欲望，有利于理解成人不同于婴儿的第二个方面。他们期待着超越现在，寄托于将来的明天、下个月、明年、十年后，那时才有可能达到现在还不能实现的欲望目标。他们现在的行为可能会让将来满足欲望这个目标更容易实现，或更难以实现，或根本不可能实现。他们知道这一点，但不一定总将它放在心上。所以，他们有时要考虑是否应该放弃满足一些当前的欲望，以便实现将来的目标。

在欲望问题上，成人不同于婴儿的第三个方面是，他们不仅意识到欲望的将来，还会意识到欲望的过去。他们知道自己过去是小孩，现在不是了，而大人的欲望和小孩的欲望具有显著的差别。也就是说，即使大人很少考虑这个问题，他们也能认识到自己的欲望具有历史性，欲望的对象是在历史中发展的。早期的一些欲望发生了变化，另一些欲望被取代了。新的不断变化的经验以及新的不断变化的关系使欲望对象的范围有可能不断扩大。婴儿的"力比多"首先变成青少年的性欲，然后变为成人的性欲，婴儿的饥饿变成了对炸鱼、薯条或鹅肝酱的品味。早期的一系列需求在今天的生活中仍有一席之地。

我们如果仔细思考一下自己欲望的历史，就会很快意识到这个历史的其他方面。首先，我们欲望的历史不仅与我们的情绪、品味、喜好、习惯和信念的历史分不开，而且与我们生物化学和神经生理学发展的历史分不开。我们的情绪显然和我们的欲望有密切的联系。我们非常不愿意看到朋友受伤害，所以在朋友莫名其妙地受到伤害时，我们会生气。我们希望某人健康、幸福，所以在他生病或死亡时，我们会悲伤。我们的品味和喜好也是这样。我想要这场音乐会的票，因为我喜欢这种音乐；我想要关闭收音机，因为我不喜欢那种音乐。我想让这位学生学习好，因为我和她父母的感情很好。欲望与人们的习惯和信念的关系也是显而易见的。起初，我并不是特别喜欢这种音乐——如都铎式的情歌、朋克摇滚等。后来听说某人不但作为听众喜欢这种音乐，而且正在学习这种乐器，想成为一名演奏家。我平时很敬重此人。在这种影响下，我开始仔细听这种音乐的录音，改变习惯，重新确定我关注的事情，终于发现自己值得这样做。新习惯的发展和信念的变化导致我的欲望发生了变化，这改变了我想听什么音乐，想在什么场合关闭收音机。

我们如果想确信自己欲望的历史也离不开我们生物化学和神经生理学的历史，那么就只需提醒自己多种疾病和药物（包括酒精、尼古丁和大麻）能够对我们的欲望产生一些影响。但我们也应该注意到，神经科学研究人员的许多发现表明：如果我们的欲望和情绪能够正常运行，那么大脑就不一定会受到影响；当大脑损伤或正常功能受到干扰时，我们的生活就会被那些欲望和情绪搞乱。在这些复杂的情况下，我们为什么尤其关注欲望？

我们可以考虑两种不同的情况，这里让我们有良好的理由来反思自己的欲望。第一种情况存在于人们通常的社会生活之中，我们在这里会不可避免地选择未来的生活形式，就像学生要决定为什么样的工作做好准备，或像某人在职业生涯中期面临着其他职业途径，或像某人决定结婚还是不结婚，或像某人决定致力于宗教沉思的生活或革命政治的生活。第二种是日常生活秩序被打乱的情况，譬如严重的疾病、战争爆发、发现疏远了自己的朋友，或意外得知某人被解雇或要离婚。在这种情况下，我与其回答"我怎么办"这个问题，不如先停顿一下，然后提出"我想要的是什么"的问题。如果要三思而行的话，我还要认真思考自己当前的欲望，反问自己："我现在想要的东西是我自己想要的吗？""我是否有充分良好的理由想要我现在想要的东西？"然后还要意识到，我如果不反问自己是如何走到今天的，为什么会有现在的欲望，也就是不反思自己欲望的历史，就可能难以正确地回答这些问题。

5　　本书一开始分析的是，人们如果在欲望方面出现了问题，在人生中就可能走错路。我们现在能够认识到，人生是否顺利，可能取决于人们在上文分析的几种情况中对自己现在、过去和未来的欲望是否考虑得周全，而且实际上经常如此。要理解是否对自己的欲望考虑得周全，我们首先需要对欲望以及欲望和行为的关系做更多的说明。一个较好的切入点是伊丽莎白·安斯康姆（Elizabeth Anscombe）的观点，她认为"需要的原始信号是要得到"[1]。这里的"原始"一词很重要。小孩在有欲望的东西时就要得到。但是，正如我们说过的，随着年龄的增长，他们会学着延迟满足一些欲望，养成只在将来某些时候满足自己的欲望，这个时候甚至是较为遥远的未来。这样看来，某人非常想明年夏天去意大利旅游，这并不意味着她现在就忙着去实现这个欲望，而或许只是在机会出现并且时机恰当的情况下，她才会购买机票和预订酒店等；她在快乐地想起意大利时，才会有这样的愿望——"我希望明年夏天去那里"。但我们这里要明智地说"或许"。因为她确实非常想明年夏天去意大利，但是现在看不到这种可能。在这种情况下，她要做一些安排，譬如消除妨碍她去意大利旅游的障碍，她确信没有这种障碍后，就要下决心购买机票和预订酒店等，然后高兴地期待着去旅行。

从如此简单的例子中可以看出，人们的欲望可以在他们的诸多言行中表现出来。有些希望是极端的空想，不可能实现，连希望的人自己都知道不可能实现。我明明知道自己是公鸭嗓，还说"我希望唱起歌来像迪特里希·菲舍尔-迪斯（Dietrich Fischer-Dieskau）"。对于这种希望，没人做什么努力，因为在所有这种情况下，就算我们非常想如愿以偿，但是否如愿都完全不由我们控制。另一种极端情况是，欲望可以立即化为行动。天开始下雨，我不想被淋湿，于是便带上伞。我现在口渴，于是倒满一杯水，然后喝水。当然，同样的行为可以在不同的场合表达不同的欲望，同样的欲望也可以表现在不同的行为之中。带上伞可能意味着我想让别人看到我有一把优雅昂贵的伞，我想喝水的欲望可以表现为寻找饮水机。

两种极端情况之间还有许多其他情况。如果我想让事情自由发展，我的欲望就表现为任其自由，至少在其没有受到妨碍之前，我不会干涉。如果我想要什么东西（任何事情）扰乱一下我无可救药的沉闷生活，我的欲望就表现为想找点麻烦和混乱。如果我想要改变我现在的需要，我就要改变自己的行为，从而改变自己的习惯，这个过程往往比较复杂，需要重新定向自己的注意力，也许还要调节自己避免对某些刺激的反应。（无论我们想改变现在的需要，还是想保持现在的需要，这种选择都经常在我们生活发生转折时表现得极为重要）。哲学家对这种二级欲望的重视和理解归功于哈利·法兰克福（Harry Frankfurt）1971 年的论文《意志的自由和人的概念》（"Freedom of the Will and the Concept of a Person"）[2]。这些情况和极端的空想不一样，其共同点在于我们的欲望表现在行动和驱使我们行动的思想之中。当然，不只是欲望能够产生生动力，情绪和品味也能。一些哲学家所谓的亲和态度、喜欢或赞同的态度（或反对、憎恶、厌恶等态度）也能产生动力。譬如，我对那些为减少世界饥饿的祸害而工作的人持赞同态度。当有人让我为支持这一事业而做点捐助时，这种亲和态度就表现为我立即做出的积极响应。但请注意，是他人的请求引发了我的欲望，这是想帮助的欲望，通过我递交出钞票而得以表现。就像情绪和品味一样，亲和态度能够产生行为，只是因为亲和态度能够引发欲望，进而产生表现欲望的行为。

一些哲学家好像认为每一个行为都有其特定的动机，"她为什么做那件事"的问题总要让我们立即把某些特定的欲望、情感等因素作为答案。但这个观点没有认识到，我们的许多行为比较稳定，是因为正常情况下每个人每天、每周、每年都有一定的结构和模式。所以，对于"为什么"的问题，第一个答案的形式通常是，"今天是周五下午，这是她周五下午通常做的事情"。在大多数人的大多数生活中，都有每天、每周、每年例行的事情。这并不是说人们在生活中没有太多的自发性、选择性和即兴创作的活动，而是说这些生活规律有助于我们每个人的日常交往。我早晨7:30走进上班路上的一家咖啡馆，知道那里已经有人做好了咖啡。她 9:00 之后给办公室打电话，知道那里的秘书会接电话。他 10:00 到达车站，因为列车 10 分钟之后到达。如果早晨某人睡过了头，或咖啡机、电话机、列车出现了故障，一般都有相关的处置方式和标准；如果未能得到处置，还会有其他应对方式和标准。我们可以把这些模式中的行为和反应称为习惯，这种用法比我们日常使用的习惯一词有所扩展。现在，我们可以仅仅关注到，那些制度化的规律构建了我们的日常生活，这样的习惯及其与制度化的关系具有重要的意义。但以后我们要研究我们的生活是如何被这样构建起来的，其结果如何改变了我们的欲望。谈了习惯，我再谈信念。

信念有时可能在我们产生欲望和满足欲望的行为中起到关键作用。有人可能满足于当前的生活，只是因为相信没有比现在更好的生活选择。是否有更好的生活选择，取决于她对自己和相关社会生活的信念。想象力也会发生一定的作用。她可能永远不会想象自己会外出加入马戏团或学习日语在京都找份工作。即便有人建议她选择这两种行为，她的反应也可能是不屑一顾，因为她无法想象自己能够成为空中飞人或为游客翻译、解释禅宗佛教。她的信念和想象力结合起来，限制了她选择生活的可能性，并限制了她当前的欲望。当然，信念和欲望的关系并不仅仅表现为这一种方式。

我们每个人在实际生活交往中都会或多或少考虑到他人的欲望。有时我们做事情是迎合他人的欲望，原因是我们爱他们，或者我们害怕他们，或者我们想与他们合作。我们为了稀缺的资源，也许会把他们看成危险的竞争对手，因此，我们要满足自己的欲望，就必须防止他们满足欲望。在所有这些情况下，我们必须确信自己对他们的欲望有正确的认识，同样，他们也必须确信自己对我们的欲望有正确的认识。有时我们可能会很难确 信某些人到底想做什么，因为他们的欲望表里不一，我们怎么也看不透。我们不禁反问：怎么会有人想那样做？那样做有什么好处？这些问题和我们前文提出的问题差不多，都是对自己的欲望进行反思。反思自己的欲望就是考虑自己当前的任何欲望是否有充分良好的理由。当欲望不是空洞的幻想时，欲望的良好理由意味着人们会采取特定的行为方式去实现这个欲望。那么，什么是行为的良好理由？

这里首先需要注意的是，某人是否有良好的理由选择了这样或那样的特定行为方式是一回事，是否意识到自己的行为具有良好的理由是另一回事，是否因为有良好的理由才去这样行为又是一回事。合理的行为就是行善避恶，做善良之事，防邪恶之行。所谓的善良之事，可以简单地通过一个特定行为来完成，如某人慷慨解囊帮助一个挨饿的人，否则此人食不果腹；也可以通过分担某种行为来完成，如某人在贝多芬四重奏的演出中把大提琴演奏得非常优雅出色，这就是贡献；还可以通过一些良好的效应来完成，如某人饮食比较节制，让身体变得健康。如果要详细说明良好行为这个概念，我们就必须进一步解释这些区别，而且要找出更多的区别，但是我们已经解释过，只有当我们要达到的欲望目标能够成就某种善时，我们获得这种欲望目标的行为才具有合理性。

在采取某种特定行为时，我们肯定有良好的理由，但不一定有充分良好的理由，例如，在遇到危险时，我有良好的理由为了自己的利益而逃走，但更好的行为应该是勇敢地站出来维护其他无辜的人，否则他们就会丧失生命。同样，我想要某件东西的理由是合理的，但有更好的理由想要别的东西。针对满足某种欲望的行为，只有在我能证明这样做具有良好的理由，而且没有更好的理由选择其他行为时，我才能说明这种行为是合理的。因此，反躬自问满足某个特定的欲望是否具有良好的理由或充分良好的理由，实际上是要弄清楚满足这个欲望是否会影响到其他的善或利益。

9　　对于这一论断，有人可能会立即提出一个反对意见。任何人都可能会说："我们满足任何欲望都肯定有某种理由。我们做了一件事，在别人问我们理由时，我们不是经常说就是想要这个东西吗？想要这个东西的欲望本身难道不是一个圆满的理由吗？我们也许还有其他理由，但我们不需要其他那些理由。"对于这种见解，我必须承认，"那样做让我得到了我想要的东西"的思维，经常在我们的文化中成为某人不择手段的合理理由，甚至是充分理由。这种观点不过是认为只要满足了自己特定的欲望就好。当然，有很多欲望在特定的环境中理应得到满足。但这个反对意见中表现出来的一种更激进的观点是，任何欲望都不只提供了动机，而且提供了满足这个欲望的某种行为理由。我们怎样看待这种观点？

我在选择满足欲望的行为时，需要合理地思考，从而在这个行为方式和那个行为方式之间做出选择，这就证明我是理性主体，能够自主选择。要证明一个行为是合理的，就要说明这个行为达成的"善"要胜过该主体所能选择的任何其他行为达成的"善"。当然，理性论证所涉及的问题不仅仅是我们自己实际行为的理由。其他人有时可能认为我们的欲望和行为不太合理，因此认为我们的做法并不明智。只有其他人能够认识到我们的欲望和行为符合某些利益机制是合理的，他们才会理解我们，认为我们是明智的。因此，如果有些人的行为，只是为了满足自己的某种欲望，而并不想在满足自己欲望的同时达成某种善，那么他们的所作所为就不是明智的行为，更不是合理的行为。

不过，我们对欲望的考虑确实影响到了我们实践理性中的诸多方面。我在某些情况下非常想做某事，这可能是我满足这个欲望的理由，因为这个欲望得不到满足就会影响我现在应该做的事。但在另一些情况下，我非常想做某事，环境却让我不能满足这个欲望，例如，在基督教大斋节（Lent），即便我想放纵一下，我也必须自觉抵制这个欲望。在所有这些情
10　况下，我们对欲望的考虑都能在实践理性中起到作用，那只是因为满足或未满足某个欲望会影响到是否达成某种善。

　　我认为，如果我们的欲望既是明智的又是合理的，那么其前提只能是我们有良好的理由去满足这些欲望。针对这种观点，有人可能会提出反驳，认为我几乎是在重复阿奎那的命题，即"欲望皆为向善"［《神学大全》（*Summa Theologiae*）第二集 ae 第一部第 8 题第 1 节］，还有人拿出现成的反证来证明这个命题具有致命缺陷。阿奎那的论点是，每一个欲望的对象在行为主体看来都是善的，而一些批评者则想当然地认为阿奎那无法解释这种情况，即某人所欲望的事情按照任何理性的解释都不是好事，而且行为主体也知道这不是好事，例如一位肥胖人士患有心脏病，却想大吃巧克力泡芙塔。这些批评者误解了阿奎那的主张。这位不明智的肥胖人士，欲望的是巧克力泡芙塔的美味带来的快乐，这的确是一种善，所以他的欲望是为了某种善；但他欲望的东西会缩短他的生命、损害他的家庭，所以这也是一种不良欲望。他的行为是为了某种善，但行为却显然产生于一种不良欲望。这里缺乏一致性，我们针对阿奎那的命题必须另寻反面例证。

　　走在街上，我漫不经心地踢了块石头。"你为什么踢石头？""我就想踢一脚。""但你为什么想踢一脚？""我没有什么特定的理由。"这种冲动属于常见的一时冲动，确实有一种欲望，但看不到什么特定的好处或善。还有一些不常见的欲望，显然是神经质的欲望，不但让别人费解，连当事人自己也搞不懂原因。有人走路只沿着奇数门号的路边走，而不走偶数门号的那一边。她说不清这是为什么。她所感觉和表达的欲望并不是为了什么好处。这些例证确实不但与阿奎那的论点相反，而且与当代版的阿奎那思想相反，如这一思想的支持者约瑟夫·拉兹（Joseph Raz）认为，行为主体所认可的真正价值不是来自欲望，而是来自意向行为（intentional actions）："所谓意向行为是我们认为有意义的行为，也就是说我们必须相信这些行为具有某种吸引力或某种价值。"[3] 那么，我们如何应对这种反证呢？

　　我们可以通过比较来考虑两者的差别，一种情况下的欲望或意向并不是为了特定的利益，另一种情况下的欲望或意向则是为了实现某种显著的利益，这两种情况发生冲突时，如果我们遵守第一种欲望或意向的指示，我们就会放弃那种显著的利益。譬如，我坐在长椅上，悠闲地吹着口哨。

如果有人问我为什么坐在那里吹口哨，我的回答是"没有什么特殊原因"。我不是在等朋友，也不是想休息一下。但是我突然听到一个小孩大声呼救的声音，如果我不理那个呼救，仍然坐在那里吹口哨，就会有人立即质疑我的行为，不明白我为什么不采取行动，因为任何人在这种情况下都应该会查看呼救的原因，除非他们有更好的理由去采取其他行动。假设我没有什么特别的理由要坐在那里不动，可是我觉得坐在那里比过去看看孩子为什么呼救更有价值。这种情况会发生吗？显然会发生，也显然会引发我们更多的猜想，或许这个人的动机是想达成某种善或避免某种恶，但这种想法不能告诉别人，甚至对自己都不能坦言。因此，一个人对小孩的呼救无动于衷、麻木不仁，只能说明这个人是害怕陷入一种深层次的、不为人知的恐惧。

这些情况对阿奎那和拉兹主张的论点提出了进一步的反证。然而，重要的一点是，这些例证都反映了主体的欲望和意图，但主体却无法理解自身的欲望和意图，更不用说其他人了。可见，阿奎那和拉兹主张的论点确实把握了我们的欲望和意图，前提是要满足两个条件，即我们的欲望和意图不是一时的冲动与突发奇想，而且能够为人们所理解。根据这两个条件，我们可以再次肯定前文讨论过的对欲望和行为理由的解释，同时强调区别两种行为的重要性，一种是主体能够给出理由的行为，另一种则不是。因此，在别人看来，我们行为的欲望是为了自己认为有益的事情，我们看别人也是这样。某种具体的欲望对象确实是有益的，这就给了我们良好的理由去满足这个欲望。在这种情况下，我们甚至总会有更好的理由采取其他方式去实现某种更大的利益。要对自己的欲望有所反思，就是在任何必要的时候都三思而行，看是否有充分的理由去满足这个欲望。要对自*12* 己和他人的关系有所反思，就是按照他人的尺度来思考他人的欲望对象是真实的利益还是假设的利益，他人对这些欲望是否有所反思。

然而，我们不应该低估我们有时会出错的程度，在认识某个欲望对象的真实性时，我们不见得会正确地了解什么才能满足这个欲望。我们在还没有明智地确定是否应该有这个欲望时，不能忘记三思而行的重要性。欲望有时会是一些莫名其妙的东西，让我们感到缺乏。这一点是威廉·戴斯蒙德（William Desmond）研究欲望问题的核心。[4]我们需要花时间了解我们到底有什么欲望，欲望的理由到底是什么。尽管如此，我们的欲望需要理智，有理智的欲望需要善的价值引导，能够给人们带来好处或利益，而什么是好处或利益则要有所共识。

这种解释当然会立即引出进一步的问题，其中主要问题在于"善"（good）和利益（good）以及"好"（good）这个词的用法。我说过行为的良好理由，也说过有些理由很合理但还不够好。我区分了两种欲望的对象，有些欲望的对象能够带来好处，而有些欲望的对象则不能。我对某些主体所谓的善和真正的善进行过比较。我们在这些不同的方面使用 good 这个词，这个词到底意味着什么？回答这个问题的第一步，也许是注意那些我们有时用来代替 good 的词，如 desirable（值得拥有）和 choiceworthy（最佳选择）。但这只能让我们在探索的道路上多走几步，因为如果我们不明确"good"是什么意思，我们也不会明确其他几个词的意思。我们为什么会有这样的困惑，如何解决这种困惑？

这首先是因为在什么可以称为善的问题上存在着广泛的分歧，有很多种观点在解释什么是真正的"值得拥有"和"最佳选择"；其次是因为有些人在很多场合显然没有能力去解决他们之间的分歧。因此，我们在探索中要取得深入的进展，就需要对"善"和利益做出一个解释，这个解释会让我们更好地理解这些不同的分歧，发现这些分歧是否有可能解决，如果不能，为什么不能。需要指出的是，我们一开始研究为什么人会因欲望误导而陷入歧途，然后变成了研究如何判断人们实际欲望的理由有善恶之分，现在则必须变成对"善"和利益的研究。但是，这一研究的深入即便 *13* 有相当长的过程和许多不同的方向，其意义和目的最终都是让我们回到最初的问题。

1.2　"善"、利益和关于利益的分歧

关于 good 在使用中的多重性和多样性，现代的 J. L. 奥斯汀（J. L. Austin）[5]和 G. H. 冯·莱特（G. H. von Wright）[6]，古代的亚里士多德（《尼各马可伦理学》第一卷 1096a19 - 23）和阿奎那（《论伦理学》）都有所强调。我们常说好刀、好果酱、好诗和好国王，也会说有好的机会

去申请工作或趁机离开，有好的地方去度假或建一所监狱，有适合公职的好素质。我们也会说某人善于（good at）照顾孩子，善于打网球，或不善于做任何事。我们在这些意义上使用"善"（good），显然也会使用"恶"（bad），并在比较中使用"更好"（better）和"更坏"（worse）。在"好"、"坏"及其同源词被用作形容词时，其评判标准取决于它们所形容的名词。[7]好果酱的"好"与好诗的"好"，具有非常不同的评判原因。现在不好、不适宜申请工作和一个地方不好、不适宜度假，两者具有根本不同的原因。因此，我们要回答：各种善恶好坏的评价里有什么统一性？这些词汇的对比修辞以外的含义是什么？

这样进行善恶好坏的评论，是和同类事物进行比较，或者根据某种观点进行评价，或者包含这两个方面。但我们再进一步分析的话，就会遇到一些困难。例如，我们可能认为应该有一种大致的思维模式，其典型表现是：人们对某事物做出好的评论，是因为人们需要或需求的那个事物，在其同类事物中或从某种观点来看，是人们的具体需要或需求，能够让人们得到满足。这种思维模式在评价好刀、好果酱、度假的好地方或建监狱的好地方时似乎没有什么问题，但这种思维模式需要进行仔细的限定或界定。譬如，"典型地"这个词就会带来一定的困难。在一些贫困地区，人们典型地需要的一些东西在同类东西中品质很差，但是便宜。这种情况并不足以让我们放弃上文提出的那种大致的思维模式，但提醒我们在应用这种思维模式时要当心，尽管这种思维模式捕捉到了"善"的某种重要的评价意义。

下面我们需要考察一下"善"的这种评价意义的两个特征。第一特征是，"善"的这种评价范围极其广泛，人们评价某事物何以为善的依据相当复杂，无论在其同类事物中进行比较，还是从某种具体观点来进行评价，都有赞同或反对的意见。对于什么样的手表是好手表，或者什么样的果酱是好果酱，就算没有普遍的共识，也有一个大体的共识。对于什么样的教育是好的教育，什么样的建筑是好的建筑，什么样的政府是好的政府，则有一些尖锐的分歧。第二个特征是，《牛津英语词典》（*Oxford English Dictionary*）认为"good"（善）是最一般的褒义形容词，但在同类中对某事物进行比较或从某种观点来评价它时，并不一定意味着赞成或允许。我们不仅说有些人善于拉小提琴，还会说小偷善于盗窃和骗子善于伪造。我们不仅说有些人善于打网球或交朋友，还会说有些人善于玩牌使诈或教唆年轻人。因此，要正确地使用"善"或"善于"等词汇，就需要注意这两个特征，以避免误解。

要做到这一点，第一步是要注意 good（善或好）、bad（恶或坏）这些词在字面意义上的不同用法。这样的断言并不是自相矛盾："某人善于（good at）玩牌使诈，太坏了（bad）。"这样的断言也不是用词重复："某人善于（good at）交结朋友，太好了（good）。"这两个断言似乎在 good（善或好）及其同源词的用法上有一定的区别：一种是用作定语，是形容词，这种用法我们一开始就注意到了；另一种是用作表语，就是在这两个断言中的用法，在"It is good"后面加上动词不定式或表语从句的句型都是这种用法，意思是赞成"做某事"或赞成"某事"。W. D. 罗斯（W. D. Ross）最早评论过这种区别。在后者的用法中，我们不但能够表达分歧的意见，而且能够表达复杂的分歧，这些分歧通常对赞成的意见加以某种限制。

例如，费迪南德（Ferdinand）和伊莎贝拉（Isabella）在艺术、食物、衣服的评价方面意见一致。然而，费迪南德说："养成鉴赏美术、美食、美服的品味，真好。如果买得起，就知道怎么挑选了。"伊莎贝拉却回答："有了永远无法满足的欲望，可不好。那样会整天满腹牢骚。"费迪南德则反驳说："有好的品味得不到满足比得到满足但品味差要好得多。"伊莎贝拉对这一点也表示不同意，这两种意见经常难以调和。爱德华 *15*（Edward）与埃莉诺（Eleanor）的例子也是这样。埃莉诺打算让同事加入她的工会，他们作为工会会员能够更好地对付雇主。爱德华劝她最好不这样做，因为她这样做几乎肯定会被解雇。埃莉诺则反驳说，如果让自己忍受对雇主的恐惧，她的处境会更糟。爱德华不同意。

我们先看费迪南德和伊莎贝拉、爱德华和埃莉诺有多少共同的意见。在前一个例子中，他们同意应该有品味，或许也同意得不到满足会让人不幸；在后一个例子中，他们同意失去工作会让人不幸，或许也同意加入工会能得到一些好处。他们的分歧在于他们的利益权衡和相应的选择。他们对利益的共识以及什么是欲望的良好理由的共识，使他们能够相互理解，理解彼此的选择也没有问题。他们之所以在利益权衡上有分歧，是因为他们在什么是决策的充分理由上存在分歧。然而，人们的分歧可能要比这种分歧更大，尤其是在没有多少共识或根本没有共识的情况下。例如，有些人不太注重享受（感官的享受、审美的享受），对于他们来说，享受在严肃的生活工作中常常成为分心的事；有些人则要及时行乐，这种享受是某个时刻唯一的意义和目的，而他们的生活有时就是一连串的这种时光。前者会为了取得他们认为有价值的成就而放弃享受，后者在得到极大的享受时则经常会几乎放弃一切。两者的判断和行为都可能会吓到对方。实际上很难让他们相互理解，除非从病理上进行解释。

我们可以进一步注意到，所有这些关于利益及利益权衡的分歧都反映了对某个人或团体在某种具体情况下的欲望是否具有良好的理由或充分良好的理由存在着意见分歧。我们如果要理解什么是欲望选择的良好理由或充分理由，就必须能够说出分歧各方有哪些分歧和解决这些分歧（如果能解决）尚有多少差距。最后很可能会发现，我们要充分地回答这些问题，仅有哲学是不够的。但我们确实需要哲学提供的见解和主张。那么，如果我们向道德哲学家请教的话，他们能对这种分歧的本质给予什么见解和主张？

答案最初看起来可能令人失望，因为现今的道德哲学家所提供的是他们对这种分歧的本质的不同意见。关于断言式的赞成"做某事"或赞成"某事"的意义和用法，他们会提出一些论争性的和不相容的解释，而且这对于解决他们的这些分歧似乎没有什么前景。我们以上讨论的是评价性分歧，人们会有不同的描述和理解，一位道德哲学家对此持什么观点取决于他接受的是哪一种论争性的解释。我只打算稍微仔细地考察两种这样的解释。这时有人会问："为什么只考察两种解释？""为什么选择这两种解释？"也有人会问："如果一流的道德哲学家站在不同的立场上，面临诸多观点发生冲突，却无法让对方信服各自的结论，为什么我们还要认真对待他们的结论？"对于这些问题，现阶段我还不能给出任何满意的回答。我只有在对两种哲学解释对立的论据和主张进行大概的描述之后，才能说明为什么这两种解释值得我们关注和考察，这在某种方式和程度上比考察其他解释更有意义。只有在稍后这个阶段，我才能说明自己的主张。我们只有了解了一种解释的拥护者和捍卫者为什么不能说服争论中的对方，才能清晰地看到这两种解释与我们研究的相关性。

这里需要再次提醒的是，本书所依循的思路是先探讨某些类型的欲望如何使人生不幸的问题。显然，我们如果想找到问题的答案，就需要辨析有些欲望是特定主体在特定情况下有充分良好的理由去满足的，而有些欲望则不是这样。但关于什么是某个欲望的良好理由而什么不是，经常有分歧，有时是难以解决的分歧。这有时表现为关于行为的正当性和最佳性的更大分歧，这既涉及一般情况下的行为，也涉及具体情况下的行为。人们产生分歧，是对什么有不同的意见吗？我们应该如何描述他们的分歧？要回答这些问题，我们必须在哲学上充分解释我们断言式的赞成"做某事"或赞成"某事"的语句以及其他此类同源的语句到底是什么意思。为了探寻这样的解释，我首先研究冠名为"表现主义"的主张和论证。

1.3　表现主义对"善"和利益分歧的解释

表现主义在其早期还没有形成复杂的哲学形式时被称为情感主义。情感主义和表现主义在过去、现在都涉及整个评价性的与规范性的话语，所以它们对"善"和利益的解释存在于一个更大的范围，这一点是我们应该注意的，但可以暂时放在一边。情感主义的经典论述来自查尔斯·史蒂文森（Charles L. Stevenson）的《伦理学与语言》（*Ethics and Language*）。[8] 史蒂文森认为有三种断言式的语句：第一种是对事物或真或假的断言，具有史蒂文森所谓的描述性意义；第二种是表示赞成和反对态度的断言，具有情绪性意义；第三种是既具有描述性又具有情绪性的断言。表达善的语句属于第二种和第三种，"此乃善举"让人听起来的大概意思就是"我赞成这样的行为，可以去做"[9]。这种简约的表述可能不足以反映很多语句把描述性意义和情绪性意义结合起来的复杂方式。但是，在史蒂文森看来，通过分析这些语句，总是能够把其中的情绪性成分和陈述事实的描述性成分区分开来，这是研究这些语句的关键之所在。

陈述事实的语句要做出真假判断，而对这些事实表现出评价性态度的语句则不是真假判断。人们在认知上的分歧涉及事物的真实性，可以通过诉诸感官经验得到解决。态度上的分歧则不能这样解决，只有说服分歧的一方改变其态度才能化解分歧。评价性话语的功能之一是说服他人，让他们在态度上和说话者保持一致。人们对情感主义关于"善"和其他评价性表达的这种解释的第一种明显的反对是，这与人们在日常语言中使用的"真实"（true）和"事实"（fact）相冲突，例如我们会断言"把自己的快乐建立在他人的不幸上太恶劣了，这是一个事实"，又如当他人断言失业率上升是一件坏事时，我们会回应说"你刚才说的话不假，确实如此"。情感主义者应该如何应对这种情况？

他们应该且在实际中的确是这样争论的：使用诸如"某事确实如此"和"某事是一个事实"这样的表达，意味着说话者赞同相关的断言，而且只能意味着说话者的赞同。可以说，对评价性话语的情感主义理解相当于一种极简主义（minimalist）的真理观。这种对情感主义的形式改造没有触及以下两种断言之间的区别：一种断言表达了某种评价性（或规范性）态度，所以赞同他人进一步表达同样的态度；另一种断言告诉我们世界是什么样子，所以要求他人赞同地说"世界的确是什么样子！"这会让人遭到驳斥，因为世界的样子如果来自感官经验，每个人的见解则大相径庭。这样改写史蒂文森的解释还有一个进一步的优势。

在我们的推理中，评价性断言的作用第一眼看起来和说明客观世界的断言完全相同。因此，从"幸灾乐祸不好"和"她幸灾乐祸"这两个前提，可以推出"像她这样幸灾乐祸不好"这样的结论。如果不能理解第一个前提的真假，那么这个推理就似乎未必正确。然而，进一步考虑我们从评价性前提进行的推理，我们会发现对情感主义的第二种反对。从"如果幸灾乐祸不好，那么幸灾乐祸的人应该受到谴责"和"幸灾乐祸不好"这两个前提自然得出的结论是："幸灾乐祸的人应该受到谴责"。不过，当且仅当第二个前提中的语句与第一个前提条件从句中的前半个语句相同且具有同样的意义，才能得出这个结论。然而，按照史蒂文森的解释，这种推理似乎是不可能的。条件从句中的前半个语句不是断言，所以不能表达说话者的态度，缺乏情感意义，而第二个前提中的语句是断言，表达了说话者的态度，所以具有情感意义。问题出在哪里？看来，史蒂文森所依赖的情感意义的观念在他的主张中起不到应有的作用。

那些希望回应这种批评、挽救史蒂文森理论的核心思想的人需要做的就是，重新系统地阐述史蒂文森的理论，更加恰当地界定语句的意义和用法之间的关系。根据这种修正观念，评价性（以及规范性）语句的意义是，断言就表示赞同。这样，某人断言第一个前提，就表示她或他赞同第一个前提；同样，某人断言第二个前提，就表示她或他赞同第二个前提。因此，某人对这两个前提都赞同，就意味着赞同这个结论，因为规范性语句或评价性语句在使用中没有情感意义，便可以理解为它们的意义包含在条件从句中，对条件从句的断言便是对条件从句的赞同。彼得·吉奇（Peter Geach）首先提出，情感主义者不能对我们谈论的这种推理做出解释。[10]西蒙·布莱克本（Simon Blackburn）用意义和赞同之间的关系这种更丰富的观念来解释什么是有效的推论，给了吉奇一个表现主义的回答。[11]布莱克本的回答是否恰当？

事实上，随后出现了一系列对布莱克本回答的回应，然后是来自G. F. 许勒尔（G. F. Schueler）、鲍勃·黑尔（Bob Hale）、马克·范·罗恩（Mark van Roojen）、尼古拉·昂温（Nicholas Unwin）、阿兰·托马斯（Alan Thomas）和马克·施罗德（Mark Schroeder）等人的第三重回应，还有布莱克本的进一步解释。我们现在没有理由相信这一系列的思想交流将会达成一个决定性的结局，因为虽然无论是过去的问题还是现在的问题都在哲学层面被用更加复杂、更具启发性的术语进行了重申，但在解决基本分歧方面却没有取得什么进展。大家都得到了足够的理由来改善自己的观点，但没有人得到足够的理由来改变自己的观点。[12]此外，我们如果看一下表现主义者及其批评者在其他问题上的分歧，就会发现同样的故事，即他们显然不能消除他们之间的分歧。我们可以得出这样的结论：在反对表现主义的论争中，不但还没有谁提出任何决定性的主张，或至少是没有哪位诚实而资深的表现主义哲学家认可的具有决定性的主张，而且也不会有谁能提出这样的主张。因此，让我们进一步详细地考察表现主义的情况，从现在起我们使用形容词"情感主义的"只用于描述史蒂文森的观点及其同时代哲学家如艾耶尔（A. J. Ayer）的观点。表现主义如何解释利益和"善"？

艾伦·吉伯德（Alan Gibbard）写道："人们欲求好的事物，优先选

20　择两者之中较好的事物。"[13]吉伯德继续写道："人们对事物的优先选择是基于理性的优先选择"，因此人们的优先选择是有根据的。"把人的优先选择称为'有根据的'（warranted），是表示一个人接受了进行优先选择的规范。"[14]并且，"某人称某事为'理性的'（rational），是表现了他的思想状态"[15]。因此，当我认为某事是好事，或断言应该如何做好某事时，我不仅在表达我的优先选择，而且在表达一种态度，说明我遵守一套规范，这套规范可能是我根本不用明确解释的。在许多情况下，这些优先选择和规范都是我与他人共同认可的。

　　吉伯德认真揭示了我们关于善恶好坏之判断的客观特征。我们在判断中不仅仅表达了我们的个体优先选择和规范承诺。这些优先选择、规范承诺和思想状态（由此表现出所谓的理性）可能会因人而发生很大的变化，但"善是我们的理性目标所共有的。换句话说，每个人都会力所能及地追求善，无论他具体选择的理性依据是什么"[16]。因此，我们在判断果酱、手表或天气的好坏和判断某人为人处世的好坏时，在相关标准上会达成非常多的共识，这并不令人惊奇。在吉伯德看来，这种共识一定意味着某种基本态度上的共识，这是关于什么是理性的优先选择的共识，是关于我们每个人都已经接受的规范的共识。但是，在产生各种不同程度的分歧的情况下该怎么办？比如费迪南德和伊莎贝拉或爱德华和埃莉诺之间的分歧。在吉伯德看来，这些必然意味着我们在善恶判断的规范上存在分歧，这意味着我们在某些情况下进行善恶判断的标准有所不同，在某些情况下对不同标准的权衡有所不同。

　　当然，这里要讲一个解释性的故事，按照吉伯德的观点，这是一个自然主义的故事，涉及生物进化和我们评价性的、规范性的发展的历史，吉伯德曾在其他著作中谈过部分观点。[17]这是一个关于我们为了获得他人的
21　合作，需要响应他人的优先选择和规范，必须承受达成共识的压力的故事。但这种需要、这种响应和这些压力的合理性必须经受一系列实际上产生的分歧的检验。当发生尖锐和严重的分歧（可能是关于哪些理由可以被用来支持某个有争议的评价性判断的分歧，抑或是关于如何权衡不同种类的理由的分歧）时，按照吉伯德的观点，也许是争议各方优先选择的不同限制了解决这些分歧的可能性，也许是人们接受的规范的不同（这导致人

们对理性的观念产生争议）限制了解决这些分歧的可能性，也许是这两者同时为之。因为除此之外，没有什么其他可以适用的考量。

如果我对吉伯德的理解是正确的，则可以认为他坚持的观点是，我们每个人都有一些理性论证的局限，如我们关于善恶判断的局限，这些局限无论是由思想和习惯的什么基本倾向引起的，都会表现在我们的优先选择中，表现在制约我们判断的规范中，最终表现在我们的判断中。我们的实践推理和我们对他人的理性诉求，实际上反映了我们内在的心理状态，而他人接受我们的理性诉求，则实际上反映了他们内在的心理状态。布莱克本在一个非常不同的语境中提出了一个类似的论点。人们进行道德反思，有时会发现自己需要在激情、冲动的行为和理性的行为之间做出选择。浪漫的思想家警告我们不要受精打细算的烦琐影响，不要让那种合理性扼杀了热情和冲动；而那些受斯多葛主义或康德主义影响的思想家则担心我们会被激情和欲望诱惑，脱离了理性的路径。普通人在反思自己的道德选择时，可能会把选择的框架界定在明显对立的理性与激情、理性与欲望之间。但是，如果表现主义是正确的，那么这些框架界定就是错误的。所以，布莱克本坚持认为："在遇到实际问题时，如果我们进行'如果我是理性的，我会怎么做'或'理性的人会怎么做'这样的反思，那就意味着我们并没有超越意志对欲望和激情的服从。'理性的'（reasonable）在这里表示人们克服了无知、没有自知之明、短视、缺乏共同的关注等缺点。"布莱克本接着断言，"如果我是理性的，我会怎么做"这个表述中第一人称的使用，"说明这一考量或这一系列的考量仅仅影响到我，因为是我的关注或欲望或激情在发挥着相应的作用"[18]。 *22*

最后这一点很重要。我们的评价性判断和规范性判断给我们提供了行为的动机。我们在向他人说出这些判断时，希望并且试图让他人根据这些判断去行事。但表现主义者却声称，仅仅靠事实性判断永远不会打动我们。假如我只要看到某人很悲痛就会想办法让他减轻痛苦，这里打动我的不只是那个悲痛的事实，还有我对那个事实的态度，是我的怜悯、我的爱心，或者是我希望让大家认为我富有同情心。从休谟到布莱克本和吉伯德，表现主义者认为，只有表现主义对我们的评价性判断和规范性判断的解释，才能使我们理解这些判断如何产生动机的作用。

当两种人在为人处世方面产生意见分歧时，表现主义会认为他们的分歧在于个人的优先选择、认可、赞同、关注、欲望、激情，或其中的某些组合，我们可以这样概括吗？我们如何描述这些相关的心理活动，现在并不是很重要，尽管稍后我们将针对这些心理活动提出一些问题。然而，如下这一点在目前却很重要，即我们必须认识到，按照表现主义的观点，这种分歧不是关于某种事实的分歧，不是关于依赖于分歧当事人之心理活动或心理状态的东西的分歧。我们可以对比一下史蒂文森情感主义理论的出发点。这里的分歧是关于日常生活的事实或自然科学的分歧："此地去年元旦之前没下雪"和"你弄错了。12月初下的雪将近一英寸厚"；或者"化学链反应总是涉及自由基"和"不对，有一些例外"。在这两种情况下，争端的一方是正确的，另一方则是不正确的，这要看天气或化学反应的实际情况如何。但根据表现主义的观点，无论史蒂文森语境中的表现主义，还是吉伯德或布莱克本语境中的表现主义，在评价性分歧中都没有与此相应的情况。

"猎狐和允许猎狐都不好"以及"猎狐并不坏，所以没有什么理由禁止猎狐"。人们在关于猎狐的相关事实和哪些事实是相关事实这两个方面的共识与这一评价性分歧是完美兼容的。如果某人不仅提出自己的观点，而且坚持认为自己的观点绝对正确，不认同她的观点的人是大错特错，那么，她在主张什么呢？她在主张猎狐不好，同时在主张没有什么考量能够让她改变自己的判断。实际上，如果她要改变主意，她可能会说自己弄错了。因为她认为猎狐不好，这是她的态度，但猎狐是好还是坏并不取决于她或任何其他人认为猎狐不好的态度。那些和她意见不同的人当然能够以同样的推理说出自己的理由。然而，基于这种表现主义的观点，他们的评价性判断之所以存在，只因为他们的态度和情感使然。

如果双方任何一方转而承认他们可能错了，这就等于说他们能够设想到，他们经过再三思考可能会改变态度。在这两种情况下，任何一方如果具有充分的自我意识，都必须承认他们所谓的判断只是表现了他们通常较为复杂的思想状态。人们对那些日常或科学事实问题发生争议时，进行判断的条件和以上情况大为不同，因为人们对这些问题进行判断的依据可以诉诸一个权威标准，这个标准符合事物的实际存在，这个标准是外在的，独立于任何人的情感、关心、信念和态度。

相比之下，在涉及规范性或评价性的问题上，表现主义认为没有这种权威标准，没有这种外在的、独立于主体的情感、关心、信念和态度的标准，这些主观因素都是主体需要的。或者说，如果主体确实需要某种外在标准，那么只有主体赞同这种标准，这种标准才对这个特定的主体具有权威性。表现主义拒绝任何外在标准和独立于主体的情感、关心、信念和态度的标准，认为主体的规范性判断和评价性判断能够通过他们的情感、关心、信念和态度得以合理论证，这意味着表现主义偶尔和某种存在主义有共同之处。所以，艾耶尔可能会提出萨特，说"萨特的一个优点是，他认为没有什么价值体系能够对人产生约束，除非人选择和接受这样的约束"[19]。也就是说，除非主体赞同这个价值体系。

解决评价性分歧和规范性分歧的方式，与解决日常事实分歧和科学分歧的方式不同，这一点可能会被表现主义者用来强化表现主义的观点。我们在思考费迪南德和伊莎贝拉、爱德华和埃莉诺的例子中已经说过，在我们的文化中，我们经常在评价性判断或规范性判断方面与其他人产生分歧，这种分歧并不能通过双方反复引证相关的事实得以解决，尽管我们最终承认这些事实。这些不能解决的分歧，在表现主义者看来是再正常不过的了。此外，正如我刚才所言，那些涉及表现主义的问题引发了非常具有哲学性的辩论，表现主义者对此却没有给出决定性的理由，在他们看来，所谓决定性就是让他们改变想法。那么，我们是否有充分的理由同意表现主义？要给出肯定的回答还为时过早，因为我们不能对表现主义的情况做出好坏的评价，除非我们在解释利益和"善"的问题上把表现主义与另一种不相容的哲学理论进行较为详细的比较。下文就大体论述一下这样的一种哲学理论。

1.4 人类繁荣意义上的"善"和利益：亚里士多德主义

对以上观点提出争议和不同解释的理论，主要是关于人类繁荣的理论。研究各种非人类动物物种的行为，发现在狼和狼群、海豚和海豚群、大猩猩和大猩猩群中，某一物种的个体和群体是否繁荣发展具有非常显著的差异。这些非人类动物物种个体的繁荣需要某种特定的环境，它们在这种环境中以良好的健康状态度过既定生命周期的各个阶段，发展和使用它们特定的能力，进行必要的学习，保护和养育年幼者，实现其生物本能所指引的各种目的。疾病、伤害、遭受猎食（包括人类的猎食）、饮食短缺，对于这些动物来说都是致命的恶性影响，使它们无法发展和使用其特定的能力。动物得不到学习的恶果，可能是不会狩猎或觅食，不会抚育其幼仔。首先请注意，善（或好）和恶（或坏）等词及其同源词在这里描述动物时，也是不可或缺的。其次要注意的是，对于某个特定的个体或群体来说，善恶（或好坏）标准取决于它属于什么物种。譬如，对狐狸这一物种有利的事情对兔子这一物种可能是有害的。最后要注意的是，当我们说狼或狼群、海豚或海豚群、大猩猩或大猩猩群在某个特定的环境中生活得很好或很坏的时候，我们的判断并不是表达我们的情感、态度或其他心理状态。这一判断是否真实，取决于客观性的标准，而不是由哪个观察者决定的。

可见，狼、海豚、大猩猩、狐狸和兔子是否繁荣发展涉及关于"善"和利益的争论，人类也是如此。关于人类个体和群体，我们可以像评论其他物种的个体那样，说他们的某种情况是好或是坏，意思是说他们的情况有助于人类的繁荣发展或者相反。我们当然是这些个体和群体中的成员。因此，按照这种观点，我们在比较某些行为或状况的发展前景孰优孰劣时，我们是在考虑每一种情况对人类繁荣会有多大贡献，或者有什么阻碍的影响。我们日常关于善恶的判断和比较，至少在正常使用评价性语言的情况下，一般都意味着某种促进人类繁荣的基本前提，尽管我们可能从未清楚地指明这个前提。我们和他人在具体行为方案上产生意见分歧，这可能是对人类繁荣的总体认识有分歧，也可能是在这个特定情况下对什么有益于人类繁荣有分歧。（关于什么是正常情况下使用的评价性语言，我将在后文解释。）

在判断其他动物物种之成员的繁荣或失败的问题上，这和表现主义的对立是显而易见的。关于对我、你或我们而言什么是好的或最佳的（好的或最佳的我、你或我们，好的或最佳的事情或事物）判断，不是我的、你的或我们的心理状态的表现。为人处世中的良好判断或最佳判断出现分歧时，要诉诸独立于论争中个体的情感、关心、信念和态度的标准才能解决。这里会立刻出现一种反对意见。某人会说："人们经常无法解决关于什么是人类繁荣发展的意见分歧，这不是什么丑事。如果所涉及的问题，譬如天气或化学反应，具有真正独立的真假标准，那么这方面的分歧就总是可以解决的。这些怎么可能是相同类型的分歧？"这个问题提得很有针对性，但它反对的观点连大纲还没有勾勒出来，所以为时过早。我现在只能说，根据我已经大概勾勒的观点，对某种环境下之人类繁荣的理性研究 *26* 及研究后所产生的关于此的意见分歧，本身就是人类繁荣的标志之一。针对这种反对，我不会考虑任何进一步的答复，但我现在必须对人类的繁荣和某些非人类动物的繁荣之间的比较做一些说明。我们先考虑一些主要的差异。

对于非人类动物来说，它们的环境无论怎样，都是既定存在的。它们的繁荣发展就是在某个特定环境下的繁荣发展，这意味着它们成功地适应了这个环境。一些物种的动物个体会季节性地从一个环境迁移到另一个环境。许多物种的动物个体和它们的环境交互作用，在某些方面改变了环境。但是，人类的独特性在于他们经常极大地改变了环境，让环境适合他们的需要，改造山川田地，治理和改变自然力量，使自然力量为人类的目的服务，往往造成意想不到的巨大后果。人类在改变自然的过程中改变着自己，在他们的生命周期中发展形成了一系列巨大的能力，这是任何其他物种的动物都做不到的，其中许多能力为人类所独有。最显著的是运用语言的能力，人类如果没有这种能力，人类其他独特的能力就不会发展成现在这样。人类语言具有至关重要的四个方面。

语言的第一个重要方面是它的语法结构。正因为语句能够嵌入其他语句，我们才能对断言的真实性、推论的有效性和结论的正当性提出问题并给予回答。"我是否有理由相信我刚才看到的是我父亲的鬼魂？""如果这口井干枯了，就没有其他水源了。这是真的吗？"我们通过提出和回答这些问题，才具有反思性。语言的第二个重要方面是增强了我们的沟通交流能力。我们能够形成复杂而详细的意图，把这些意图传达给他人，理解他人复杂而详细的答复，并应对这些答复，这种交流方式是没有语言的物种所不可能做到的事情。这使人类独有的某些合作的类型与联合的形式成为可能。我们不仅认可个体利益，而且认可共同利益。语言的第三个重要方面是，正因为我们的语言具有各种不同的时态和逻辑关联，我们才能设想不同的未来，包括长期的未来和短期的未来，才能给我们自己确定需要时间来完成的个人目标和共同目标。我们形成了相互之间的期望和对自己的期望，我们会对事情的发展和结果表示高兴或失望。语言的第四个重要方面是，同样的语言资源让我们能够互相讲述一些故事，这些故事可以是关于我们的事业规划、英雄事迹和悲惨经历的故事，可以是我们叙述、演出、歌唱以及让我们吸取经验的故事。

我们在拥有这些能力的同时，也会在生活的许多方面出错，而非人类动物却不会产生这样的错误。我们经常做出错误的判断和无效的推论，我们经常相互误解和互相欺骗，我们对未来的思考经常充满希望或充满恐惧，我们的故事可能是对现实的扭曲和分裂。我们作为理性的动物在本质上是去理解，但我们却很容易误解自己和他人，这种误解有时会延伸到我们和他人作为群体使用的语言之中。人类还有一种显而易见的巨大能力，那就是能够认识和发现自己的错误，并在错误中学习、进步。所有这些能力都能以许多不同的方式得到发展，从历史上看，这种多样化的发展显然是确定无疑的事实，因此有了多样性的人类文化，每一种文化都用自己的方式去教育年轻人和理解人类的特性。我们可以思考一下古代斯巴达、古代科林斯和古代雅典之间的差异：一种是军事、体育和言简意赅的文化，一种是商业和审美的文化，一种是海洋、辞藻华丽、戏剧和民主的文化。它们的文化相互论争、互不兼容，对人类繁荣概念都有独特的见解，并表现在其评价性判断之中。

我们进一步可以列举中世纪的波斯、唐代的中国或巅峰时期的玛雅文化，我们能够立刻看出人类繁荣的理念古往今来并不一致，在许多方面是互不兼容、互不相让的。因此，显然，我们思考非人类动物繁荣的方式和考虑人类繁荣的方式之间似乎少有可比性或没有可比性。人类观察自然世界，在什么是狼、海豚和大猩猩的繁荣的问题上不难达成共识，但在什么是人类繁荣的问题上达成共识的前景似乎比较渺茫，因为我们每个人都认为人类繁荣的条件在很大程度上只能依赖于我们各自生活于其中的文化，依赖于这种文化所提供的那些评价性资源，而我们生活在哪种文化中是偶然的。但事实上，这些考量提供了一条解释"善"和利益的思路，认为根据人类繁荣概念去理解"善"和利益应该是可靠的。

第一，在关于什么是人类繁荣的问题上，不同的文化之间和同一种文化内部之所以存在分歧，是因为在不同的文化之间和同一种文化内部人们　28存在着三个方面的分歧，这三个方面涉及如何判断善恶好坏、如何进行利益权衡和如何在更一般的意义上使用"善"的问题。如果这种对"善"和利益的解释是正确的，我们就应该关注这个现象。第二，在大多数文化中，或许是在所有文化中，人们会理所当然地认为，人类繁荣就是在那个特定的文化中所理解的繁荣。克利福德·格尔兹（Clifford Geertz）写道："在爪哇岛，……人们会直截了当地说：'做人就是做爪哇人'。"他也注意到："小孩、莽汉、智障者、疯子、地痞流氓"那些作为人类还没有成熟发展的人，在爪哇人看来"还不是爪哇人"[20]。可见，在每一种文化中，无论是爪哇文化，还是璀璨的雅典文化，抑或是新儒家的中华文化，评价性判断都对同一个问题表达了竞争性主张，这个问题便是如何让独特的人类能力得以有效实施，让独特的人类目的得以实现。

那么，现在的问题是找出在这些竞相论争的主张之间做出取舍决定的一个尺度。这需要我们每个人从自己的文化所包含和预设的关于人类繁荣的观点中抽身出来，以便能够带着人类繁荣的现实来比较、鉴别这种观点与其他文化中的那些竞争性观点，我们能做到这一点吗？我们看看亚里士多德的做法。亚里士多德的信念和态度表现在许多方面，有些方面非常令人遗憾，是当时受过教育的希腊人的特征，也许正是因为这一点，我们未能充分认识到他关于人类繁荣的观点在多大程度上和他同时代的大多数希腊人是不一致的。亚里士多德吸取了希腊文化所提供的资源，然后超越这种文化，退出这种文化，用任何充分理性探求所能认可的标准来裁判这种文化的实践和制度。这使得亚里士多德有可能严厉地批评雅典、科林斯和斯巴达的政治社会缺欠，让他坚持认为人类只有通过城邦（*polis*）这种社会政体才能获得繁荣发展，这个主张和马其顿上层阶级的观念相悖。那么，他的人类繁荣这个核心概念是什么？

它有四个组成部分。第一，亚里士多德认识到了人的能力的整个系列、身体、认识、情感、理性、政治、道德和审美诸方面的能力。第二，他所谓人类的独特能力，我认为就是人类因为拥有语言而形成的能力，尤其是那些在实践和理论中具有理性的主体的能力，这些能力不仅使我们能够反思现在和将来的言行，而且使我们能够按照理性的指示去修正活动和探求的方向。第三，人类还有其他的独特能力（这些能力在实践中的运用需要语言），它们使我们与他人开展合作，这是非人类动物做不到的。人类在本性上既是理性动物，又是政治动物，在政治关系中并通过政治关系实现自己的理性力量。第四，我们的本性使我们能够在教养中成长，如果我们接受了良好的教育，我们会把追求的目的当成利益，逐渐形成某种概念来描述人们如何实现这些目的，认为人生应该是一个圆满的人生，这便是人们所谓的"幸福"（*eudaimōn*）。

如果亚里士多德要解释什么是人类主体的繁荣，什么是人类主体的良好发展，那么他肯定会考虑人类活动的这四个方面，缺一不可，因为他的核心思想是繁荣就是良好的发展。机器的运行状况有好有坏，非人类动物的生存状况有好有坏。与机器、狼群、海豚和大猩猩一样，人类主体和人类社会的发展状况也有好有坏。这里和表现主义的对比再次显现出来。无论什么样的机器，其运行得好或运行得坏都是一个事实问题。判断某个机器运行得好或运行得坏就是评价这台机器及其性能，但这并不是表达一种对待这个机器的态度，更不是一种赞成或反对的态度。如果我是一个卢德运动的成员，我可能确实会对一些运作优良的机器产生反感，但我对机器运行得好或运行得坏的判断只取决于这些特定机器的实际情况，而绝对不是表现主义的。与对机器运行情况的判断一样，对狼群、海豚和大猩猩的生存状况的判断也只取决于它们的实际情况，对具体人类主体的发展状况的判断也是这样，都是事实性判断和评价性判断，不是主体的表达性判断。尽管说这些判断的对错只取决于和那些特定人类主体有关的事实，但我们说过，和人类主体有关的事实比和非人动物有关的事实更加复杂。我这里简单说明一下对"善"和利益的解释。按照这种解释，如果有人断定某个特定个人或团体如何为人处世才好，这就意味着这个特定个人或团体这样为人处世有利于人类繁荣。但对于这种解释，有人可能提出异议，他们可能会问：我们普通人在日常判断中无论使用英语、爱尔兰语、汉语或任何语言，都会计划下个星期天该做什么好，会评价邻居的行为为何如此恶劣，会建议什么政策最好让市议会去实施，这些言行都证明我们支持亚里士多德的观点吗？你是想说明这个意思，还是直接拥护这样的理解？难道这不是明显的荒谬吗？也许不是。

亚里士多德的主张是，他在政治学与伦理学中明确地揭示了古希腊文化中人们判断和行为的标准，人们在这里作为理性的主体体现了人类繁荣，这证明和诠释了为什么许多人不能繁荣发展，为什么关于善和生活方式的问题具有许多不同的认识与判断。我的主张是，许多其他文化中的普通人，他们在判断和行为中体现的人类繁荣概念并不成熟，但在几个重要方面和亚里士多德主义是一致的；如果不是这种情况，那就意味着人们没有正确地认识人类繁荣，因而不能繁荣发展。一旦我们认识到有那么多生活方式，在新亚里士多德主义看来，这就是人类行为和生活的良好状态，因此我的主张应该具有说服力，并不荒谬。

我们先看一个亚里士多德主义的公式。那些想繁荣或正在繁荣发展过程中的人具备一定的思想和品德素质，这些使他们的能力在与他人的合作中并且通过与他人的关系而得以发展，他们由此获得了那些让其生活健全和完善的利益。任何这样的公式都有让人看不到的地方，那就是在不同的文化秩序和社会秩序中有不同的环境，人们在这里的生活印证了这样的公式，但人们的生活肯定有很大的差异，事实就是这样。什么是人类应有的繁荣，亚里士多德时代的雅典人有一个答案，中世纪的爱尔兰农民，或18世纪的日本商人，或19世纪英国工会的组织者有另一个非常不同的答案。对于我们来说也是这样，即便在同一种文化中，也有不同的繁荣发展方式，因为我们的能力和环境都有差异。对于这种繁荣发展方式的多样性，亚里士多德本人并不总是这样认为，但这是新亚里士多德主义解释"善"和利益的关键，所以我一直强调有许多方式让人类繁荣发展，但还有更多的方式让人类难以繁荣发展。因此，在不同的时代和地点，人们其实在根本上都重视人类繁荣发展，但对特定主体在特定环境下应该如何为人处世的问题表现出非常不同的，甚至显然互不相容的判断。

然后，毫不奇怪的是，人们需要发现和不厌其烦地去不断发现如何在某个或某种特定环境中繁荣发展的问题。这种发现和不断发现通常是人们产生分歧与争论的结果，有时是普通人在日常环境中针对如何实现他们的 *31*

共同利益而产生分歧与争论，有时是理论家反思这些普通人的实际问题而产生分歧与争论。因此，同样毫不奇怪的是，人们关于什么是繁荣发展的分歧有时会大量增加，但这种分歧的发生并没有提供什么理由让人们拒绝新亚里士多德主义对人类繁荣的解释。

我把这个解释称为新亚里士多德主义，所谓"新"是强调这样的用意。过去和现在都有人对亚里士多德进行评论与翻译，他们的分歧广泛存在于如何理解与解释相关的文本方面。我不会参加这些争论。我提倡的观点确实源于亚里士多德，但重要的是这些观点，它们是不是亚里士多德的观点并不那么重要。此外，我们以后会明显地看到，一些伊斯兰教、犹太教和基督教的人翻译与解释了亚里士多德的著作，为这些观点的发展做出了显著的贡献，其中贡献最大的是阿奎那。然而，如果我现在把这些观点称为托马斯主义，就等于我在解释阿奎那的思想方面与他人产生了分歧，从而加入了不必要的争论。所以，我现在姑且给自己加上一个唐突的标签——"新亚里士多德主义"。

请注意，这种新亚里士多德主义在解释我们做出评价性判断的言行时，与其论争对手表现主义一样，并不是通过把"善"翻译转换成其他言辞来解释"善"和利益的。两者都没有进行还原论（reductionist）的解释。两者的代表人物都想当然地认为，他们的听众在普通语言的使用水平上对"善"的意义掌握得非常好，在许多利益权衡方面会毫不犹豫地做出判断。这些听众能够理解"善"经常可以和"值得拥有"和"最佳选择"替换使用而意义没有变化，能够从包含这些词的前提出发进行推论和批评，而且知道如何把这些词翻译成其他语言。实际上，如果不是这样的话，他们就不能理解表现主义者或新亚里士多德理论家提出的主张。但是，他们一旦理解了这些主张，就会看到在为人处世中如何运用"善"和进行利益判断的问题上存在两种对立的、互不兼容的解释。这种情况为什么和他们有关？这里涉及好几个原因。

1.5　表现主义和新亚里士多德主义之间的分歧

如果新亚里士多德主义的观点正确，那么这应该有助于人们去发现一

个真理：让人们知道在某些特定场合下如何采取正确的最佳行为，在一般 *32*
情况下如何正确地生活，度过最佳人生。我们在对如何做出重大决定而感
到疑惑，或在回顾过去的选择而感到遗憾时，按照新亚里士多德主义的观
点，不但能够较好地反思那些具体的判断或失误，而且能够在对生活的反
思中举一反三，进而领悟到如何生活得更好，因为如果我们有错，我们一
定是在哪个具体问题上出错了。相比之下，表现主义认为并不存一个这样
的真理等待人们去发现，当我们感到疑惑或遗憾时，我们需要反省的是在
多大程度上如何重新考虑和权衡我们的态度或信念。我们可以回顾我们研
究的中心问题，从而更清楚地揭示这种差异的本质。

假设一个没有哲学思维的普通人非常渴望得到某个东西，但经过长久
的考虑后，她断定自己没有这个欲望的良好理由，并且有非常好的理由按
照不能满足自己仍然热切之欲望的方式行动。她陷入这个尖锐的矛盾后
反问自己：我该如何权衡自己内心的欲望与自己的那些阻碍自己满足欲
望的良好理由？我作为一个主体，是应该认同我的欲望，还是应该认同
我的理由和我的推理？如果哲学家要说服她相信表现主义，她就会立刻
意识到自己的一部分和另一个部分之间发生了冲突。表现在她的评价性
判断和规范性判断之中的前理性的（prerational）信念或态度或诸多情
感，促使她进行评价性的推理。她的欲望就是她能明显感受到的自己内心
的动力和向往。所以，现在她会反问自己：自己应该支持哪一部分？理由
是什么？

这里可能会有两种思路让她选择。第一种思路是，表现主义者认为态
度、情感、信念、赞同会表现在评价性判断和规范性判断之中，但她发现
表现主义者并没有精确地揭示它们的心理学特征。因此，她也许开始对心
理学的研究感兴趣，譬如说，如果她接受了某种版本的弗洛伊德论题，认
为道德规范的敦促不过是超我（superego）要求的伪装和变形（是超我未
被认可的要求），不过是婴儿听到父亲声音后内化的命令，那么，她就可
能得出结论：道德是一套对欲望的约束，不可信。

第二种思路是，在表现主义者看来，我们以及我们的祖先与他人之间 *33*
的互动交流影响着我们的评价性态度和规范性态度的形成与存在，她发现
吉伯德（等人）强调了这种影响的程度。她已经意识到自己在本性上并不

情愿服从他人，因此对这种性情感到别扭。在这个问题上，她遇到的作者不是弗洛伊德，而是尼采。尼采用生成论解释她如何形成了现在的评价性态度和规范性态度，这在她看来是有说服力的解释，是正确的。她得出的结论是，她迄今为止非常认真地思考的评价性和规范性的信仰与态度是外部强加给她的，让她受到了欺骗。她把自己看成从众心理的受害者，并且必须承认在自己和他人那里表现的权力意志（这一直以来都被她误解了）。因此，尽管她依据的理由有所不同，但现在她就可能得出的结论：道德不可信。

我在这里提出的观点不是对表现主义的敌视性批评。我不是想找出一个错误，而是想找出一个缺陷。如果一个人把自身的实际欲望与具有良好理由的欲望之间的冲突理解为自身两个部分之间的冲突，那么，这个人只要比到目前为止的表现主义者具有丰富得多的道德心理学的认识和理解，就能理性地解决那个冲突。弗洛伊德和尼采都声称自己提供了这样一种认识和理解。批评者则认为弗洛伊德和尼采的主张没有得到合理论证。表现主义者必须解释道德主体的心理，这种解释能够使他们应对弗洛伊德和尼采的思想，否则他们的理论从根本上就是不完整的。在主体发现自己陷入了那种我所描述的冲突时，这种不完整性不仅在理论上而且在实践中愈加凸显。

在我到目前为止的分析中，新亚里士多德主义的解释在另一个方面是不完整的。试想某人处于这样的心态：她强烈地欲望得到某个东西，但又断言自己有充足的理由不应该有这个欲望。然而，在这种情况下，她能用新亚里士多德主义的观念来理解自己的冲突；并且，这种理解方式意味着她已经含蓄地拒绝了弗洛伊德或尼采对道德判断之起源和本质的解释。如果她要相信弗洛伊德或尼采的解释是正确的，那么她就要放弃亚里士多德主义或新亚里士多德主义，她只能二选一。因此，我们暂且假设她并不相信弗洛伊德或尼采的解释，下文我们还要讨论这一问题。在这种假设下，她如何认识自己的困境呢？她的这个强烈欲望——如果不是我之前描述过的那种神经质的欲望——将是为了某种利益，尽管她有很好的理由不应该去满足或者甚至追求这个欲望。她的困境便是，自己欲望一个较小而不恰当的利益胜过一个较大而恰当的利益。因此，作为新亚里士多德主义者，她必须得出这样的结论：自己的欲望被误导了，需要改变。她完全有理由重新定向自己的欲望，但她的动机是什么？按照新亚里士多德主义的观点，作为一个理性的主体，她要按照实践理性行事，并且只能欲望具有良好理由的。也就是说，作为一个理性的主体，她对利益进行了等级排序，并且具有更高等级的欲望，从而在特定情况下不会因小失大。然而，作为一个并非完全理性的主体，她可能会受到诸多方面利益的牵引，为了采取正确的行动，她需要借助早年的道德养成和教育，需要考虑当前的社会关系。亚里士多德对她这种情况的解释比较概括，一部分表述为他所谓的"缺乏自制"（*akrasia*，该词有时被翻译为"意志薄弱"），另一部分是在其他地方的表述。后来的亚里士多德主义者，尤其是阿奎那，提供了更多的资源，但新亚里士多德主义者在解释这种冲突时需要继往开来，把传统观念转换成当代语言来表达。如果做不到这一点，新亚里士多德理论就会存在一个心理上的缺陷，就像表现主义理论一样。在我看来，新亚里士多德主义和表现主义都有必要进行这种语言转换。

这样，关于我们如何理解"善"和利益，摆在我们面前的有两个相互对立、互不相容的理论，每个理论都经历了相当长的发展过程，每个理论都是开放的，并且需要进一步的发展。每个理论都吸取了一位不可否认地伟大的哲学家的思想和主张，一位是休谟，另一位是亚里士多德。那么，我们应该遵从哪位哲学家？对于这个问题的提出，熟悉哲学的读者可能会不屑一顾。我们为什么要在他们之间做出遵从的选择？他们会对此表示反对。毕竟，绝大多数当代学院派道德哲学家都反对这两种观点，认为两者作为一种元伦理学理论——一种关于我们评价性话语和规范性话语中的关键表达之意义与指标的理论——都是不可接受的，同时认为新亚里士多德主义对评价性主张和规范性主张所做的区分没有任何价值。这会让我们停止探讨吗？

当然，我会坚持过去的所作所为，并且会继续探讨下去，因为我坚信学院派道德哲学在它过去的某个历史节点转错了方向，走错了方向，如果借用一个比喻的话，其任务是爬山，但是爬错了山。因此，我必须在适当的时候解释和论证这些重大主张。但是，我将会论证，这样做的一个必要条件是，首先要弄清楚表现主义和新亚里士多德主义这两种理论在论点与主张上有哪些对立。然而，我们还要注意当代哲学的一个显著特征。之前在讨论对表现主义进行的一种标准批判的过程中，我曾评论说，表现主义的批评者和捍卫者之间所进行的广泛辩论虽然让他们之间的分歧获得了更加微妙和复杂的表达，但却根本没有解决分歧。这种现象同样存在于当代道德哲学的每一个主要分歧之中，无论在元伦理学之中还是在规范伦理学中，并且也存在于许多其他哲学探讨领域。每一个立场的拥护者都认为自己具有能批驳每一个对立观点的决定性观点，不承认站在对立立场上的人有什么正确的地方。那些认为自己成功地解决了一两个这些分歧的人发现自己陷入了新的分歧，所以很难说他们实际上取得了成功。因此，我们只能姑且地说，那些相信了表现主义或新亚里士多德主义的人，缺乏足够的理性去站在对方的立场上思考一番。然而，这仅仅使得如何解决那些将它们区分开来的问题变得更加紧迫。

我们在特定场合要对如何为人处世做出判断，这些判断体现着具体的态度或情感，这里有欲望，包括较高层次的欲望，这些欲望促使我们采取行动，以便在那些相同的场合下获得满足。这些判断和这些欲望之间的本质或关系是问题之所在。开始进一步探讨的一个良好起点是，研究这些关系在我们每个人生命中的历史，这是从幼年开始的历史。因此，我要回到一开始就简要提到的主题，即幼年的欲望和挫折，但现在提出的问题和早先大有不同。

1.6　关于道德发展的两个论争

我们首先需要向他学习的思想家是 D. W. 温尼科特（D. W. Winnicott），他在第二次世界大战期间及战后的英国给新妈妈们提出的精神分析学上的建议在两个方面和我们目前的研究相关。温尼科特的目的之一是拯救那些焦虑中的妈妈，让她们做个差不多的好母亲就行了，不要总想着成为完美的母亲。因此，这些母亲应该把目标定位在"足够好的"（good-enough）。"足够好的"母亲会尽力照顾自己的孩子，她知道，像每一位母亲一样，自己做不到尽善尽美。因此，我们可以考虑：一位母亲如何才能做到足够好？说她所做的对于孩子来说是好的或最佳的意味着什么？每一种情况下的利益和欲望之间是什么关系？但我们必须先考虑温尼科特对那些母亲所说的话以及他给我们的启示。

"足够好的"母亲要在两种极端之间掌舵航向，一种极端是过度保护孩子和使孩子缺乏安全，另一种极端是过度纵容孩子和对孩子太严厉。[21] 不给孩子充分的自由去探索其面临的现实，孩子将来会缺乏应变的想象能力。孩子经常要什么就能轻易地得到什么，将来会因愿望得不到实现而痛苦，因为他们不知道如何把控幻想与现实之间的分界线。为什么这些后果对孩子有害，对孩子长大成人后有害？这样的成人在进行选择时表现太差：一种情况是缺乏想象力，不能全方位地认识展现在自己面前的可能性；另一种情况是不能承认和应对现实的客观约束。"足够好的"母亲希望孩子长大成人后在为人处世中做出更好的选择，而且努力培养孩子的这些特征。她会当好母亲，让孩子能够在生活中做出好的选择。"好母亲"的"好"显然在用法上和"好农民"或"好机器"的"好"一样，这三者的优良性所共同具有的一个重要标志是，某些人依赖母亲、农民或机器，使自己得以存在和生活，得到繁荣发展所需的条件。至此，"好"的用法还符合新亚里士多德主义，但情况绝非这样直接明了。

"足够好的"母亲想成为一位好母亲，她之所以这么想，是因为她想让孩子受益。"好"有不同的用法，这里表现的是她的愿望，是随后对她的褒贬评价。别人称赞她是一位好母亲，意味着他们进行了褒贬评价。因此，如果我们不承认这些用法的表现意义及其和欲望的关系（欲望促使人们采用了这些用法并表现在这些用法中），那么我们对这些"好"的用法的解释就不完整，就可能造成误导。那么，在"好"的这类用法中，我们应该如何理解新亚里士多德主义用法和表现主义用法之间的关系呢？ *37*

我们先从较为明显的用法开始。"好"属于我们的实践生活词汇，在词汇表里占有一席之地，这在某种程度上是因为，我们陷入了欲望冲突——我们的欲望把我们指向太多不相容的方向的情境，是我们人类特性的一种不断出现的特征。我们在前文已经强调过这个论点。我们如果不是实践理性者，那么就会依靠欲望争斗中相对较强的战斗力、欲望竞争对象中相对较强的吸引力来解决这些冲突。我们通过学习使用"good"（好）及其同源词，能够在判断中理性地比较诸多欲望对象哪一个更好，能够在论证中理性地比较哪一个结论对我们最有利，如此这般，我们就成了实践推理者。但这种转变还需要另一个转变，因为仅仅学会如何在理由陈述和辩论解释中使用"好"这个词还是不得要领，我们要让这个词成为我们为善的动机，让我们的行为成为我们的实践理性所要求的结果，或如亚里士多德所说，我们实践理性的结论就是我们的行动。

也就是说，我们必须成为这样的主体：他们欲望按照理性的指引而行为，欲望为了善和最佳利益而行为，而且具有一个二级欲望，即对善和最佳利益的欲望是我们愿意去满足的欲望。人类最重要的特征是天生就具有这种推理和欲望的潜力，这有别于其他动物。那么多的儿童心理学家、儿科医生，包括像温尼科特这样的精神分析学家，做了大量的工作去研究和发现如何克服在现代性条件下实现这种潜力的障碍，我们要感谢他们的贡献。哲学任务是说明在这些转变过程中推理和欲望之间的不同关系，由此揭示"好"是如何被使用的，无论使用的主体是母亲、儿童，还是心理观察员。为了做到这一点，我们需要进一步了解儿童发展的两个方面。

婴儿在成长为儿童的过程中，要学会区分哪些是利益，哪些是欲望的对象。"别吃，拿着，这样拿着！"家长说。"但我想吃！"孩子回答。家长说："吃了对你不好。"或者说："别吃，拿着，现在这样拿着。留到以后吃更好。"孩子的回答是"但我现在就想吃！"为什么孩子应该做父母认为 *38* 对他们好的事情，而不应该做他们想要做的事情？为什么孩子应该延迟满足自己的愿望，只是因为家长认为这样做更好？最初，这只能是因为孩子希望得到父母的赞成，害怕父母的反对，反对有时表现为惩罚。但后来，"足够好的"父母会告诉孩子区别欲望对象的理由，希望孩子能认识到这些理由才是良好的理由。一个孩子怎么做得到呢？

幼年的人类和幼年的其他物种相比有一个显著的区别，前者不同于后者，他们要准备好为自己的行为负责。他们被问"那样做好吗？"，提问者不仅是父母和其他成人，还有他们的同龄人，并且在很多场合都是如此。他们一旦参与家庭、学校、职场的各种实践活动，就会学会识别每一种实践活动的内在利益，这种利益只有他们和其他人参与践行美德和运用技能的活动才会实现。[22]如果他们做不到这些，他们通常就会受到质疑。这时，他们不得不向他人解释自己行为的理由，有时还要为支持这些理由提出论据。当他们开始反思自己为什么会失败，并按照找到的答案行动时，他们便成为理性主体。如果他们要这样做，那么他们的动机必然是实现某些利益，他们认为这些利益是行为的良好理由。欲望给他们的动机和实践推理给他们的动机肯定在很大程度上是一致的。在这种情况下，他们会成为负责任的理性主体，既对自己负责，又对他人负责。

这样说，让人立刻想到亚里士多德在《尼各马可伦理学》第六卷对道德意志（*prohairesis*）的分析，他认为这里包含理性的欲望，或包含欲望的理性。（1139b4 - 5）按照亚里士多德的解释，主体具有美德之品行，这些主体的理性协商产生"道德意志"（*prohairesis*，这个词经常被误译为"选择"），然后转化成行为。"道德意志"是理性的需求。G. E. M. 安斯康姆认为这个观念"应该被解释为有利于人们'把事做好'的需求或者'把事做好'的组成部分"，即有利于人类繁荣或者人类繁荣的组成部分。[23]这就简要地解释了，在关于什么是善和利益的问题上，人的欲望、情感和态度以及靠理性做出的判断之间的关系是如何发展的，这种发展是从婴儿期经过童年向成年人生的发展。按照温尼科特之精神分析的见解，这种解释在几个关键方面和亚里士多德对主体的描述是一样的。这是否意味着新亚里士多德主义对"善"的使用和意义的理解得到证实了？并不完全是。因为任何一位表现主义者都会提醒我们，我们还必须确定这些表面上看起来坚持新亚里士多德主义的主体在判断和选择为人处世的行为时是如何使用"善"的。

我们早就说过，特定主体在特定场合下关于如何考虑为人处世的最佳选择存在着一定的分歧，不同的文化之间关于如何看待人类繁荣也存在着一定的分歧。一种关于人类繁荣的特定观点，不管是哪个人或哪些人提出的预设或在行为中的表现，也不管存在于哪种文化的规范和行为之中，表现主义者都会坚持认为，这种观点表现了一种对评价性判断和规范性判断的前理性的赞同，这些评价性判断和规范性判断包含着关于人类繁荣的特定观点，包含着对其他观点和对立观点的间接或直接否定。它反映了个体在成长中生成的喜好或厌恶，这些喜好和厌恶在许多情况下在那个个体所处的文化中被广泛接受。表现主义者进而认为这个推理不能反转过来，因为与新亚里士多德主义的主张相反，他们认为各种关于人类繁荣的观点是

39

有争议的，而独立于这些观点的人类繁荣实际上不存在。表现主义者在认识到我们许多人在自己的特定语言中确实表达了人类繁荣的实际存在时，便又会在布莱克本的准现实主义中找到资源，为那些特定语言提供一个表现主义的解释。

对此，我们新亚里士多德主义者通过归纳、整理有关人类繁荣的失败案例，能够做出较好的回答。有些失败是因为营养不良、受伤和不健康。有些失败则是因为无法生活，在物质方面或文化方面非常贫困。有些失败是主体懒惰或缺乏能力的结果，这些人不能自律和自立，没有一技之长。有些失败源于主体的牺牲，无论是为将来牺牲现在，还是为现在牺牲将来。有些失败则是由于主体与他人的关系不融洽，这些人缺乏急需的合作，无法向他人学习非常重要的东西。这些当然不是全部的失败案例。失败的程度有大有小，有些局限于主体活动的某个特定领域或某个方面，有些影响主体的整个人生；有些轻微而不重要，有些则意义重大；有些是暂时的，容易补救，有些则难以处理，甚至无法补救。我通过归纳、整理发现了这些失败案例的共同点，即其原因都是在相当大的程度上阻碍了主体去实现人类的某些潜力，妨碍了主体去发展某些能力，结果妨碍了某种善或利益的实现，这种善或利益对于主体作为人类的繁荣具有至关重要的意义。

这些失败的原因有时超出了主体的控制。但在其他情况下，失败的原因要么是主体在什么是良好的欲望和行为方面违背了自己的最佳判断，要么是主体在什么是最佳的为人处世之道方面做出了错误结论。在任何一种情况下，如果主体要避免失败，关键都取决于该主体能否从自己的经验中吸取教训。那么，这种学习包括什么？在前一种情况下，这需要承认一个人作为理性主体的不足之处。在后一种情况下，则需要认识到主体判断的不足之处，关于如何为人处世，无论是主体认为适宜和最佳的某个特定判断，还是一系列这样的判断（这些判断引导主体应该如何行为，以有利于其实现作为人类的繁荣发展），都会被结果证明是错误的，因此，主体当然需要修正在其特定情况下对如何实现人类繁荣的认识，也许还需要修正他们所理解的人类繁荣这个更大的概念。

按照这种新亚里士多德主义的观点，失败是学习辨别真伪的机会，是一种生活，主体在这种生活中去实现其具体的利益和分辨善恶，主体在这种生活中通常会对失败做出建设性的反应，从而理解"善"到底是什么，这种理解在日常实践层面一般表现在具体的判断之中，表现在欲望的导向上，表现在德智品性之中，表现在行动上，而且有时（虽然很少）表现为明确的理论。在实践生活中，这种教育的结果之一可能会让人们认为，实践生活是一种探究性的生活，要在生活的每一个阶段进行评价性总结，看是否符合有关人类繁荣的事实，即做出是非判断，这个观点显然不是准现实主义的表现主义所能承认的。

对于这一切，这种表现主义的答复简单而直接。这是因为，对于新亚 *41*
里士多德主义者罗列的这种所谓的道德失败的事实，我们无论表示同意还是表示反对，都不如一种赞同的行为重要，这种行为表达了特定话语者的态度、情感和信念。因为新亚里士多德主义者诉诸这些事实，已经假定了他们对这些所谓事实的解释以及他们对解释立场的选择。这在新亚里士多德主义的立场上看是论证和探讨，而在表现主义的立场上看是华而不实的修辞。我们陷入了对峙之中，但我们学到了一些东西。对于所有版本的表现主义，我们现在可以说，表现主义虽然是一种元伦理学而不是一种最基本的道德理论，但在对实践生活即道德生活的所有对立的实质性解释之间，它事实上并不是中立的，如果表现主义是正确的，那么新亚里士多德主义就是错误的。然而，表现主义与许多其他相互对立的道德观点是相容的，在它们之间是中立的，这一点并不难理解，如果我们能考虑许多不同的方式（接受了表现主义的主体会以这些不同的方式来构建自己的实践推理，所有这些方式都预先设定了某种事实-价值区别，这种区别在任何版本的表现主义中都是不可或缺的）的话。[24]

1.7 主体的判断和其欲望之间具有启发意义的冲突：表现主义者、法兰克福和尼采

按照表现主义的解释，评价性信念和规范性信念表现了主体的态度、情感，因此评价性信念和规范性信念的程度与性质会有很大的不同。这些信念可能源于相信功利主义，抑或源于拒绝功利主义；它们可能会要求主

体忠诚于某种严格的义务要求，或者坚守某种精心炮制的人权学说，或者拒绝这两种要求。有些表现主义的道德哲学家努力寻找其他论证方式，令人钦佩。如西蒙·布莱克本认为："我们想让自己的感知不但具有可靠性和可投射性（指向一般规则的方向），而且具有敏感性和灵活性（指向强调特定环境的方向）。我极力主张，准现实主义能够较好地解释和证明我们在这里的一种中庸倾向。"[25]也就是说，我们的道德应该是一些原则的明智组合，我们认为这些原则具有真正的一般性和普遍性，并用这些原则处理那些让我们更为谨慎的活动。布莱克本诉诸许多理由才得出这个结论。那么，按照表现主义的观点，什么才算是一个理由，什么算不上是一个理由？

吉伯德在论文《优先选择和优先选择性》中解释了"善"和利益，对这个问题有一个直截了当的回答。"当一个人认为 R 是做 X 的理由时，这表明他接受的那些规范在权衡中认为 R 有利于做 X。⋯⋯说一个行为是合理的，就是说有足够优势的理由支持这个行为。"[26]每个主体所接受的规范规定了某种利益权衡，可能还规定了在特定场合进行这种利益权衡的程序。但是，接受一套特定的规范是一种前理性的态度或思想状态。所以，在某些时候，某个主体根据自己接受的特定规范在为人处世中所做出的适当的和最好的判断与该主体充满激情的内心欲望存在着很大的分歧，但该主体却没有进一步的理由在其判断与欲望之间做出选择。陷入这种困境，主体该怎么办？

这时，该主体才可能会在弗洛伊德和尼采提出的那些问题中发现更多的相关性。正如我之前提到的，表现主义会招致那些问题。然而，我当时只是说表现主义者未能提出和回答这些问题，我现在想说的是，尼采［特别是写作《超越善恶》（*Beyond Good and Evil*）的尼采］有一些论点，如果给予这些论点足够的严肃性，就会迫使表现主义者对表现主义进行重大的修正和发展，因为这样的主体不能避免一个存在性的选择：要么选择她在评价性判断和规范性判断中表现的前理性态度，要么选择她当前充满激情的内心欲望。按照尼采的理论，该主体首要先要调查她目前的评价性判断和规范性判断是如何生成的，然后根据尼采道德谱系的生成论，确认这些约束她的判断如何在本质上不可信。在谈到支配我们与他人关系的规范

时，吉伯德和布莱克本站在中立的立场上看待他人对这些规范的影响，尼 43
采则认为这些规范表现了过去和现在的支配模式，在这些支配模式中，我
们要么具有大多数人的从众心理和怨恨心态，要么具有独立性，这种独立
性不承认法律，认为我们自己就是法律的制定者。这种独立性的一个条件
是承认权力意志的各种形式，承认权力意志戴着的各种面具，这种承认会
让人们怀疑过去的道德所采取的形式，怀疑过去的道德哲学所采取的
形式。

按照这一观点，道德一直是民众怨恨的一种压抑表现。至于道德哲
学，"请原谅我这样发现，迄今为止，所有道德哲学都是无聊和令人昏昏
欲睡的东西"[27]。伯纳德·威廉姆斯后来回应了这一抱怨。我们从无聊中
解脱出来是因为尼采的发现，他发现有一种哲学家穿越了过去的道德思想
和道德实践的历史，这种哲学家可能是"批评家、怀疑论者、教条主义者
和历史学家，以及诗人、收藏家、旅行者和猜谜者，还可能是道德家、预
言家、自由人和几乎所有的人"，这种哲学家现在面临的一项任务是"要
求不同的东西——要求他创造价值"。这种哲学家必须成为指挥者和立法
者。"他们在'知道'中创造，他们在创造中立法，他们追求真理的意志
是——权力意志"[28]。

因此，我们的主体在反思中会针对她过去和现在的自我从尼采那里得
到一系列问题——如果她很明智的话，这些问题和尼采提出的问题相比，
在风格上不会那么夸张，也不会涉及世界历史的范围。我们记得，她面临
的困境是：在行为中是遵循她的最佳判断，还是遵循她的强烈欲望？她现
在会问自己：我是怎么做出这些判断的？我怎么会有这些欲望？是什么让
这些判断和这些欲望真正成为我的判断和欲望？她的回答将形成一种生成
性的叙事，这种叙事有很重要的一点，它不仅应该是真实的，而且应该披
露需要披露的内容，只有这样才能成为相关自我认识的来源。或许只有通
过这种叙事，她才能反问自己是否认同自己的判断和在多大程度上认同自
己的判断，是否认同自己的欲望和在多大程度上认同自己的欲望。通过这
种反问，她或许才能知道自己现在最关心的是什么，包括她现在对过去的 44
留恋。

如果主体能够成功地进行这种反思性评价，那么这种反思性评价产生

和存在的基础是什么？这也许是一种道德生活，主体在这里的表现性信念变得明了，不仅表现在主体的初级和更高级的性格、情感、推理、判断、行为之中，而且能够让主体清晰地认识到这一切。如果主体能够这样反思性地生活，结果会怎样？这是表现主义者需要回答的问题。令人欣慰的是，我们已经有了一种非常类似这种生活的描述，这是由哈利·法兰克福提出的。他描述的不是众多生活中的一种生活，而是一种应当得到充分理解的人类生活。法兰克福的出发点和我的出发点很接近，我们都认为人类是不同于其他物种的动物，因为人类有能力摈弃自己的欲望和其他动机，反思自己是否愿意接受现在的动机。（我在第 1.1 节提到了法兰克福区分初级欲望和二级欲望的重要性。）他指出，我们认同自己的一些欲望，而不认同其他欲望；按照法兰克福的解释，我们是自由的主体，只是因为我们的动机来自我们认同的欲望，我们因此愿意接受这样的动机。我们确定了欲望的对象并加以认同，那才是我们关心的。

我们想象的主体在尼采的帮助下成功地从困境中找到了出路，她立刻在法兰克福的解释中找到了对她目前状况的描述，在这种状况下，她认可了自己的某些欲望和动机，而没有认可其他的欲望和动机，这让她清楚地认识到，这样做是她的真正关心之所在。"一个人关心某件事，可以说他就投身于这件事。他对自己认可和关心的事情，在相关的利益得失方面会比较敏感，这取决于他的关心程度是减少还是增加。因此，与这件事情相关的一切都是他关注的对象。……"[29]我们是否关心某事，在某种程度上又取决于自己，但在某种程度上又不是。"有些事情是我们忍不住要去关心的"，"这些我们忍不住要关心的事情，包括我们所爱的事情"[30]。

我们应该关心某事，完全是因为我们真的关心这件事，因为"只有我们真正关心的事情（无论是什么），对于我们来说才是重要的"[31]。"没有任何在理性上得以担保的标准，可以确定某个事物具有内在的重要性。"[32]因此，"我们的最终目的是由爱提供的，并由爱赋予其正当性"[33]。也就是说，法兰克福认为最终目的是某种强烈的情感信念，这种信念为我们的实践推理提供了一个终点，但其本身却不能得到理性的论证。[34]理性推理在我们确定最终目的的过程中起不到任何作用，因为"人们之所以爱，并不依赖于任何理由"。"爱"创造理由。[35] 这意味着，我们每个人希望得到的东西是由我们每个人的欲望和愿望决定的。我们想要什么，我们关心什么，因人而异。这并不总是和我们所认可的一样。[36]

因为我们依赖他人，因为我们害怕孤独，害怕他人认为我们没有价值，所以我们有动机去"遵循一些良好行为的一般性原则，人们期望这些原则有助于形成有序、和平和友善的关系"[37]。但是，基于这些原则的考量只是人们的一种考量，人们还有其他考量。因此，对"道德考量总是压倒一切"的说法，法兰克福说过他不理解，而且看不到任何正当论证。[38] 对于特殊情况中的特定个体来说，这些道德考量是否具有压倒一切的地位，取决于该个体的关心之所在，取决于该个体对自己之关心和欲望的权衡。个体实践推理的结果会有所不同，就像他们在情感信念中的表现会有所不同一样，而且后者对前者有因果影响。

我们想象的那位善于反思的表现主义者会认识到，法兰克福直接和间接提出的实践推理的理论在某些方面与布莱克本或吉伯德提出的理论不同。但我并不主张应该将法兰克福理解为一位更具有表现主义的道德哲学家，而是主张一位善于反思的表现主义的主体（该主体在发现自己的评价性判断和极其强烈的欲望之间产生冲突时能够做出积极的回应，并且在尼采思想的挑战下，要借助尼采的那种生成理论重新审视自己的基本态度、情感和动机的其他来源）很可能得出与法兰克福的一系列立场非常接近甚至一致的结论。我们只要考虑到法兰克福像最近的表现主义者一样，公开宣称要摆脱休谟原始表现主义中的一些声名狼藉的方面，就会非常清楚法兰克福和最近一些表现主义者的关系非常亲近。在休谟看来，我们的激情以及随后相应的优先选择既不能是理性的，也不能是非理性的，既不能根据理性，也不能违背理性的准则，所以"宁可毁灭整个世界，也不伤害自己手指的汗毛，这并非违背理性"[39]。

既然根据法兰克福的说法，我们的优先选择是由我们的最终目的决定的，理性在决定这些目的的过程中没什么作用，那么法兰克福就似乎一定会同意休谟的这一结论。但他没有同意。法兰克福承认这种优先选择并不涉及纯粹的逻辑错误，但他断言，我们不同于休谟，我们必须说这种宁愿选择毁灭世界而不能忍受轻微不适的人"一定是疯了"，这种人的选择是

46

"疯狂的"和"非人道的"。法兰克福认为这种情况是一种非理性，这不是一种认知缺陷，而是"一种意志缺陷"。[40]这种意志的非理性是由什么构成的？这不仅仅是那种人的优先选择和我们的优先选择完全不同的问题，这是他们"与我们实在不相称"的问题。[41]我们如果认为某种自相矛盾的状况是可能的，就违规越过了形式理性的界限。我们如果没有发现某些难以置信的优先选择和一般选择，就违规越过了意志理性的界限。理性不仅要求我们在做出事实判断和工具性推理的过程中要小心，根据法兰克福的说法，理性还要求我们承认自己的优先选择和一般选择是受到约束的。在他看来，这些约束从何而来？

这些约束不是某种独立的规范性现实，也不可能是对这种现实的回应。"意志理性的标准和实践理性的标准只是基于我们自身……只能基于我们无论如何都要关心的事情和我们无论如何都认为重要的事情。"[42]确实存在一些实践理性的规范，我们无论如何都要赞同。这种规范的一个例子是："如果一个行为会保护一个人的生命，那么人们就会普遍同意这是那个人采取该行为的理由"[43]，即使那个人可能有更好的理由去采取其他行为。为什么会这样？

"我们生存的欲望，以及我们会随时唤起这种欲望以便采取行为去维护这种生存，这些都不是基于某些理由而产生的……而是源于并表现了这样的事实，我们热爱……生活，这大概是自然选择的结果。"[44]其他基于理由的欲望也是如此，例如有些欲望是源于我们对"身心健康、获得满足和人际关系"的热爱。法兰克福的结论是，这些"意志的基本的必要条件"不是社会或文化习惯的结果，也不是个人优先选择的结果。"它们从一开始就牢固地扎根于我们的本性之中。"[45]我们想象的那位善于反思的表现主义者，站在后尼采主义的立场上得出这些结论时，与法兰克福有多接近呢？

她会提出法兰克福所提出的所有第一人称问题，但她会有自己的第一人称答案，这些答案关乎她的哪些欲望是自己认同的，关乎哪些事情才是她关心和喜爱的，关乎哪些事情才是她应该关心的，关乎哪些实际思想在她看来不可置信，关乎哪些事情被她发现是她的意志的必要条件。她从尼采那里，而不是法兰克福那里学到了第一人称代词的重要性。她像尼采和法兰克福那样，经常说"我们"而不是"我"，但她所谓"我们"的含义是"我和其他人，这些人和我有一样的感受、反思和意志"。对于那些关于欲望和评价性、规范性判断的论争性解释，她的态度会表现为法兰克福的模式和尼采的模式，尼采的模式具有鄙视色彩。那么，对于我们目前研究的中心问题，她会给出什么答案？

她会认为自己和他人在断言式的语句中使用"善"及其同源词时，表现了她和他们的欲望，特别强调这些欲望是她和他们所认同的，而且这样的语句表现了她和他们最关心的事情，例如"在这些特定情况下，这是我（或她、他、我们或他们）为人处世的最佳方法"。在她的评判中，行为的理由之所以是良好的理由，只能是因为通过这样的行为，她能达到这些欲望的目的。她对理由好坏的权衡来自她对欲望的权衡，而且通过这些权衡，她能解决冲突，无论是欲望之间的冲突还是判断之间的冲突，从而最有利于她的行为和强烈感受的欲望。因此，她的实践推理表现了她是如何权衡自己的欲望的，只要她的欲望缺乏一致性，她的推理的一致性就会受到影响。一个人的推理缺乏一致性，就会让自己感到沮丧，所以她会重视欲望中的一致性，为了实现一致性，她需要某种自我认识（self-knowledge）。

这种自我认识会以叙事的形式出现，叙述其欲望和判断的历史，在主体历史的第一个阶段是叙述其欲望的形成、相应的欲望内容和欲望权衡，这里包括其欲望在评价性判断和规范性判断中的表现，然后是主体如何反思这些欲望。在主体历史的第二个阶段，需要叙述主体如何发现了尼采对评价性判断和规范性判断的批判，以及尼采对欲望的批判，说明主体如何借助这个发现来重新诠释过去的自我和现在的自我。第三个阶段则涉及主体如何通过学习和训练把自己塑造成现在这种具有自我意识的主体。因此，她在向他人解释自己或自我反省时，基本上是解释自己和他人的动机，而这些动机是基于对人性的更为一般的解释。她遵循尼采的思想，会认为反对表现主义的观点是某些人的一种缺乏能力或意志的表现，这些人能够承认自己的判断和行为具有某种潜在的动机，但不能认识到自己是谁和自己要做什么。

在她看来，那些人持反对表现主义的观点，他们不能认识到或不愿承认自己受到了强制，但他们接受了这种强制，让自己的思想和情感受到了约束，并伪装成理性的约束。这些伪装和掩盖（即对理性的歪曲）的历史是许多哲学理论、神学理论的历史，包括各种形式的亚里士多德主义。尼采很少提到亚里士多德主义，但他的意思足以说明，在他看来，亚里士多德主义者是具有双重缺陷的人，这种人"要用中道把情绪压制在一个无害的程度，让情绪得到某种满足，这就是道德上的亚里士多德主义"[46]。在这种遭受的同时，这个人还是相关学说的受害者，"这一学说的思想家强迫他们在亚里士多德主义假定的前提下……思考"。尼采把这一学说归结为和其他中世纪的思想习惯一样，是武断的和反理性的，属于一种"持久的精神禁锢"[47]，是思想和精神随波逐流与贫瘠无能的结果。

因此，任何新亚里士多德主义的观点都在这两方面受到攻击。表现主义者的指责是，新亚里士多德主义未能认识到表现主义在评价性语句和规范性语句的意义与使用以及道德判断的本质等方面揭示的真理，不能成为一种元伦理学理论。尼采主义者的指责是，新亚里士多德主义不仅对人类繁荣进行了虚假的解释，是一系列的哲学错误，而且表现了自身的错误，既没有能力正确认识人类的特性，又拒绝接受正确的认识。对于表现主义者来说，新亚里士多德主义是虚假的；对于尼采主义者来说，新亚里士多德主义是有害的。

1.8　新亚里士多德主义的理性主体的概念

49　　在讨论表现主义时，我最初认为表现主义是一种探讨评价性表现和规范性表现的意义的元伦理学理论，然后转向研究一个相信表现主义的人在自我认识的实际反思中可能会产生什么样的评价性信念和规范性信念。新亚里士多德主义具有双面性，是元伦理学的主张与密切相关的评价性主张和规范性主张的组合，这一点从一开始就非常明显。如果我们说这是做事的最佳方法意味着，我们通过这样的行为能比选择其他行为为人类繁荣做出更大的贡献（无论在有利于我们自己的意义上，还是在有利于他人的意义上），那么，我们似乎只要阐明在我们看来什么是人类繁荣，就可以确信自己的评价性信念和规范性信念。"只要"这个词有点可笑。因为根据任何亚里士多德主义的观点，我们只有通过逐步研究人类活动的结构以及我们如何在这些结构中使用"善"及其同源词汇，才能充分理解人类繁荣的本质。为什么会这样？

在本章第 1.6 节，我们研究了幼儿如何首先向父母和其他教师学习，学会识别自己为人处世的方法和接受大人指导的为人处世的方法。大人教给他们做出这种识别的理由，他们便开始学着自己去弄清楚其中的道理，在日积月累的岁月里逐步理解更加复杂的活动情境。他们想要的东西可能往往与他们的最佳行动方式不一致，但正如我们在第 1.6 节指出的那样，他们想要的东西通常包括父母和教师的赞成。因此，他们必须学会做出价值判断和欲望选择，知道事物的好坏在于其本身，而不是因为要讨好他人，他人说好自己就认为好。那么，他们如何（我们如何）学会区分什么是好的，什么是他人认为是好的？

我之前也说过，我们在各种实践环境下学会这样做，每个实践环境都有其内在的目的，通常首先学会如何为我们生活于其中的家庭的利益做出贡献，然后学会如何在学校、职场以及体育运动等活动中扬长避短，做好各种事情，譬如解方程式、种蔬菜、修机器、吹竖笛、读希腊诗、画漫画、做陶罐、踢足球等。如果一切顺利的话，我们会在每一个领域养成那些习惯，也可谓养成那些性格；没有那些习惯，我们就无法践行品性美德。我们也养成了良好的实践判断的习惯，表现了智慧的品性美德和理智美德。这两种习惯的形成都离不开欲望的转变和对这些标准的越来越复杂的理解，这些标准最初是在我们老师的权威下接受的，老师们通过这些标准分别是非善恶，也希望我们能够通过这些标准弃恶扬善。

值得注意的是，各种能力在实践中和通过实践得到发展，这个现象存在于许多不同的社会和文化环境中，而在许多社会和文化环境中人们并不知道亚里士多德的名字，更不用说他的文章。然而，人们所从事的这些实践活动能用亚里士多德主义的术语得到很好的理解，他们的学习模式也能用亚里士多德主义的术语得到很好的理解。从这种新亚里士多德主义的观点来看，我们只要学习成功，就至少在我们的某些活动中实现了某种卓越，至少是我们力所能及的卓越，这是我们自己的目的。所以，在每种类型的活动中，我们都有双重目的。一方面，我们的目标是达到实现这一目的的状态，在这一特定的时间和地点实现了这一目的，那就意味着这类活动的结束：数学中的难题论证，表述得优雅而有意义；每年在恶劣的农耕条件下翻新土壤，收获一茬完美的蔬菜；一个管弦乐队富有洞察力的表演往往被认为是理所当然的，如莫扎特的单簧管协奏曲；等等。另一方面，我们每一个人的目标是成为能够实现卓越的主体，这一主体必须在工作中表现出良好的思想和品德素质与技能。一般说来，任何实践活动都具有这样的规律。医生的目的是恢复特定病人的健康，成为一名优秀的医生或保持优秀医生的品质。肖像画家的目的是捕捉特定面孔的独特之处，让自己具备画家的能力。

这些例子清楚地表明，如果我们认为我们的一些重要目的是我们事先能够具体说明的，而且独立于我们实现这些目的的活动，我们就想错了。通常的情况是，我们只有在这些活动中并通过这些活动，才能对如何思考这些目的以及如何接受这些目的的指导产生更充分的想法。因此，农民只有通过劳动，才能非常具体地理解如何获得好收成，这涉及特定的地形、特定的气候、特定的翻土工具和特定的劳动力。医生必须通过工作，才能专注于恢复和维持患者的健康，这涉及具体的病人、具体的病症、具体的药物和外科资源。音乐家或画家在创作活动中有自己的目的，当创作结束而呈现为这场演出或那幅肖像画时，他们可能会像其他人一样感到惊讶。

在我们活动的过程中，不仅仅是我们关于这些目的的概念可能发生意想不到的变化，我们为了实现这些目的，需要发展良好的思想和品德素质与技能，我们自身也可能发生巨大的变化，和我们过去的期望有所不同，这也许一方面是因为我们所处的环境具有特殊性，另一方面是因为勇气、耐心、诚实和正义等美德只能在为人处世的活动中充分表现出来，而不可能存在于活动之前。因此，正如阿奎那强调的那样，在实践的生活中，没有完全充分的一般性原则来指导我们，没有什么规则能足以指导我们，我们每个人必须在实现我们活动的目的以及这些活动的卓越之目的的过程中进行探索和学习。

为了达到这两个目的，任何亚里士多德主义的观点，无论新的还是其他的，都需要理性判断和欲望的有机结合，这就是我们在前文提到的亚里士多德的所谓"道德意志"。如果达不到这两个目的，而且不是因为人生不幸而达不到,那就证明人们的实践推理或生产性推理相当差,这可能是因为在教育中未能学会正确地判断或欲望受到了误导,或两者兼有。值得注意的是(有论调似乎是亚里士多德的错误观点,在这里相悖;亚里士多德需要来自阿奎那的纠正),养成良好的判断和让欲望具有正确导向的路途经常是有失偏颇的、崎岖不平的,因此,某人在某些活动领域表现出很好的判断和欲望,而在其他领域却表现出很差的判断或欲望,或他的判断和欲望都表现得很差。然而,即使对于最成功的人来说,也仍然存在一个问题:假定要获得的利益、要实现的卓越存在于广泛的实践和各种活动之中,那么哪些实践和活动应该在我的生活中处于中心位置、边缘位置,或根本没有位置呢?

这是一个不能完全由我独自仅靠我一人提出的问题,原因有二。首先,在我的生活中,我能给予这种或那种活动什么样的地位,我能实现什么样的利益,往往取决于他人在他们的生活中给予同类活动什么样的地位,以及他们与我合作的程度。我们每个人在追求自己的个体利益时一般都要依靠他人。当相关利益不是个体利益而是共同利益(如家庭的利益、政治社会的利益、工作单位的利益、体育团队的利益、管弦乐队的利益、剧院公司的利益)时,这种情况更为明显。我们只有作为家庭成员、作为公民、作为相关活动的参与者,才能获得和享有这些利益。关于如何实现这些共同利益的协商只能是共同的协商。而且,只有通过这种共同的协商,我们才能克服自己最初判断的偏颇和片面,纠正我们的偏见。尽管如此,在生活中的某些时刻,我们每个人还是必须自己决定这种或那种活动在我们生活中的地位。我们会如何做出这个决定?我会如何做出这个决定?我根据什么良好的理由用某个方法把生活的诸多方面整合在一起?为什么不用其他方法?(我用第一人称是为了表明,我是作为新亚里士多德主义者提出这些问题的。)要回答这些问题,我们需要记住生活的几个方面。

第一,我们生活中的一些核心利益要高于和超越于实践活动中的利益,如亲情和友情的利益、自我认识的利益,同事或熟人之间的轻松谈话和开玩笑也有很多好处。第二,不仅如此,我们在人生某一阶段的非常重要的利益可能与在其他阶段的非常重要的利益有所不同,而且通常不是同样的利益,追求与实现这些利益的意义和方式也会随着时间的推移而发生变化。年轻人的友谊和老年人的友谊不同，共同的记忆在这些友谊中起着很大的作用。年轻人的自我欺骗和老年人的自我欺骗不同，对回忆的编辑在这些自我欺骗中起着很大的作用。年轻人的笑话不是老年人的笑话。

我们正是强烈感觉到生活具有异质性和多样性，才应该提出这样的问题：我们应该在什么意义上把生活整合起来？应该在什么意义上让每一种利益在我具体的生活中具有恰当的位置？当然，这个问题还有更多的版本：我作为一个人，而不仅仅作为家庭成员、朋友、学生或农民，什么是我的最佳人生之道？我们一般会提前知道要达到什么目的，以便在各种活动中实现卓越，譬如年轻时是学生或学徒，后来有了工作，结婚并为人父母，后来也可能成为教师或工会组织者，在所有的阶段都与人为友，但我们仍然需要不断地探寻目的，对诸多目的进行权衡，以实现人类的卓越。那么，最终目的可能会是什么？

考虑到刚才所说的情况，这个最终目的首先应该是一位理性主体在人生的所有不同阶段都追求的一个目的，其人生中所有不同的活动和每一个活动的具体目的都可以指向这个最终目的。也就是说，最终目的必须是理性活动的目的，这个目的是与诸多具体目的相比较而言的。作为理性活动的目的，其实现必须涉及某种高度的自我认识，涉及我们是什么、我们做过什么和我们能做什么。其次，这个最终目的必须是一个终结，即实现这个目的的主体完成并善终了自己的人生。最终目的意味着，人们在实现了这个目的之后肯定不会再需要或寻求更多的东西。这不仅因为最终目的比任何其他的欲望对象更令人向往、更具有选择价值，而且因为它是在不同层次上的价值。再次，与其他利益相比，我们能够指出很多东西不是最终利益，这种思维过程具有启发教育意义。阿奎那曾雄辩地指出（《神学大全》第二集 ae 第一部 a 第 2—3 题），旨在实现最终利益的生命不能把人生的主要目标指向获取快乐、权力、政治荣誉、金钱，或得到身体、智力、道德、审美甚至精神上的卓越，这每一项都是真正的利益，正是因为这些利益的存在，我们才必须进行权衡。最后，最终利益必须在所有其他利益面前占据这样的地位：所有其他利益在主体的生活中都被给予了恰当的位置，但主体整个生活的目的却是实现其最终利益，反过来也可以说，最终利益就是主体的人生目的。这些其他利益都是特定主体的利益，是在特定中的利益，是在特定方面的利益。相比之下，这样的最终利益是无条件的利益，是衡量其他利益的标准。那么，什么是这样的最终利益，或者有什么条件才能成为这样的最终利益？

我们这样一般性地提出问题，似乎需要立即得到答案，但实际上现在要求得到答案还为时过早。试想一下有些思想家给出的一般性答案，他们对新亚里士多德传统所描绘的善和利益做出了杰出的解释：对于柏拉图来说，答案是对"善的形式"（the Form of the Good）的理解；对于亚里士多德来说，答案是对我们所思考的事物的沉思，我们应尽自己所能，以神的眼光来看待事物；对于普罗提诺（Plotinus）来说，答案是实现与"太一"（the One）的统一；在波爱修斯（Boethius）和阿奎那看来，答案是神的显现。我们应该赞同其中的一个答案，还是提出另外的答案？在这之前我们无法选择，直到现在我们发现这些答案是由哲学理论家提供的，理论家们从一个外部角度描述了实践生活。但是，如果我们先用理论术语来描述实践生活，而没有认识到实践生活自身的特点，那么我们就会犯错误。我们首先需要考虑和确定一个最终目的的概念，即一个最终的人类利益的概念在实践生活中的地位。我们每个人只有在做出实践判断和选择的时候，通过践行美德，才能在生活中最佳地发挥我们自己的特殊能力和环境条件，发现某种指向我们自己的最终目的的导向，发现某种让我们自己的生活得以完善和圆满的导向。

因此，善于反思的主体越来越多地从某种叙事的角度来理解自己和他人，他们在这种叙事中作为主体去确定最终目的或未能确定最终目的，他们最初在活动中并通过活动对最终目的的本质有所理解，这意味着他们是理性的主体。人们的自我意识和自我认识在探寻这个最终目的的道路上缓慢而不均衡地提高着，这使人们能够更好地理解自己以及与自己交往的人在过去生活中经历的成功和失败，并明白其中的缘由。由此看来，弄不清生活中成功和失败的原因，就是生活一团糟的标志。如果说我们已经达到了最终目的的状态，那么这就意味着我们经过反思回顾提高了理解力，在这个状态下，我们不但能够讲述我们生活的故事，而且能够对我们所有的失败做出真正的评估。

这种说法似乎自相矛盾：只有当我们认识到自己现在的善具有脆弱性

和片面性（现状），认识到自己过去的恶的现实，通常是琐碎的现实（过去延续至今），我们最终才会有充分的理由对我们生活的结果感到满足。这就是我们不应该赞同有些人把亚里士多德思想中达到这种目的的状态翻译成"幸福"（happiness）的原因。因为在当代英语中，感到幸福是指对自己的现状或某些方面感到满意，无论你是否有充分的理由感到满意。而亚里士多德的幸福（eudaimonia）和阿奎那的至福（beatitudo）所指的状态，是描述一个人对自己感到满意，达到这个状态的唯一条件是这个人有充分的理由感到满意。正如亚里士多德和阿奎那所指出的那样，这是每一个理性主体都希望达到的状态。因此，在我们达到目的的状态里，欲望最终被合理地满足了。这不仅是一个最终状态，而且在"幸福"的较早期意义上是一个幸福的结局；达不到这一状态，则是不幸的结局。

现在想象一下，就像我们曾经想象的那位善于反思的表现主义者，我们假设她相信了新亚里士多德主义在诸多核心争论中的立场。这样的转变是怎么发生的？她就像我们大家一样，在生活中追求各种各样的利益。但后来她觉得应该反思一下：我为什么要这样生活？我追求这些具体的利益是为了什么？是为了利益本身，还是为了别的什么？每一种利益对我的整个人生有什么贡献？不知不觉地，她知道自己是在探寻亚里士多德的问题，然后便向亚里士多德学习如何让这些问题更加清晰。也许让她吃惊的是，她发现亚里士多德的答案有利于她认真思考自己的答案。她终于明白了如何在新亚里士多德主义的术语中使用"善"，如何像新亚里士多德主义者那样进行利益权衡。她的生活会逐渐发展，成为一种实践问答和实践学习的生活，通过这种生活，她的感觉、欲望、辩论、判断和行为的倾向将逐渐改变。她会在越来越多的利益权衡中选择走向其最终目的的道路，逐步认识到这个目的的必然特征。

那么，她在某个特定场合非常想要某物，但又不知道如何以最佳方式取得此物，在经历这种痛苦的冲突时，她会如何思考其欲望和其判断之间的关系？她首先会考虑是什么欲望对象吸引了她，根据什么判断能够确认这是她真正值得拥有的东西。然后，如果没有按照她强烈的欲望去采取行动的话，她会考虑最终这样做的论证依据什么。这样，她便遇到了两种实践的三段论，但它们的结论却互不相容；这是阿奎那给我们描述的情况

（《神学大全》第二集 ae 第二部 a 第 77 题第 2 节）。她进一步给自己提出的问题是：一个理性的主体能够践行节制、勇气、正义和智慧的美德，该主体在这些三段论的前提下如何进行利益权衡？如果她按照自己的欲望采取行动的话，她进行利益权衡的方式是不是美德的要求？因为她一直在践行这些美德，这些美德引导她走向其最终目的，这都是她现在所能理解和意识到的。在这个时候，是她的判断还是她的欲望给她指错了方向？这个方向应该是由她和那个最终目的的关系决定的。

　　她在进行自我反思的某些时刻，很可能必须诉诸高于其实际思维的反思层次，去弄清楚自己实际立场的理论前提。正是在这些时刻，她不得不考虑一些人的理论主张，这些人非常充分地阐明了这些前提，如亚里士多德以及伊本·路西德（Ibn Roschd）、迈蒙尼德（Maimonides）和阿奎那等亚里士多德主义者。他们的论点也许会使她明白，她和他们关于人类活动的最终目的的概念不可避免地是神学的，她的实践推理的本质和她所讨论的那些人的实践推理的本质，从一开始就让她和他们对上帝有一个共同的信仰，这个信仰认为，如果没有什么能超越有限的东西，那么就没有什么最终目的或最终的人类利益让人们去实现。因此，她可能经过推理发现，她在冲突时刻做出决定的关键在于她的生活导向，她的生活如果不是向着上帝，至少也要超越有限。 *56*

　　当然，只有她让自己成为一个完全理性的主体，只有她养成了一种较高层次的欲望和一种较高层次的品性，能够作为一个主体去行为并实现这种主体的最终目的，这一发现才会对人产生激励作用，而不是让人感到烦恼和困扰。在解决早期冲突的过程中，人们一般是通过决策活动使相关较高层次的品性得以发展，使相关较高层次的欲望得以强化。人们如何处理这些冲突，如何发展这些品性，关键不仅取决于一个人早期的实践教育，还取决于一个人持续的社会关系和友谊。我已经说过，我们在就如何追求我们的个体利益做出重要决定时需要征求他人的意见，我们在追求共同利益时也总是这样，正如阿奎那所强调的那样（《神学大全》第二集 ae 第一部 a 第 14 题第 3 节），我们思考中的偏颇和片面需要通过他人的高见与批评来纠正。我们很容易成为自我幻想的受害者，我们总是会陷入美好的梦想或恐惧的忧虑，这印证了阿奎那的见解很恰当。因此，我们想象的那位新亚里士多德主义者会认识到友谊之善的必要性，会咨询其朋友、家人、同胞、同事；在涉及共同利益时，还要和分享共同利益的人进行磋商。如何构建这一系列的社会关系，以让人们系统地分享理性思考和协商？

　　人们在一起思考和协商，需要确保不排除或忽视任何相关的声音，对目的和手段的说法尽可能是真实的，对大家提出的考量给予其应有的合理权重，不因为是谁说的或怎么说的或包含非理性的引诱而过分缩小或夸大其重要性。协商的参与者必须根据他们的实践推理做出决定，不是因为恐惧、欺诈、被收买或被诱惑而做出决定。但要做到这一点，协商的参与者必须受到一些戒律的约束，无条件地禁止对无辜者使用暴力或暴力威胁，禁止剥夺无辜者的生命或他人的合法财产，实事求是，尊重与履行我们的承诺和义务。没有对这些戒律的无条件服从，就不可能有共同的理性思考和协商；没有共同的理性思考和协商，就不可能有理性的主体。我们作为理性的主体，认为自然法的权威性符合我们的自然属性。因此，在阿奎那所谓的自然法的戒律中，有些戒律在构建人们一起追求个体利益和共同利益的关系中是不可缺少的。按照新亚里士多德主义的观点，更具体地说是托马斯主义的观点，没有其他途径让人们去追求个体利益和共同利益。

　　现在我们回过来看看想象的新亚里士多德主义者如何反思她解决冲突的方法。这个方法重视主体生活中的叙事，这种叙事具有三个显著特征。第一，这种叙事不仅是一个个体的生活的叙事，而且是一个处于人际关系中的个体的生活的叙事，她可以是家庭成员、学生，然后是教师、同事，也许是捕鱼作业或管弦乐队的成员，她在这些关系中需要依赖他人，他人也需要依赖她。在某些方面，她要考虑的是"我们"失败或成功的原因是什么，而不仅仅是"我"，但是在"我"和"我们"之间的思维主体变化中，她需要一个学习的过程。第二，这种叙事将关注她和他人如何从他们的失败与错误中吸取教训。他们拥有共同利益，吸取教训是为了实现这些共同利益。非常值得注意的是，错误，也许尤其是重大错误，可以被理解为让人们学习的机会，而不仅仅被理解为人们判断上的失误，抑或人们对错误欲望的屈服。第三，我们已经说过这一点，叙事会呈现出越来越多的方向，这让她更加能够融合各种个体利益和共同利益，她已经把对个体利益和共同利益的追求视为追求其最终利益的组成部分，这时她可能认为最终利益存在于和上帝的关系之中，也可能不这样认为。因此，她的叙事会有一个目的论结构；如果她向我们讲述这个叙事，我们就会自然询问"她会实现自己的目的吗？她的人生会善终吗？还是过早撒手人寰？"

当然，她能否在理论上构想出最终利益，取决于她是什么样的人，以及她在反思中善于理论化的程度。她如何构想出最终利益，在一定程度上取决于她和那些追求共同利益的人所分享的文化资源，取决于她和他们生活在什么文化之中，如古代、中世纪、早期现代、启蒙时代或后启蒙时代的文化，取决于她及其社会的宗教属性，如异教、犹太教、基督教或伊斯兰教。我们已经把她想象为既能思考又能表达的人，能够以恰当的方式讲述自己的生活。但是，许多理性主体在实践中虽然对自己的具体情况有所反思，但却从未找到机会讲述自己的人生故事，或者可能没有资源讲述这些故事。人们总有一个真实的故事可讲，让这个故事去捕捉他们人生的叙事结构，但理性主体的属性并不要求人们总是能够根据这个故事的思路来思考他们自己。

不管我们想象的那位新亚里士多德主义者是否这样做，我们都要把她和我们想象的表现主义者进行比较，问问她将如何回应尼采在《超越善恶》中提出的挑战。她会同意尼采的观点，认为要成为亚里士多德、阿奎那和他们的继承人所设想的理性主体，就要在一定的约束下生活和行为，这包括对一个人的欲望和意志的约束，但是尼采认为这些特定的约束和特定的纪律是"精神禁锢"[48]，而她把这些约束理解为让人们能够更好地生活和行为。这些约束让人们能够参与那些社会关系，她通过那些社会关系学会如何改变自己的性格、提高自己的实践判断能力，以及追求共同利益。把这些关系和尼采描述的关系相比会给她留下深刻的印象，因为尼采描述的关系涉及两种道德，一种是他所谴责的奴隶道德的关系，另一种是他所称赞的主人道德的关系。[49] 尼采刻画的未来的哲学家具有权力意志，她和我们想象的表现主义者对此会有截然不同的意见。

我们只有通过某些实践和某些关系，才能学会如何成为实践理性的主体，才能学会如何践行人们没有它们就不可能进行理性的思考和协商的美德，而尼采却刻意让自己脱离这些实践和这些关系，并让他人脱离这些实践和这些关系。这一点也许能让我们想象的那位新亚里士多德主义者感到震惊。把人排除在这些实践和这些关系之外，使人的道德经验变得贫瘠，就让人不能理解成为这样一个理性主体的意义和方法。这样的生活会剥夺人的某些经历，但只有这些经历才能让人知道从哪里开始道德和政治的探讨。因此，这注定会让一个人产生认识和理解上的错误，就好像尼采想象的新哲学家注定会产生错误一样，这些新哲学家把探索真理的意志变成了追求权力的意志。可见，我们想象的那位善于反思的新亚里士多德主义者从《超越善恶》的尼采身上学到的教训与我们想象的那位善于反思的表现主义者自己学到的教训是非常不同的。但值得关注的是，他们在尼采的著作中所得到的见解在别处很难得到，也许不可能得到。对于任何学习现代道德和道德哲学的学生来说，尼采的一些著作，就像休谟、康德和密尔的著作一样，是不可或缺的读物，这一点甚至现在还没有得到应有的广泛认可。

1.9 表现主义者和新亚里士多德主义者的较量：一场似乎没有赢家的哲学冲突

对于我们最初提出的问题，我们得到了两种不同而且不相容的答案。这些问题涉及人的欲望如何使人的生活兴旺或不幸，如何解决欲望之间的冲突和欲望与理性判断之间的冲突，以及什么是某个特定欲望的良好理由。主体的思维模式和行为模式表现了主体对这两种相互对立的哲学答案的相信程度，某个主体若相信其中一种哲学答案，其实践推理就会与相信其中另一种哲学答案的主体的实践推理大相径庭。善于反思的表现主义者为自己设定了目的，这些表现主义者从法兰克福那里学到了他们需要学习的知识，他们的目的体现了他们的关心之所在，他们会根据他们的关心程度对这些目的进行权衡。正是对这些目的的权衡为他们提供了一些实践推理的前提。他们有时必须选择行为方式，在这种情境中也需要诸多前提。因此，他们作为实践理性者，直接面临的问题将会是这样的形式："考虑到我现有的目的和对它们权衡的情况，考虑到我必须选择其他行动方案，哪种行动方案最有助于实现这些目的？"

请注意，新亚里士多德主义者也会提出这个问题。那么，他们在哪些方面有差异？我们如果只关注选择和行为的特定场合，一个站在表现主义立场上的主体和一个站在新亚里士多德主义立场上的主体在进行实践推理与判断时就很可能在某些方面没有什么差异。然而，我们如果把目光放在这些特定场合之外，就会在更大的历史范围内发现每个事件和场合都有自身的地位，一些关键的差异就会立刻显现出来。表现主义者的历史主要是他们的经历，这涉及他们的情感、他们关心过什么以及他们如何发展到关心现在的事情。新亚里士多德主义者的历史是他们判断发展的经历，抑或成功抑或失败，判断的内容则关于什么是人之为人的繁荣和相应的行为。他们的历史是学习或从失败中学习的经历，判断成功或失败的标准独立于学习者。表现主义者的历史确实也是判断和推理的经历，但这些经历表现的是情感。新亚里士多德主义者的历史确实也是情感和欲望的经历，但他们强调这些情感和欲望是否经过了严谨的实践推理。

　　在这两种类型的历史中，主体都会在某些时刻质疑他们在实践推理中所依赖的某些前提，这些时刻最能彰显这两种类型的历史之间的差异。在这些时刻，表现主义者会提出"我真正最关心的是什么""我一直追求的目的能否促进我最关心的那个人或那些人的福祉"等问题，而新亚里士多德主义者则会提出"我是否充分理解了在这种情况下如何促进人类繁荣""我一直追求的目的是否有助于我的繁荣，也有助于与我交往的那些人的繁荣"等问题。所提出之问题的内容会有差异，对它们的回答的内容有时同样会有显著的差异。

　　那么，回答问题的人们发生对峙时，情况会怎么样？我已经解释过，各方会认为对方争论时的反对意见没有说服力，因此他们之间的交流很可能无果而终。然而，这里的启发意义在于提醒我们注意，每一种考量都让人们对自己的立场充满信心。新亚里士多德主义者强调个体与他人的关系，如果没有这些关系，个体便无法实现他们的共同利益，如家庭、政治社会、职场等场合的共同利益，也无法实现个体利益，因为个体只有在参与实现共同利益的事业中才可能实现个体利益。她会注意到，实际上这些关系需要高度的相互信任，没有这些关系，人类的能力就不能得到充分的发展；特定个体或群体的繁荣或失败，都是通过经验观察去发现的。当然，关于繁荣的某些方面一直有分歧，将来还会有分歧，但利用这些分歧

60

去做进一步的探究本身就是人类繁荣的标志。因此，我们想象的那位新亚里士多德主义者在反思中会认识到，她的各种关系之所以能够成立，在很大程度上是因为她和与其分享共同利益的人们对人类繁荣的真理能够达成共识，这些真理先于并独立于他们对这些真理的赞同。

相比之下，善于反思的表现主义者认为她的诸多关系像她的评价性判断和规范性判断一样，表现了她的态度、关注和情感，尤其表现了她对自己极其关心的那些个人和群体、那些理想以及事业的态度、关注和情感。实际上，如果她所关心的事情发生了变化，或者如果她发现她的关系、评价性判断或规范性判断事实上并不能满足她对这些个人、群体、理想和事业的愿望，而这些个人、群体、理想和事业又是她最关心的对象，那么，她就会立刻重构那些关系，并修改那些判断。她怎么看待这种变化？新亚里士多德主义者的问题是"我们预设的前提是什么"，表现主义者的问题是"我承诺的对象是什么"。问题上的这种差异反映了历史上的一种差异，我们和他们都是通过这些历史来理解对方现在所持的立场。

表现主义者的历史是主体自己的历史，反映了这个特定的个体与其他个体互动交往和向其他个体学习的情况，但更重要的是反映了她如何回应这些互动交往以及她学到了什么或没学到什么。主体的社会背景提供了她的行为和交往的环境，主体关系的历史则提供了认识她的历史诸方面的关键，这是主体从出生到死亡的经历。如果她讲述这个经历的话，她可以理所当然地说"这是我的历史"。相比之下，新亚里士多德主义者的历史是主体和一些群体的历史，主体在这些群体中与他人分享共同利益和追求自己的个体利益。在这个历史中，实现共同利益便构成了人类的繁荣，实现共同利益的活动影响到每一个人的生活。主体作为个体的历史，只有作为那个历史的一部分才能得到充分理解。因此，她通常会说我们的历史，而不会说她的历史是她自己的历史。

在这两种情况下，正如我们说过的那样，每个特定历史的内容在某种程度上都取决于主体生活的社会和时代。18 世纪的人们能够认可休谟或亚当·斯密给他们描绘的道德主体的画像，但他们的道德历史和 20 世纪的人有着显著的不同。13 世纪身处巴黎的新亚里士多德主义者和他们 16 世纪的西班牙继承人或 20 世纪的爱尔兰继承人有着截然不同的争论。有时，各种立场的支持者会在对方的历史中扮演一个角色，会抨击对方的判断和主张，也会驳斥对方的批判。如果这种批评系统地持续下去，各方就会形成批评对方的历史，写作这样的历史是要证明，只有从写作者的立场出发，才能充分地辨析与解释对方的错误和困惑。

我描述了善于反思的表现主义者，也刻画了新亚里士多德主义者，两者之间有三个层面的分歧。第一个层面的分歧是实践上的，这是关于如何最好地解决欲望之间的冲突或判断和欲望之间的冲突的分歧。第二个层面的分歧是哲学上的，这是关于如何解释"这种情况下适宜或最适宜如此感受、判断和行为"这种形式的判断的分歧，然后是关于主体的实践推理在这种冲突中应该采取什么形式的分歧。第三个层面的分歧涉及应该如何讲述一个主体的实践历史的叙事，人们通过这个历史把自己塑造成有欲望和理性的动物，既彰显了自己，也使他人得以理解。

基于这些相互论争的历史，各派代表人物都提出了自己的主张，都明确地或含蓄地强调自己的主张能够使人们理解那些争论观点之间的冲突，而其他主张则不能或在某种程度上不能做到这一点，并强调坚持其他主张的人没有能力认识和理解自己的困境。新亚里士多德主义者并不否认，许多个人和群体（甚至也许是一些文化）的评价性和规范性的态度、判断，在很大程度上符合表现主义者的描述。这些态度、判断让这些个人和群体在许多场合的说话与行动，好像证明表现主义就是正确的，让人们进行反思性的话，可以用表现主义的词汇来认识和理解自己。

新亚里士多德主义者（我以这样的新亚里士多德主义者自居而写作）的主张是，表现主义者在理解自己的过程中无法考虑到自己的一些重要方面，而且他们在长期活动中的表现只能用亚里士多德主义的术语来描述和理解。因此，他们自己的历史永远是有缺陷的历史。本书在坚持这一主张及其与我们对欲望之研究的相关性的前提下展开其余部分的写作。当然，善于反思的表现主义者把新亚里士多德主义者的历史看作困惑和错误的历史，如启蒙运动思想家和尼采都这样认为。双方诉诸自己认可的标准，*63* 谁也没有资源去驳倒对方。那么，还有什么要说的？

我们首先应该提醒自己，哲学对峙不一定是一种实践对峙，或者通常不会是这样。伦理学和政治学领域的亚里士多德主义者发现自己的论点对于表现主义者并不具有可信力，但却没有被给出理由去质疑自己的亚里士多德主义。他们成为亚里士多德主义者，毕竟不是因为他们首先得出了一套理论结论，然后把这些结论付诸实践，而是因为他们接受了相应的教育，即在各种实践中受到的长辈的教导，或者向他人学习或者自我教育。他们的理论阐明了他们的实践前提，他们认为这些前提是合理的、有说服力的主张。同样，尽管出于不同的原因，表现主义者——无论休谟、尼采的追随者还是法兰克福的追随者——也没有被给出理由去质疑他们的态度和信念。然而，也有一些人认为，这种特殊的哲学对峙可能具有实际意义。

　　大家还记得，我在本章开头描述了一些陷入困境的人，他们因为欲望过度、不足或扭曲，而使自己的生活误入歧途或出现危机。对于他们来说，如果学会了反思，他们就会思考理性和欲望之间的关系，思考什么是欲望选择的良好理由或不良理由，这些都具有哲学意义和实践意义，而且他们会继续思考"善"和利益的问题。因此，对于他们来说，如果遵循了我们分析的论证思路，他们就会发现，没有什么中立的标准能够让新亚里士多德主义和表现主义的对立主张得到仲裁，这似乎会让人们感到这种探讨到了尽头，但这仍然需要哲学探讨和实践探讨。因此，我们必须认识到，哲学探讨实际上没有终点，还需要进一步提出更多的问题。

　　第一个问题是必须给对立双方的拥护者提出的问题，因此也是我必须给自己提出的问题。这个问题是：什么条件才能让你承认你现在所持观点的中心论点是错误的？到目前为止，哲学家们应该已经从 C. S. 皮尔斯（C. S. Peirce）那里了解到，像科学家和神学家的主张一样，哲学家的主张必须能够接受反驳，其真理必须排除某些可能性，这样，这些主张的内容才有意义。这些可能性意味着这样一些条件：如果满足了这些条件，这些条件便会证明那个或那一系列特定的主张是不合理的。因此，这个问题为本研究的后期阶段提供了课题。第二个问题关乎这些理论如何成为一种自我认识的模式，让人们在适合自己生存的特定社会环境中进行自我认识。如果人们在理解自己或自己的社会角色时站在了我们讨论的这两个论争的立场（无论哪个立场）上，那么人们会不会轻易地产生误解呢？这是意识形态理论家，如卡尔·曼海姆（Karl Mannheim），过去常提出的一种问题，但现在的哲学家很少（如果有的话）提出这种问题。这种问题不为人熟知，确实有必要对之进行详细阐明。然而，阐明这个问题是本研究另一个阶段的课题。但是，在进入这些后期阶段之前，我需要承认，一些读者可能会认为我到目前为止的论证有些偏颇，具有较强的个人研究倾向。

1.10 我为什么没有探讨当今道德哲学家的哲学立场和道德立场

我现在的论证方式和传统学院派道德哲学的论证方式尚未发生激烈的分歧。最初，我看起来沿袭了那些因循守旧的论证方式。我提出了关于"善"的意义和用法的问题，这些主题在道德哲学界都有很充分的研究，是更广泛地研究评价性判断和规范性判断的概念与语言的组成部分。我非常严肃地研究了史蒂文森、布莱克本、吉伯德、法兰克福等著名学者提出的主张和论题。但我在研究中发现，关于对评价性判断以及合理的欲望选择的本质的思考，似乎只有两个有趣的和有价值的观点，一是某种表现主义的观点，二是我称之为新亚里士多德主义的观点，而且我认为这两个观点之间的论争是该领域唯一最重要的辩论。

从当代道德哲学领域大多数学术和实践工作者的立场上看，这种研究不仅是错误的，而且是荒唐的，因为它忽视了该学科最有影响力的贡献者的工作，忽略了他们认为该学科应该研究的最核心的问题。因此，我必须向读者解释一下，我为什么做出了这样的研究，为什么我的方法和他们的方法如此不同。我和他们之间最大的一个区别可能是，他们认为自己研究的主题没有问题，而我则认为有问题。这个主题就是他们所认定的"现代性道德"（Morality），这是一套关于责任和义务的规则、理想、判断，有别于宗教、法律、政治和美学的规则、理想、判断。"现代性道德"是他们所理解的思想，我在拼写时用大写字母 M，以区别复数形式的"道德"（moralities），这是具体的道德，就像人类学家谈到的北婆罗洲迪雅克人的道德或因纽特人的道德。当代道德哲学家乐于同时使用"现代性道德"和具体的"道德"，正如科学哲学家同时谈论"现代性科学"（Science）和具体的"科学"（sciences），譬如古希腊人的科学或中世纪阿拉伯人的科学。这两种情况的含义是相同的。但是，其他文化的道德或科学却被认为比现代性道德或现代性科学低级，因为我们今天在高度现代性中拥有这些道德和科学，而且哲学家们可以理所当然地给予权威认可。那么，应该如何理解现代性道德（高度现代性的道德）呢？

现代性道德呈现为一套客观规则，能够获得任何理性主体的赞同，要求人们服从禁止杀害无辜者、禁止盗窃、至少在相当程度上诚实守信、至少在相当尺度上慈悲仁爱这样的准则。我们为什么要遵守这些准则？这里有不同的答案。一个答案是，他人在和我们的交往中遵守这些准则，我们作为理性主体，也应该坚持用这些准则来管理我们和他人交往的行为。另一个答案是，通过遵守这些准则，我们可以最大限度地追求福利或幸福或功利（当然这里有各种各样的理解）。第三个答案是，这些准则的要求一般被认为或应该被认为是普遍合理的，我们可以对他人提出这样的要求，他人也可以对我们提出这样的要求。不同版本的规则和解释回答存在于日常道德主体的话语中，也存在于学院派道德哲学家的著作中，他们把这种话语当作他们的研究主题。然而，它们之间有一个显著的区别。

在这两种情况下，一些道德规则（这些道德规则被某些人认为是无条件的、无例外的）的要求和我们最大限度地追求福利或幸福或类似的东西这个要求之间存在着一种不可避免的紧张关系。因此，在我们明显认识到只有说谎才能避免痛苦时，不能说谎的律令就会受到质疑。或者，在人们认识到只有折磨一名嫌疑人才极有可能让他招供从而可能挽救数百人的生命时，不得虐待他人从而侵犯他人尊严的律令就会受到质疑。但在如何回应这种紧张关系的问题上，当今的日常道德主体和学院派道德哲学家却分道扬镳了。

在日常道德生活中，这些紧张关系遇到的是信念的不确定性和摇摆的不确定性。不确定性表现为许多人给他们的道德原则增加了例外："一定要这样做，或者不要这样做，除非……"随后是或长或短的条件，并以"等等"结尾。摇摆的表现是：主体在某些情况下肯定某个规则的严格性（甚至是非常严格），好像没有任何例外，但在另外的情况下却允许用最大化的追求和结果带来的好处去压倒这个规则。这种不确定性和摇摆性既是发达社会的政治言论与政治实践的显著特征，也是发达社会的公民私生活的显著特征。

在这些社会中，学院派道德哲学家与日常语言使用者的区别通常在于，他们一直在解决或至少试图解决道德话语中的矛盾，并试图消除这种不确定性和摇摆性。他们根据如何解决这些矛盾，支持某种对道德规则、道德准则和道德正当性的特定解释并否定论争对手的解释，各方都声称自己在争议中的结论具有理性论证。因此，我们会发现，坚持道德规则具有普遍性、绝对性的康德主义者和那些捍卫不可侵犯的人权概念的理论家与功利主义的结果论者存在分歧，并且所有这些理论都和不同版本的契约主义存在争议。最近，美德伦理学的倡导者为这些辩论做出了贡献。各方都认为自己反驳其他论争立场的意见很有说服力，而没有一方认为对方提出的反对论证令人信服。这种状态已经存在了一个相当长的时期，获得了许多重要的哲学研究成果。人们提出了新主张，划分了新差别，产生了新见解，但这总体上没有使论争中的任何一方在重大问题的一致（无论是实质性的一致还是元伦理学的一致）方面有任何的进展。

有些论点和主张将各种论争观点的要素综合起来，形成了更优越的论证地位（至少在其作者看来是这样），而我把这些论点和主张归结为我到目前为止提出来的观点。有人因此会反对我没有考虑到一些道德哲学家，他们声称已经决定性地解决了主要分歧，或者至少解决了某些主要分歧。我们必须承认这些规范性的建构具有令人印象深刻的特征，但对它们的回应实际上是多重的，结果并没有解决什么分歧，也不是那些作者所设想的 *67* 结果，因为这些综合性的结果和其他观点一样具有争议性。这样，每一个观点的拥护者继续把自己表现为开明理性的代言人，为理性提供了太多矛盾的声音。

现在要成为一名道德哲学家的唯一途径是，要么认同论争中某一方的立场，要么构建一个自己的更具有论争性的立场，是这样吗？我相信，人们可以避免在这么有限的方式里做出这些令人不快的选择。最有趣的例子是表现主义，因为表现主义想解释为什么有些人认为自己是理性之声的代表，却发现自己陷入了无法解决的分歧之中。这些分歧表达了各方不同且互不相容的前理性信念，这些信念决定了各方坚持的主张具有说服力。但有些道德哲学家认为自己很清楚理性的要求，他们当然会否定这种表现主义的做法。因此，这些道德哲学家会认为有必要对表现主义进行某种决定性的反驳。

有趣的是，日常道德主体和相当多的学院派哲学家经常感到这种必要性，因为他们都用某种道德标准来进行判断，这种道德标准的权威独立于他们的信念、态度、关注和情感。可见，在我们的文化中，道德信念往往表现出一个特殊的特征，有时候主体说话好像有这样的一个标准，有时候则明显地表现出和这一标准截然不同的东西，表现出一些先于论证的存在并免于论证的信念，这种双重性在有关所谓人权的政治辩论中表现得最为明显。正如我之前所说，表现主义的哲学家对道德话语的这种双重性有他们自己的解释，但这一解释通常无法说服那些对现代性道德极为忠诚的人，即大多数具备高度现代性的公民。

这当然不是说，这些公民能够解决他们之间关于现代性道德对他们的要求的争论。现代性道德的自由流派不止一种，保守流派也不止一种。自由主义者之间关于自由主义的要求有争论，保守主义者之间关于保守主义的要求有争论，自由主义者和保守主义者之间也有争论，这些争论都没有尽头，原因我已经说过。各方好像都认为自己提出了令人信服的理由，或者即将提出这样的理由，以解释他们的批评者和反对者应该承认失败的理由，但这一点从未达到，也没有任何一方找到了承认失败的理由。在道德现代性的主流文化中，一方面，这里的断言性和表现性的判断与主张似乎正是表现主义者所说的那样；另一方面，这里的主体无法认识或承认关于自己的这一事实。因此，人们不仅有学院派哲学家，而且有日常道德主体，对表现主义的反复否定本身就是这种文化之道德状况的一个重要症状。

当然，在现代性道德的整个历史中，一直有人否定现代性道德的自命不凡，其中一些人是因为足够幸运，他们生活于其中的文化把现代性道德的规范和价值视为异类〔我认为这类代表人物可以是批判西方现代性的俄国批评家陀思妥耶夫斯基（Dostoievski）和别尔嘉耶夫（Berdyaev）〕，另一些人是因为他们已经不再抱有幻想，如尼采或我们想象的哈利·法兰克福的追随者或 D. H. 劳伦斯。在我们同时代的人中，伯纳德·威廉姆斯最为著名。他把道德说成"一种特殊的体制"和"一种特殊的制度"，这种制度的要求不符合任何对伦理道德的反思与理解。[50] 按照威廉姆斯的解释，我们最深刻的道德信念表现在我们的情感之中，并通过我们的情感表现出来，而按照表现主义的解释，道德信念是情感的表现，这是两种不同的解释。早期的时候，他对劳伦斯"发现你最深处的冲动，随之行动"的格言印象深刻；20 年后，他写道："我必须根据我的实际情况进行思考。真实性要求我们这样做。……"[51]那么，在这种情况下，对伦理要求的认可便意味着人们必须从自身的实际情况开始思考；如何分析和描述这种情况呢？威廉姆斯拒绝了道德的现代观念，并认为这些观念是从基督教繁衍出来的，所以拒绝了基督教。这使他追随尼采，试图从古希腊世界那里（从悲剧作家和历史学家，而不是从哲学家）找到理解人际关系和人际交往的出路。然而，他之所以追求实际的探究，仅仅是因为他从一开始就认为应该反对任何版本的亚里士多德主义，这是他在其著名的学术生涯中多次反复强调的话题。因此，在陈述亚里士多德的观点时，我也顺便提到过反对威廉姆斯的情况。对于这一争论以及对威廉姆斯观点的一般性批判，我稍后肯定还要分析。

　　那么，有没有其他具有说服力和建设性的方式来回应现代性道德，回 *69* 应最具现代社会生活及其制度特色的信念和实践呢？要正确地回答这个问题，我们必须较好地认识并理解一些独特的现代社会关系和思想前提，现代性道德的特征就是从这些社会关系和思想前提中产生的。有人也许会认为，认识并理解这些现代社会关系和思想前提会分散注意力，影响我们研究欲望与实践推理等中心问题。然而，我们在研究中会发现，现代性道德存在于一定的社会秩序和思想体系之中，该社会秩序和思想体系影响欲望的变形与实践推理的新形式的产生，因此，我们需要理解该社会秩序和思想体系是如何运行的，这在我们的研究中不会成为分散注意力的问题。

注释

[1] G. E. M. 安斯康姆，《意向》（*Intention*），第 2 版，牛津（Oxford）：巴西尔-布莱克维尔出版社（Basil Blackwell），1958 年，第 67 页。

[2] 哈利·法兰克福，《意志的自由和人的概念》，载《哲学杂志》（*Journal of Philosophy*）第 68 卷第 1 期（1971 年），转载于《事关己者》（*The Importance of What We Care About*），剑桥大学出版社（Cambridge

University Press），1988 年，第 11–25 页。

　　［3］约瑟夫·拉兹，《论善的伪装》（"On the Guise of the Good"），见《欲望、实践理性和善良》（*Desire*，*Practical Reason and the Good*），塞尔吉奥·特南鲍姆（Sergio Tenenbaum）编，牛津大学出版社（Oxford University Press），2010 年，第 116 页。

　　［4］威廉·戴斯蒙德，《欲望、辩证法和差异性》（*Desire*，*Dialectic and Otherness*），康涅狄格州纽黑文（New Haven，CT）：耶鲁大学出版社（Yale University Press），1987 年。

　　［5］J. L. 奥斯汀，《哲学论文集》（*Philosophical Papers*），牛津：克拉伦登出版社（Clarendon Press），1961 年，第 151 页。

　　［6］G. H. 冯·莱特，《各种各样的善》（*The Varieties of Goodness*），伦敦（London）：劳特利奇出版社（Routledge），1963 年。

　　［7］参阅彼得·吉奇，《善与恶》（"Good and Evil"），载《分析》（*Analysis*）第 17 期（1956 年），第 33–42 页；转载于《伦理学理论》（*Theories of Ethics*），P. 富特（P. Foot）编，牛津大学出版社，1967 年。

　　［8］查尔斯·史蒂文森，《伦理学与语言》，康涅狄格州纽黑文：耶鲁大学出版社，1945 年。

　　［9］同上，第 21 页。

　　［10］彼得·吉奇，《断言》（"Assertion"），载《哲学评论》（*Philosophical Review*）第 74 卷第 4 期（1965 年），第 449–465 页。

　　［11］西蒙·布莱克本，《传播词语》（*Spreading the Word*），牛津大学出版社，1985 年，第 6 章第 2 节。

　　［12］基本阅读资料有：马克·施罗德，《据信探由：表现主义的语义程序评估》（*Being For*：*Evaluating the Semantic Program of Expressivism*），牛津大学出版社，2010 年。随后对施罗德的表现主义的讨论，参阅约翰·斯科鲁普斯基（John Skorupski），《弗雷格-吉奇对表现主义的反对：悬而未决》（"The Frege-Geach Objection to Expressivism：Still Unanswered"），载《分析》第 72 卷第 1 期（2012 年），第 9–18 页；这是我在写作本书时的最新话题。还可参阅：马克·施罗德，《斯科鲁普斯

基论"据信探由"》（"Skorupski on Being For"），载《分析》第 72 卷第 4 期（2012 年），第 735-739 页；斯科鲁普斯基答复施罗德的回复《回复施罗德论"据信探由"》（"Reply to Schroeder on Being For"），载《分析》第 73 卷第 3 期（2013 年），第 483-487 页。我认为在此没有理由探讨伦理学反现实主义的其他版本提出的问题。关于这些问题的某些讨论，参阅《牛津元伦理学研究》（*Oxford Studies in Metaethics*），第 6 卷，拉斯·沙夫-兰道（Russ Shafer-Landau）编，牛津大学出版社，2011 年。

［13］艾伦·吉伯德，《优先选择和优先选择性》（"Preference and Preferability"），见《优先选择》（*Preferences*），克里斯托夫·费希格（Christoph Fehige）、乌拉·韦塞尔斯（Ulla Wessels）编，柏林（Berlin）：德古意特出版社（de Gruyter），1998 年，第 241 页。

［14］同上，第 243 页。

［15］艾伦·吉伯德，《道德的实用主义证成》（"A Pragmatic Justifi- cation of Morality"），见《伦理学谈话录（和亚历克斯·沃赫夫的谈话）》（*Conversations on Ethics*，Conversations with Alex Voorheve），牛津大学出版社，2009 年，第 161-162 页。

［16］吉伯德，《优先选择和优先选择性》，第 255 页。

［17］参阅艾伦·吉伯德，《明智的选择，恰当的感觉：规范性判断理论》（*Wise Choices*，*Apt Feelings*：*A Theory of Normative Judgement*），马萨诸塞州剑桥（Cambridge，MA）：哈佛大学出版社（Harvard Univer- sity Press），1990 年。

［18］西蒙·布莱克本，《调控激情》（*Ruling Passions*），牛津：克拉伦登出版社，1998 年，第 241 页。

［19］A.J. 艾耶尔，《让-保罗·萨特的承诺原则》（"Jean-Paul Sartre's Doctrine of Commitment"），载《听众》（*The Listener*），1950 年 11 月 30 日。

［20］克利福德·格尔兹，《对人类本性的新看法》（*New Views of the Nature of Man*），约翰·普拉特（John R. Platt）编，芝加哥大学出版社（University of Chicago Press），1965 年，第 116 页。

[21] 参阅 D. W. 温尼科特，《儿童、家庭和外面的世界》(*The Child，the Family and the Outside World*)，马萨诸塞州雷丁 (Reading，MA)：艾迪逊-维斯利出版社 (Addison Wesley)，1987 年，特别是第 10 章；另参阅亚当·菲利普斯 (Adam Phillips)，《温尼科特》(*Winnicott*)，马萨诸塞州剑桥：哈佛大学出版社，1988 年，第 3 章第 3 节。

[22] 关于美德与实践的关系，参阅麦金泰尔，《美德缺失的时代》，第 3 版，印第安纳州圣母镇 (Notre Dame，IN)：圣母大学出版社 (University of Notre Dame Press)，2007 年，第 187-196 页。

[23] G. E. M. 安斯康姆，《亚里士多德的思想与行动》("Thought and Action in Aristotle")，见《柏拉图和亚里士多德新论》(*New Essays on Plato and Aristotle*)，R. 班布罗 (R. Bambrough) 编，伦敦：劳特利奇和基根·保罗出版社 (Routledge & Kegan Paul)，1965 年，第 155 页。

[24] 有些陈述句以某种方式报告或描述外部世界的特征，有些陈述句则能够表现情感，类似的这种区别仍然是诸多表现主义理论中不可消除的标记。休维·普莱斯 (Huw Price) 的结论确认了这一点，参阅其《从准现实主义到全球表现主义——再次回归？》("From Quasirealism to Global Expressivism - And Back Again ?")，见《激情与投射：西蒙·布莱克本的哲学主题》(*Passions and Projections：Themes from the Philosophy of Simon Blackburn*)，R. 约翰逊 (R. Johnson)、M. 史密斯 (M. Smith) 编，牛津大学出版社，2015 年，第 151 页。

[25] 布莱克本，《调控激情》，第 308 页。

[26] 吉伯德，《明智的选择，恰当的感觉：规范性判断理论》，第 163 页。

[27] 尼采，《超越善恶》，R. J. 霍林德尔 (R. J. Hollingdale) 译，伦敦：企鹅出版社 (Penguin Books)，1973 年，第 228 段，第 138 页。

[28] 同上，第 211 段，第 122 页。

[29] 法兰克福，《事关己者》，第 83 页。

[30] 哈利·法兰克福，《认真对待自己，正确对待自己》(*Taking Ourselves Seriously and Getting It Right*)，加利福尼亚州斯坦福 (Stanford，CA)：斯坦福大学出版社 (Stanford University Press)，2006 年，

第 24 页。

　[31] 同上，第 20 页。

　[32] 同上，第 22 页。

　[33] 同上，第 26 页。

　[34] 哈利·法兰克福，《爱之理由》（*The Reasons of Love*），新泽西州普林斯顿（Princeton，NJ）：普林斯顿大学出版社（Princeton University Press），2004 年，第 47 页。

　[35] 法兰克福，《认真对待自己，正确对待自己》，第 25 页。

　[36] 哈利·法兰克福，《爱的必要性》（"The Necessity of Love"），见《伦理学谈话录（和亚历克斯·沃赫夫的谈话）》，牛津大学出版社，第 222 页。

　[37] 同上，第 219 页。

　[38] 同上，第 220 页。

　[39] 大卫·休谟，《人性论》（*A Treatise of Human Nature*），L. A. 塞尔比-比格（L. A. Selby-Bigge）编，牛津大学出版社，1888 年，第 ii、3、416 页。

　[40] 法兰克福，《认真对待自己，正确对待自己》，第 29-30 页。

　[41] 同上，第 30 页。

　[42] 同上，第 33 页。

　[43] 同上，第 34 页。

　[44] 同上，第 37 页。

　[45] 同上，第 38 页。

　[46] 尼采，《超越善恶》，第 198 页。

　[47] 同上，第 188 页。

　[48] 同上。

　[49] 同上，第 260 页。

　[50] 伯纳德·威廉姆斯，《伦理学与哲学的局限》（*Ethics and the Limits of Philosophy*），马萨诸塞州剑桥：哈佛大学出版社，1985 年，第 174 页。

　[51] 同上，第 200 页。

第二章　理论、实践以及它们的社会背景

2.1　如何回应第一章中描述的哲学争论：哲学理论的社会背景

　　我们陷入了一个哲学对峙，两套不相容的论点和主张的相互对峙，双方的拥护者不能求同存异，从而不能达成共识和化解分歧。这个对峙有两个方面，涉及两组对立的主张：第一组对立中的两种主张是对"善"和利益的一种表现主义解释与一种新亚里士多德主义解释，第二组对立中的两种主张是某种跟法兰克福对我们的实践推理和我们关心之事之间关系的解释非常接近的解释与对欲望和实践推理的一种新亚里士多德主义解释。在这个对峙面前，我们应该如何前进？我们能否置之不理，让各方在自己的立场上沾沾自喜并对论争对手不屑一顾？这个哲学问题会不会像当代哲学中的一些其他问题那样，要么没完没了地对立下去，要么终止在无法解决的冲突之中？

　　也许我们现在需要思考一下哲学研究的本质和局限性，或者准确地说是今天人们通常理解的哲学研究的本质和局限性，因为我是在这种哲学研究中得出了这些结论。这种研究具有狭隘的学术性，我遇到的这个对峙可能是这种研究的本质和局限性造成的吗？哲学研究受到了三种约束。第一，哲学研究是在大学课堂和研讨会上进行的，哲学文章、著作的作者几乎都是在那些课堂和研讨会上执教与学习的人。因此，这种哲学研究具有自身独特的术语，这和大多数普通人即大多数道德主体的语汇有很大的不

　　同。这就会引发一个问题：这种哲学研究在某种程度上是否容易歪曲普通人的信念？第二，这种哲学研究具有一个分工明确、定义清晰的学术领域。哲学是一个学术领域，物理学是另一个学术领域，社会学是第三个学术领域，历史学是第四个学术领域，但没有哪个学科的任务是去发现这些

研究领域中每个领域的局限性，以至于在一个学科内不能解决的问题总是处于无人过问的危险之中。一个这样的问题是：对政治和道德的哲学理解，难道不需要了解一些历史学、人类学和社会学研究所揭示的道德及政治的信念和概念吗？第三，哲学研究几乎完全是职业化的、学者型的教师的工作，他们的职业性使得他们必然具有某些特定的思维习惯，其中有些习惯能确保学术等级结构的稳定性。进入学术型专业的先决条件使得那些从事哲学研究的人一般在生活阅历方面很有限，其他职业的成员也有这种现象。他们中很少有人当过兵或组织过工会活动，很少有人在农场、渔船或建筑工地上工作过，很少有人演奏过弦乐四重奏或蹲过监狱。这当然不是他们的错。然而，当代社会生活之不同领域的划分却使得那些在军队或工厂或农场或监狱或其他什么地方有过重要人生经历的人通常被教育成相信哲学思考和研究是学术专家的事情，而不是他们的事情，职业哲学家所受的教育也是如此。不过，至少就道德哲学和政治哲学来说，这种认识是错误的。或许哲学家需要从普通人的日常问题开始研究，普通人也只是在没有研究哲学之前是普通人。

　　一种现代的哲学训练所具有的狭隘性，就像其他专业培训所具有的狭隘性一样，具有不可否认的优势。它能让人的思想集中于某些特定的问题，经常探测到事物的细微之处，同时在广泛的学术论题中发现反面的例证，从而使理论构建和批评变得更加严谨。不过，值得注意的是，由于我们已经谈论过的这些约束，哲学对道德理论的研究在一定程度和层面上脱离了政治实践与道德实践，既脱离了我们自己的日常实践，也脱离了与我们自身的文化非常不同的其他道德文化中的人的日常实践。道德理论的任何概念都植根于道德实践的特殊性，离开了这些特殊性就是不可理喻的，这一点在现代哲学研究中通常被忽略了。道德研究的任何观念都要从对道德实践的人类学研究和历史学研究开始，甚至包括这些人类学研究和历史学研究，这一点也被排除在了现代哲学研究之外，而且这种做法排除了我们现在生活文化中的道德实践和其他文化时空中的道德实践相比所表现的独特性。

　　那么，道德和政治研究应该如何开始？我们所有人在成为理论者之前都是行为主体，并且恰恰因为我们是行为主体，我们才有关心的问题，这些问题促使我们进行理论思考。事实上，行为主体通过反思才不禁要发问，由此开始了哲学研究。行为主体进行哲学研究之后依然是行为主体。因此，他们最初的理论中必然带有他们作为理性主体的信念，他们理论立场的合理性来自他们作为行为主体的实践信念的合理性。那么，我们怎么证明这些实践信念的合理性？这取决于我们是谁。我们如何理解自己，这在不同的文化中是有差异的，即使在我们自己特定的文化中也有差异。因此，我们需要在一定程度上认识我们自己的文化和社会的独特性，这样我们才能区分哪些是我们作为理性主体所具有的自我以及实践选择和实践推理，哪些是我们特有的文化和社会形式对我们自身以及我们的实践选择和实践推理的影响。

我们只考虑一种可能性。几乎所有的当代道德理论都共同地认为，道德主体的判断是单数第一人称的判断，要回答的问题是"我应该如何做"。然而，与这种共同观点相对的是我在第一章第1.8节介绍的新亚里士多德主义的观点，即人们成为非常善于反思的行为主体的前提是，人们应该认识到在许多情况下要回答的问题不是"我应该如何做"，而是"我们应该如何做"，因为人们要关注共同利益，也不只是个体利益。而且，这些共同利益是家庭或职场或政治社会的利益，个人不是作为个人而是作为家庭成员或单位同事或公民去实现和享有这些利益，个人只有通过实现这种共同利益才能实现自己的个体利益。如果这一前提成立，那么道德主体的行为就必定是作为政治主体和社会主体的行为，把"道德主体"从"政治主体"和"社会主体"中抽象出来则是一种误导的、扭曲的抽象，其中一个结果可能是道德理论家看不到人生实践的重要方面，而且确实看不到自己道德生活的方面。

因此，我再次提问：个人应该如何理解自己是一个理性主体？我的回答仍然是，这取决于我们是什么样的人以及与我们交往的人是什么样的人，因为要成为一个理性主体，人们不仅要有各种行为的理由，而且要能对这些理由做出是更好的或更糟的理由的评价。人们还要不可避免地对他人的行为理由提供选择的建议，对他人提出的理由做出回应。因此，我们不仅要明白道德和政治的问题经常是"我们应该如何做"的问题，而且要意识到问题中的"我们"总是具有文化和社会特殊性的我们，我们可能是爱尔兰人、日本人或巴西人，我们可能是具有职业、社会阶级和教育的特征的人。当问题是"我应该如何做"时，这些特殊性仍然很重要。我在第一章第1.8节简单介绍了新亚里士多德主义的理论，我认为这个理论到目前为止是正确的，但是其自身并不能为"我们应该如何理解自己是理性主体"这个问题提供足够的答案，原因如下。

首先，新亚里士多德主义是一种理论建构，要有利于在争论中彰显和其他理论的不同之处。主体依靠自己的实践理性对其特定的选择和行为进行反思，会获得某种解释，但我们现在需要提供的理论建构和这种个体反思有很大的不同，它可以对个体的行为理由进行评价。我认为，一个理由能够让人以特定的方式去行为，往往是因为这样做能够实现某种利益，这就像人们在某些场合可能会提出"我或我们那样做有什么好处"或"我或我们为什么追求那个利益，而不是其他利益"等问题。因此，主体需要在反思中弄清楚自己如何在生活的这一特定领域做出了现在的利益权衡，并且这种反思可能具有更大的一般性，所以他们不仅会反思在这个场合的行为是否正当合理，而且会反思他们在一般情况下进行利益权衡的做法是否正当合理。他们抑或对某个特定的人生阶段进行反思，有正义规范的约束和没有正义规范的约束，对于实现他们追求的利益有什么差别？这也许可以比较两种情况，一种情况是社会关系在正义规范的环境中得以繁荣，另一种情况是在没有正义规范的环境中人们受到不公正和不公平的对待。主体的反思规律一般是，首先从特殊到一般、从具体到抽象，最后回到主体决策的特殊性上。

主体通过反思，学会更好地思考，主要是从自己的错误中吸取教训，这些错误让主体与他人发生分歧或让主体自身出现问题。因此，他们最终可能会认识到自己超越了最初对利益的理解，是父母和老师当初通过具体实践活动让他们理解这些利益，教导他们如何在追求这些利益的过程中实现卓越成就，懂得这需要什么样的思想和品德素质，让他们在一个阶段或多或少地把对这些利益的追求融入生活。这种生活是他们在当时的条件下作为人类繁荣发展的最好努力，也许现在仍然是。当然，当初的实践活动是什么，取决于他们生活于其中的社会秩序和文化秩序以及他们在该秩序中的地位。某人当学徒去学习一门技艺，他优美的歌声很受当地合唱团欣

74

赏；还有人想发展成为一名板球运动员，他所追求的卓越和生活肯定有别于一位在另一个国家、另一个世纪、说另一种语言的人；还有人在家庭农场里劳动颇有成效，他学会了如何巧妙地讲故事让人们对过去有所了解，而且还当过兵。他们的感受和表现有所不同，但他们思考、探讨所需要的思想和品德素质基本上是一样的。

　　善于反思的实践理性者至少以这三种方式获得自我意识。他们会揭示与说明诸多概念和论题，而在这之前，他们确实接受了这些概念和论题并相信其真实性，但没有意识到这一点。他们会发现他们在现实中的实践生活可以通过叙事反映出来，会发现自己作为实践推理者的成功和失败，以及在成功或失败中表现的亚里士多德所谓的"实践智慧"（*phronēsis*）和阿奎那所谓的"实践智慧"（*prudentia*）等美德。他们会或多或少地意识到生活中的方向性，意识到通往他们某个目的的道路并不平坦，而他们一般很少谈论这个目的。我曾经谈到过这种善于反思的主体，他们从自己的错误中吸取教训，变得具有自我意识。他们能够借助什么资源来纠正自己的错误呢？

　　我们之前说过，他们要学会认真对待思想深刻的人，尤其是那些在思想和品德素质上让他们敬重的人。他们要学会接受过去因自己的欲望而遭受伤害的教训，在类似的情况下须谨慎反省。他们要学会正确权衡和对待诸多约束，例如正义规范所施加的约束。当然，在所有这些活动中，他们的推理都会有一定的循环性，因为他们起初并不知道如何得出某些结论，但他们几乎从一开始就已经预先假定了这些尚未得出的结论的真实性，否则他们以后就无法得出这些结论。那些从一开始就误入歧途的人，他们缺乏早期形成的信念和习惯，亚里士多德认为这些信念和习惯在政治生活与道德生活中是不可或缺的，因此这些人缺乏识别自身错误的手段，更不用说去纠正他们的错误了。

　　成熟的理性主体知道如何用自己的日常习惯语言来表现理性主体的意义，按照以上规律，他们肯定能找到资源去识别和处理引起实践错误的两个重要原因。一个原因是我们都面临着被自己的情感所误导的危险，如感情和热情、喜欢和厌恶、希望和愿望、恐惧和焦虑等，这些都随着年龄和生物化学的变化而改变。另一个原因是我们自己的社会秩序和文化秩序有时会扭曲与误导我们的信仰、态度以及选择。正因为每一个理性主体都学会了用具有其文化特殊性的习惯语言进行推理，所以每一个理性主体都有可能重复与传递具有这种文化特色的错误和曲解。我们最初把某些人看作人类繁荣昌盛的榜样，他们很可能在我们的长辈和老师那里就被认为是这样的榜样。有些社会（可以说是大多数社会）非常看重财富和权势，那些恰巧获得财富和权势的人就常常被视为榜样。因此，理性主体如果要避免被错误的信仰所误导，就必须学会看穿这些迷信，这些迷信往往比我举的这个例子显得更加微妙和可信。我先说说引起错误的第一个原因。

每个人都需要学会控制自己的情感，不能让这些情感妨碍自己看到事情的真相。每个人都需要学会控制自己的恐惧和焦虑，不能让这些恐惧和焦虑把自己搞得神魂颠倒、丧失能力。每个人都需要知道，如果自己的判断表达出强烈的信念，那么这肯定仅仅是因为他们有足够的理由认为自己的判断是真实的，而这些判断的真实性让他们有充分的理由去强烈地感受到自己的信念。我们的情感和性情正是在这样的学习过程中发生了变化，所以我们不再像婴儿那样做出反应。但是，我们要控制和改变自己的情感，这需要在人生的不同阶段反复进行。当我们在生活中不能控制和改变自己的情感时，只要我们的判断表达了我们的情感，那么我们就有良好的理由不相信我们的判断。现在的情况是我们已经成功地控制和改变自己的情感，那么我们的判断表达了我们的情感这个事实就与我们是否合理地做出那些特定判断的问题无关。因此，当表现主义理论家拿出理由让具有自我意识的理性主体去相信他们的评价性判断表达了潜在的情感时，这些主体就没有理由对此产生争论。他们反过来会敦促表现主义者去区分情感和判断可以相互支持的几种不同关系，以及这些不同关系对道德生活的重要性。表现主义者的中心主张，在正确理解的意义上，根本不符合他们对自己判断的实际理解，不符合他们诉诸人类繁荣的事实来论证这些判断的正当性的做法。

他们会同样地接受新亚里士多德主义理论家的主张，也许起初同样对这些主张并不在意，认为如果这些主张是真实的，那仅仅是因为它们准确地表现了具有自我意识的理性主体的立场和推理。亚里士多德的主张有一定的说服力，他认为如果理论研究的出发点实际上不符合人们在实践中的学习和认识，这个理论研究就肯定会误入歧途。（《尼各马可伦理学》第一卷 1094b27‐1095b2‐8）他让我们有良好的理由去相信实践提供了检验我们行为好坏的标准。（《尼各马可伦理学》第十卷 1179a18‐22）但是，他们可能会争辩，认为这不是亚里士多德的理论，而是他们从自己的实践中学会了验证行为的好坏。因此，具有自我意识的理性主体并不担心理论家们的分歧，即使这些分歧是无法解决的。他们对表现主义或新亚里士多德主义可能更不用担心，因为各方的主张在他们自己的实践思考中都能找到一个位置。这样看来，至少在某一时刻，我们在理论中无法超越的对峙在实践主体那里毫不相干，可以被搁置一边。然而，新亚里士多德主义者在这里必须提出异议，认为即便理性主体的信念确实为理论反思提供了起点，这种反思对于理性主体来说也是必不可少的，否则他们的探讨会无果而终。实践活动如果没有某些理论的支持和指导，也容易误入歧途。那么，这些理论是怎么形成的？

我之前说过，我们都会想当然地认可在自己的文化中占主导地位的关于人类繁荣和人类卓越的观念，并将这些观念融入我们的思维。但是我也说过，这样形成的观念可能而且经常是错误的，具有一定的危险性。政治和道德理论家的主要任务也许是，让理性主体能够从他们所继承的社会和文化传统中了解他们需要学习的东西，同时能够质疑该特定传统中的曲解和错误，这通常需要他们能够足以针对自己的政治和道德文化的某些统治形式发生争论。我在本书随后的篇章里，将大量探讨与我们自己的文化中占主导地位的思想模式发生的这种争论。

关于这种争论，我要重申自己的主张，我认为当代关于道德的哲学理论是有缺陷的，因为它没有涉及我们在不同的文化中所遇到的各种道德，而只涉其中的一种道德，即现代性道德，这是在当前发达的社会中占主导地位的道德体系，但好像这就是人类现有的道德。我之前也评论过，该道德体系的核心是某些功利的概念和个体的人权概念，如果侵犯某个人的权利有利于某些个体的功利，那么这个侵犯权利的行为是否正当？针对这样的问题，援引这些概念的人们彼此之间不停地进行辩论。但是，如果如此设想的功利和如此设想的人权都是虚构的，而围绕功利和人权的辩论都是装腔作势（虽然社会上不能缺少这些装腔作势，但仍然是装腔作势），那么会怎么样呢？

　　按照早期功利主义的观点，功利的最大化就是最大限度地增加快乐和最大限度地减少痛苦。最近这个思想发生了变化，功利的最大化是最大限度地满足优先选择。这两种表述都没有考虑到这样一个事实，即我们每个人对什么感到快乐或痛苦，以及我们每个人优先选择什么，关键取决于我们早已形成的道德观念，取决于我们具有什么程度的公正、勇敢和节制并会由此决定采取正确的行动。因此，我们对功利的设想取决于我们早先形成的观念和信念，功利原则不能脱离这些观念和信念而成为一个独立的标准。把功利最大化作为衡量正确行动的尺度必然是一个错误。我们经常进行成本效益分析，那么，在这种分析的基础上做出决策时，我们实际上是在做什么？答案是，我们一直在研究某种具有高度确定性和争议性的概念，即在某个特定情况下什么算是成本和什么算是利益，但事先确定了是谁的成本和利益，并忽视了某些人的成本和利益。这是事先做出的或预先假定的评估，只是让我们在决策中使用功利的概念而已。认为功利最大化的概念是一个独立的概念，其本身能为行动提供指南，这是一个哲学虚构。

　　另一个虚构的概念是人权概念。提倡人权概念的人们通常认为人权绝对必要、不可或缺，只有这样，他们才能断言应该无条件地禁止将有些种类的伤害施加给他人，这先于并独立于任何特定的实在法体制。我的辩论根本不是针对他们主张的这种无条件的禁止，而是针对他们提出的诉诸人权的论题，他们把人权理解为每一个人作为人类所应有的权利，这种权利是那种禁止要求得以成立的理论基础和现实力量。诉求于人权的作用是寻求论证的理由，其前提是必须有充分的论据证明这种权利存在。但根本没有这样的论据。要证明这一点，我们当然必须一一论证18世纪的自然权利理论家到像希尔·施泰纳（Hillel Steiner）这样的20世纪的理论家的思想，分析和确定他们每个人具体论证中存在的失策。但这是可以做到的。人权概念是另一个哲学虚构。

　　当然，在许多情况下，诉求于如此设想的人权在保障被剥夺与被压迫的个人和群体的权利方面发挥了重要作用，这就像人们诉诸功利最大化（就算这是当初边沁理解的形式）一样，无论过去还是现在，对保障一些人长期缺乏和需要的利益都起到了重要作用，例如人们在公共卫生领域的

78

利益。在所有这些情况下，根据正义和共同利益的要求来进行论证，无论过去还是现在，都要比那些诉求更具有说服力。但是，那些诉求在这类情况中的有效性立即受到欢迎，同时也将受到批判性审视。关于功利最大化的主张和关于某种人权的主张势均力敌，两者之间的辩论从来就不是它们在现实中所呈现的那样。在许多情况下，确实存在真正有争议的事情，但这个事情却是被功利和权利的概念掩饰起来的。稍后，我不会解释我们作为理性主体必须应对的实际情况，但会在更一般的意义上论证当代关于道德的哲学理论如何产生了误导和扭曲，而且进而形成了具有误导和扭曲的社会作用。我要进一步论证的是，我们只有理解了当代关于道德的哲学理论如何产生作用，才能更充分地分析我们在本书第一章遇到的理论对峙。我们有必要做些准备工作，针对关于诸多欲望和理由的问题做更多的说明，这些问题从开始就一直是我最关注的中心问题。那么，我们接下来需要做什么？我们需要解释关于道德的哲学理论（甚至是强大的哲学理论）有时所产生的作用如何掩盖与隐瞒了社会实际情况和实践的诸多关键方面。这样的解释最好从举例开始。

79　　　所以，我要先提出一位特殊的哲学理论家——大卫·休谟。他的著作和我的总体论证特别相关，这部分是因为表现主义的拥护者在某种程度上都是他的继承人，还有部分是因为他很好地阐明了他的观点和新亚里士多德主义传统有哪些主要区别。但休谟的道德理论起到了某种掩饰作用，没有让他同时代受过教育的人看到当时社会和政治秩序的诸多关键因素，以及休谟对这一社会和政治秩序的忠诚。这种情况丝毫不影响休谟的伟大，我从他的道德心理学开始探讨，这也是休谟研究的起点。

2.2 以休谟为例：他用本土的、具体的观念来解释自然性和普遍性

休谟在介绍他所探讨的自然的美德和劣性时如此断言："人类心灵的主要动力或驱动原则是快乐或痛苦。"[1]他在对具体情况的分析中认为快乐或痛苦总是乔装打扮成主体行动的驱动力。休谟在《人性论》前面的章节直截了当地认为善恶与快乐和痛苦是一致的，他说："善恶，或换句话说，快乐和痛苦"，"欲望发自朴素善念，而厌恶则源于邪恶。意志的出现则意味

着身心的活动达到了扬善抑恶的目的"[2]。因此，休谟对实践理性的解释是："显然，人类行动的最终目的都绝不能通过理性来说明，只能归因于人类的情感和喜爱，而且毫不依赖于理智能力。"[3]因此，如果我们问某人为什么做这件事，他会说出自己想要什么东西，而这样做能够让他得到这个东西。如果再问他为什么想要这个东西，他会说得到这个东西让他快乐，而没有这个东西则让他痛苦，这就解释完了。"如果你一定要问为什么？他会说这是带来快乐的工具，除此之外再询问什么理由就是荒谬的。"

因此，休谟没有区分以下两种欲望：第一种欲望的目标能够给我们带来快乐；第二种欲望的目标无论能否给我们带来快乐，实现它们都意味着实现一种真正的利益。这使得他用来谈论欲望的词汇和其他人如亚里士多德使用的词汇有很大的不同，这种差别是我们理解休谟理论的关键之所在。亚里士多德也曾断言，行为的成因绝不是单纯理性的问题："人没有欲望（*orexis*）则不会引发理智（*nous*），因为意愿（*boulēsis*）是（一种）欲望，只要人根据理性开始行为，他实际上就是根据意愿而开始行为。但欲望也会走向理性的反面，因为贪婪（*epithumia*）是（一种）欲望。"［《灵魂论》（*De Anima*）433a22–26］特伦斯·欧文（Terence Irwin）解释过亚里士多德如何对比使用意愿（*boulēsis*）、贪婪（*epithumia*）和激奋（*thumos*），他说："理性的欲望，即意愿，其对象在人们看来是有益的，而贪婪是非理性的欲望，其对象在人们看来是取悦的。……激奋是非理性的欲望，其对象在主体的激情中似乎是有益的，不只是愉悦。"[4]

亚里士多德和休谟的区别在于：亚里士多德认为有些欲望的对象之所以有吸引力，只是因为它们取悦欲望的主体，而有些欲望的对象则具有客观价值，这两种欲望应该有所区别；而休谟则认为，正如我已经提到过的，没有这种欲望的区别，因为我们认为有益的事情和让我们感到愉悦的事情是一致的。休谟的结论是什么？亚里士多德和休谟都认为，与他人在情感、喜爱和判断上保持一致很重要，但亚里士多德认为这种一致必须以对实践理性之标准的共同认识为基础，这个观点和休谟的观点有很大差异。在休谟看来，情感上的一致先于共同的标准和共同的实践推理，是后两者的必要条件。个人需要根据这些标准来检测自己的言行，纠正自己的判断。这些标准在休谟看来表达了人类情感的一般共识，因此休谟不愿意接受这样的可能性，即人们在如此检测和纠正自己的同时，也可能会在不知不觉中出错。人们的普遍性情感才是道德问题上的唯一尺度，那些与这些情感不和的人则总是会出错。

81　　同样，所有背离了正常和自然的情感都是错误的，背离了表现"在我们决定某种善恶时情感的自然力量和正常力量"[5]的那些判断也是错误的；还有人因为接受激励性的信仰而离经叛道，过完全不自然的生活，如第欧根尼等犬儒主义者的生活或帕斯卡（Pascal）那样的詹森派基督徒生活。这种人的苦乐观念非常乖僻，让他们自己不同于一般人，所有接受休谟所谓人类的自然苦乐标准的人都会谴责他们。休谟断定，他作为一个哲学家这样辩论，在道德上赞同所有的人，除了这些乖僻的人。因此，休谟在《人类理解研究和道德原则研究》（*Enquiries Concerning the Human Understanding and Concerning the Principles of Morals*）的第一节中断言，哲学家可以通过归纳整理那些习惯、情感和能力来确定"道德的真正起源"，因为这些方面是赞扬或责备一个人的依据。"在这一点上，人类普遍具有这种敏锐的感性，这给予哲学家充分的保证，让他在进行这种归纳整理时不会有很大的错误，也不会在思考的对象上出现错误：他只需俯首沉思片刻，考虑一下自己是否应该具有这种或那种品质，以及如果有人指责的话，是来自朋友还是敌人。"

　　也就是说，哲学家让非哲学专业的读者对道德生活中理性的地位和激情或情感进行哲学辨析，但在哲学研究中涉及的事实和判断方面，他与那些读者相比并没有什么优势。任何读者只要不是乖僻之人，都可以在任何时候通过自己的一点反思来确证哲学家的判断。休谟的这个观点正确吗？这实际上是古往今来对情感和判断的广泛而近乎普遍的人类共识吗？对这些问题的回答，对评判休谟的道德哲学具有一定的重要意义。可是要回答这些问题，我们需要暂且把哲学论证放在一边，去考虑当时社会和历史背景的一些突出特点，这是休谟理论产生的条件和研究的对象。我先谈点一般性的看法。

　　在讨论休谟的正义观的过程中，斯图尔特·汉普夏（Stuart Hampshire）曾这样评论："休谟、康德和功利主义者对当代道德哲学的影响是如此之大，以至于让人们可能会忘记，在几个世纪的岁月里，武士

和神父、地主和农民、商人和工匠、主教和僧侣、靠学问谋生的文人和以　82
表演为生的音乐家或诗人，他们在社会上以鲜明的气质和美德共存……我
是说……不同的社会角色和功能都有其典型的美德和特殊的义务，这在大
多数社会中都是正常的状态。"[6]而且，每一种社会秩序都明确或间接地要
求，遵循其规范与价值的生活和行为，就是去实现作为武士、农民、僧侣
或诗人的繁荣发展，也是实现作为人类的繁荣发展。因此，就像在中世纪
那样，亚里士多德的继承人不可能忽视他们所处社会的角色与关系、规范
与价值。他们在解释人类繁荣和这种繁荣所需要的美德时，总是会不由自
主地发问：通过他们所在时空中的社会角色与关系，能否实现个体利益和
共同利益？能够在多大程度上实现？

　　休谟的情况则完全不同。在他的道德理论中，他让读者把自己和他人
只看作个体，完全脱离他们的社会角色，其活动与交往的动机是对他人和
自己有利或有用，除了在情感上与他人和谐之外，没有什么更好的标准。
他解释了不同文化中个人素质对判断的影响，认为一种素质在某个环境中
对个体是有用的，在另一个环境中则可能没用。但是休谟从未考虑过这样
一种可能性，那就是，在他那个时代的苏格兰和英格兰社会中，相当多的
人在情感上不符合他所谓的普遍性，行为判断也和他所谓的普遍性格格不
入。我们考虑一个关于这种情感的例子。

　　休谟在《论艺术和科学的兴起与进步》（"Of the Rist and Progress of
the Arts and Sciences"）一文中宣称："贪婪，或是获得的欲望，是一种
普适的激情，它在任何时候、任何地方、任何人身上都能发挥作用。"他
曾在《人性论》中断言，"没有什么比一个人的权势和财富让我们更尊重
他"。按照他的解释，"我们对他人财富的满足感，以及我们对占有者的尊
重"是因为：首先，对"房屋、花园、设备用品等"财富的拥有"是乐在
其中，对于任何想拥有或考虑如何拥有的人来说，都必然会产生一种快乐
的情绪"；其次，我们"期望借助有产者和有权者的优势去分享他们的财　83
富"；最后，"情投意合之同情，让我们分享周围每个人的满足感"[7]。

　　因此，休谟的这种表现令人毫不奇怪，他在文章中总是提到农业经济
从简单向复杂发展，进而产生了贸易和制造业形式的变化，这形成了他那
个时代的商业和逐利社会，但他几乎没有提到富人和有权者在享有不断增

长的繁荣时为那些比他们差的人做过什么，富人和有权者只是从他们那里得到了掌声与羡慕。在《人性论》中，休谟确实考虑过这种可能性，那就是，用平等的利益分配取代当时的不平等，他认为："无论我们在什么地方背离这种平等，我们都会剥夺穷人的满足，更多地增加富人的满足。"[8]但他很快不再考虑这种可能性，认为这太荒谬了，犹如 17 世纪的平等主义者（Levellers），他们倡导这种财产的平均分配，是"政治狂热分子"；休谟声称，所有这些平等主义的方案都是"不可行的，如果实施的话，将会对人类社会造成极大的危害。如果让人们的财产变得如此平等，人们的技艺、关心和勤劳的不同程度将立即打破这种平等。或者，如果你抑制这些美德，你就会把社会降到最极端贫困的地步……"[9]

这样，休谟就确定了他所谓的自然情感和普遍性情感的立场，并由此确定了他所谓的自然道德和普适道德的立场，同时，他不打折扣地赞同 18 世纪英国社会经济秩序的价值观。用休谟的话说，任何人对这些价值观的质疑，无论站在第欧根尼和帕斯卡等禁欲主义者的立场还是站在平等主义者的立场，都会受到谴责。然而，这个观点掩盖了 18 世纪英国普通人的声音，历史学家把这些人描述为"通过司法恐怖的形式"被统治，"白天恭恭敬敬，晚上绝不服从"[10]。事实上，他们白天并不总是恭敬，这在思想、情感和行为上都有所表现。E. P. 汤普森（E. P. Thompson）在论述参与粮食暴动的群众时写道："18 世纪几乎每一伙群众"的反叛行为都具有"某种合法性的观念。所谓合法性的观念，我的意思是，群众里的男男女女都充满了这样的信念：他们认为自己是在捍卫传统的权利和习俗"[11]，这些权利和习俗在休谟的道德方案里得不到认可，是被排除在外的。

休谟的理论完全没有考虑到三种可能性。第一种可能性是，事实上，无论在英国还是在其他地方，情感和判断在程度与类型上都有差别，这在他的主张中却被严重诋毁了，因为他主张的是人类的自然的与普遍的情感和判断。休谟试图在他的道德体系中论证不同的文化之间存在情感和判断的巨大差异，我在这里不会对此做出评判，只想指出，看看英国、爱尔兰、法国的阶级和职业结构，就会发现充分的证据证明休谟的某些核心主张并不可信。第二种可能性是，引起这些分歧的观点（包括休谟自己的观点），都没有表现出普遍性情感，而是表现了某种激励性信念，休谟迫不得已认为这是人为的信念。按照这种推测，休谟所谓的激励性信念是什么？这些信念让休谟首先和亚里士多德对立，其次和帕斯卡对立，再次和18世纪不顺从的劳动者对立，因为这些信念认为贪婪不是腐蚀思想的恶习，认为谦逊不是美德，认为正义不能质疑既定的财产权利。换一种说法，这些信念反映了他对什么是人类繁荣的理解。在休谟的理论中被排除的第三种可能性是，这些道德分歧以及这些激励性信念的分歧根源于在经济结构中占据非常不同之地位的人们之间的差异和他们之间的潜在的或实际的对抗，这些差异在平等主义者看来是"最穷的人"和"最富的人"之间的差异，在汉普夏看来是地主和农民、商人、手工业者以及劳动者之间的差异。

　　我的意思是，不仅休谟的一些主张是错误的，而且他提出这些主张所产生的一个效果也有问题，即他向读者隐瞒和掩饰了某些有关社会经济秩序的现状事实的重要性。（我并没有把这种意图归咎于休谟。）也许我们可以做更进一步的探讨。我们有什么理由断言，不仅这是休谟理论的一个效果，而且其理论的作用就是为了产生这个效果？我们可以说，某些活动或事务的作用在于维持某些机构或制度的持续运行，如果前者不是应有的样子，那么后者就会因此而在某种程度上变样，难以正常运行。所以，我们 *85* 也可以说，某种信念体系的功能在于维持某种社会或经济制度，如果相关的个体或团体不相信那些虚假信念，那些社会或经济制度就会在相当程度上难以正常运行。

　　我想到的一种可能性是，在18世纪的英国，人们普遍认为道德是普遍存在的，大致和休谟理解的一样，这种道德的普遍性让休谟同时代的许多人看不到其社会潜在的道德冲突和社会冲突；这种做法维持了农业、商业和贸易经济的运行，使一些人获利，而对其他人不利，这些其他人在很大程度上是休谟看不见的。当然，休谟的理论只是为现代性道德进行辩护的理论之一，并且远不是最有影响力的理论，还处于现代性道德发展的早期阶段。但是，那些在哲学上反对和批判休谟道德哲学观点的人，他们总的说来在道德立场的实质上和休谟一样。

　　让我重申一遍，这些评论丝毫没有影响休谟作为道德哲学家的伟大。

显然，这与休谟表现主义的真实性和虚假性没有直接关系，与后来诸多版本的表现主义更没有什么直接关系，这些表现主义者所持的道德、政治和经济观点与休谟的观点完全不同。然而，这确实表明，历史探究可以对哲学辩论产生影响。休谟关于道德情感普遍性的主张是基于他自己的理解，历史学家的研究发现却推翻了这些主张；这在某种程度上表明，道德理论的形成并不像人们通常认为的那样是一件单纯的事情，关于道德的哲学理论在一些社会环境中可能会因为其道德误解和政治误解而产生潜在的危险。

2.3 亚里士多德及其社会背景，阿奎那从该社会背景对亚里士多德的复兴，阿奎那如何看似无关

休谟的政治和道德哲学深受其社会秩序与文化秩序扭曲的影响，但他当然不是唯一的这种哲学家。亚里士多德在这方面甚至更为突出，他的主张严重走偏了方向。他认为自然奴隶（natural slave）仅仅是供他人使用的、具有理性的工具，并主张女人和男人不同，她们没有能力让理性控制自己的激情；这两个观点本身都是严重的错误，而且隐藏着更加深刻的错误。现代亚里士多德主义者，例如玛莎·努斯鲍姆（Martha Nussbaum），并不觉得消除这些荒谬有什么困难，他们仍然坚持亚里士多德主义的美德论，这就像后来的休谟论者，例如尤其是安妮特·拜尔（Annette Baier），并不觉得坚持休谟的美德论有什么困难，但却否定了休谟反对自由的态度。不过，亚里士多德的情况与休谟的情况不同，如果不拒绝亚里士多德的社会偏见，那么就不仅会使亚里士多德的整个政治、社会和道德思想体系与绝大多数人都不相关，而且实际上会让他的体系充满矛盾、缺乏一致性，这一点很少被人们注意到。怎么会这样？

所谓不相关，是因为亚里士多德认为，不仅妇女和自然奴隶，而且生产劳动者和野蛮人（即非希腊人），都不是功能完整的人，不能在政治社会中养成和行使理性主体的诸多能力。所谓缺乏一致性，是因为这种负面的判断与亚里士多德对人类的目的（telos）和人类的功能（ergon）的解释之间存在矛盾。在他看来，人类有别于其他动物，人类具有独特的功

能，也就说，人类作为理性主体在权衡自己的各种目的和实现人类的最终目的的过程中能够发挥自己的能力。但如果这是人类的功能，这一定是每个人的功能。正如 A. W. H. 阿德金斯（A. W. H. Adkins）所言："在其他功能的表现上，也不是所有人都能出色地运用那些功能：不是所有雕刻家都像菲狄亚斯（Phidias）那样优秀，不是所有的眼睛都具有 20/20 的视力。但是所有人都能而且必须在某种程度上运用人的功能。"[12] 按照亚里士多德的理解，这是人之为人的功能这一概念的要求之所在。因此，后来的亚里士多德主义者对亚里士多德的理论进行了修正，他们很高兴一起把亚里士多德从偏见和矛盾中解救了出来。

这样把亚里士多德从他对自己的伦理学和政治学的理解中解救出来，其重要性主要在于（如何理解）他的问题，而不在于他的答案。亚里士多德提出的是那些具有充分理性和非常善于反思的人无法避免的问题，他们在任何情况下都会以自己的行为和生活方式来回答这些问题：我作为家庭成员、公民、人类的一员有何益？在我的日常实践中，我需要什么样的思想和品德素质才能正确地进行利益分析与利益权衡，以便发挥人之为人的作用？如何获得这些素质？但是，亚里士多德在公元前 4 世纪教育 *87* 希腊城邦未来统治者的过程中探讨了这些问题，并且他与学生以及其他马其顿精英们分享的一些政治和社会构想没有受到质疑。[13] 然而，在他对这些问题的表述脱离了这些构想之时，这些问题及其许多答案就为任何文化中具有理性和善于反思的主体提供了探讨的资源。这一点我之前提到过。

那么，这些主体应该如何进行探讨？我们已经说过，关于他们从事的每一种活动，他们都需要提出这样的问题：这种活动的利益和目的是什么？如果我要实现或促成这一目的，我必须成为什么样的主体？他们还需要提出这样的问题：这种活动在我的生活中占据什么位置，应该占据什么位置？但是，我们过去也说过，他们在提出和回答这些问题时所用的言语是他们自己文化的言语，反映了他们生活于其中的社会秩序和文化秩序中的活动的特殊性。他们提出的问题和做出的回答可以被看作亚里士多德提出的相关问题和做出的回答的诸多翻版，但后来在忠诚于亚里士多德的问题上总是涉及文化方面的翻译工作。同样的情况是，亚里士多德坚持认为，人们作为理性主体取得任何进展的一个先决条件是，一开始就要通过培养让主体习惯在各种情况下都知道如何实现其利益。这种培养必须因材施教，以主体的时间和地点的特殊性为基础，才能让主体获得所需的培养和经验，以掌握这种把控自己的要点。只有从这样的起点开始，他们才会形成引导和转变自己欲望的习惯，使这些欲望在他们自己的时间和地点条件下符合相关的利益。

还有一个重要的方面是，后来的亚里士多德主义者必须为自己提供所需的资源，以便为自己的思想和行为找到合理论证。针对他们实践推理的某些前提，或者也许是针对他们所信仰的实践主体概念，在他人提出乍一看令人信服的反对意见时，或者在他们为了自我批判而提出反对意见时，善于反思的主体如何处理这种情况？亚里士多德在《尼各马可伦理学》第一卷中第一次提出了关于人类最终目的之本质的问题，他考虑了三种与自己相抗衡的观点，证明了每一种观点是如何失败的，然后从这些失败的重要方面论证了他的结论是如何成立的。这表明，一般情况下，在政治学和伦理学领域（也许是在一般的科学领域），要论证任何实质性的观点能够成立，都必须经过三个阶段：在第一阶段，我们需要尽可能多地假设各种反对意见，反对得越犀利越好；在第二阶段，我们对每一个反对理由做出最好的回答，只有证明所有的反对意见都是失败的，我们才能进入第三阶段；在第三阶段，我们要提出论证去说明结论的合理性，证明这些论证能够克服我们在第二阶段得出的否定性结论所施加的任何制约。

随着这些辩论的进行，许多论争的观点相互碰撞，总会产生新的概念和见解、新的论点、新的反对意见和新的对反对意见的回应。因此，政治学和伦理学领域的辩论在某种程度上是无休止的。但是，这种对理性正当性的理解，丝毫不妨碍我们迄今为止对某些论题的论证能够得出结论。这种现象，尤其在政治学和伦理学领域，告诫我们应该始终仔细考虑某些社会变化和思想变化，这些社会变化和思想变化可能会让人们质疑从过去继承的立场和观点的正当性。因此，每一个历史时期的亚里士多德主义者，在他们肯定的中心思想上，都要反复地面对旧的反对意见和新的反对意见。

这样一来，无论在日常实践中还是在理论思想上，后来的亚里士多德主义者都必须超越亚里士多德，都要在他们具体的社会生活中应用亚里士多德的概念、论题和主张，并证明他们倡导这些概念、论题和主张的正当性。他们在这个方面取得了不同程度的成功。取得成功的一个必要条件是，他们不应当赞同亚里士多德的制约性偏见或他们自己文化的制约性偏见，或者至少不应当允许这些偏见影响他们在政治学和伦理学方面的建设性工作。阿奎那就是一个典型的例子。令人遗憾的是，他在对亚里士多德《政治学》（*Politics*）的《评论》（*Commentary*）中，似乎赞同亚里士多德的自然奴隶概念。（第一卷第 3、7、10 页）但这种对亚里士多德的过分尊重并没有影响或制约他对政治学和伦理学的探究，因而使他能够和同时代的人交流，去探讨相关问题。［这确实和他如何对待那些"令人遗憾的人"有点矛盾，这些人智力落后或精神紊乱，其潜力因某种身体的原因而遭到破坏，但他坚持认为应该把他们当成理性主体对待。（《神学大全》第二集第二部 ae 第 68 题第 12 节释疑 2）］

　　令阿奎那欣慰的是，亚里士多德的政治学和伦理学在当代得到应用，他同时代的道明会信徒以及他和那些道明会信徒的继承者在这一应用中都做得很出色。在《神学大全》第二集第一部和第二部的文本中，阿奎那认为他的同时代人是具有质疑和自我质疑能力的理性主体，并以理论探讨的形式向他们提出问题。对于阿奎那提出的一系列问题，这些主体的答案有时是明确的，但在更经常的情况下，他们的答案隐含在他们的实践判断和行为之中。他先提出有关人类利益和目的的前提，以及人们按照实践推理的第一前提进行的权衡，然后在第二集第二部分的许多讨论中对如何解决日常生活中的核心问题给出诸多结论。在每一个阶段，读者都必须对阿奎那提出的结论进行全方位的反对，而且必须学会提出自己的反对意见，这样才能得出自己的结论。读者是谁？居于第一位的读者显然不是 13 世纪的农夫和家庭妇女。

　　然而，正是这些人的老师（作为牧师或教师）会建议和劝告这些男女在日常生活中要成为理性主体。对于教师和学习者来说，至关重要的是认识和理解阿奎那全部主张中的关联，知道实践推理的第一原则和诸多前提的意义如何表现在美德对理性主体的要求之中，表现在理性主体对自然法的服从之中，只有这样，他们才能实现自己的个体利益和共同利益。既定权力通过社会结构和制度结构得以行使与维持，这些美德与服从要求人们对他们那个时代的某些社会结构和制度结构提出疑问。自然法的戒律是理性的戒律，我们和他人如果作为理性主体一起协商，要实现作为家庭成员、政治社会成员等身份的共同利益，那么就必须遵守这些戒律。特定社会的实在法只有在符合自然法的情况下才具有真正的法律性质。因此，普通人经过和他人一起理性地思考如何实现他们的共同利益，能够对当局和权力者的行为提出质疑。这样的普通人只要理解美德在日常实践中对他们有什么要求，就能理解美德对他们的统治者有什么要求，尤其是通过正义所提出的要求。什么是对统治者和被统治者的理性要求，这种思考便成为激进的社会批判的序曲。

《神学大全》的这些文本所具有的指导意义贯彻于实践推理的教育之中，这是非常重要的。最重要的是，阿奎那所捍卫的哲学立场能否得到理性的论证，在理论辩论中战胜对其论争对手；这里的重要性主要是因为这些哲学立场会对一般非哲学人士的实践推理产生影响。他们必须学会如何引导自己提出问题，以便（在实践层面）正确地确定他们所要追求的目的，这些目的便是他们欲望的对象，同时学会改变自己的欲望，让自己的欲望得到正确的引导。他们接受的指导来自学习了《神学大全》的教师，这种指导有助于进行反思的实践，事关理性和欲望之间的关系，这种关系反映在亚里士多德主义对行动的解释之中。因此，在阿奎那看来与在亚里士多德看来一样，生活出错总是意味着生活中理性和欲望之间的关系出现了问题。人们作为理性主体之所以在为人处世中失败，往往是因为他们的欲望缺乏良好的理由。

阿奎那分析了作为实践推理者的普通人关心的事情，这在他研究的日常问题中显而易见：体力劳动在我们生活中的地位、是否允许我们八卦闲聊、诚实的重要性、娱乐以及巡回演出艺人的重要性、对士兵的道德约束、（在法律上坚决维护这些权利会阻止人们帮助需要紧急救援的人时）对私人财产权利的限制、父母教育孩子的责任。试着考虑他在讨论欺诈这种不公正行为时是如何解决市场问题的。（《神学大全》第二集 ae 第二部 a 第77题）这个讨论针对的是农民、工匠和商人。讨论的前提是，他赞同亚里士多德在《尼各马可伦理学》第五卷中对经济价值和公正交换的解释，以及亚里士多德对货币如何衡量不同货物的相对价值的解释。阿奎那继承了奥古斯丁的观点，认为货物的价值一般说来在于对人类有用。(《神学大全》第二集 ae 第二部 a 第 77 题第 2 节释疑 3) 马匹、房子或鞋子的价值是马匹、房子或鞋子的用途。这些物品的价格差异应该反映它们在特定时间和地点的相对价值。后一种特性很重要，因为不同产品的用途在不同的时间和地点可能会有很大的不同。

阿奎那区分了两种市场交易：一种是生产者直接向消费者出售；另一种是商人从生产者那里购买，然后再卖给其他人。在前一种交易中，一般要求的只是价格公道，也就是说，价格应该等于所出售货物的价值。卖方要求的价格应该是，他认为，如果他自己买的话需要支付的价格。在后一种交易中，进行买卖的商人可能会以高于买入的价格卖出，这个差价通常足以抵消贸易过程中产生的费用，但不会太高，除非商人把他买的东西变成了更值钱的东西——他训练了马匹，他粉刷了房子，他给鞋子增加了鞋带（这是我的举例，不是阿奎那的举例），或者社会环境的变化使这种特定的货物更值钱，或者商人冒了不同寻常的风险才买到这种货物，或者他支付了某个第三方的费用才完成交易。

91

在阿奎那看来，这些例外和形成这些例外的一般规则结合起来表明，绝不允许人们参与市场交易仅仅是为了盈利或主要是为了盈利。为了盈利而追求盈利是不公正行为。市场货币交换的目的和意义是使我们大家都能受益于彼此的劳动，而经济收益的价值仅仅取决于能够被交换的利益以及由此使我们能够满足的需求。我们只有生产得越多，才会越富有。增加利润绝不是让人们从事一种生产活动而不是另一种生产活动，或从事一种市场交易而不是另一种市场交易的充分理由。人们需要理解和认识到，金钱的取得仅仅是实现和获得利益的一种手段，而这种实现和获得利益是为了服务于共同利益。

因此，我们把欲望放在金钱上也不过是实现我们的个体利益和共同利益的一种手段。我们每个人只需要这么多的钱，并且我们没有良好的理由去欲望那么多的财富，也根本没有什么理由去尊重那么富有的人。当然，这并不意味着出于各种原因人们不想提高生产率，但确实意味着贪图金钱的生活通常是欲望混乱的生活。阿奎那和休谟的对比显而易见。休谟所谓的情感指的是接近人类普遍性和自然性的情感，但在阿奎那看来，这却是人作为理性主体的衰败的症状。在这个方面，阿奎那的观点不仅和休谟有显著的差别，而且与休谟同时代的朋友亚当·斯密有显著的差别。

92　　按照斯密对经济活动的解释，每个个体追求自身利益的增长，便促进了生产力的提高；每个个体都从他人的劳动中获益，便促进了整体的繁荣。个人想尽可能地致富的动机是什么？在斯密看来，这关键在于一系列令人愉快的幻想，我们之所以产生这些幻想，是因为我们在想象像伟人、富人那样拥有权力和财产时产生了满足感。这些幻想驱使我们工作，除了"在生病和精神低落的时候"。斯密补充说："自然正是以这种方式驱使我们工作。也正是这种欺骗唤起了人类的勤劳，使之不断地运转。"[14]也就是说，对于一般利益，对于大多数人的长远利益，每个人的行为不应当是为了这种一般利益，而是为了实现其所谓的自己的利益，尽管人们有时在什么是自己的利益这个问题上有非常错误的认识。我们最好能难得糊涂，不要把事情看得一清二楚。这种要求令人惊讶，更令人惊讶的是斯密本人可不是这样难得糊涂，他既知道人们追求经济和金钱的积极作用，也知道消极作用。他早就在《道德情操论》（*The Theory of Moral Sentiments*）中说："人们嫌贫爱富，羡慕富人和权贵，近乎崇拜；鄙视穷人和贫民，置若罔闻"，这是社会秩序得以维持的一个必要条件，然而这是"破坏我们道德情感的最大和最普遍的原因"[15]。

斯密的理论中缺少一种经济活动的概念，这种经济活动能够让人们合作并有目的地去实现共同利益，即亚里士多德和阿奎那理解的共同利益，更不用说斯密的理论中缺少一种思想，即只有在实现这种共同利益的过程中和通过实现这种共同利益，个人才能实现自己的个体利益。我们这时应该立刻想到，斯密的著作里缺少这种概念和这种思想，休谟的著作里也不会更多。这表明，在当时的苏格兰、英格兰、法兰西以及荷兰，这种概念和这种思想的缺乏是一个普遍的文化问题，休谟、斯密和他们那些受过教育的同时代人生活在这样的文化中，后者是他们的读者，在他们社会的政治、贸易、商业、学术领域起着领导作用。这种概念和这种思想在他们的生活方式中都已不复存在。因此，休谟、斯密以如此的精心和智慧所列举与描述的情感，在某种程度上并非全人类共有的情感，而是18世纪的商人和商业社会所推崇与培养的情感，并且往往在他们当时的继承者看来是足以为人的情感。

因此这里出现的问题是：欧洲在 13—18 世纪发生了什么能够造成这 *93* 种状况？对于这类问题，经常有这样的答案：亚里士多德的思想以及阿奎那的思想在 16 世纪和 17 世纪的哲学辩论中遭到惨败。事实上，关于亚里士多德和托马斯的伦理学与政治学，并没有多少系统的辩论，即便有，对这种变化的性质或程度也没有提供什么最基本的解释。而且，在 13—14 世纪的欧洲，并没有那么多人信奉托马斯主义。在中世纪，阿奎那作为一个道德思想家和政治思想家没有什么权势，他的道明会信徒和他一样是局外人。但当时的理论家和普通人都很清楚，他的思想和社会具有直接的相关性，人们必须同意他的观点或回答他的问题，因此他的问题对于那些正确反思的人来说总是不可避免的。因此，我们需要解释的变化主要不是哲学理论史上的事件，而是一个大的社会方面的问题，即社会上大多数人（如果不是非常普遍的话）想当然地认为，阿奎那的思想与普通人的日常生活和劳动没有什么关系。理论家和普通人都认为，他们的生活似乎没有任何与阿奎那对话交流的可能性。有一位理论家为我们理解这个变化提供了一些关键资源，他就是卡尔·马克思。

2.4 马克思、剩余价值和对阿奎那在此看似无关的解释

我们探讨的马克思不是一位神话人物，他和恩格斯一起创立了马克思主义。"马克思主义"（Marxism）是一个体系的名称，然而，在马克思主义的冠名下却有几个相互论争的体系。马克思本人确实是一位很有体系的思想家，但留给我们的著作却并不完整，经常有这部分的观点和另一部分的观点相左的问题，有些人一般不认可这是问题，因为这些人从他的文本中引申出了宏大而普遍的教条，其中有些思想观点根本不是马克思的思想观点。[16] 考茨基（Kautsky）曾经建议马克思出版全集，马克思的答复是自己的著作必须完成之后才能构成全集。

此外，人们在很长时间内对马克思的哲学评论既有同情的，也有不同 *94* 情的，但不难理解，都侧重于马克思与黑格尔的关系中的问题和变化。直

到后来，人们才理解到马克思与亚里士多德的关系的重要性。[17]我们需要向马克思学习的，便是马克思从亚里士多德那里学到的东西。

马克思 1842 年曾希望到波恩大学任教，如果他谋取到这个教职的话，他会首先讲授亚里士多德的思想。他在 1843—1845 年做记者工作，当时思想激进，仔细研究了亚里士多德的《政治学》。他在相当成熟的经济学写作中提到亚里士多德时总是表现出一种敬意，而对自己同时代的人则很少这样。他确实认为亚里士多德准确地描述了古希腊世界的经济交流形式及其发展的历史。为了理解现代世界经济形式和发展的特点，他超越了亚里士多德，但仍然采用了亚里士多德使用的关键概念：本质、潜力、目标导向。马克思认为，所谓对某个事物的理解就是掌握了其基本属性，这是确定其因果关系的先决条件；亚里士多德也持这种观点。马克思认为，我们理解某个事物，不仅要知道它是什么，而且要知道其本质如何决定它成为什么，例如他认为"人体解剖对于猴体解剖是一把钥匙"①；亚里士多德也持这种观点。[18]马克思认为，人类的主体性只能从目标导向方面来理解，我们也能够区别，对某些目标的追求能够发展人类的潜能，对另一些目标的追求则阻碍人们的发展；亚里士多德也持这种观点。海因茨·卢巴兹（Heinz Lubasz）正确地认识到，所有这些都包含在马克思从亚里士多德那里所获得的"毋庸置疑的受益"之中，马克思在《资本论》的第一章承认了这一点。

马克思提出的问题是：如何考虑包含在一件上衣里的劳动力价值和包含在一定数量的棉布里的劳动力价值？两者是如何交换的？他确定了价值等同的某些特点之后认为，"如果我们回顾一下一位伟大的研究家，等价形式的后两个特点就会更容易了解。这位研究家最早分析了许多思维形式、社会形式和自然形式，也最早分析了价值形式。他就是亚里士多德"[19]②。亚里士多德分析了货物和货币之间的关系，分析了使用价值和交换价值这两个概念，马克思指的是《尼各马可伦理学》第五卷中公

① 中译文出自：马克思恩格斯选集：第 2 卷. 3 版. 北京：人民出版社，2012：705。——译者注（本书所有页下注均为译者注，下文不再标注）
② 中译文出自：卡尔·马克思. 资本论：第 1 卷. 2 版. 北京：人民出版社，2004：74。

正交换的讨论，但马克思认为亚里士多德的观点必然是不完整的，因为亚里士多德生活在奴隶制社会，没有一切劳动都平等和等价的观念，那个社会里没有广泛接受的"人人生而平等的观念"。因此，马克思认为有必要超越亚里士多德，去构建一个价值论，特别是剩余价值论，以揭示 19 世纪的经济运行原理。

马克思认为，从他所在的 19 世纪的立场上看，人们终于能够理解资本主义经济的运行原理，但在他看来，人们在之前几个世纪里通过他们的经济活动和关系创造了资本主义经济，却没有理解也无法理解那些经济活动和关系，因为那些活动和关系的特点被劳动的表现形式掩盖着，被劳动力的商品化掩盖着。"商品形式的奥秘不过在于：商品形式在人们面前把人们本身劳动的社会性质反映成劳动产品本身的物的性质，反映成这些物的天然的社会属性，从而把生产者同总劳动的社会关系反映成存在于生产者之外的物与物之间的社会关系。"[20]① 资本主义不仅是一系列的经济关系，而且是呈现这些关系的一种模式，这些关系具有伪装性和欺骗性。

马克思后来指出，无法理解那些活动和关系的后果之一是，资本家和生产工人都不能认识到资本是"无偿劳动"（unpaid labor）。与马克思描绘的资本主义现代性相比较，进入资本主义经济之前的活动和关系反映了欧洲中世纪的状态，阿奎那提出的问题在那个时期具有显著的相关性，尽管马克思没有这样说。马克思宣称：

> 在这里，我们看到的，不再是一个独立的人了，人都是互相依赖的：农奴和领主，陪臣和诸侯，俗人和牧师。物质生产的社会关系以及建立在这种生产的基础上的生活领域，都是以人身依附为特征的。但是正因为人身依附关系构成该社会的基础，劳动和产品也就用不着采取与它们的实际存在不同的虚幻形式。……在这里，劳动的自然形式，劳动的特殊性是劳动的直接社会形式。[21]②

96

---

① 中译文出自：卡尔·马克思. 资本论：第 1 卷. 2 版. 北京：人民出版社，2004：89。

② 同①94-95。

人们在中世纪的社会环境和资本主义需要发展的社会环境大有不同，他们只能看到当时社会的情景。

这就不难发现，虽然马克思愿意向亚里士多德学习，但他根本没有意识到一种能力和一个事实之间的关系，这种能力是人们中世纪中期把握社会状况之真相的能力，这个事实是当时的教师和牧师所接受的教育大多来自追随亚里士多德的理论家。一方面，这些理论家是哲学家、神学家，马克思曾经向启蒙时代的先哲们学习，向费尔巴哈学习，但对神学不屑一顾。另一方面，对中世纪的学术历史研究那时才刚刚开始。因此，隐藏在马克思的视野之外的东西值得我们去发现和研究。亚里士多德的言辞曾经被阿奎那等许多人使用，影响了中世纪的读者和他们的教育对象，这一点我们已经注意到。这种影响使人们对自己所扮演的特定社会角色和所处于其中的社会关系提出了政治的、道德的问题，从而构建出一种对那些角色和关系的批判，这些问题使得人们——包括工匠、农民、商人、法官、教师、士兵和牧师——批判性地反思人身依附关系，这是马克思谈到的那些关系。因此，他们生活方式的变化导致他们无法理解其经济关系和社会关系，使他们失去了亚里士多德的思维术语，他们没有这样的术语就无从提出这些问题。这是很关键的一点。那么，我们怎么从马克思那里理解这种变化呢？我们可以学习的马克思是《资本论》第一卷中的马克思，我们需要学习两个方面。

一方面，他的剩余价值理论是理解资本主义经济制度的关键，包括资本主义积累和资本主义剥削。另一方面，他认为人们必须认识清楚自己和他们的社会关系，这样才能按照资本主义的要求行动，这是人们理解个体为什么会在资本主义社会全面误解自己以及自身社会关系的关键。正如阿尔都塞（Althusser）强调的那样，资本主义是一套结构组织，通过欺骗的模式发生作用。但要防止被欺骗，我们必须首先研究剩余价值。

97　　按照马克思的解释，剩余价值概念成立，必须满足某些先决条件。首先，靠农耕生活的劳动力不再能够满足自己的需要和家人的需要，他们过去无论是封建主的租户，还是享有共有土地的习俗权利（customary rights）的人，抑或是拥有土地的农民，现在在市场上都别无选择，只能得到雇佣工资，赚点钱；为了被雇佣，他们可能需要竞争，而且在许多情况下必须竞争。其次，还必须有一个拥有生产资料的阶级，这个阶级的成员拥有土地、工具、机器、原料等，作为雇主支付工资，工资支付给了实际需要的劳动力，但低于那些工人生产的价值。占有剩余价值，是雇主们从事经济的目的。这是他们利润的来源，是他们能够投资自己的企业和其他企业的来源。通过投资，资本主义产生了生产力的增长。不占有剩余价值（未补偿劳动力的价值），这种投资和源于投资的生产力的高度增长率就永远不会发生。

然而，那些把自己的劳动力变成一种商品的人，既不承认自己是被货币交换了，也不承认自己在相关市场的定价下被买卖了；他们甚至到现在一般也不承认自己在这个意义上变成了商品。他们过去和现在都不会这样认识自己，这是可以理解的。"商品是物，所以不能反抗人。……为了使这些物作为商品彼此发生关系，商品监护人必须作为有自己的意志体现在这些物中的人彼此发生关系，因此，一方只有符合另一方的意志，就是说每一方只有通过双方共同一致的意志行为，才能让渡自己的商品，占有别人的商品。可见，他们必须彼此承认对方是私有者"[22]①，这是通过契约形式表现的东西。拥有生产资料的人通过交换关系占有了生产工人的无偿劳动，交换关系通过其法律形式把这伪装成自由个体的契约关系，认为每个人都在寻求最适合自己的东西。随着资本主义成为生产和交换占主导地位的经济模式，这种关于自己及其关系的思维方式成为社会思想和道德思想的主导模式，这不但表现在理论界，在日常生活中也是如此。

不同的社会思想和道德思想模式之间的差别，在于其戒律和论证如何回答一系列的问题。所以，这个新的思想模式（它在 16 世纪和 17 世纪处于迅速成熟阶段）必须回答的核心问题是：每个个体和他人的关系需要什么样的规范，这些规范应该得到每个人的承认和遵守？也是就说，在每个人的问题变成了"我为什么不应该用肆无忌惮的利己主义满足自己的欲望，不择手段地诉诸暴力或欺诈等？"之时，道德研究就变成了利他主义的研究，哲学理论界的争议就变成了应该支持哪种立场的争议。霍布斯给

98

---

① 中译文出自：卡尔·马克思. 资本论：第 1 卷. 2 版. 北京：人民出版社，2004：103。

出了第一个答案，洛克给出了第二个答案，休谟给出了第三个答案，斯密给出了第四个答案，边沁给出了第五个答案，康德给出了第六个答案，黑格尔给出了第七个答案。他们的答案竞相登场，一直都在映射日常生活中的争议。他们的原创性在于他们提出了支持那些答案的主张，这些主张在相当程度上成为日常生活中辩论的依据。这便出现了两个现象，一是我在本书第一章最后一节研究的现代性道德（伯纳德·威廉姆斯所谓的"道德体系"），二是相对应的现代道德哲学。

现代性道德的立场和任何新亚里士多德主义的立场都有所不同，和阿奎那的立场更是有显著的不同，这些不同表现为各种立场所持之人在现代性道德的立场上提出的中心问题，表现为他们在提出这些问题的过程中所预设的毫无问题的概念，这是一个要点。另一个要点是，现代性道德的概念体系中容不下亚里士多德主义和托马斯主义的概念，如目的、共同利益或自然法。他们的幸福概念是一种心理状态，是个人的欲望得到满足的状态，这和亚里士多德的幸福概念或阿奎那的至福概念非常不同。在 18 世纪早期，当时信奉阿奎那的人向自己同时代的欧洲人提出了阿奎那曾经对其同时代的人提出的问题，结果无人理睬。他们对生活方式的预设和当时的实际思维模式相差确实太大。这不是说人们如果在生活中相信托马斯主义对他们及其关系的理解，就不能在必要时对资本主义经济的道德文化提出质疑，而是说人们如果要有效地提出质疑，就不仅要提出不同的理论体系，而且要提出替代资本主义的生活方式的可行出路，也就是说，他们要提出表现为阿奎那主义的新亚里士多德传统，认为这套实践体系包含着对理论与实践之关系的另一种理解，是一条可行的出路。这种情况非常罕见。

只有在非常偶然和特殊的条件下，这种情况才会出现，它具有一定的启发意义。在 16 世纪，道明会信徒接受了托马斯主义的教育，他们反对像塞普尔韦达（Sepúlveda）那里的文艺复兴式亚里士多德主义者；他们认为亚里士多德的文本不能被用来论证美洲土著人民遭受奴役的正当性。在 17 世纪，受过托马斯主义教育的耶稣会传教士把图皮-拉瓜尼人（Tupi-Guarani）和其他人组织起来，通过军事力量抵制奴役，带领他们参加战斗和迁徙到其他地区，最终建立了以强烈的共同利益思想为基础的社会。印第安人在这些社会里接受教育，学会读写，他们中有士兵、农民、手工业者和音乐家。他们富有成效的劳动促进了整个社会的平等主义的繁荣，他们的人口最初是 12 000 人，在 18 世纪初增加到近 100 000 人。[23] 然而，这第一个现代的共产主义社会是由耶稣会领导的，但耶稣会垄断了领导权；耶稣会传教士在 1759 年和 1767 年被驱逐出葡萄牙与西班牙的领地，耶稣会在这里政权旁落，未能逃过这一劫。此后，阿奎那和巴拉那河畔（Parana River）的社会无缘，正如他在斯密和边沁时代就几乎不被任何其他社会接受。

因此，阿奎那作为新亚里士多德主义的理论家发挥了不同的作用：一方面，他对自己时空中的文化秩序和社会秩序提出了质疑；另一方面，他在几个世纪之后，又被人们抬出来，对不断发展成熟的资本主义经济的文化秩序和社会秩序提出了质疑。我一直认为，我们能否理解这种差异的本质，应该在某种程度上取决于我们对马克思关于资本主义的认识的学习，资本主义（对剩余价值的占有）如此彻底地改变了文化秩序和社会秩序的关系，而且掩盖了这些关系的性质。这还取决于我们对马克思所发现的几个主要真理的学习，即关于资本主义的破坏性和自我毁灭方面的真理。资本主义投资结合技术发明，产生了一个又一个工业革命，发展了生产能力和生产能量，提高了生活水平，这是社会现实。但是，正如马克思曾经观 *100* 察和预测到的那样，资本主义毁坏了传统的生活方式，或使传统的生活方式边缘化；造成了收入和财富总体上的不平等，而且有时候是相当荒诞的不平等；跟跄度过一次又一次危机后，往往造成大规模的失业；让那些没有盈利发展的地区与社区陷入长期的贫困和落后。

马克思曾经希望和相信，产业工人的状况在资本主义制度下受到打击时，他们会通过行为和体制来加以应对，他们会越来越明白马克思、恩格斯对他们自身及其状况的描述，他们在某种程度上做到了这一点，尤其是在德国和法国。然而，马克思未曾预料到的是在工人阶级和其他资本主义批评者中进行辩论的种类与程度。他当然在最初阶段就意识到了空想社会主义者和早期的基督教社会主义者，并对他们不予理会，虽然后来他和恩格斯曾试图尽量减少费迪南·拉萨尔（Ferdinand LaSalle）对德国社会民主党的影响。然而，存在一些他没有料想到会发生的冲突。

这些冲突的根源，一是19世纪晚期和20世纪早期工人阶级的生活状况发生了变化，二是马克思、恩格斯的学说需要在这些状况下得到解释和新的应用。这些冲突引发了关于马克思主义的一系列论争，争相把马克思解释为改革派和革命派。人们在这些论争中表现出各种各样的分歧，但在两个重大问题上可以说有共同的意见。一个问题是，工人阶级只有通过支持马克思主义政党才能实现其经济和社会的目标，马克思主义政党给予工人阶级领导地位并为其指明方向。第二个问题是，马克思主义政党的任务是赢得对国家机构的控制，使用国家权力把生产资料所有权从资本主义阶层转移到现在的社会主义国家。这才有可能建设一个在党和国家领导下的社会主义社会。当然，这些命题本身就是进行辩论的主题。

还有非常重要的一点是，在马克思的晚年生活中，工人阶级的文化已经有了发展，而且还在继续发展，这表现为工人阶级在德、法、英等国的生活文化，如读书和写作，参与体育运动和比赛，参加工会和互助会等其他俱乐部的活动，喜欢啤酒屋、酒吧和美食馆，欣赏音乐和马戏，有时还*101*去教堂。工人在遭受资本主义的打击时想到的是自己，如果想让他们接受马克思主义思想，那要看马克思主义者有多大的能力让他们参与辩论，还要看这场辩论如何进行。在这个方面，马克思主义者在工会和政党内部取得了明显的进步，但也遇到了为工人阶级伸张权益的其他竞争对手。此外，马克思主义者还要越来越多地进行另一种理论辩论，即学术辩论，他们的辩论对手捍卫资本主义，其论点和论据来自经济学学科从诞生到形成的全过程。这一点不能说不重要，因为那种学科从另一个视角看待资本主义，而这个视角却看不到马克思批判的问题。正是经济学的这种主张，引发人们质疑它所展现的资本主义是不是另一种精心设计的模式，虽然不是有意为之，但却具有伪装性和欺骗性。

2.5 学院派经济学呈现的理解模式和误解模式

在19世纪后期的几十年，经济学在许多欧洲大学成为一门学科，其内容主要是奥地利、法国、英国和其他地方的均衡理论研究者提供的成果。这些理论家及其后继者的中心主张是，只有通过自由市场里不受管制的竞争，稀缺资源才能得到有效分配，价格才能表现出供求匹配的情况；这会成为一种均衡状态，在这种状态下，市场交易中的每个参与者都享有最佳条件并获得良好发展。这些理论家认为特定市场中的价格是由交换关系决定的，其理论则展现了这些关系的一套方程式，能够为投资者、企业家、工人和消费者提供经济决策的数据，使他们成为理性的最大化者（rational maximizer）。这些理论家自称取得了这个成就，他们在某种程度上确实有所成就。经济学理论得到进一步发展，这在一定程度上是因为他们或多或少成功地解释了一些表面的或真实的异常问题，解释了日益复杂的经济活动。在解释日益复杂的经济活动方面，其结果是数学运算变得越来越复杂。

过去150年的经济学史，可以说主要是经济学教科书的历史，这一方面是因为，从马歇尔（Marshall）到萨缪尔森（Samuelson）等最有影响力的教科书作者都是最伟大的理论家，这种现象仅存在于很少的几个学科；另一方面是因为，这些教科书在经济学系和商学院广为讲授，让学生们认为世界上只有这些决策模式。物理学家研究粒子，粒子不会受物理学教科书内容的影响。但人们在经济交易中往往会践行自己从教科书中学到的东西，学院派经济学家对此评论甚少。这一点为什么重要？这在某种程度上是因为，这些教科书所灌输的东西以及现代经济活动的风气，今天仍然是理解理性主体的基本观念。 *102*

为了弄清楚这个观念，人们花费了很长时间，帕累托（Pareto）最初做了一些工作，但最终的功劳应该属于芝加哥统计学家萨维奇（L. J. Savage）。人们发现，做一个理性的主体，就是做出理性的选择；做出理性的选择，就是考虑个人的优先选择，考虑个人喜欢什么和喜欢的程度，考虑因这个优先选择而放弃其他选择的后果。需要注意的是，这里没有解释某个特定的主体如何做出了其优先选择。人们的优先选择带有个人的特征，但都被视为理所当然的事情。具有理性，就是一直在最大限度上满足自己的优先选择。这种实践理性的观点当然与亚里士多德和阿奎那的理论有很深刻的差异，与没有接受资本主义社会秩序的普通人的思想亦有极大的差异。萨维奇在1954年发表了他的理论，但他的理论核心是对经济主体的假设，这个假设确实长期地、广泛地存在于市场交易和经济学教科书之中，甚至现在仍然广泛地存在。

　　萨维奇研究了主体在不确定的条件下会一直有何种表现，这里不考虑主体进行优先选择的内容和权衡过程，然后得出了其结论。关于某个特定主体的心理或社会关系，他没有做出任何说明，也不需要做出任何说明。他对主体的描述，是说明任何主体在做出优先选择之后，无论具体做什么，都要保持其选择的一致性。他所描述的主体，显然是追求功利最大化的主体，是呈现于古典和新古典经济学理论中的主体，这些理论和马克思的资本主义分析有极大的分歧。因此，学院派经济学家对资本主义前景的看法基本上和马克思主义者不同，表现得更为乐观。资本主义具有导致危机和毁灭的趋向，但却被他们轻描淡写，在研究上属于那些危险和意外的问题。

　　这些支持资本主义的学者后来分成了一些论争的流派。他们过去和现在都认为自由市场经济是唯一的增长引擎，测量尺度是国内生产总值，这是市场化产出的价值，因此自由市场经济也是唯一的繁荣引擎。他们过去和现在都坚持这个观点。这些经济领域反复出现的危机可以用外部因素的影响来解释，在某些情况下是人类心理中的非理性因素，在另一些情况下是信息不完善，在还有一些情况下是政府不明智的干预。我们应该注意，所有这些因素都是其他学科的研究对象，是心理学、社会学或政治学的研究对象。但在这一点上，专业经济学家出现了分歧。绝大多数学院派经济学家认为，即使最好的经济政策也会导致严重的不平等、反复出现的失业和贫困的再生，但这是必须接受的，因为这有利于长期的增长和减少世界上欠发达国家最严重的贫困。人们根据这些预测做出经济决策，认为能够计算出其固有的风险，而实际投资者受过良好的经济学教育，可以让投资成为理性地承担风险的活动。这大体上就是他们的主张。这些观点考虑得并不充分，其缺陷表现在四个方面。

　　第一，即使在常规运行的情况下，股票和商品市场的日常交易中也存在着风险承担，其不确定性变化多端、不可预测，但这些市场的交易者力所能及的做法通常是对事物持相对乐观的看法，对自己承担风险的程度好像有理性的论证，这种态度在大多数情况下会让人们感觉良好，可能突然有一天，在很常规运行的情况下，会让人们感到厄运当头。第二，市场需要在社会环境中运行，外部更大的世界每隔几年都会发生一些无法预料的事件，如瘟疫、战争、政府拒付公债的决定，这些都会破坏人们在市场交易中所认为的理所当然的事情。第三，交易者的动机是获得回报，通过承担风险获取利润，承担的风险越大，获取的利润越大，因此，他们会集体倾向于急功近利，不考虑长远利益，大大低估失败的可能性和概率。第四，也是最后一个方面，交易者不仅使其雇主和投资者的钱处于风险之中，而且会使广大人民的生计处于风险之中，他们不认识这些人，也不会关心这些人，但却经常在不经意中给这些人带来巨大的伤害；他们接受的学院派经济学或商学教育具有狭隘性，这让他们不会考虑这些问题。不过，有些经济学家当然会非常认真地对待这些问题，若忽视这个事实就是不公允的。

他们的特色是主张必须通过政府行为监察变幻莫测的市场，以便限制（如果不能消除）失业和不平等的弊端。这种政府行动的目的是管理总体需求，使经济保持一个理想的增长率。这个观点的主要代表人物是凯恩斯（Keynes）。货币主义者反对这一观点，认为这种策略扭曲了市场关系，对货币供应量的管理才是必要的。这些对立的观点和立场之间的辩论仍在继续。这些辩论中的一些主要问题之所以得不到解决，其中一个原因是所有主要理论都缺乏预测能力。没有哪个理论预测到了1973—1975年的滞胀。只有非常非常少的学院派经济学家和数量更少的善于观察的交易者预测到了2008年的金融危机，但这种预测是基于经验而非理论。一般说来，危机是不可预测的。然而，这些争议各方所能达成的共识是，拒绝马克思对资本主义的经常性弊端所采取的彻底诊断。凯恩斯在谈到马克思的思想时说，这是"复杂的哄骗"，"我对《资本论》的感觉和我对《古兰经》的感觉是一样的"[24]。学院派经济学家，也就是说，无论是凯恩斯主义者还是尤金·法玛（Eugene Fama）"有效市场假说"的拥护者，一致捍卫资本主义。这不足为奇，也许是因为他们中许多人在职业生涯的某个阶段担任过企业和行业协会的顾问或董事，或受雇于政府以稳定和加强资本主义经济秩序。也就是说，他们用自己的理论来理解他们自己和他们的活动。

可见，他们对自己的理论不会总是采取充分批判的态度。2013年，诺贝尔经济学奖颁发给了尤金·法玛、拉尔斯·彼得·汉森（Lars Peter

Hansen）和罗伯特·希勒（Robert Shiller）。法玛的有效市场假说于1965
年在《股票市场价格的随机游动》（"Random Walks in Stock Market
Prices"）一文中首次提出，他认为资产价格决定于"信息有效的"市
场，这些价格在任何时候都反映了投资者当时可获取的信息。由此可见，
市场交易永远不会导致非理性定价。然而，希勒获得诺贝尔奖的原因是他
对出现非理性定价即所谓"泡沫"问题的解释，汉森得奖的原因是他证明
了资产价格的剧烈变化不能用标准模型来解释。法玛承认这种不一致现
象。他说："我甚至不知道泡沫是什么意思。"［引自《纽约时报》（*The
New York Times*），2013 年 10 月 15 日］然而，这一回答表明，他的许多
同事都未能认识到，他的假设在设计之初要排除可能出现的虚假事件，如
泡沫问题，因此他的假设要么是错误的，要么无法证明是错误的，这在任
何其他学科都会引发某种争议而不是获得诺贝尔奖。

　　1945—1980 年的经济和社会民主化运动，特别是在欧洲，让经济学
家和许多人在资本主义的长期发展趋势上受到误导；在这一时期，第二次
世界大战对资本继承的破坏和当时在政治上可以接受累进税制结合起来，
限制甚至在某些方面扭转了资本主义固有的严重不平等倾向。人们并没有
认识到这实际上是一个非典型的时期。因此，资本主义本身被误解了。但
资本主义的历史在另一方面也被误解了。经济学家在很大程度上假定，经
济研究可以从经济所属的政治和社会秩序中抽象出来，经济历史的研究可
以从影响经济形成的政治、社会和心理因素中抽象出来。这是不可以的。
我们应该从马克思那里学到东西，而且必须不断学习，温故以知新。

　　经济学家在使资本主义的合法化中起到了作用，因而在使不平等的合
法化中也起到了作用，这不仅仅是经济上的不平等。如果没有经济上的平
等，金钱在政治上的力量和影响就不会是现在这样。人们不断地行使这种
力量和影响，使资本主义得以维持。[25]因此，资本主义的历史在任何意义
上都是经济学家的历史。学院派经济学家在很大程度上教育了几代人去这
样思考经济秩序，使他们难以抵制这种秩序中固有的破坏性和不平等趋
势。所以，马克思必然认为，如果没有对经济学家的有效批判，那么对资
本主义的任何批判都不可能是有效的。

2.6　马克思主义者和分配主义者竞相对主流观点的批判

19 世纪末以后的马克思主义者在许多问题上既相互争论，也和资本　*106*
主义的捍卫者争论，这些问题包括：现代国家的性质、国家机构在控制和
指导复杂的现代经济中可能起到的作用、资本主义经济体制为渡过和克服
其危机所拥有的资源、（如果可能的话）如何民主分配经济和政治权力、
在致力于彻底重新分配权力的政治中应当承认什么样的道德约束。但是，
他们和资本主义的捍卫者一起变成了被批评的对象，这种批评强调这些争
议双方在某些方面有多少共同点。批评者们站在经过极大改革的新亚里士
多德主义的立场上，一方面受到复兴阿奎那思想的影响，另一方面受到对
工人阶级政治的干预的影响，这表现为教皇利奥十三世（Pope Leo XIII）
重新阐释的天主教教会的社会教义。

当然，利奥十三世还发起了托马斯复兴运动，由此形成的哲学和政治
便被广泛地认为是天主教哲学和天主教政治。这似乎是顺理成章的，但这
里有一个误解。托马斯主义确实提出了神学上的主张，这些主张包括对天
主教信仰的真理的信念，但 20 世纪早期的托马斯主义者尤其是他们当中
自认为是托马斯-亚里士多德主义者提出的主张，无论在哲学论证中还是
在政治实践中，都是世俗的主张，是向他们本国的公民提出的，没有考虑
这些人有什么信仰或有无信仰。这些主张是关于理性主体如何为人处世的
主张，是在新亚里士多德主义的历史上早已被人熟悉的主张，但在这个时
期提出来，是为了应对 19 世纪末 20 世纪初的制度和冲突，涉及人类利益
的本质、正义要求和制度权衡等方面。

关于人类利益，从这个角度看，正如我所强调的，最重要的是个人应
该认识到，只有和大家一起实现共同利益，才能实现自己的个体利益，共
同利益可以是我们作为家庭成员的共同利益、作为工作合作者的共同利
益、作为当地团体和社团参与者的共同利益以及作为本国公民的共同利　*107*
益。去掉这些共同利益的观念，剩下的就是从人的社会关系和正义的规范
中抽象出来的个人概念，那些关系中必须贯彻正义的规范，只有这样个体
才能繁荣发展。正因为共同利益来自生产性工作，正义对于人们的工作关

系才具有如此之大的重要性。

正义要求的基本内容是，工作一周的工资足以支持工人及其家人的生活，要限制工作的时间，以便使工人有足够的其他时间和家人一起进行有价值的活动，工作需要在保障安全的条件下完成。但这种基本的正义要求最初在工业资本主义条件下，只能通过工会组织和激进分子的罢工行动来实现。因此，天主教社会教义最初所表达的现代思想一般是通过把教皇通谕付诸实施来实现的，如利奥十三世在 1891 年的教皇通谕《新事》（*Rerum Novarum*）中所阐述的那样。这一点很有意义。其中值得注意的是，枢机主教曼宁（Manning）在 1889 年的大罢工中对东伦敦码头工人的好战表示支持，他与好战的工会领导人合作，其中一些领导人后来成为大不列颠共产党的创始成员。曼宁在谴责资本主义的罪恶和支持工会等方面是坚定不移的，他给都柏林大主教沃尔什（Walsh）写信说："我们一直处于资本的专制之下。工人的工会是他们唯一的庇护所。"[26] 对于曼宁之后的那一代人来说，不可避免的问题是如何实施与超越工会的行动和工会的目标。

这些目标超越了工作场所，发展成一种政治，要求并及时实现了失业保险和其他福利待遇，但这使资本主义制度的更大弊端依然存在。那么，对资本主义的彻底批判应该朝什么方向发展？马克思主义者——无论作为革命者还是作为改革者——提出的答案，对于那些相信托马斯主义复兴和天主教社会教义的人来说，都是不可接受的，这有两个原因。首先，按照马克思主义的主要观点，如果要从资本主义转变为社会主义，就要前所未有地把经济权力和政治权力集中到国家机关与执政党手中。在设想中，这确实是权力未来下放和民主化的序曲。但托马斯主义批判马克思主义的一个中心论题是，马克思主义关于向社会主义转变的主要观念要求取得经济权力和政治权力，这种经济权力和政治权力方面的严重不平等与资本主义秩序的严重不平等一样，具有危险性，这一论题随着 20 世纪的推进变得越来越有说服力。确实有一些马克思主义者也认识到了这种危险，并试图在马克思主义的视野内解决它。但是，对于从他们的出发点如何达到分配主义的目标，他们无法提供一个令人信服的解释。一些托马斯主义者发展成分配主义者，认为一系列真正的地方政治举措是急需实现的目标，通过这些举措，才有可能在基层实现权力和财产的分配与共享。其次，马克思主义者和分配主义者在社会转型的行为主体上存在着根本性的差异。马克思主义者认为，最终一切都取决于革命工人阶级的出现。分配主义者认为，因为在重塑社会经济秩序方面存在着人类的利益，而不仅仅是阶级利益，所以许多群体都需要发生变革。

　　从分配主义的观点来看，资本主义的缺陷不仅是处理不好失业者和穷人的问题，而且是处理不好富人、高薪工人和管理者的问题。人类只有通过协调一致的行动才能实现其共同利益和个体利益，这些行动需要以自然法的规范为基础的合作关系，人们为了实现这些利益，必须发展他们作为理性主体的能力。然而，资本主义的社会秩序不仅反复地向人们推行违反这些规范的社会关系，而且错误地教育和引导人的欲望（这也是马克思主义者对资本主义的批判要点），以至对于每个社会阶级中的许多人来说，满足他们的欲望和发展他们的能力变得互不相容。在太多的情况下，他们想要的东西往往是他们没有良好理由去要的东西。因此，在资本主义制度下，每个阶级都有人成功地得到了自己想要的东西，但却可能过着贫困的生活，只是因为他们在很多情况下并不想要他们缺乏的东西。怎么会这样？

　　我之前注意到，萨维奇描述了他所谓的理性主体的特征，认为这种主体在市场交易中最大化地满足其优先选择，但他在描述这种主体时却完全没有解释这种主体的优先选择是如何形成的，以及这些优先选择的内容和对象可能是什么。但市场交易中的约束、失败带来的成本以及成功带来的回报本身就影响着欲望和优先选择的形成，这至少有两种方式。首先，主体从市场交易的成功和失败中认识到，增加他们拥有的资金具有重要意义，因此要尽可能多地销售，尽可能低价地购买，要储蓄，要投资，无论他们已经拥有多少资金，都要继续做下去。他们习得性地想要越来越多的东西，被自己的欲望所吞噬。其次，人们根据是否善于赚钱和增加资金储备来衡量成功或失败，对彼此表示钦佩或蔑视。因此，古希腊人所谓的"贪欲"（*pleonexia*），即贪婪，亚里士多德和阿奎那都认为这是一种恶习的特征，却开始被众人视为美德，金钱成为欲望的对象，这不仅因为金钱能买到什么，而且因为金钱本身得到崇拜。但这并不是全部。

人们在经济秩序中是生产者，也是消费者，这个经济秩序和另一个经济秩序的区别，在一定程度上要看人们如何理解自己作为生产者的活动和作为消费者的活动之间的关系。资本主义的悖论是，虽然它要求消费服务于扩大生产的目的，但它对许多人的生活方式施加影响，让人们认为自己的工作和生产活动只有服务于消费的目的才具有价值。资本主义创造了消费社会，产品在这种社会里得以成功销售的前提是，把消费者的欲望导向该经济体需要他们消费的任何对象。因此，广告的诱惑性言辞和市场营销的欺骗成为资本主义扩张的必要手段，这塑造和引发了人们欲望的对象，使得主体作为理性主体，其欲望的对象应该指向人类繁荣的目的，但却没有良好的理由去这样想。因此，那些有良好的理由去这样想的人，不断地发现自己和发达资本主义社会的道德风气相抵触，并与这些社会的主流价值观相冲突。

英国分配主义者和其他一些批评资本主义的托马斯主义者，正是通过发现和这种道德风气相抵触并与这些价值观相冲突的现象，并通过对阿奎那和亚里士多德的解读，终于认识到，只有借助托马斯主义对人类主体性和人类目的的解释，才可以充分理解 20 世纪道德冲突和政治冲突的关键部分。托马斯的道德理论和政治理论作为能够影响与指导实践生活的概念和论题来源，对于人们来说非常重要，能使人们在实践中充分反思与了解主体如何实现个体利益和共同利益的问题。因此，在许多小规模的企业和各种形式的公共生活中，20 世纪的人们仍然有可能解读阿奎那的著作，在理解程度上接近当时的道明会信徒和其他同时代的人。当然，在 13 世纪和 20 世纪之间，人们曾经在许多不同的时间和地点这样解读过阿奎那的著作，但托马斯主义的复兴和马克思对资本主义的批判为人们开辟了许多新的可能性。

到目前为止，这些可能性已经通过多种方式得以实现，并且都涉及如何建立和维持一些机构，在这些机构的实践中实现共同利益，这些机构包括家庭、职场、学校、诊所、剧院、体育场所，许多机构通常采取了合作事业的形式。这些合作事业通常面临的问题是和主流文化的机构之间存在着紧张和冲突，这并不令人惊讶，因为它们质疑这种文化的道德和政治。它们这样做能取得多大的成功，尚无定数。

2.7　关于如何超越第一章的对峙，我们学到了什么？

我们已经分析了一些非常不同的道德理论，其代表人物有休谟、亚里士多德、阿奎那、马克思、学院派经济学家，还有分配主义者，我们学到了什么？这里可以描绘出许多道德。首先，从对休谟和亚里士多德的讨论中可以看出，政治哲学和道德哲学中的真理或谬误，可能取决于关于人类态度和活动具有什么样的历史与社会事实。从对阿奎那的讨论中可以看出，在不同的社会秩序和经济秩序中，相同的评价性概念和规范性概念会有不同的应用方式。从阿奎那和马克思那里，我们都了解到，为了理解一套特定的理论主张，我们可能需要确定该理论家过去和现在支持什么，以及过去和现在反对什么。我们从学院派经济学家所举的例子中得到了如下这一教训，即他们提出的假设在任何学习过阿奎那和马克思的思想的人那里都会受到质疑。分配主义者的例子则表明，一个思想流派的重要性从长期来看可能会发生变化，变得与其辉煌时代相比完全不同，譬如我们有时仍然可以发现，从切斯特顿（Chesterton）那里学到的东西比从许多更有名的思想家那里学到的多。然而，除了这些具体的教训，还能得出一般性的结论吗？

我们讨论过的一些理论家之间的差别在于，他们对我们理解的理论和实践之间的关系有多大的贡献。我先前说过，理论探讨的首要任务是见微知著，进一步阐明和发展实践中隐含的或预设的规律。这里需要再次强调的是，人们要在这种理论思考中不断地相互学习，不是作为某个理论的弟子去恭维谁，而是作为一视同仁的主体，是在日常生活的实践和生产活动中实现共同利益的主体，因此，他们的道德教育和政治教育肯定与学院派理论家的做法有很大的不同。在一些个体或共同体发生了严重的错误时，这种要求尤为突出。我们最初通过实践得出的判断可能是，我们做事有缺陷，或者因为缺乏实践智慧，或者因为有道德上的缺陷，或者因为无法控制环境，然后我们通过对失败进行诊断和反思，找出失败的原因。我们必须追问这是我们的错误，还是我们其中某人或某些人的错误，抑或是迄今为止我们的活动所预设的理论存在错误。就理论误导而言，我们在实践的

111

判断中不但要对我们事前的考虑做出判断，而且要对我们的理论做出判断。

我曾经说过，我们在实践中通过自我思考提出了一些合理论证，我们为辩护自己的理论和哲学主张提出了一些合理论证，我们需要对两者加以区分。但是，我们要注意我们的理论立场和实践立场之间的密切关系，只有这样才能进行充分的反思。因此，正如亚里士多德和阿奎那明确指出的那样，理论家不但要和他们所反思实践的主体（包括他们自己）进行对话交流，还要和竞相对立的理论家进行对话交流。他们必须能够考虑和应对各种反对其立场的意见，这些反对意见可以是从理论辩论的舞台上任何一个对立的理论立场上提出来的。他们只有通过诉诸自己拥有的最高水平的理性论证（rational justification），才能成功地做到这一点，才有资格在那些对立的理论观点面前声称自己的立场是无法战胜的。然而，正如我们刚才提到的那样，这种理论上的论证虽然是必要的，但却不是充分的。根据其任何当代版的观点，他们在理论上的论证都要依靠实践中的具体判断，才有可能做出最终判断。这些具体的判断就是人们在家庭、职场等生活实践场所以建筑工人、环卫工人、士兵或诗人等身份做出的特殊判断。道德和政治上的理性论证有这两个不同但却密切相关的维度。我们之前已经提到，道德和政治上的理性论证还有第三个维度。

我们从休谟和亚里士多德那里都必须吸取这样的教训：无论我们的智力多么敏锐，如果心存偏见，我们就容易犯错；这些偏见广泛地存在于我们栖息于其中的文化里的共同判断之中，这些偏见容易扭曲人们的判断，无论是受过教育的人还是其他人。因此，我们必须怀疑自己，怀疑自己的态度和自己的情感，我们每个人都必须向自己提出这样的问题：我判断自己有充分独立的思想，能够正直地参与道德与政治的探讨和论证，但凭什么能证实我的这个判断？我们接着会遇到一个看似矛盾的问题：我们如果要成为那种通过探讨能够得出关于美德在我们生活中的地位之合理结论的人，则从一开始就必须在某种程度上拥有那些同样的美德。也就是说，我们在前文早就说过，我们要在自己的探讨中成功，则必须从一开始就要假定结论中的某些问题是合理的。那么，哪些美德对于我们成功地进行探讨是必不可少的？这些美德体现了思想和品德素质，使主体能够摆脱某些依附状态。

　　这首先要求人们在某种程度上摆脱一个人的社会和职业角色，以便让人们能够从外部的角度理解一个人在这个特定社会秩序中的情况，无论这个人是农民、音乐家还是银行家，而且让人们能够理解什么样的偏见容易影响农民、音乐家或银行家的判断。这里需要一种社会学的自我认识，这关键是从那些社会贫困和被边缘化的人们的视野中，从这些非常与众不同的视野中理解自我和社会的情况。通过这种鲜明的对比，我们会很容易发现他们和有良好职业（如我们的职业）的人在立场观点上都有自身的片面性。但是，人们要实现这种摆脱，还需要摆脱一些欲望的对象，例如对成功、快乐和名誉的欲望，这些欲望的对象把一个人束缚在其社会角色上，这种摆脱则使一个人能够在认识和理解中超越事物的表象，在判断与行为上只坚持客观性和真实性，而不是为了取悦他人或追求本阶级的好恶。

113

　　什么样的思想和品德素质可以阻止这种对欲望的约束、这种禁欲主义？有趣的是，这些思想和品德素质在亚里士多德或休谟看来都不是恶习，其中最为显著的是那种自豪感，那种态度和情感中的信心，它们都以不同的形式得到了亚里士多德和休谟的赞同。因此，谦逊，这种在自我认识和自我成就方面既不沾沾自喜也不自我贬低的能力，是一种特别重要的美德。可见，那些遭受道德上自我欺骗之风险的人并不一定能够实现这种社会学的自我认识；如果我们要知道自己遭受了多大的风险，我们通常需要朋友给予深刻和无情的评判。

　　道德和政治上的理性论证具有三个维度，所以是一个非常复杂的问题，那些把自己局限于理论研究领域的人很难认识到这个问题的复杂性。但正是这一局限，限制了本书第一章的诸多探讨和分歧。因此，我们现在需要超越人们通常设想的理论辩论领域，在一系列的研究中让理性论证的三个维度都得到应有的重视，而不仅仅是第一个维度。我们必须重新审视我们应该如何理解表现主义的主张，如何理解相关同类立场的主张，例如法兰克福伦理学的主张，通过对其社会背景的分析来研究这些主张的特征，然后根据这种扩大的理性论证概念对这些主张进行评价。当然，我的做法有点自相矛盾，因为我想让读者们超越理论研究的局限，尽管本书自身就是一种理论研究。不管这是不是不可避免的缺陷，我们唯一能做的都是继续努力研究以获得发现。第一个必要的步骤是，将表现主义的主张与现代性道德的主张联系起来，具体问题具体分析，从而理解现代性道德与表现主义在适合它们的现代性的社会环境中是如何发挥作用的。

注释

［1］大卫·休谟，《人性论》，第 iii、3、1 页。

［2］同上，第 ii、3、9 页。

［3］大卫·休谟，《人类理解研究和道德原则研究》，L. A. 塞尔比-比格编，牛津：克拉伦登出版社，1902 年，附录 i 第 244、293 页。

［4］特伦斯·欧文，《术语注释》（"Annotated Glossary"），见《尼各马可伦理学》，特伦斯·欧文译，印第安纳州印第安纳波利斯（Indian-apolis，IN）：哈克特出版社（Hackett），1985 年，第 394 页。

［5］休谟，《人性论》，第 iii、2、1 页。

［6］斯图亚特·汉普夏，《幼稚与阅历》（*Innocence and Experience*），马萨诸塞州剑桥：哈佛大学出版社，1989 年，第 108 页。

［7］休谟，《人性论》，第 ii、2、5 页。

［8］休谟，《人类理解研究和道德原则研究》，第 iii、2 页。

［9］同上。

［10］D. 海逸（D. Hay）、P. 莱恩博（P. Linebaugh）、J. G. 卢乐（J. G. Rule）、E. P. 汤普森、C. 温斯洛（C. Winslow），《阿尔比昂的致命之树：十八世纪英国的犯罪与社会》（*Albion's Fatal Tree：Crime and Society in Eighteenth Century England*），纽约（New York）：万神殿出版社（Pantheon），1975 年。

［11］E. P. 汤普森，《共同的风俗》（*Customs in Common*），纽约：新出版社（The New Press），1991 年，第 188 页。

［12］A. W. H. 阿德金斯，《亚里士多德的伦理学和政治学之间的联系》（"The Connection between Aristotle's Ethics and Politics"），见《研究伴侣之亚里士多德的政治学》（*A Companion to Aristotle's Politics*），大卫·凯特（David Keyt）、小弗雷德·米勒（Fred D. Miller，Jr）编，

牛津：布莱克维尔出版社，1981 年，第 90 页。

[13] 参阅理查德·伯杜斯（Richard Bodéüs），《亚里士多德伦理学的政治维度》（*The Political Dimension of Aristotle's Ethics*），J. E. 盖瑞特（J. E. Garret）译，纽约州奥尔巴尼（Albany, NY）：纽约州立大学出版社（SUNY Press），1993 年。

[14] 亚当·斯密，《道德情操论》，第 4 卷，牛津：克拉伦登出版社，1976 年，第 i、9-10、183 页。

[15] 同上，第 1 卷，第 iii、1、61 页。

[16] 关于这一点，参阅乔治·克莱恩（George L. Kline），《马克思唯物主义的神话》（"The Myth of Marx's Materialism"），载《学术年鉴》（*Annals of Scholarship*）第 3 卷第 2 期（1984 年），第 1-38 页。

[17] 关于这一点，参阅斯科特·米克尔（Scott Meikle），《卡尔·马克思思想中的本质主义》（*Essentialism in the Thought of Karl Marx*），伦敦：杜克沃斯出版社（Duckworth），1985 年；乔纳森 E. 派克（Jonathan E. Pike），《从亚里士多德到马克思》（*From Aristotle to Marx*），奥尔德肖特（Aldershot）：阿什盖特出版社（Ashgate），1999 年；海因茨·卢巴兹，《马克思主义里的亚里士多德维度》（"The Aristotelian Dimension in Marx"），载《泰晤士高等教育增刊》（*Times Higher Education Supplement*）1977 年 4 月 1 日；帕特丽夏·斯普林博格（Patricia Springborg），《政治、原始主义与东方主义：马克思、亚里士多德和共同体的神话》（"Politics, Primordialism, and Orientalism: Marx, Aristotle, and the Myth of the Gemeinschaft"），载《美国政治学评论》（*American Political Science Review*）第 80 卷第 1 期（1986 年），第 185-211 页。

[18] 卡尔·马克思，《政治经济学批判大纲》（*Grundrisse der Kritik der politischen Ökonomie*），马丁·尼古拉斯（Martin Nicolaus）译，伦敦：艾伦·莱恩出版社（Allen Lane），1973 年，第 105 页。

[19] 卡尔·马克思，《资本论》，第 1 卷，纽约：国际出版社（International Publishers），1967 年，第 59-60 页。

[20] 同上，第 72 页。

［21］同上，第 77 页。

［22］同上，第 84 页。

［23］参阅 D. A. 布拉丁（D. A. Brading），《最初的美洲：西班牙君主制、克里奥尔人的爱国者和自由国家，1492—1867 年》（*The First America：The Spanish Monarchy，Creole Patriots，and the Liberal State，1492‑1867*），剑桥大学出版社，1991 年，第 172‑178 页。

［24］参阅罗伯特·斯基德尔斯基（Robert Skidelsky），《约翰·梅纳德·凯恩斯：1883—1946 年》（*John Maynard Keynes：1883‑1946*），伦敦：企鹅出版社，2003 年，第 515‑519 页。

［25］关于这种情况的最新证据，参阅马丁·吉伦斯（Martin Gilens）、本杰明·佩奇（Benjamin I. Page），《检验美国的政治学理论》（"Testing Theories of American Politics"），载《政治观点》（*Perspectives on Politics*）第 12 卷第 3 期（2014 年），第 564‑581 页。

［26］肖恩·莱斯利（Shane Leslie），《亨利·爱德华·曼宁：他的生活与工作》（*Henry Edward Manning：His Life and Labour*），伦敦：伯恩斯-奥茨-沃什伯恩出版社（Burns，Oates and Washbourne），1921 年，第 376 页。

第三章　道德与现代性

3.1　道德：现代性的道德

　　我们一开始就指出，表现主义是一种元伦理理论，是一种关于评价性
表现和规范性表现的意义与使用的二级理论。从新亚里士多德主义的观点
来看，表现主义者的主要错误不是他们主张评价性判断和规范性判断必须
具有激励作用，必须表现出欲望和激情，而是他们画了一条线，一边是事
实性判断，另一边是评价性判断和规范性判断，并想当然地认为一个判断
不可能既是事实性判断，又是评价性判断。结果，在他们关于评价性判断
的讨论中没有任何基于实证的判断，譬如关于一个动物种群（包括人类）
的发展何为繁荣或何为失败的判断，关于一个人或一个群体如何在特定的
环境中采取最佳行动的判断，关于任何人或任何群体必须遵循哪些规范才
能顺利成功的判断，这些判断的真伪要在实践中验证。在哲学探索上，发
现这样一个错误永远是不够的，还必须解释清楚那些高度智慧和敏锐的思
想家怎样犯了这样的错误。正如我们应该从马克思和尼采那里学到的，我
们也需要对哲学错误进行社会学和心理学的分析。那么，我们新亚里士多
德主义者应该如何分析表现主义者犯的这个错误呢？我认为，一种道德的
评价性判断和规范性判断根植于其特定的社会秩序与文化秩序，是生活于
其中的人们所做出的判断，而表现主义者无论在过去还是在现在，都错误
地主张这一判断能够适用于任何时空的任何一个评价性判断和规范性判
断。这一特定的道德是什么？其过去和现在如何误导了表现主义者？我把
这种由来已久的道德"现代性道德"（第一章第1.10节），这种道德体系
具有早期和晚期资本主义现代性的独有属性与特征。现代性道德过去和现
在盛行于西欧、中欧、北美和一些从18世纪早期到21世纪被殖民化的地

区，在过去和现在都有六个显著的特征，其中一些特征我们已经提及。

第一，其拥护者把现代性道德呈现为一种世俗的信条和实践模式，不允许超越它去诉诸任何真实的或传说的神圣戒律，但要求用它提供的标准来评价所有人的信条和行为，无论他们是有宗教信仰的人还是没有宗教信仰的人。第二，其拥护者认为现代性道德对所有的人类主体具有普遍的约束力，无论他们生活在什么文化秩序或社会秩序中，其戒律应该众所周知。所以，这些戒律必须被翻译成任何时间或地点的人类语言。第三，这些戒律的功能是约束每一个人，对人们满足欲望与追求利益的行为方式和范围加以限制，要求人们考虑他人的需要。值得注意的是，在现代性道德占据主导地位的时期，利己主义和利他主义的概念在道德哲学家的讨论中移到了较为中心的地位。后来，20世纪的生物学家把道德混同于这种现代性道德，试图用进化论解释道德的出现，把解释道德的出现混同于解释利他主义的出现。人们在现代性道德的实践中遵守其劝诫，要考虑他人的利益，但这却往往违背了自己的利益和欲望。

第四，现代性道德的戒律被高度抽象和概括的词汇裱框起来，对每一个人提出相应的约束要求，只字不提职业角色或社会地位。对个人的描述也是用高度抽象和概括的词汇，认为每一个人都致力于通过满足自己的欲望来达到自己的幸福，每一个人都理解或能够理解这种现代性道德的主要用语："正确的行动""责任""功利""权利"。每一个人都有能力成为自主自律的主体，并被要求做到这一点。个人正是因为拥有这种能力，所以应该得到尊重。第五，现代性道德的拥护者包括保守派和自由派，他们在现代性道德的发展历程上都提出过批判的意见，但他们论争的背景是一个共同的信仰，即他们都认为现代性道德优于所有其他道德，是人类道德史上最新和最高的阶段。

116　　第六（也是最后），在现代性道德的处境中，主体经常无法避免具有高度具体规定性的问题。这是什么问题？按照现代性道德的说教，人们应该绝对或几乎绝对服从某些原则或规则。我们绝对不应该（或永远不会）故意使一个无辜的人死去。我们绝对不应该（或永远不会）让一个无辜的人被判有罪。我们绝对不应该（或永远不会）使人遭受酷刑。我们根据这种现代性道德的说教，还应该致力于维护和增加其他人的福祉，甚至使之最大化，这些人包括我们当地的人或全国的人。我们可能会遇到这种情况：要为某些相关的人谋福利，就会违犯我们应该遵守的那些原则或规则；要服从那些原则或规则的某项或多项要求，就会对其他无辜的人造成严重伤害。这些五花八门的两难困境经常成为许多道德哲学课堂上的案例。我们看两个例子。

一名恐怖分子知道一枚炸弹的藏匿地方，这枚炸弹将在 24 小时内爆炸。我们知道，如果这枚炸弹爆炸了，许多无辜的人就会被炸死或致残。我们发现并解除这枚炸弹的唯一手段是用酷刑折磨这名恐怖分子。或者另一个例子，一辆汽车失控，撞毁后会导致大量乘客死亡，我是唯一能够控制这辆汽车的人，但我唯一能采取的办法是撞死一名无辜的旁观者，这样才能防止车辆撞毁。在以上两个例子中，明显适用于我们的原则是，要尽我们所能去拯救无辜者的生命。然而在这两个例子中，如果我们遵循了这个原则的要求，我们就会违背另一个经常被视为不可侵犯的原则。这就是现代性道德的困境。如果有人提出质疑，认为这些例子都比较罕见，是非常特殊的类型，那么我们可以这样回答，日常生活中会发生同样的两难问题，只是没有那么耸人听闻，譬如：我们会违背禁止说谎的原则，因为在某个特定的环境中告诉某些人实情会让他们痛苦；或者我们会不公正地对待少部分人，而让吵闹争抢的大部分人受益，因为前者不会抱怨，而后者在他们得不到他们想要的东西时会滋扰生事，让我们无法忍受；或者我们以经济发展的名义认为侵犯某些房主的财产权是合理的。

在日常实践中理解和存在的现代性道德，没有为这种两难问题提供通用的解决办法。那些赞成现代性道德的道德哲学家不仅用想象力和创造力来构建两难问题的案例，而且经常提出他们的解决办法，各自在这一理论的基础上试图对现代性道德的主张做出理性的辩护。问题是这样的理论太多，而且互不兼容。因此，在理论论争的竞技场就出现了现代性道德的康德主义、功利主义和契约主义，并且这些论点中的每一个都有多个版本。在理论层面，以下两个方面似乎无法达成一致，一是这种两难问题如何解决，二是在更一般的意义上具体的道德要求如何得以论证。在实践层面，不仅存在分歧，而且存在不一致性和摇摆现象。个人、公司和政府在一个场合坚持这个或那个规则不容侵犯，或某些权利不容侵犯，但在另一个场合却为了实现所谓更大的利益而把这些要求抛在一边。这里存在两套同样精心设计的标准说辞，一套在主张不容侵犯的论证中具有说服力，另一套在反对不容侵犯的论证中具有说服力。当代道德哲学这个仓库为每一个论争的双方都提供了相关的主张。

绝大多数人从小接受现代性文化的教育，对这种情况非常熟悉，可谓熟视无睹。即使他们有时能够认识到过去和现在都存在着其他非常不同的道德观念，这些道德观念在划分道德问题和非道德问题时有很大的差异，这也并不会影响他们自己的实际信念，他们对现代性道德的显著特征和性质不加理会。他们与（譬如）17 世纪的日本儒家或 19 世纪的纳瓦霍人（Navaho）在实践信仰和态度上的不同可能是历史学家或人类学家研究的问题，但对于他们来说没有什么实际意义。然而，现代性道德的确与一些其他道德有很大的差异，揭示这一特性的一种方法是在几个主要方面将之与一种亚里士多德主义的道德观进行比较，这一点我们已经描述过。这里有三个显而易见的对比。

第一，在亚里士多德主义者看来，遵守道德戒律的意义和目的就在于，不遵守道德戒律会阻碍或阻止我们获得我们作为人类所追求的利益。相比之下，这种利益是否存在，这种利益是什么，在现代性道德的拥护者看来依然是悬而未决的问题。有道德约束，我们每个人才能追求欲望的对象，无论我们对此如何理解，但我们必须允许他人和我们享有同样的自由。人类利益的存在不是谁假设的，人类利益是什么更不是谁规定的。第二，在亚里士多德主义者看来，个人所能成就的个体利益只有在获得和他人——譬如家庭成员、工作同事、本国公民、朋友——共享的共同利益的过程中和通过获得这种利益才能实现，因此关心家庭、关心工作场所的正气、关心社会政治的正义、关心自己的朋友就是人类良好生活的典型特征和一般标志。在现代性道德的拥护者看来，现代性道德的要求具有足够的抽象性和概括性，以至于能处理任何个人之间的关系，并且认为那些经过包装的普遍性要求独立于主体之关系和所处情景的特殊性。实践智慧——亚里士多德的实践智慧（*phronesis*）、阿奎那的实践智慧（*prudentia*）——是人们根据这种特殊性进行判断和行为的能力，亚里士多德主义者认为这才是关键的品性美德和理智美德，但多数现代性道德观点并不在乎实践智慧的作用，这并不让人感到意外。

第三，在现代性道德的拥护者和实践者看来，"道德"有别于"政治""法律""审美""社会""经济"。在现代性的世界观里，这些领域中的每一个都命名了人类活动的一个不同的方面，而且随着学科的出现，这些方面都成为具有独特研究题材的学科，这些学科可以在很大程度上进行独立研究而无须相互参照或太多借鉴。相反，亚里士多德主义者的立场是，每个领域的活动只有在相互的关系中才能得到正确和充分的理解，因为每个领域的活动都会以这样或那样的方式在某些情况下有助于人们实现利益权衡，进而有助于实现人类的最终利益，否则便会产生阻碍和负面影响。亚里士多德认为，伦理学作为一个研究领域是政治学的一部分，隶属于政治学。当时理解的政治学和现代的政治学有很大的差别。他认为政治生活本身不是一种完整的生活，因为人类最终利益的实现不能只靠政治学。根据当代新亚里士多德主义的观点，经济学、社会学和法学都需要在一个框架内来理解，而这个框架是由政治学和伦理学的研究提供的，这样我们才能探究每一种经济活动和社会关系是维护还是破坏那些制度结构、组织结构和社会结构，共同利益和个体利益都是在那些结构中实现的。

最后的第三个对比告诉我们，现代性道德的显著特征不仅是其戒律的形式和内容的问题，而且是它在受它影响的人们的日常生活和学术思想与实践中所占据之领域的形式和内容的问题，与这些人生活的其他方面相比较为明显。在这个方面需要提出的一个重要问题是：现代性道德的戒律如何被有些人尊奉成了权威？法律在现代世界被理解为主权国家的制定法，其授权来自主权国家的权威和强制力。经济学家像其他自然科学家和社会科学家一样，他们的主张之所以被当作权威，是因为他们能够拿出令人信服的理论依据和实证支持。但如果问现代性道德的拥护者为什么要遵循其戒律，他们的依据是什么？*119*

我们在前文注意过这个问题，他们会提出许多不同的和相互对立的答案，他们每个答案的依据和标准都不是他们自己（或任何其他人）的态度与情感，他们每个人都认为自己的答案最正确，因为他们都相信现代性道德的观念并将之当成唯一的标准，认为任何一种表现主义都会威胁到他们的信念。但是，他们总是陷入不停的分歧和冲突之中，难以在争论中说服和驳倒对方的论点及理由，致使争论各方都不得不回头求助于其基本主张和反对的主张，并往往使这些主张变得越来越喧嚣和教条主义，结果他们表现出来的态度和信念更像是前理性的，他们表现出来的特征更像是情感主义。

然而，许多道德理论缺乏现代性道德的这个显著特征，并且情感主义者及其表现主义的后继者都试图让人们认为他们的理论亦主张这种评价性判断和规范性判断，但这种试图未能考虑到现代性道德的这个独有特征，也受到了一些挑战。那么，这种道德如何成了现代性道德？这套特定的判断和理念怎么能够让一些人被当成（接受为）一个权威，即一个独立于他们的态度、情感和所关心之事的标准？这些人从未对这一标准是什么给出一个理性的正当解释就认可了这一权威。这一道德拥有最敏锐的理论家、功利主义者、康德主义者和契约主义者，他们存在着永久的分歧，而这一道德如何对这么多人在这么长的时间内保持着支配作用？我们回答这些问题的最佳途径是，在考虑现代性道德时，不能把它从启蒙现代性的文化中孤立出来，现代性道德作为这个更大的文化的一部分，要和该文化的其他几个主要方面联系起来。我们考虑一下具有现代性特征的那些欲望、希望和恐惧。

120

3.2 适合现代性道德存在的现代性

主体有什么欲望？这些欲望是如何感受和表现的？它们和主体的实践推理如何相关？这些问题在社会秩序和文化秩序的内部，在不同的社会秩序和文化秩序之间都有变化。生物需要可以是不变的，但满足欲望的对象会有极大的不同。在 19 世纪的江户，人们吃生鱼片满足自己的食欲；在 19 世纪的博洛尼亚，人们满足食欲的美味是莎莎肉酱；今天，博取众家之长的伦敦人亦赞赏这两道佳肴。但无论过去还是现在，人们生长初期学习的饮食方式到后来都会有很大的变化。其他需要和需求也会发生同样的转化。在不同的社会秩序和文化秩序中，人们满足其需要和需求的方式贯穿于各种生活之中，有各种不同的家庭和职业的角色，有相应的各种目标、志向和希望。前面我们提到，我们的欲望总是和我们的情感、习惯、信仰紧密相连，这在不同的生活方式中表现出不同的形式。我们如果想理解欲望的正当理由是什么，就必须探究欲望在那些生活方式中所起的各种作用，这具有我们生活于其中的社会秩序和文化秩序的特色，这便是现代性的社会秩序和文化秩序。在这个探求过程中，我们可以主要考虑一些显而易见的问题。机会和希望、安全和贫穷、遗憾和哀叹、志向等问题都表现出独特的现代形式，这些问题都来自工作的不断转型，是经济现代性自18世纪以来发展的结果。

我们从机会和希望的问题开始研究。现代性的社会秩序和文化秩序无论形式如何，都是长期的经济增长和技术创新的结果，这个长期性似乎是无限期的，增长则有时慢，有时快，有时连续，有时被打乱，有时得到刻意塑造，但在更多情况下是没有规划的。这种增长经常提供新的工作类型，有时为人们提供新的机会成为管理人员和专业人员，有时给那些能够支配他人工作并占有其劳动剩余价值的人带来丰厚的回报，这却往往使得工人们能够容忍工资的缓慢增长。结果产生了新体制和改造了旧体制，并且最明显的结果也许是学校变成了把儿童和青少年培养成劳动力的场所。在这些变化中出现了不平等的新类型、阶层分化的新形式、新的矛盾和斗争、欲望和志向的新目标。我们仅仅考虑三个不同类型的欲望主体的例子。首先是19世纪和20世纪的工人，他们一般受雇于磨坊和工厂。这些工人很现实，主要是想改善自己和家人的生活，没想过脱离工人阶级。其次是同时代追求社会和经济成功的人（无论社会出身如何），他们有一技之长，有想象力和运气，想向上穿过阶级制度实现当时当地认可的成功。最后是同时代怀有金钱志向的人，他们从一些资源起家，追求无限的财富，过去和现在对于他们来讲都没有满足这一说。

第一类故事是关于工人阶级之个人和家庭的故事，两者遍布工会运动的历史，是其政治的中坚力量，这类故事往往说明了采取集体行动的必要性。第二类故事为小说家和一些社会学家提供了素材，从中可以研究资产阶级的职业生涯结构，看到人们在各级管理层上的转变，如工程师或律师或会计中的新人成为本行业的大咖。第三类故事有时是富豪的寓言故事，但也常常记录了习染成瘾的事例，这是对金钱的沉迷。这些故事都讲述了一些个人、家庭和群体的经历，其生活动机不仅来自志向和希望，而且来自对挫折和失败的恐惧、对长期失业和贫困的恐惧、对无法摆脱劳神伤心的工作压力的恐惧、对债务负担的恐惧。

个体的生活中具有这些宏观意义上的希望和恐惧，他们才形成了爱憎喜恶，有和睦相处，亦有敌视对抗，使他们特定的欲望、品味、情感和习惯具有多样性的形式，譬如吃这个不吃那个，花时间和这些人而不是那些人在一起，做事采用这种而不是那种方式，愿意待在这里而不是那里。以上仅提到三类人生，但其他类型的人生也明显受制于资本主义与技术现代性所带来的希望和恐惧。如果这些全部都要仔细研究的话，我们就需要大量描述人们的生活处境，说明主体在自己人生的每个阶段如何在具体处境中做出选择，如何从中权衡欲望的各种对象，即把一些欲望的满足仅仅当作满足另一些欲望的手段，认为一些欲望与另一些欲望相比具有高度的优先性，也许会痛苦地或快乐地重新审视自己过去的某些选择。如果这些主体能够反省如何才能最好地权衡自己的欲望和生活，那么他们有什么智力资源、道德资源和社会资源呢？

实际上他们总是缺乏一些急需的资源，这部分是因为其思想模式反映了其生活处境的特征，部分是因为其生活处境本质的制约。我们先谈后者。他们生活处境的共同之处是受资金流向的影响而发生了不同程度的变化，最初是资本流动，这些流动可能是创造性和生产性的，或者是破坏性的，或者两者兼具。资本流动在能够促进新技术的开发与应用时，其作用显然是创造性和生产性的，会产生新的工作形式，例如 18 世纪英格兰的钢铁冶炼产业，或 19 世纪德国的化工产业，或 20 世纪美国的信息技术产业。资本流动也有很显著的破坏性，譬如处于非常成熟稳定的生产模式中的人们发现自己生产的产品没有了市场，于是突然意外地失去了工作，没有了生活来源，有时会断绝整个人生的出路。但是，不管人们的生活处境如何，个人及其家庭在欲望方面的关键问题都在于他们所挣得的薪金收入与他们所支付的商品和服务之价格之间的关系。人们不能只考虑"我或我们想要什么""我或我们应该得到什么"，而是还要考虑"我或我们能负担得起什么"。

在回答后面这个问题时，人们需要不断地评估自己欲望的对象，比较其市场价值，因为市场会根据需求而发生变动。但需求是为了满足任何可能存在的欲望，是人们在某时某地恰好口袋里金钱充裕时自我认可的需要，无论这些需要是不是真正的需要，也无论这些欲望是不是主体应该满足的欲望。经济的增长需要从事生产性工作的人也要成为消费者，这样一来，为这些消费者提供商品和服务的人便塑造了消费者的口味，让他们的产品成为消费者欲望的对象，让消费者感到经济体要求他们去消费的任何东西都是自身的需要。因此，这些生产者和消费者必须能够分清什么对他们的生活与繁荣具有真正的价值，什么是市场诱使产生的价值。但市场社会使得工薪阶层和中产阶层的人们很难进行共同的思考与协商，而这种思考与协商对于他们在日常决策中做出以上区分是必要的。何以见得？

要回答这个问题，我们首先需要研究在长期而纠结的历史上所发生的那些冲突，其中阻力重重，结果却促进了经济增长或让市场提供了生活必需品，从 17 世纪和 18 世纪英国圈地运动中对传统权利的维护，到手摇纺织机工人为维持他们的生存之道反对采用机械化的织布机，到激进的工会发起行动要求提高工资和改善工作条件，到 20 世纪如芝加哥、波士顿出现的城市社区组织和组织者的抗议活动，都可以是例证。这段历史中的许多事情都应该给我们留下了深刻印象，其中之一是，身陷于这种冲突中的人能够轻易地将自己反对而不是拥护的事情明确、清楚地表达出来，能够尖锐、准确地发现各种不公正的事情，但不能清晰地说明这些不公正的事情对正确理解正义观念有什么影响和作用。因此，面对现代性的这种建设性的和破坏性的改变，身陷于这种冲突中的普通人很少能够为他们自己而思考与发现一种关于社会和经济变革所应当采取之方向的适当替代观念，以便使他们能够更加充分地评估 18 世纪以来各种政治运动所坚信的主张。

这里形成的问题是，现代性思想惯于用自己的术语来表达，让人们离开了这些术语便在思考现代性时感到极其困难，因而从不离开这些术语，而且这些术语排除了激进批判中最需要的概念，使其无用武之地。因此，我们需要解释那些特色鲜明的制度化活动模式以及那些活动模式中的思维习惯，这使我们能够回答两种不同的问题，一种是关于现代性语境中欲望的特定形态和变形的问题，另一种是关于我们的活动与生活的思考方式的问题，那些思考方式与现代性颇为迥异，但却是理解现代性不可或缺的要素。但在尝试做出这个解释之前，我先说一句谨慎的话，这句话尤其是对反感我关于现代性的负面观点的读者讲的。

就其经历了一系列反对专制、压迫统治的社会和政治的自由与解放运动而言，现代性的历史在一些关键方面确实是真正的和令人敬佩的进步的历史。就其所取得的巨大艺术和科学成就——从拉斐尔（Raphael）到罗斯科（Rothko），或从帕莱斯特里那（Palestrina）到勋伯格（Schöenberg），以及从哥白尼（Copernicus）和伽利略（Galileo）到费曼（Feynman）和希格斯（Higgs）——而言，现代性的历史同样确实是真正的和令人敬佩的进步的历史。我在这里和其他地方说的话都没有诋毁的意思。然而，这个同样的现代性却不停地产生着压迫性不平等的新形式、物质贫困和精神贫困的新类型、欲望的新挫折和新误导。关于现代性，有许多非常不同的故事，都是真实的，但都需要以一个独特的政治和经济框架为前提。

3.3 国家和市场：国家伦理和市场伦理

现代政治的故事核心讲述了如何制造和维护现代国家，现代经济的故事则讲述了如何制造和维护现代市场，这些故事在一定程度上融合了20世纪出现的利维坦式的"国家和市场"，这种利维坦比较新颖，但实际上经常是病态的。欧洲最早的利维坦是民族国家，这有别于中世纪的政府形式，每个中世纪的政府都有集权制的世俗权力机构，在行使武力上具有专制权，以维护其境内的秩序，保卫国家边界，强制臣民服兵役，有权力发行货币和征收赋税。中世纪的国家自己界定和制定法律，让执法权威和权力可无限扩大，从宗教的确立或废除到贸易管制，从成立中央银行到发起邮政服务，一直到制定更广泛的教育和福利措施。就算有人反对国家最高法庭的判决结果，他们一般也无法上诉。

随着现代民族国家的政府不断扩大其权力的行使范围，政府变成了复杂的机构，各部门在非常不同的领域各司其职：有些部门指挥武装部队，有自己的一套任务；有些部门处理财政事务，也有自己的一套任务；还有些部门管理司法事务，也分担了具体的工作；还有部门负责福利或教育事务；等等。政府既是权力集中又是权力各异的机构，拥有一个单一的权威，但总是难免产生内部冲突。这样的政府要有效率，需要在两个方面统合起来：一是强调政府机构内部以及机构之间的官僚等级秩序；二是向政府官员和职员灌输行为守则，这是政府伦理。这种规则要求他们认真履行自己职位的责任和义务，禁止偏袒和腐败。客观公正是为国家服务的优秀官员的标志。他们能做到一视同仁，人们就不用担心去找哪位税务官或检察官。但这里要注意国家伦理对这些公务员的要求和对他们的上级以及执政者的要求之间的区别。

正如他们所理解的，他们的任务是促进国家的发展和利益。这些利益是公共利益，是个人享有的利益，以服务于个人的目的，但人们作为个体只有通过某种形式的政治组织才能实现这一点。这些利益包括提供道路和其他旅行及通信手段，维护公共教育系统，但其中最重要的是维护法律和秩序、货币稳定和国家安全。为了实现这些利益，他们会随时使用任何必要的手段，但他们会装扮成仅仅使用一些道义上能够接受的手段。这种要求经常被有些人表演得淋漓尽致，而在另一些场合，他们还会撒谎造谣，隐瞒和逃避他们实施的诸如残暴行为的责任，想方设法为自己和同伙狡辩，说不这样做就会产生不良后果等。国家伦理似乎具有潜在的矛盾和不一致性，因为我们探究其基本原则和理念就会发现，有些好像坚持结果主义的立场，有些则好像更遵循"我的岗位乃我的职责"等观点。然而，我们需要记住的是，其基本原则和理念不是应用于这样的个人主体，而是仅仅应用于角色明确的个人主体，他们能向上级权威角色负责，在日常往来中会遇到这些基本原则和理念的要求，并且一般不会产生或极少产生缺乏一致性的问题。

随着现代国家的权力获得巨大的发展，统治者和被统治者都清楚地认识到，国家权力无论是强制性的还是其他形式的，只有其合法性为绝大多数的被统治者认可，才能长久地成功运行。这样，政治理论的中心问题便向政治实践提出了难题，18世纪的美国革命和法国革命也让我们永远记住了这个真理。两个理论主张至关重要。第一个主张是政府和国家权力的合法性在于国家能为被统治者提供好处。这一主张的最好陈述是契约主义，被统治者根据这一默认的契约服从统治者颁布的法律，在守法的活动中获取他们的利益回报。然而，这一主张让人诟病的是，它不仅让人对这种契约观念表示怀疑，而且让人对政府和国家的权力的合法性产生怀疑，因为在众多的被统治者看来，政府和国家的权力无论过去还是现在都没有

126

为被统治者提供足够的好处，给那些地位最差的受剥削者和被压迫者带来的好处实在太微薄。

第二个主张看起来让人感到较为可靠和欣慰。这一主张认为政府和国家的权力的合法性在于政府表达了被管理者的欲望与选择。如果政府的行为确实表达了被管理者的意愿，那么强迫和强加给被管理者的法律就不是外力的强迫和强加，而是一种自治的形式。如何实现这种自治？首先被管理者能够考虑谁是竞争高级政治职位的最佳候选人，期望该候选人能够实施他们乐见的政策和方案，然后让被管理者有权选择管理他们的人。这样，就通过选举把集体选择的行为制度化了；只要每个成年公民都有投票权，而且都享有言论自由和自由结社的权利，就能使他们考虑与提出竞争性的政策和方案，于是便使民选政府具有了合法性。实现这种自由民主理想的努力当然是一个非常漫长的过程，我在这里只考虑了20世纪的成果。但就这一成果，我们有必要提问：自由民主国家中的权力实际上是如何分配的？答案是：分配得非常不平等，甚至非常荒诞。

根据宪法规定，自由民主社会强制要求某种平等。每个成年人在选举中都有一票，不能多于一票。每个成年人都可以自由竞选公职。人们要在竞选公职的候选人之间做出选择，确定是否赞成他们提出的政策和方案，但是选民能够选择的对象不是选民决定的，而是由各主要政党内的某些集团决定的。这些利益集团联合起来为国家政治设定工作议程，并在这个过程中致力于形成一些政策和方案，其途径可以是以下四种方式中的一种或几种方式的组合：针对一些特定的问题动员人们进行投票表决，在某个具体的政策领域如经济领域或国防领域具有专长，通过大众传媒进行政治演说，作为个人或公司向党派、利益团体或个体的竞选候选人提供大量的资金支持。在前三种方式里，金钱对人们的工作有很大的驱动力，金钱能够直接或间接地使那些在听证会上有影响力的人决定选举的对象和内容，选民只能在其中做出选择。金钱在这里起到了至关重要的作用。不会公开辩论的事情是，那些被辩论的提案是不是应该被辩论的提案。

以上描述确实过于简单，我只是想说明，自由民主社会表面上致力于平等的政治理念，但财富和教育的严重不平等造成了政治上的严重不平等。金钱和教育所猎取的东西是一系列环环相扣的精英身份，譬如政治、金融、文化和媒体的精英。人们缺乏金钱和缺乏教育的结果，不仅是被排除在决策过程之外，而且往往导致无法与他人一起学习，无法从他人那里学会如何探讨这种状况。然而，人们生活在政治权力被如此分配的社会现实中，要在共同生活中做出正确的利益权衡，要想有所成就和建树，当然就需要了解这些情况。我们已经指出，政治权力的分配取决于经济和财政权力的分配，而经济和财政权力的分配是市场运行的结果，所以我要从对国家的思考转到对市场的思考。

市场关系也是客观存在的人际关系，也是买家和卖家之间的关系。这两者之间的关系是个人之间或公司之间的契约关系，公司也是通过个人之间的契约构成的。权力在于资本的拥有者，因为拥有资本才有能力决定投资的方向。投资决定着管理人员和工人在哪里工作，以及如何使用劳动力和技能。因此，市场是由不平等建构起来的，人们在这里最看重优秀的思想和品格素质，这使人们能够在获取和营利方面比别人做得好。所以，占有欲即贪欲，是人们高度重视的品格特征。但我们要了解市场伦理，就必须承认，占有欲不仅是一种品格特征，也是一种责任。人们给你的企业投资，你就有责任实现投资回报的最大化。此外，占有欲不是人们唯一高度重视的品格特征。合同关系包括市场关系的维持，需要契约方之间高度的信任，尽管契约的条款具有法律制裁的强力保障。诉诸法律的成本太高了，并且人们诚实守信带来的好处足以让法律不能取代市场伦理，这只会让律师感到遗憾。

我们会发现，市场伦理和国家伦理一样，其戒律会最大限度地强调遵守律令和规则而不是考虑结果。人们像遵守国家伦理一样，会根据具体环境领会这些律令和规则的精神，然后一致地落实到实践中，而且能够有多种表现方式。这些要求是人们在日常的市场经济和财务往来中遇到的，因此一般不会产生缺乏一致性的问题。我们在这一点上必须指出，无论国内市场还是国际市场，若没有市场伦理，都不能有效运行，现代国家也是如此，现代国家在19世纪和20世纪发展起来，需要国家伦理来维护其有效运行。需要注意的是，两者在伦理上有非常重要的沟通和十分相像。要理解为什么会出现这种现象，我们需要先指出政治和经济在发达的现代性中表现出来的另外两个显著特点。

128

到目前为止，我好像在说国家是一回事，市场是另一回很不相干的事。实际上它们总是以各种方式相互关联着，政府可能在某时某地的经济发展中几乎不起什么作用，但却在另一些情况下起着巨大的、不可或缺的作用。英国的情况是一种故事，德国的情况是另一种故事，日本的情况又是另一种故事，等等。然而，在 20 世纪下半叶的主要资本主义国家，国家与市场之间的复杂关系变得非常紧密，个人在许多交易中难以把两者完全分开，需要同时面对两者：银行提供抵押贷款，担保机构是国家；公司支付工资，要根据政府的合同；政府用税收补贴公司，公司要提供就业机会；学校和大学的课程设计要着眼于生产有用的与顺从的劳动力，学校和大学的研究要获得支持，其成果必须被认为将来有利于经济增长。以上都只是一些较为简单的例子。

129 因此，人们在生活中发现了一些国家伦理和市场伦理未能回答的实际问题，他们只能作为个人主体去寻求这些问题的答案，并且不管他们的社会角色是什么，关于他们社会角色的规定都没有回答这些问题。既然他们是国家的公民，是市场的参与者，那么他们的主观性在回答这些问题时就起着重要的作用；有些戒律要求人们去获得某种最大化的真实利益或假设利益，有些规则却规范或禁止某些行为，很少考虑或不考虑其结果，他们要处理好这两个方面的关系。人们遇到这样的问题会怎么办？他们所接受的教育会让他们相信这样的问题属于现代性道德的范围，而现代性道德的戒律有别于、独立于而且先于政治生活和经济生活的戒律。现代性道德不会指示人们去追求什么目标，对一些关键问题没有定论，但它不仅会限制人们的目标选择，而且会限制人们为实现自己的目标而可能采取的手段。具体做法是限制人们试图满足其欲望与促进其利益的方式和程度。现代性道德在这个意义上对国家伦理和市场伦理的运行具有不可或缺的作用，因为人们在生活中要响应现代性对自己的要求，使自己的欲望表达、控制和权衡都具有特定的方式。那么，现代欲望是被如何表达、控制和权衡的？

3.4 欲望、目的以及欲望的多重性

正如我们已经指出的那样，欲望在由个体、家庭和其他群体的需求、

活动、责任与乐趣所组织而成的生活中发现自己的对象；我们只有能够正确地思考需要、活动、责任、乐趣以及它们之间的关系，才能知道如何思考欲望的问题。人们有需要，才能作为成年人从事这些活动，履行这些责任，这是他们充分参与社会的标志。他们的需要不仅仅是生物需要。事实上，人们要满足这些需要，至少还要在某些方面享受生活，找到其活动的意义和目的。因此，人们在日常生活和工作中满足自身的需要、进行各种活动、履行诸多职责和追求相应的乐趣，这就有必要研究由此产生了什么样的态度、情感和欲望。我们先研究需要。

　　人们可能意识不到那些容易满足的需要，而被人们意识到的需要，尤其是基本需要，在得不到满足或岌岌可危时，可能会成为人们意识中的头等大事，让人们无视其他问题，譬如人们在非常饥饿、寒冷和极其孤独时的需要。不是对于那些其欲望在当下获得了充分满足的人而言，而是对于那些失业三周就足以让需要得不到满足成为一种现实的恐惧的人而言，不想失业的欲望在他们的生活中所起的作用与在生活富裕并且还有储蓄的专业人士的生活中所起的作用非常不同，后者当然不希望失业，但不至于遭受那种失业的恐惧。不想失业的欲望也在某种程度上取决于相关工作是什么样的工作，是不是乏味无趣的重复性工作，是不是唯一能找到的工作，这种工作是不是很有趣和有获得感，也许有时很难，但能提供一些学习的机会。（所有值得做的工作都会让人们有时感到无聊或费力不讨好。）人们对伴侣或友谊的需要类似对工作的需要，在得到满足的情况下往往让人感觉不到。婚姻幸福的人、性生活满足的人、有好朋友的人、学会了独自相处的人，不会感觉他们的欲望对于他人而言是一种缺乏，这种缺乏能够变成一种折磨，能够通过欲望的转变而变成扭曲和败坏他人所想要之关系的幻想之源。

　　活动也会以各种方式影响或未能影响我们。美国管理理论家爱德华·戴明（W. Edwards Deming）的主张标新立异，对日本产业界的改革产生过影响，我们看一下日本汽车工厂里的工人在改革前后的态度变化。在改革之前，大多数工人只顾生产线上的盲目流程，就像同时期的美国工厂，每个工人只负责一个部件，之后再将各个部件组装成一个完整的产品，质量检查员监督他们的工作。在改革之后，工人成为团队成员，每个团队负

130

责制造一辆具体的车，负责生产的每个阶段，把生产优质卓越的最终产品当作他们合作活动的目标，当作他们的责任。在改革之前，他们的工作是维持自己和家人生计的手段；在改革之后，他们的工作有了目的，而且这是他们自己制定的目的。我们可以就此做个对比，英国社会学家汤姆·伯恩斯（Tom Burns）曾经比较过相隔几年的两个时期人们为英国广播公司（BBC）制作电视节目时的态度和活动。

131　在早期，伯恩斯的研究成果表明，不同的人们聚集在一起，在共同理解的基础上各显其能，"工程、场景、导演、演员、舞台、搬运、照明、会计、摄影、秘书"等人员，都能够和他人步调一致地工作，做到救戏如救火，"随时完成应该做或额外的工作"[1]。伯恩斯认为这种活动既具有日常的复杂性，又具有即兴的创造性，都是为了一个共同目的，这犹如手术室里的外科团队，或犹如"渔船上的船员、舞台上的演员、杂技演员或音乐家"[2]，每一个团队的结果都是高质量的工作。然而，伯恩斯几年后再度访问英国广播公司时，发现作品的质量有显著的下降，人们的态度发生了显著的变化。过去这里的领导和经理为人们提供了空间与资源，这些人制定了他们自己的目的和实现这些目的的手段，在一起制作节目；后来的领导和经理则把自己的目的强加给那些人，并要求那些人按照他们认可的手段去实现这些目的。伯恩斯说早期人们的活动"似乎没有被管理"[3]，后来人们的活动恰恰是因为被管理了才质量下降。

这是两个非常不同的文化背景，即日本和英国，人们的工作领域涉及两种非常不同的技术，即汽车制造和电视节目制作，但两种活动之间同样可以做出比较：一种实践模式是工人能够追求自己认为值得追求的目的，在这个过程中坚持自己制定的卓越标准，另一种实践模式是领导和经理组织工作活动，制定活动目的并强加实施；前者是工人对工作最终产品的质量承担主要责任，工人在这个意义上被视为具有理性和审美能力的主体，即使他们的劳动仍然受到剥削，后者则是领导和经理承担这一主要责任，生产工人被视为实现活动目的的手段。

在前者的那种活动中，人们的欲望得到培育和改造。人们要区分哪些是真实的利益、哪些是表面的利益，哪些欲望的对象是主体有良好理由去追求的、哪些需要被摈弃才能实现卓越。人们关心工作的变革，让自己的

情感也发生了变化，对自己的要求和对他人的要求也不再是过去那个样 *132*
子。经验丰富的工人成了师傅，管理人员积极协助人们工作有成。相比之
下，后者的那种活动不能让人们产生这些情感，充其量只是人们达到工作
之外的目的的手段，或许让人们靠挣到的报酬使工作之外的生活更满意一
点，譬如作为消费者的生活。工作的情况是这样，休闲的情况也是这样。
两种活动的关键区别在于：一种活动能够培育和改造人的欲望；另一种活
动则诱导人的欲望，让欲望的对象成为这个或那个企业获利的工具。广告
和公共关系的历史往往是误导欲望的历史。

　　我们现在从活动转向责任，特别是对需要我们指导的那些人的责任。
大多数情况下我们要对孩子进行人生指导，我们作为老师要指导学生，作
为工人师傅要指导徒弟。问题是：我们希望他们得到什么？我们如何回答
这个问题，在一定程度上取决于我们对可能性的预见是放大的还是缩小
的，取决于我们能够为多远的前程构思和想象一种可能的生活，让我们负
责指导的人能够更充分地发挥他们的理性和其他力量。然而，我们构思和
想象各种可能生活的能力又取决于我们如何理解现时的情况。这种现象存
在于现代性历史上的所有情节之中，人们想象出一种可能的生活，这种可
能的生活诱发出实现这种生活的欲望。这种憧憬不断地产生，成为现代性
的特色，但有些是无稽之谈的虚幻，有些是基于现实的理想。一些理论家
为那些憧憬和愿景提供了或似乎提供了保证，所以他们在现代性的社会和
政治历史中起着非常重要的作用。

　　我一直强调的是，现代性文化中的欲望来源具有多样性和多重性，这
使人们的欲望具有多重性，可谓五花八门。我们在从对需要、活动和责任
的研究转向对享乐的研究时能够最清楚地看到这一点。在现代性历史的早
期，享乐的广泛性和多样性就已凸显出来，能够享乐的人口比例不断增
长。艺术家、科学家、技术发明者和制造商乐于创造活动，人们相应地乐
于享受他们的绘画、音乐和令人着迷的智慧产品。运动员和选手们用娴熟
的技巧进行足球、板球、象棋等各种比赛，人们热衷于欣赏他们的技巧，*133*
成为各种粉丝。在剧院和音乐厅里，亨利·欧文（Henry Irving）、玛
丽·劳埃德（Marie Lloyd）、凯思琳·费里尔（Kathleen Ferrier）、披头
士乐队、无调性音乐和硬摇滚表演都一展风骚。人们在所有这些领域出人

头地的欲望以及羡慕杰出成就的欲望，都具有多样性和多重性。

这体现了资本主义现代性的丰富文化，往往使极其崇拜资本主义现代性的人眼花缭乱，看不到其局限性和恐怖性，其中最主要的是不平等，无论是国内的不平等还是全球的不平等，都使如此之多的人陷入贫穷和饥饿，被排除在现代性的丰富文化之外。有些人即使没有陷入这种困境，没有被排除在外，通常也遭受着一种社会权利的丧失，这一点他们一般意识不到，那就是他们没有接受足够的教育去学会如何选择。

3.5 通过规范对欲望的构建

在现代性的文化中，欲望对象的数量和种类大量增加，人们的欲望随之增长。但随着欲望的大量增加，人们需要做出选择，需要决定优先选择哪些欲望，需要弄清楚哪些欲望是现实的愿望、哪些是徒劳的空想，需要知道应该如何应对冲突的欲望。我可能突然想要这个和这个和这个，但对其中任何一个的追求都会阻止我实现其他愿望，甚至可能会让我因失去其他愿望而整日后悔不已。在这种情况下，我应该如何选择？如何在选择中深思熟虑？在欲望之间可能会发生冲突时，就要提出一些密切相关的问题，因为我满足自己的欲望可能会干扰或阻挠他人满足欲望。这时应该怎么考虑自己和他人的关系？能否在选择中设身处地充分考虑他人的欲望？

与这里相关的是前面说过的儿童学习的问题（第一章第 1.6 节）。儿童学习的对象一般是父母、其他成年人和家里的哥哥姐姐，儿童向他们学习哪些选择模式在特定的成人世界是可以接受的，哪些是不可以接受的。他们想要被那个世界接受和融入那个世界的欲望通常是这样的，他们不假思索地复制他们所理解的那个世界的居民的态度和选择。因此，从他们承担各种社会角色、获得各种社会地位起，他们就与那个世界的居民差不多一样地生活着，譬如在学校学习，在职场工作，有休闲活动，有婚姻并抚养自己的孩子。但"差不多"在生活中很重要，这有两个原因。第一个原因反映了所有文化中都存在的一个问题：角色塑造个人，个人也塑造角色。有些个人发现自己进入（或许是被迫进入）的角色不允许他们表达自己的一些欲望，更不用说满足这些欲望了，此时他们会做出一些反应。在

134

认同这个角色时，他们会想方设法消除这个欲望；在认同这个欲望时，他们会争取改造这个角色，这也许会成功，也许会失败。

第二个原因反映了现代性文化中存在的一个问题。人们站在现代性立场上认为，个人主体通过选择来表达欲望，是个人主体的应有之义。我在这里的意思是，人们的选择和欲望的表达与其说是个人主体的应有之义，不如说是受制约于某种超越个体的影响因素，这种影响因素在现代性文化产生之前就存在。现代性的突出特征是，坚持认为个人做出选择和欲望表达的标准只能来自个人自愿服从的权威，个人在这个权威面前仍然保持着个人的自主。那么，个人根据什么标准在五花八门的欲望对象之间做出选择呢？

人们迫切需要知道如何权衡这些对象，以决定在这种情况下的优先选择，而这种难以抉择恰恰是现代性文化的标志，尤其在发达的现代性文化中，人们的意见分歧相当大。人们可以争论任何关于应该如何理解欲望对象的主张，更不用说利益权衡的问题。在现代性的政治学和伦理学中，许多人想当然地认为对人类利益是否存在不可能达成理性的共识，更不用说对人类利益是什么达成理性的共识了。每个人要走过什么样的人生，要靠自己的理解和信仰，是每个人自己决定的事情。在关于什么是人类利益、什么生活方式最适合人类的观念和解释之间出现冲突时，自由民主的现代性主张是，国家应该尽可能地保持中立。国家职能机构的工作是监管和预防有害的冲突，不能让一个人或一个群体在追求满足自己的欲望时阻碍或扰乱其他人或其他群体对欲望满足的追求，因为这种冲突总是容易导致内乱，甚至在最坏的情况下导致内战。

人们都想成就一番事业或取得像经济、金融、政治和其他精英人士那样的成功，这要在许多方面——在教育方面、在职场的任用和晋升方面、在经济和财政收入方面、在政治影响力或权力方面——竞争过别人。所谓成功，就是人们通过这种竞争让自己的优先选择得到满足，而让他人达不到。因此，个人要学会在相互交往中成为理性主体，在竞争中最大程度地满足自己的优先选择，在市场交易中是这样，在政治舞台上是这样，甚至在私人生活的关系和活动中也是这样。人们之所以能够这样做，并且在某种程度上具有安全保障，是因为法律提供了一个稳定的环境，让人们能够

135

和他人交往，有人是赢家，但更多的人是输家。法律禁止人们在竞争中使用某些手段，如禁止使用暴力和欺诈去追求成功的目的。但法律还有更多的作为，如规定签署契约的条件，提出完成具体契约的具体要求，这种法律就让优先选择最大化的主体能够更好地预测彼此的行为。人们在没有这种法律的情况下做不到这一点。

因此，在现代性的社会中，人们的活动是由大量的规范建构起来的，包括国家伦理要求的规范、市场伦理要求的规范和法律条令强制的规范。这些规范对我们的许多欲望、态度和期望起着塑造作用。它们允许人们在行为中表现出或应该表现出某些欲望，但要求人们抑制、压抑或改变某些欲望；要求人们对自己的欲望采取某种态度，对他人的欲望表现也要采取某种态度。这些规范成功地塑造了我们的欲望和态度之后，就为我们了解和期望他人提供了基础。没有这些规范的话，我们的很多欲望和态度有时会产生破坏性影响，有时会令他人沮丧，有时会导致自食其果或甚至自我毁灭的行为。但仅有这些规范是不够的，这有两个原因。

第一个原因是，法律在生活的太多领域留下了太多的开放空间，让我们能够发挥积极性和竞争性去追求欲望的满足。第二个原因是，仅当和仅因为遵纪守法成为人们之间一种扎根于内心的关于一组道德规范的道德共识，法律才能于某时某地在某种程度上有效地使欲望变得文明，因此人们对欲望表达的限制就主要来自内在的赞同，而不是从外部的制裁。这个真理存在于所有安全稳定的文化秩序和社会秩序之中，在现代性的文化秩序和社会秩序之中也不例外。现代性的特色在于其道德维持着其独特的政治、经济和社会秩序，这是特定的道德，我称之为"现代性道德"。如果现代性道德不能在制度上对欲望加以限制，现代性就不会像现在这样发挥作用，结果就与没有国家伦理和市场伦理是一样的。

3.6 现代性道德发挥作用的方式和原因

现代性道德只有限制欲望并在某种程度上使欲望变得文明，才能发挥作用，因为其律令在其拥护者看来具有明确的、压倒一切的权威。这种权威是从哪里派生出来的？一般认为，不能充分重视现代性道德，不能自觉服从和遵守有关律令，那不是能否称得上公民或市场参与者的问题，而是能否做到人之为人的问题。然而，这种权威有这样一个突出的特点，普通人往往认可和赞同这种权威，但说不出其具体的内容和其约束力的来源，他们如果试图发现其中的原因，就会发现现代性道德的哲学理论家对这些问题还在进行无休止的辩论。不过，我们先前已经指出，普通人和理论家不同。普通人不是从事哲学研究的人，他们中的绝大多数人在有些情况下会站在结果论的立场上做出判断和行为，甚至追求利益最大化，但在另外一些情况下却会站在否定结果论的立场上做出判断和行为；现代性道德的哲学家则有职业责任和义务在自己的判断中保持一致，他们不但需要修正现代性道德（有时以显著的方式，有时以微妙的方式），而且需要在重大分歧上站稳立场。现代性道德的那些理论拥护者力争提供无可争论的理由，以使人们接受现代性道德的客观立场，或至少在某些类型的情况下接受现代性道德的压倒一切的重要性，但他们没有做到。在普通人看来，要承认现代性道德的权威性，就要相信一个无可争论的理由确实存在，即便这个理由只可意会不可言传。

现代性道德之所以能够发挥作用，是因为在现代性的世俗化社会中宗教常常缺乏权威，而现代性道德则被当成了现在和将来的全部世俗制度。 *137* 现代性道德的主张不仅是对所有神学主张的否定，而且是一种特殊的否定，这是某些启蒙思想家的作为。现代国家和现代经济都是世俗的，所以现代性道德也是世俗的。狄德罗（Diderot）在期待最后的国王被最后的牧师的肠子勒死的那一天到来时，他认为支撑和控制神学迷信的权力是那个专横的政权。他对这个政权口诛笔伐，大体上相当正确。欧洲从 16 世纪起就出现了一些政教联盟，其中都是教会被确立并得到特权，但教会要服从和拥护这个统治政权。有天主教会、路德会、英国圣公会、长老会教会等，这种教会和国家的联合是腐败的，因此，激进的启蒙思想家在对这种政教一体的批判中不仅坚持政教分离，而且坚持从独立与世俗的道德立场上裁判国王和牧师的恶行。但这是什么样的道德立场呢？

回答这个问题的困难被狄德罗在写给自己的而不是为发表的一个作品——《拉摩的侄儿》（*Le Neveu de Rameau*）——中，用充满戏剧性的机智和心理上的洞察力表现得淋漓尽致。这个作品是一位具有资产阶级传统美德的主人公"我"（*Moi*）和作曲家的侄子"他"（*Lui*）之间的对话，但实际上是作者和自己的对话。两种声音都是狄德罗的声音，让"我"坚持美德，而让"他"驳斥美德。"我"的论点是：如果我们每个人都理智地追求自己的欲望对象，着眼于长远的良好发展，我们就会发现诚实求真、信守诺言、婚姻忠贞都是为了我们的利益。"他"不仅反对这个论点，而且嘲笑"我"道德虚伪。他质问：在决定满足我们的哪个欲望时，为什么应该优先考虑长远的结果？如果短期的结果具有足够的吸引力，那应该怎么办？我们遵守道德戒律，只是因为这样做才能满足我们的欲望，"我"的道德论点不也是承认这一点吗？每个个人和阶级只要有机会，不都是为了满足自己的欲望而不惜损害他人和其他阶级吗？人类在任何情况下不都是这样吗？

138　　"我"和狄德罗都需要但又都没能提供的内容包括两个方面：一方面是一个独立于我们欲望的标准，我们可以根据这个标准来判断和选择应该追求哪些欲望对象；另一方面是一个论证，这个论证为我们相信这个标准具有权威性提供了一个决定性的理由。所有理性的人（不管他们有什么样的宗教信仰）都应该信服以上标准和论证，这不仅因为，在狄德罗看来，不存在信仰上帝的充足理由，而且因为在被宗教问题分裂的社会中，人们需要一种共同的道德观念。狄德罗的设想与现代性道德的实践之间的相似之处和差异之处都很重要。现代性道德是被宗教分裂的现代社会的共同道德。现代性道德的拥护者在他们的判断和行为中把现代性道德的戒律当作权威标准，并且为人们采纳现代性道德的客观立场，为设定人们在欲望追求和满足的过程中不可违背的限制提供了决定性的理由。但是，这些人既不能说清楚为什么这么做，也不能（如果他们是理论家）像神学家那样提出极具争议的主张。

　　我认为，现代性道德是现代性的社会秩序和文化秩序的道德，使主体在行为和判断中符合现代性的需要，有其应运而生的历史进程。但这并不意味着现代性道德不能为社会批判提供基础，实际上它有时对现代社会的某些方面表现出相当激进的批判。现代精英阶层在自由观念上可以分为强弱两派，两派的观点在本质上没有严重的对立，故而它们之间不断的论争在某种程度上促进了现代性的建构。当然，现代性在具有不同历史的社会中出现，经历了相当不同的冲突，并且给自己披上了不同的文化外衣，所以日本的现代性与英国的现代性有很大的不同，这两者的现代性与美国的现代性亦有很大的不同。现代性道德也是如此，但在其所有的版本中，现代性道德都是某个特定的现代社会秩序和文化秩序的道德，是该社会中占主导地位的道德。

3.7　表现主义对现代性道德的质疑：表现主义批判的局限

既然现代性道德已经在现实中存在，既然社会环境中确实运行着现代性道德，那么，表现主义可能起到了什么作用和确实起到了什么作用呢？这里不谈表现主义在学院派哲学的元伦理学讨论中所起的作用，只谈表现主义在以现代性文化为其道德文化的反思主体的思想与交流中所起的作用。我在第一章第1.7节想象过一位善于反思的主体，我们在此再想象这样的主体，该主体从未对现代性道德的律令进行过严肃认真的反思，便把这些律令奉为至上的权威，不过这时她遇到了一个两难问题。她的一位家人或朋友在过去付出了一些代价帮她渡过了一个难关，所以她欠这个人一个很大的人情。现在她的这位家人或朋友要和别人竞争一份工作，对于这份工作而言，她的这位家人或朋友的条件是合格的，但算不上杰出；这时相关人员找她了解情况，如果她按照现代性道德的律令客观如实地回答，她就要说出一些损害性的事实，对这位家人或朋友造成伤害。如果她拒绝回答，相关人员会通过推理得知有这样的事实。因此，为了家人或朋友的利益，她只能撒谎，或说的虽然不是假话但却具有极大的误导性和欺骗性。她必须决定怎么办，要么出于对家人或朋友的感激和维护与他们的关系而有所偏袒，要么按照现代性道德的要求在这种情况下坚持真实和公正。因为她认为现代性道德的律令具有约束力和权威性，超越了其他考虑，所以她最初会认为自己的欲望和动机是诱惑自己去做错事。她想做的是帮助家人或朋友，但她认为按照现代性道德的要求应该揭露那些伤害性的事实。

我们在前文提到过这种情况，她如何考虑与处理这个两难困境取决于她的性情和社会状况。她的欲望和愿望是在某种特定的家庭中、在某种特定的职场中发展起来的，是通过特定的友谊、通过挫折和恐惧、通过希望和志向发展起来的，因此她感到有必要去维持一定的关系，去维持她的信念和她的忠诚。我们可以想象，这些情况首先让她对现代性道德的约束提出质疑，她当初接受现代性道德时并没有进行多少反思。但是，一位懂哲学的朋友这时向她提出建议，认为她应该根据表现主义对现代性道德律令的解释重新考虑现代性道德的本质。对于表现主义的主张，她的第一反应是扪心自问是否有良好的理由让自己一直顺从这些律令，或继续顺从下去。她咨询了其他懂哲学的朋友，得到了一些答案，其中让她考虑的是，如果她蔑视那些律令，她将失去作为理性主体所具有的意义，她将无法把自己遵循的行为原则普遍化，她的做法将无益于最大化地促进人类幸福或实现优先选择的满足。针对这每一个答案，她都要问自己是否应该接受或为什么应该接受。

140 　　表现主义者告诉她，她无论主动地还是被动地接受这些考量，或者仅仅是不假思索地服从了现代性道德的律令，都只是因为她表现了一种前理性的态度或情感，才使得她做出这种判断和行为。她会和我们前文讨论中想象的主体一样，做出以下这样的结论：如果表现主义是正确的，那么她就必须将自己的冲突重新理解为两种互不相容的情感和欲望之间的内在冲突。但如果是这种情况，她就必须查明为什么在情感和欲望之间会有这些互不相容的对立主张。她需要确定某个理性上合理的标准，这个标准独立于这些情感和欲望，也独立于任何其他情感和欲望，这样才能让她做出理性的选择。在这一点上，无论她是否承认，我们都会发现新亚里士多德主义的主张具有相关性，而表现主义则不得不陷入沉默。但她仍然需要反问自己从表现主义那里学到了什么，表现主义的批判如何有利于理解现代性道德。

　　她从表现主义那里学到的应该是：我们的评价性判断和规范性判断必须能够让我们产生相应的行为动机，而让我们产生这种行为动机的前提是它们能够表达我们的情操、情感和态度。关于这一点，休谟和那些跟随他的表现主义者显然是正确的。任何一个人提出对评价性判断和规范性判断的解释，都必须用他们的言辞说明这些判断促成行为动机的方式和原因，说明如何让人们在心理上能够接受，否则他们的解释就不完整。然而，在新亚里士多德主义者看来，表现主义者未能对各种可能的动机提供一个充分的解释，未能认识到这种判断可能表达了特定主体的情感和态度，即这些主体受到良好的道德教育，因而这种判断能够让这些主体把行为动机指向实现他们所理解的利益和善。这些主体做出这种判断，并认为这种判断是真实的——这并不仅仅是某种弱化的准现实主义意义上的"真实"；这种判断之所以能让主体产生行为动机，只是因为主体认为它们真实地反映了实际情况。因此，我们想象的主体应当认识到，我们的评价性判断和规范性判断具有一种产生动机的力量，这种力量至少来自那些判断所表现的情感和态度，这是表现主义的正确观点。她还从表现主义那里学到了什么？学到了表现主义对现代性道德的解释，这要比现代性道德的拥护者所提供的解释更恰当。

我们可以再次考虑一下，为什么现代性道德的拥护者之间总是存在着未能解决的分歧和显然无法解决的分歧，这些分歧在表达方式上有什么不同。关于这些分歧以及它试图让人们相信的现代性道德，表现主义告诉我们的是，争论各方的道德判断都表达了深层的前理性的信念，都表达了这样一种情感和态度，即自己论证中的前提是无可争议的。我们通过观察主体的表现发现，他们在现代性道德发生分歧时提出的这个或那个主张，不仅意味着这种主体不承认关于他们的这一事实，而且似乎正是因为他们不承认这一事实，他们才能一如既往地这样存在。他们之所以在现代性道德的立场上坚持自信，似乎是因为他们错误地相信，他们所服从的律令具有一种权威性，这种权威性独立于他们是否承认这种权威性，独立于他们的情感、态度和选择。如果他们不这样认为，他们就似乎必须承认在有关现代性道德的主张上被欺骗了和自己欺骗了自己。

现在假设，我们想象的主体在反思其困境的过程中对这一论证线索很感兴趣。她最终认为，自己之所以陷入困境，确实源于对立的情感和态度之间的一种内在冲突，她现在必须解决这种冲突。但如何解决？让我们回想一下，她需要一个独立于其当前情感和态度的标准与立场，并且她也许还不打算考虑新亚里士多德主义的主张。她从法兰克福那里得不到帮助，因为她的问题是这种形式的：我应该最关心什么？我的情感和欲望应该认同什么？表现主义给她的教导就是去怀疑现代性道德。因此，她为了寻求资源，就会转向一些最著名的现代性道德的批评者，看他们能够提供什么样的标准和立场。这些批评者包括奥斯卡·王尔德、D. H. 劳伦斯和伯纳德·威廉姆斯，他们每个人都有让她和我们学习的东西。

3.8　奥斯卡·王尔德对现代性道德的质疑

一位艺术家投身艺术，可能不仅会打破现代性道德的要求，而且会违反更广泛意义上的道德要求，这是 20 世纪的创作中常见的现象。人们最常引用的例子是后印象派画家保罗·高更（Paul Gauguin），总是说他抛弃了在法国的妻子和孩子，到塔希提岛（Tahiti）追求艺术，表现出无情的执着。这个故事讲得不错，寓意深刻。不幸的是，这是一个假故事。高更与他的丹麦妻子和孩子在哥本哈根生活了很多年，他为了养家糊口从事篷布推销的工作，但收入甚微。当时只是因为他的妻子和家人让他离开，他才回到法国，而且在法国待了几年之后才去了法属波利尼西亚。人们经常讲的那个故事是一个传说。更令人遗憾的是，哲学家（包括我）也经常讲这个故事。我们讲一个真实的故事可以得出同样的启示，这便是奥斯卡·王尔德的故事。

高更是一位极其伟大的艺术家，王尔德虽比不上他，不是像他那样的艺术家，但也是一位不可小觑的人物。王尔德是小说家、剧作家，热爱视觉艺术，尤其热爱智慧。他抨击当时的道德体制和社会体制，招致了可耻的道德谴责和法律迫害，因为用我们今天的话说他是同性恋。探讨这个问题当然也有意义，但可以放在一边，因为不是批评他同性恋的人，而是王尔德本人首先定义了自己的审美立场，反对现代性道德，他当时不假思索地把现代性道德认同为普遍的道德。这种道德从一开始就是他用智慧去攻击的主要目标，这有时表现在他自己的声音之中，有时表现在他的戏剧和小说人物的声音之中。"良心和怯懦真的是同样的事，巴泽尔。良心是公司的利益名称。不过如此"［《道林·格雷》（*The Picture of Dorian Gray*）］，"道德不过是我们对自己不喜欢的人所采取的态度"［《理想的丈夫》（*An Ideal Husband*）］。格言警句是王尔德选择的体裁。他不争辩，只嘲讽，目的是让一些人高兴，让另一些人尴尬，让一些人高兴的方法是让另一些人尴尬。这些格言警句巧妙地表现出两个观点：一是现代性道德的拥护者在判断中表现出各种情感，这些情感使他们的判断具有独有的特征；二是这些情感不能被人们接受，是可耻的。所以，王尔德对现代性道德的批判是一种表现主义的批判。

王尔德让虚构的人物说出他的格言警句，于是他在必要的时候就能撇开与这些格言警句的关系。他有时这么做了。但他也清楚地表明，艺术家的立场必须是现代性道德之外的东西，事实上，在王尔德看来，这是所有道德之外的东西。"艺术家根本没有伦理上的同情心，"他写道，"美德和邪恶对于艺术家来说不过是画家调色板上的颜色。"［写给《苏格兰观察者》（*Scots Observer*）的信］每个艺术家都不仅仅是艺术家，人们不仅要知道王尔德乐于告诉他们的事情，知道什么是败坏生活，还要知道如何生活。王尔德最终在这里让读者失望了，因为他没有完成自己的事，他未能超越自己缺乏一致性或完整性的言行，他似乎根本没想过要这么做。他说："那些没有想象力的人，才把一致或完整当成最后的避难所。"他所谓的社会主义（实际上是无政府主义）和他皈依天主教信仰，表明了他可能前进的方向，但可惜他去世得太早。他的政治世界是一个幻想的乌托邦，*143*他曾断言"不包括乌托邦的世界地图连瞥一眼都不值"，他的天主教在他的人生中来得太晚了。他确实宣称："生活本身就是一门艺术，各种生活方式犹如艺术追求的生活表达"[4]。但他未能认识到，生活时髦的人很少是伟大的艺术家，而伟大的艺术家很少过时髦的生活。不过，王尔德的深刻见解让人们不可能回避两个问题。

第一个问题事关艺术在人类生活中应有的地位。具有自由主义现代性特征的观点是，让每个人自己决定如何最好地生活，没有哪个人权衡利益的标准能够高于他人的标准，这里的前提是每个人都熟知社会规则并避免了前后不一致的矛盾。现代性的文化显然在各种艺术、音乐歌剧和芭蕾、绘画雕塑和建筑等领域取得了非凡的成就，然而，社会往往以这些成就说事，认为：一个人如果有机会和能力去欣赏与学习一点这些成就，但却没有这样做，便可能被认为是一个有缺陷的人；一个人负责照顾儿童，如果能够为儿童提供那样的机会和培养那样的能力，但却没有这样做，便可能被认为没有公平地对待儿童。如果我们有很好的理由做出这样的判断，这似乎就意味着有些利益是构成人类美好生活的基本要素，这些利益的存在独立于而且先于我们的一般选择和优先选择，不能正确地对待这些利益，不能与他人分享这些利益，都是道德上的失败。如果是这样的话，那么我们对利益和善的理解与我们对道德要求的把握之间的关系就肯定不是现代性道德的拥护者通常认为的那样。此外，基于这些同样的考量，我们会对法兰克福关于实践生活的解释提出质疑，尤其会对他的断言，即我们应该关心什么必定取决于我们每个人实际上最终关心的事情（无论这是什么事情），提出质疑。这种质疑对于我们想象的那位善于反思的主体来说极其重要。我在前文（第一章第1.7节）说过，信奉表现主义的人可能会找到理由接受法兰克福对实践生活的解释。但王尔德现在对这个解释提出了极大的反对意见。

人们在某个偶然的机会，第一次受到某个伟大艺术作品的影响，会激动不安，这种巨大的影响会使过去根本不关心艺术的人由此认识到他们也许一生没有关心过他们应该关心的问题。他们不能用一直自以为是的标准来衡量这个艺术作品，而是接受了艺术作品带给他们的标准。从那时起，他们只能默默地或明确地承认某种衡量人类利益的尺度，这些利益有助于我们的繁荣，这种尺度独立于他们自身的具体关注、关心、态度和情感，实际上独立于任何特定主体的关注、关心、态度和情感，即使人们说不出这个尺度的内容。如果他们对自己偶然过的生活做出了否定的判断，那么他们就只能去找法兰克福争论。但这并不是王尔德否认的唯一一个重要主张。

王尔德让人们不能回避的第二个问题是，社会为什么往往拿高更说事。如果伟大的艺术具有他所谓的那种价值，这有时会不会是因为艺术家在追求其目的时，不得不违背而且合理地违背了道德规则的要求，无论是现代性道德的规则还是某种其他道德的规则？一个典型的例子是格雷厄姆·萨瑟兰（Graham Sutherland）画的温斯顿·丘吉尔（Winston Churchill）的肖像。下议院感谢丘吉尔长期而卓著的议员生涯，委托萨瑟兰给他画了一幅退休纪念肖像画。议员们和画家当时的期望是，通过这件礼物和赠送仪式给丘吉尔以及在场的人一份快乐，这种礼物赠送场合的气氛一般都是比较欢快的。他们没想到画家具有如此非凡的洞察力和技巧。

画像揭幕后，人们看到的是一幅令人震惊的真实写照，丘吉尔饱受疲惫且年迈不堪，脸上皱纹纵横，没有一点精气神。那些非常关心丘吉尔的人根本看不下去。他的妻子先是把画藏起来，然后毁掉了。

我推测，萨瑟兰画这幅画不是故意伤害，但他一定知道这幅画会让丘吉尔及其亲密的人感到痛苦。这原本应该是快乐的场合，让他弄砸了。当我问贡布里希（E. H. Gombrich）对这幅画有什么看法时，他回答说"违约！"然而，这幅画作为一个艺术品，是一个伟大的、真正的成就。萨瑟兰这样画合理吗？如果合理，艺术成就的利益就似乎大于道德方面的考虑，这是王尔德的观点。如果不合理，艺术就似乎只能表达道德上允许的内容，这是王尔德嘲笑的结论。我们怎么思考这个问题呢？或者说我们想象的那位善于反思的主体怎么思考这个问题呢？王尔德揭示的问题在她的思考中可能起到什么作用呢？

她相信，只有通过表现主义对现代性道德之律令的权威来源的解释，我们才能理解现代性道德之律令的运行机制；按照这种表现主义的解释，她所谓的现代性道德的主张与那些感激、友谊和家庭关系的主张之间的冲突，实际上是两种情感和态度之间的冲突，这个冲突只能依靠她自己保持其情感和态度始终具有一致性才能获得解决。如果她读了王尔德的作品，王尔德对现代性道德之律令的态度最初可能会增强她的这个信念。但她要从心理方面解决这些问题，王尔德的故事与她的任务也是相关的，因为在回答"我应该最关心什么"这个问题时，王尔德坚持认为应该关心艺术的价值，这应该给了她强烈的理由，让她停下来思考一下。

假设她已经认真学习了某种艺术，譬如古典音乐。最初，她的朋友认为艺术有价值，值得学，这让她很有感触，但她又不知道其中的奥秘，于是她决定学习，征求他人关于音乐会的建议，从欣赏容易懂的音乐，如一些莫扎特和舒伯特的歌曲，到鉴赏更高难度的音乐，同时学习钢琴，最初学习巴托克（Bartok）的《小宇宙》（*Mikrokosmos*），其天才的作曲让初学者从零开始能很快过渡到巴赫最容易的曲子。她在学习进步的过程中能够提出一些早期理解不了的问题，这实际上意味着她已经能欣赏这些作品，而在早期她根本听不懂，更不用说欣赏。如果没有最初的学习，她根本达不到现有的鉴赏水平。她还学会了区分两种不同的审美判断。

第一种判断是，有些人在随便和偶尔听听古典音乐时做出的判断，这就像她起初做的那样，有些人在对一件作品或作品的一部分并不了解的情况下，在没有兴趣或不喜欢或不理解的情况下做出的判断。他们的判断直截了当地表达了他们是否真正欣赏这件作品，这在表现主义者看来并无不妥。他们的判断非常不同于受过音乐教育的听众的判断，和音乐演奏者的判断更是不同，后两者的判断以其特有方式强调从整体上看待特定的乐章和作品，知道为什么会对乐曲有不同的理解，而且会翻来覆去地接触这些作品。这些判断需要一种发现、认可和点评不同种类的伟大作品——如巴赫、肖邦和勋伯格的作品——的能力。这些判断还需要一种认识，即有些作品对于某些人来说还做不到这一点，他们目前还不能完全欣赏这些作品的伟大性，譬如，也许几乎所有人都不能完全欣赏贝多芬的《第十四弦乐四重奏》。

对于第二种判断，这种判断中的词汇通常词不达意（"《第十四弦乐四重奏》太棒了！"这样的评论有何意义），表现主义的解释显然不足。这种判断之所以提出自己提出的那种主张，只是因为这种判断表达了受过相当好的音乐教育的人通过判断所表达的那种情感和态度。那么，我们称这种音乐利益为利益究竟意味着什么？有人认为这种音乐利益来自我们的兴趣和关注，我们如何分析这个主张？有人非常认同这种利益，但会把这种利益搁置一旁，因为对这种利益的追求可能会让他分心，影响他完成在道义上应该做的事情，他为什么会这样？如果我们想象的那位善于反思的主体要权衡道德考量在解决这个两难困境中的意义，那么在艺术争论到了这个节骨眼上，她就可能感到更加困惑。

这并不意味着没有取得任何进展。即使王尔德对艺术家的立场特征的论述不成立，他也显然在两个方面是正确的：（1）如果人们认为这种利益必须通过一种非常严谨的艺术才能实现的话，那么这种想法就会失去某种很有意义的东西；（2）在道德考量和审美成就发生冲突时，除非我们给予道德考量应有的权衡，否则我们将不会理解什么是道德信念。我们想象的那位善于反思的主体，在她自己的困境中必须在道德考量和感激与友谊的考量之间做出权衡，但她不可能只是专注于这个困境，她还必须考虑更广泛的困境。她如何做到这一点？如果她将能在不同种类的、相互冲突的要求中找到自己的出路，那么这或许是通过问她必须成为什么样的人而做到的。这是一个哲学家们很少提出的问题。D. H. 劳伦斯提出的诸多问题中就有这个问题。

3. 9　D. H. 劳伦斯对现代性道德的质疑

在劳伦斯看来，我们的判断之所以有这么多问题，是因为我们往往不能真实地认识自己的情感。表现主义认为我们的评价性判断和规范性判断表达了我们的情感与态度，如果劳伦斯听到这样的观点，他的反应肯定是惊讶，因为我们的情感容易背叛我们，我们的态度容易阻碍我们认同自己的情感。"街上那些人的道德本能在很大程度上是维护积习难改的东西而表露的情绪。"[5]人们在依靠这种习惯看待自己和把握自己的情感时，往往采取习以为常的方式，结果看不到真正的自己，不知道自己的真正感受。艺术家的任务，画家、诗人、小说家的任务是让我们能够看见和感受真实的存在，让我们和自己、和他人、和事物之间产生新的关系。"我们和宇宙之间的新关系意味着一种新道德。"[6]

可见，劳伦斯作为艺术家认识到自己以新的和更好的道德的名义破坏了社会秩序既定的道德，无论这是什么道德。有些人错误地抨击他的小说，认为他的小说不道德，特别对《虹》（*The Rainbow*）和《查泰莱夫人的情人》（*Lady Chatterley's Lover*）的禁止，这只能证实了他的这一立场。实际上，就像对王尔德的恶意攻击一样，时间一长，这些攻击反而使既定的道德变得自由化。我前面提到过，现代性道德可分为自由派和保守派。我现在需要指出的是，划分自由派与保守派的界限也随着时间和地点而发生变化。但我还要指出的是，劳伦斯会在大多数情况下反对他那个时代的现代性道德，他同样会反对20世纪后期自由化的现代性道德，因为在他看来，任何既定的道德都有各种认识和情感上的说教，而艺术家则让人们不要相信这些说教。

劳伦斯让现在的我们思考的问题和让他那个时代的读者思考的问题差不多，就是我们应该相信自己的哪些情感和不应该相信自己的哪些情感。我们作为活生生的动物，确实有自己的情感和欲望，但我们一般会在教育中受到误导，通常使我们情感的形成受到社会环境的影响。社会强加给我们的角色要求我们的情感符合社会的规定，要求我们的欲望符合社会的规定，结果"在情感上受过教育的人像凤凰一样罕见"[7]。"看到人们陷入过去的魔掌之中，在一种不复存在的欲望所引发的魔咒中不能自拔，真是令人痛心和悲哀。"[8]劳伦斯在小说写作中给自己设定的中心任务是，揭示一些人在用既定社会秩序所认可的情感和欲望替代了自己真正的情感和欲望后会有什么下场。《恋爱中的女人》（Women in Love）中的杰拉德（Gerald）就是这种人，对于他来说，关键是个人的言行要符合自己被分配的社会角色，而不管这样做对个人的品格有什么影响。

148

"一个矿工如果是个好矿工，就是完美。一个经理如果是个好经理，这就足够了。杰拉德要负责这里的整个事业，他是一个好经理吗？如果他是，他的人生就圆满了。其余都是枝节。"布朗温（Brangwen）姐妹议论他的时候，厄秀拉（Ursula）说："……他把能改进的地方都改进了，再也没有什么可改进的时候，他的末日就快到了。不管怎么说，他都有这一天。"戈珍（Gudrun）则说："他当然要有这一天。事实上，我还没见过像他这么能干的人。不幸的是，他这么能干，以后有什么结果吗？""哦，我知道，"厄秀拉说，"有了电，就能用最新的电器了。"这些个性让杰拉德无论和女子还是和男子都搞不好关系，使他无法学会他需要学习的东西。这些个性在我们现在着迷于技术的文化中太普遍了，杰拉德应该是苹果、谷歌或亚马逊的理想主管。那么，劳伦斯何以认为有可能学会呢？这里的关键在于他不仅是小说家，还是诗人和散文家。

作为诗人，他传达的是直接的感觉经验和情绪，其发生和形成往往立刻来自人们感知到的东西：蛇、无花果树、龙胆草、蜂鸟、葡萄。劳伦斯在诗中使用的词语不仅是为了描述，而且是为了唤醒人们的思想，这些词语表达了人类对其他动物的反应，表达了人类本性对其他本性的反应。[9]如果劳伦斯是正确的，那么我们很多人就会觉得他的诗是令人烦扰和不安的。[即便 T. S. 艾略特（T. S. Eliot）非常不喜欢他的诗，这也不会让他感到惊讶。]但是，按照劳伦斯的解释，我们必须遭受烦扰和不安，这样才愿意接受教育，从而学会与自己以及他人和谐相处。劳伦斯最伟大的小说让我们看到了这种教育失败的诸多形式。这种失败的原因之一是，人们接受了理性的引导，而不是接受了感觉和情感的引导。"如果让人们在生活中的大部分时间都是理性的，他们的内心活动就会成为破坏的活动。"[10]然而，我们仔细阅读这些文章，就会清楚地发现他这里所谓的理性概念本身就不是一个恰当的概念，他在小说中运用的是叙事，这些叙事也是一些争论和主张，对什么腐化和破坏了人类关系的争论以及如何拯救和维护人类关系的主张，这些争论和主张有些合理，有些不合理，而他在这里没有处理好这一概念。

当然，劳伦斯的小说在多大程度上能够成为争论和主张，这因每部小说的不同而异。《儿子和情人》（Sons and Lovers）、《虹》、《恋爱中的女人》之伟大是其他作品无法比拟的。但是，一个人（如我们想象的那位善于反思的主体）不仅通过表现主义对现代性道德之主张的批判找到了脱离现代性道德的途径，而且很可能接受法兰克福对实践生活的解释，根据他的观点认为自己关心的事才是决定其评价性判断和规范性判断的唯一可以辩护的标准；劳伦斯提到的一点对于这样的人来说极为重要。这样的人反思了王尔德关于艺术家的价值观念之后，则很难接受法兰克福的观点，因为至少在艺术方面，人们关注什么取决于人们学会的以何为贵的价值取向，这种价值取向独立于他们以前的情感或关注。劳伦斯给这样的人又增加了一个难题。

如果一个人在感受、知觉和情感方面是可教育的，那么在劳伦斯看来，这个人就可能认识到，自己实际关心的是自身将被纠正的不足之处和需要的结果。也就是说，人们之所以是可教育的，只是因为人们有更高层次的欲望去关心自己在特定的情境和关系中应该关心的事情。但是，如果劳伦斯的观点是正确的，那么就必须有某种标准让我们，抑或让其他熟悉我们的人，找出我们的不足之处，能够在我们关心的事情和我们应该关心的事情之间做出比较。法兰克福的解释有几个优势，其中之一是认为寻找这种标准的努力经常以失败而告终。劳伦斯怎样看这个观点？劳伦斯在早期反对本杰明·富兰克林（Benjamin Franklin）提出的美德清单时，在不同的地方谈到了他自己的一条格言："坚决遵循你内心最深处的提示……。"这条格言显然需要进一步的解释，但劳伦斯给我们的解释却浅尝辄止。他告诉我们如何理解一个人在把握自己的情感和待人接物方面表

149

现得肤浅，也告诉我们如何才能克服那种肤浅，但除此之外，他显然并没有取得成功性的超越。

劳伦斯敌视心理分析，这让他失去了一些进一步阐释其格言的资源。在更一般的意义上，他怀疑哲学理论化会产生的结果。"柏拉图的对话录是一些奇怪的小说。在我看来，把哲学和故事分割开来是世界上的最大遗憾。它们曾经是一体的，从神话时代开始就是。在后来的发展中，出现了亚里士多德、托马斯·阿奎那以及走到极端的康德，它们就分道扬镳了。因此，小说变得枯燥无味，哲学变得抽象干瘪。两者应该再次结合起来，成为小说。"[11]然而，劳伦斯这位小说家让我们知道，要做到这一点非常困难，这样努力的结果一般是糟糕的小说。幸好，我们现在拥有了劳伦斯得不到的哲学资源。

这也许并不令人吃惊，提供这些资源的哲学家和劳伦斯一样不待见亚里士多德、阿奎那和康德。我指的当然是伯纳德·威廉姆斯。威廉姆斯晚年接受采访时反思过自己的成果，他说："如果我所有的成果中有一个主题的话，这就是关于真实性和自我表现。这里的意思是，有些事情在某种真实的意义上确实是你，或表现的是你而不是他人。"然后他用自己的话说出了劳伦斯的格言："发现你内心最深处的冲动，随之行动。"他不怎么喜欢劳伦斯这位作家，但劳伦斯的那句格言确实给他留下了很深的印象。这样，虽然劳伦斯本人没有让我们领会到更多，但他给威廉姆斯提供了一个哲学探讨的起点。我认为这对于任何人来说都是一个好的起点，就像我们想象的那位善于反思的主体那样，只要这个人已经借助表现主义的资源使自己摆脱了现代性道德主张的误导，而且已经理解了表现主义的局限性，知道为什么在道德理论上和实践生活中太密切地跟随休谟或法兰克福是一个错误，知道劳伦斯要给我们什么教导。我们将在下文列举一些在威廉姆斯看来要正确地研究伦理学和政治学的问题就必须满足的条件。

3.10　伯纳德·威廉姆斯对现代性道德的质疑

威廉姆斯思维的深度和复杂性不是一段话所能概括的，但我一向只关心他的一个思路。然而，在这里我先谈他思维的几个特点，这几个特点不仅构成了其道德哲学和政治哲学的内容，也反映了他的学术特色和态度。第一个特点是他否定道德，他认为这种道德是"特殊制度"（the peculiar institution）[12]，只是诸多伦理思想和实践中的一种。威廉姆斯所谓的"道德"意味着那种伦理思想和实践体系的某些特征，我把这个体系称为"现代性道德"；他否定那种道德主张的依据和我否定现代性道德主张的依据差不多。威廉姆斯认为道德的核心概念是道德义务。道德义务的要求具有客观性和普遍性，要求所有人（"道德义务不可避免"[13]），并且是平等地要求所有人。道德义务的原则要求在特定的应用中具有一惯性和高于一切的重要性。[14]违背了这些原则，便会招致正义人士的指责。

威廉姆斯不仅否定了现代性道德的主张，还否定了功利主义和康德主义对道德的解释与辩护。这两个理论都未能对实践生活中的心理现象做出可行的解释，也未能认识到道德理论化的界限和局限。这个缺陷在两个方面显得尤其重要：一方面是，没有留出空间让我们必须考虑实践生活中的混乱状态；另一方面是，没有认识到我们在具体决策和总体的人生道路选择中必须有多层次的考量。坚持正义、实事求是、朋友诚信都是重要的事情。那种道德理论化所隐瞒的并不只有这种多层次的考量，还有人们扬善抑恶的多样性，我们在许多情况下应该坚持一个原则，但代价却是违反另一个应该坚持的原则。因此，威廉姆斯想象了一个情节，有人可以拯救许多人的生命，条件是他同意杀死一个无辜的人。无论他怎么选择，结果都很悲惨，功利主义和康德主义的观念都不会让我们认为他的选择是正确的。

（无论是功利主义的、康德主义的还是其他理论中的）道德要求的客观性和普遍性，还掩盖了我们生活中的另一个核心方面，那就是每个人自己的信念和计划在每个人的生活中占据着很重要的地位，即使在坚持它们被证明是不符合道德要求时，人们也不会轻易地将它们放在一边。每个主体都不可避免地要回答"我如何生活"这个问题，而答案的关键部分就来自这些信念和计划。在威廉姆斯看来，现代道德理论家往往忽视了这个问题。这里的重点在于，在回答这个问题时，我们要承认自己的历史境遇；并且要承认我们在现代性的条件里找不到个体在传统社会中能够汲取的资源。不过，怀旧是一种让人不能自拔的情感，一些重要价值在基于现代性的领域变得岌岌可危：个人生活、艺术和政治领域。威廉姆斯在这些领域都有自己的信念。他相信，仅仅从某一个理论立场来理解这种信念是错误的。

至此，我总结一下威廉姆斯的结论，而不是他的论点。这有两个原因。第一个原因是，这些结论让他"可以说是其时代最伟大的英国哲学家"，这是写在 2003 年《卫报》（*The Guardian*）讣告里的话；他的观点同该学科其他每一个主要人物的观点都不一致。事实上，现在那些绝大多数从事道德哲学研究的学者在继续写作，好像威廉姆斯从来没有存在过一样，这一现象让我们更有趣地反思那些人而不是威廉姆斯。第二个原因是，我这里有关威廉姆斯的论点仅仅反映了他的一个特定的思路，这大概是他 1965 年以来形成的思路。

在本书的前面几章，我一直在研究一位善于反思的主体所采取的路径，这位主体和威廉姆斯一样，否定了现代性道德的主张；而且和威廉姆斯一样，通过表现主义寻找出路，又超越了表现主义。当然，我们想象的那位主体和威廉姆斯之间有很大的差异。这位主体和他不一样，不是学院派哲学家，而是因为坚持实践反思，颇有智慧，才进入哲学研究。他和这位主体不一样，在若干领域具有非凡的才能，当过战斗机飞行员和哲学教师，能鉴赏歌剧，能管理一所大学，曾在英国的几个调查委员会从事公务活动。威廉姆斯的经历和思想复杂，令人敬佩，这远非街上的老百姓或克拉彭公车上的妇人力所能及。尽管如此，我还是认为，让他得出结论的这条思路是任何聪明且坚持思考的人都可能找到的，如果他们能够正确地理解表现主义对现代性道德的批判，理解表现主义的局限，理解王尔德的事例，理解劳伦斯的艺术和说教。威廉姆斯至少在一条特定的思路上，不仅为自己说话，而且为他人说话，尽管他人通常不了解当代学院派道德哲学的偏见。那么，这是一条什么思路？它导致的结果是什么？

我们先看威廉姆斯对表现主义的批判［见《道德和情感》（"Morality and the Emotions"），这是他 1965 年在贝德福德学院的就职演讲，1973 年出版］。[15] 他对表现主义的不满在于，表现主义在太高的抽象层次概括了我们的道德信念和判断与我们的情感之间的关系，未能发现具体情绪或情绪的具体方面与我们的信念和判断之间的重大关系。这种关系可以是一个人在道德问题上展现的情感力量和这个人的信念的力量之间的关系，威廉姆斯认为在这种关系中，除了几个特殊的情况，前者一般是后者的标准。因此，真诚便成为早期阶段的重要问题，所谓真诚就是不对自己或他人掩饰自己的情感。在威廉姆斯看来，具体情感在这个方面具有道德重要性，但这不是唯一的方面。

他批评当代道德哲学家，认为他们忽视了"看待人类情感的方式，许多情绪可能被看作破坏、吝啬或可恨，而另一些情绪则显得具有创造性、慷慨或令人赞赏，或简单地说是对一个高尚之人的期望"[16]。把特定的情绪指向某个对象，经常意味着对这个对象做出判断；而要让我们理解对某个对象的感受和表现是否合适，则需要道德教育的培养。"如果这种教育的中心不涉及人们害怕的问题、人们生气的问题、人们鄙视的问题，不能让人懂得区分善良和愚蠢的多愁善感，那么我就不知道这种教育有什么意义。"[17]因此，情感和评价之间具有双重联系。我们在判断或假设某种特定的情感表达恰当或者不恰当时，我们是在做出评价。我们有时在感受或发泄自己的情感时，是在回应别人的情感表达，我们通常认为这些对象应该引起我们相应的情感。

同情和悔恨是威廉姆斯列举的两个例子。如果一个人的行为是出于同情或悔恨，那么他对其行为情节的看法就会受到某种影响。在这种影响下，这个人会找到行为的依据，是出于同情，或者是为了弥补某种错误。"在不知道其思想和行动的情感结构的情况下"[18]，我们无法理解那个人如何那样看待自己的处境、如何那样推理和如何那样行为。然而，这个情感结构对他人的作用机制和对主体自己的作用机制有所不同。有一种观点认为人们能够决定采纳一套道德原则，威廉姆斯不接受这样的观点，并断言："我们看到一个人的真实的信念来自其内心深处，比那个观点更有深度"，尽管"我们看到的信念来自其内心深处，但他可能会认为其信念来自外部"[19]。 *154*

"深处"这个比喻很重要。"真实"也很重要，这个词是对劳伦斯的回应。我们要理解我们的道德信念，就千万不能以浅为深或以假为真。但是，即便我们不犯这些错误，我们的信念中亦可能会有我们不明白的东西，或我们误解的东西。如此看来，我们的思考必须从信念开始，对有些信念我们无法给出更多的理由，虽然信念不能像情感主义那样去理解，但信念是在情感中表现出来的，因此观察者可能无法描述这些信念或相关情感是如何相互独立的。威廉姆斯在撰写《道德：伦理学导论》(*Morality*：*An Introduction to Ethics*)[20]时还有这些想法，这些想法可以在威廉姆斯对道德哲学学科的概述中找到。关于这个概述，需要注意两点。

第一点是关于该书的内容。《道德：伦理学导论》一书的大部分内容探讨什么不是道德（威廉姆斯在 1972 年使用的"道德"还不是他反对的那种道德），探讨了道德哲学家的错误，能够让读者有可能思考的空间只是一小部分。如何让读者反思，这里也需要注意，因为这不仅是内容的问题，而且是写作形式的问题。人们读了"就职演讲"，再读《道德：伦理学导论》，就会发现两者有很大的不同：前者文风朴实，善于分析；后者活泼机智，甚至有点花哨。介绍性的文本通常会写得严谨，以便郑重地介绍这个学科。然而，威廉姆斯却丝丝入扣地警告他的读者不要太相信这个学科："大多数道德哲学在大多数时候都是空洞和无聊的"，而"当代道德哲学以其独特的方式让人感到无聊"[21]。在这里，威廉姆斯和王尔德有所呼应。最初的问题是写作形式的问题，这要求在撰写和讲述道德哲学时，具有"最深层意义上的'方法'，由此发现正确的方法，就是发现你真正试图探寻的东西"[22]。

第二点，读者要在论证和写作形式这两个方面进行思考，不仅要接受一套否定的结论，还要针对此时此地应该严肃地站在什么道德立场上提出问题，这些问题会重新开启"就职演讲"中的探讨。我们曾经指出，主体在探讨中要体验某些道德要求，这些道德要求实际来自主体某种深层的情感，但却被认为来自外部的要求。威廉姆斯这时提出的观点是，主体在坚持以下这种道德观（moral outlook）时，这种道德观的核心是"人类生活中的一种可能在很大程度上需要不计后果地去发现、信任和遵循诉求"[23]，可能会认识到这种要求的真正来源正是在这一点上，威廉姆斯明确地赞同劳伦斯的律令——"发现你内心最深处的冲动，随之行动"。他这样评论：某种观念"就是人内心最深处的冲动，这需要人去发现，……而且……人相信这种发现，虽然并不清楚其指引的方向——这些……就是关键"[24]。威廉姆斯认为自己的道德观不属于那种提供幸福的道德观，而属于"要求真实"的道德观，并认为这种思想也许"建立在错觉之上"。事实上，他在接下来的 30 年里非常严肃地坚持这个观点，这是他在 2002

年的访谈中说的。

威廉姆斯的问题在于真实这个概念。我们要真实地感受到我们最深切的情感，唯一的条件是我们必须训练有素，能充分意识到这些最深切的情感，真实地认识到这些最深切的情感是什么。如果没有这种意识和这种真实性，我们的思考在起点上就是错误的。"我的思考必须根据我的实际情况开始。真实性需要人们做到这一点……"因此，威廉姆斯认为，"我"进行这种思考探讨，"就可能使个人生活充满意义，这种生活不排斥社会，在相当大的程度上和他人分享共识，但使人在理性的意图方面不同于他人，能够思维清晰和行为有序，成为有个性的生活"[25]。这里的关键是，"我"通过思考探讨找到了理性的意图，这不仅是正确的起点，而且指明了正确的前进道路，因此，有思考探讨才是正确的生活。"A产生某个动机的理由只能是，A的一套主观动机中有一个完整的、深思熟虑的过程……从而让A具有这个动机。"[26]

主体的一套主观动机包括主体的欲望、评价的倾向、情绪反应的模式、个人的忠诚、计划和信念等。威廉姆斯强调，我们不应该认为主体的一套主观动机是"静态不变的。深入思考的过程会对它产生各种影响"[27]。而且，随着时间的推移，它会发生各种变化。如果一个理由不能成为现实的或潜在的动机，那么它对任何人都不会成为理由。威廉姆斯的批评者坚持认为，如果从足够广泛的意义上理解，这个公式可以套用任何理由。然而，威廉姆斯的用意在于，排除所谓的任何人在任何情况下都适用的理由。我的理由一定是我特有的，根植于我的心理历程。这些理由不必至少是为了自我利益，而且经常不是为了自我利益，但它们必须是这个或那个特定自我的表达。

那么，是什么让我在某个特定的场合有信心认为我的思考探讨是真实可信的？关于对这个问题的回答，威廉姆斯有很多直接或间接的说法。一方面，他在实践中的主张和观点是有变化的，如哪些危害是色情造成的，哪些回应对某个歌剧是适当的，为什么我们不应该认真看待尼采的思想（威廉姆斯年轻时），或为什么我们应该认真看待尼采的思想（威廉姆斯年长时）。另一方面，他在哲学中反思了什么样的自由主义站得住脚，什么样的自由主义站不住脚；为什么一些古希腊悲剧思想提供的词汇，比后基

156

督教的（post Christian）现代性词汇更适合伦理反思。他还系统研究了真实性对于某种特定生活而言的不可或缺性。不过，所有这一切说完了和做完了之后，威廉姆斯关于思考探讨和我们对最深切情感的依赖所说的，仍然有一些重要方面不甚明了。

通常，当有人这样说一位哲学家时，意思至少是批判，甚至带有敌意。但我绝不是这个意思。也许威廉姆斯谈论的问题在本质上让人难以理解，而且威廉姆斯本人也难以说得更清楚（尽管他为我们思想的许多其他领域提供了重要的启迪），这就强烈地证明了问题的复杂性。尽管如此，威廉姆斯还是误导了他自己和他的读者。我的论点是，威廉姆斯坚持自己的思路，得出了关于思考探讨的结论，但他在坚持的过程中会发现他的思路很难，甚至让他不可能超越他现有的说法。既然我认为这个思路是一些人在我们时代的选择，这些人否定了现代性道德的主张，凭借足够的智力和毅力摆脱并超越了表现主义，那么我的论点就不只是针对威廉姆斯。这个思路产生了某种表达不清的问题，产生了重大错误和误解，我们如何理解这个思路？

157　威廉姆斯对道德的否定，不仅基于他认识到"道德不是哲学家的发明，而是我们几乎所有人的人生观，或人生观的某些部分"[28]，而且基于他认识到普通人不是哲学家，道德哲学家试图提供给他们多种主张，让他们用来合理论证他们的具体判断和决策。然而，这些普通人却被这些哲学家带入歧途，未能理解到"人要得出结论，必须做某一件事，这通常是一个发现，这个发现总是很微小，有时也很大，但必须是你自己的发现"[29]。不过，一旦他们理解了这一点——如果有人在某个特定的场合告诉他们，他们不仅不会有什么发现，反而可能成为复杂的自我欺骗的受害者，他们会有什么反应？

他们需要证明，他们在达成结论的过程中所表达的情感都是真实的，都来自他们的内心深处；然而，按照威廉姆斯的观点，这种判断只能是站在第一人称立场上看到的东西。"实践思维在根本上是第一人称的。"[30] 在这一点上，劳伦斯给普通人提供的资源是威廉姆斯无法提供的，因为劳伦斯作为小说家展现给我们一些人物，他们的确在情感的深度和真实性上受到了欺骗，但这是在第三人称立场上讲述的，只有这样，他和读者才能感知并理解这些人物的第一人称立场的局限性。如果主体不想成为欺骗和自我欺骗的受害者，他们就需要从他人看待和理解他们的角度来看待和理解自己。我先前论证过这一点。他们需要从第一人称立场上做出判断和行为，这种立场包含一种实践的自我认识，而自我认识只能站在第三人称立场上获得。他们对自己深思熟虑的活动结果很有信心，这种信心成立的前提只能是他人对那个活动结果也有信心，而且这两种信心在一些重要方面具有相似性。但这种事情是可能的吗？

　　试想，我们想象的那位主体陷入一个困境，虽然她有毅力、很聪明，但她摆脱了表现主义之后，发现自己已别无选择，只能在她的判断和行为中表达自己最深切的情感，表达那些主要属于自己的情感，现在她有机会询问这些是自己的哪些情感。迄今为止，她接受的教育是以个人主义的方式看待自己，这不仅表现在她的道德和情感生活中，而且表现在她和政府机构的交往中，表现在她的劳动和其他市场交易中。她在探讨自己最深切的情感时需要寻求他人的建议和协助，以避免被欺骗或自我欺骗，所以她最初是以个人主义的方式进行思考的。这里有趣的问题是：她能否解决或结束这个关于欺骗和自我欺骗的问题，而无须放弃或至少不大量修改这样的思考模式？我们是在选择的过程中通过选择来表达我们实践生活中的感觉、冲动和欲望，我们生活整体方向的选择越重要，我们越应该意识到我们真正想要的是什么，确定我们不是欺骗或自我欺骗的受害者。然后，我们需要设想，我们想象的那位主体的生活中有某个选择的时刻，在这个时刻做出的选择对于她来说有很大的利害关系。

158

3.11　给威廉姆斯提出的问题和威廉姆斯提出的问题

　　现在有一个问题，那就是我们一直在想象一个主体，但我们对她生活的许多方面只字未提。事实上，这种从具体的心理和社会环境而来的抽象（是道德哲学家通常讨论的例子的特征）是必要的，如果我使用这种例子达到了我使用这种例子的目的。但是，如果我们要理解主体为什么在选择时会对某种意义产生怀疑，我们则需要考虑这些情境的诸多维度，主体要在这些情境中做出选择，这些选择体现着主体的特征和关系，而且我们需要考虑各种不同的选择。我们想象的那位主体，如果要考虑在一个特定情况下自己的哪种情感能控制自己的行为，就需要好好反思自己过去的一些选择。试想某人回顾自己过去如何做出了一个决定：她要么选择某种太冒险的和不安全的生活方式，如成为音乐家、政治组织者或马戏团演员，要么选择某种更安全和可预测的未来，如做一名地方政府的职员、教师或环卫工人。

有一种可能性是，她回顾自己做出的决定，毫不后悔，庆幸自己没有选择其他决定，尽管当时确实有充分的理由做出其他选择，而且如果她当时没有做出这个决定的话，按照她的性格，她可能会永远感到失望和沮丧。另一种可能性是，她果然感到失望和沮丧，现在后悔她过去的选择，但已别无选择，只能接受她过去做出的选择。第三种可能性是，她现在毫不怀疑当时做出了正确的选择，事实证明她的确做出了正确的选择，但她仍然会承认对自己过去放弃的那种生活抱有渴望。第四种可能性是，她现在毫无疑问地认识到当时做出了正确的选择，但事实上做出了错误的选择，所以她对现在无法获得的生活一直表现得很渴望。这四种可能性并非全部的可能性，但我们从这些可能性中能够发现做出这种选择时首先要考虑的某些问题。

在欲望冲突无法了断的情况下，人们无论为了自己还是为了他人，都很难做出选择。因此，人们必须意识到自己想要什么及其原因，必须知道做出某种选择的后果可能会改变自己当前的欲望，必须考虑自己的选择对他人的影响，特别是对那些与自己关系密切的人的影响，要考虑到这些影响的深度及其原因，应该关心和重视这些影响。也就是说，人们需要一种自我认识，获得这种认识往往很困难，有时甚至是不可能的，除非长期交往的熟人提供帮助。但人们不仅需要这种自我认识，还需要知道自己的选择是否具有确定的现实依据，需要知道自己在具体的选择中能否获得必要的能力和技能。在这里，人们还可能需要咨询其他相关人士。那么，在获得这种知识和自我认识方面，怎么看待自己与他人的关系，什么是好，什么是坏？

我们在试图回答这个问题时，应该知道如何考虑他人，如何考虑家庭成员（家庭成员经常是两代以上的人），如何考虑朋友，如何考虑同事

（同事知道工作的情况和彼此的利益得失），如何考虑与我们共同活动和承担责任的人，譬如当地学校、足球或篮球队、戏剧团体或音乐团体的人。显然，个体可能同与自己交往的那些他者处于非常不同的关系中，主体在进行决策的各个阶段发现自己所处的关系网络可能非常不同，这就像人们因个体秉性、习惯和经历的差异而相互不同。试考虑三种差异较大的可能性。

　　第一种可能性是，与主体交往的那些他者在很大程度上分享着同一种传统观点，即人类生活的每个阶段都存在着现实的可能性。这些可能性在人们的想象中很有限。这不是说人们不能想象从传统道路中挣脱出来获得自由，而是说即便有人能够这样想象，他们挣脱出来获得自由这个观点也是传统的、有限的和缺乏想象力的。更糟糕的是，他们有这些局限性却不知道自己的局限性。有这种社会环境吗？我不怀疑这种社会环境的存在，但同样值得注意的是，有些人（特别是青少年但不仅仅是青少年）可能会认为这就是他们所处环境的现实情况，不管事实是否如此。这些人可能会认识到，他们需要咨询他人以便获取信息，但是他们也会回避他人的建议和影响，以便做出真正属于自己的选择，而不是让自己的选择受制于周围存在的成见和偏见。有人从未听说过劳伦斯或伯纳德·威廉姆斯，但她会对自己说："我必须确保，我的选择真正是我的选择！否则，我将来一定会后悔。"

　　第二种可能性是，与主体交往、和主体亲近的那些他者，彼此在过去的经历、职业、希望和期望、宗教的世界观和非宗教的世界观等方面会有很大的不同。人们看到主体在做出选择时会受到各种不同的影响，这不是人们掌握着什么信息的问题。有些人不情愿地经历了危险和艰难的生活，譬如难民，他们看到一名职员或环卫工人生活稳定便羡慕不已，但在不了解世事的人看来，这不过是枯燥而平常的工作。有些人野心勃勃和善于竞争，认为主体的备选方案中应该有更多的可能性。因此，他们认为可以通过不同的尺度来测量和识别主体的能力与可能性。在前一个例子中，主体的备选方案太少，而这里的主体则有太多的备选方案，同时有太多的备选标准。她甚至会感到，这些选择不可避免地成了她的负担，而且如何抉择也成了她的负担。

160

我们现在假设第三种可能性，人们和前一个例子的情况一样，在许多方面都具有多样性，但不同之处在于这里有些人不仅对他人的动机和这些动机的结果有所认识，而且与我们想象的那位主体有足够长的交往并了解她，能够给她合理的建议。反过来，她对这些人也很了解，足以相信他们的推理和判断。这样，她能够从第三者的视角知道自己的表现，知道自己的选择是什么样子。她能够纠正过去的一些自我判断，通过与这些他者中的一些人的进一步讨论来考虑一些她过去没有想到的可能性。她的选择仍然不可避免地是她自己的选择，但是她翻来覆去的思考中既有自己的判断，也有第三者的判断，因此她做出的最后选择实际上在一些重要方面反映了对他人的依赖和信任。她这时的推理已经受到了他人的影响，能够对自己的一些倾向和偏向进行批判性反思。

在这些情况下，她会如何理解劳伦斯的律令，真正去遵循她内心最深处的冲动呢？所谓深处，意味着她可能会受到内心深处三个方面的影响。(1) 我们内心深处有一种持续的、不可消除的重要力量，表现在我们长期的欲望、信念和忠诚之中。(2) 我们如果忽视或压制这种内心的力量，就会感到沮丧、后悔、怨恨，或感到所有这些不幸。(3) 这种内心的力量具有如此深刻的影响，以至于我们甚至在某些关键时刻都感觉不到其影响，这也许是因为我们没有充分地探究，也许是因为我们不愿意承认自己的某些方面，尤其是一些欲望，这种不愿意承认也是我们内心深处的需要。当然，我们在利益攸关的情况下做出选择时需要有自知之明，也就是说，我们需要正确地认识和理解自己，就像诚实、敏锐、明智和有洞察力的人那样认识和理解我们，这种客观性只能站在第三人称立场上才能实现，所以我们要给自己创造一个第三人称立场。

从语法和哲学上看，我们确实应该学会把人称代词当作集合体使用，而不是单独地使用。因此，每当我说"我在做什么事情或感觉如何"时，他人同样会对我说"你在做什么事情或感觉如何"，他人同样还会议论我说"她在做什么事情或感觉如何"，只有在这种情况下，我才能理解自己使用第一人称"我"所表达的意义。从心理学和哲学上看，当涉及我的欲望和性格时，我经常只有通过分辨并承认他人和我的对话以及他人关于我的议论的真实性，才能真正地、正确地了解我对自己的认识。哲学家们有时选择的语句类型是在某些情况下只有主体才可以用第一人称说的话，例如"我很疼"，我感觉到疼并说我很疼，他人无法纠正我的感觉，他们不会问"你怎么知道你很疼？"哲学家们的这种选择是可以理解的。在这种情况下，第一人称立场确实具有特定的优势。然而，我们还需要记住，这个"我"曾经很疼，却记不得什么导致了这种疼、疼有多强烈，或者是如何应对这种疼，更不用说在当前的回顾中能够有多少深刻的记忆。在所有这些问题上，主体可能都需要借助他人了解的情况来对自己的记忆和判断进行筛选。

162

威廉姆斯当然也不会否认这一点，但他对思考的解释确实排除了这一点：我最终必须做出决定，这个决定不仅对于此时此刻的我来说是正确的，而且对于任何处于这种情境中的人来说都是正确的。依赖他人所达到的客观性确实是客观性，把主体从其主观性的囚禁中解放了出来。当然，我们在做出关键决定时经常需要他人提供给我们的这种自我认识，但我并没有坚持认为我们每个人都需要同样地依赖他人去获得这种自我认识。我的主张是，我们所有人在大量的实践思考中都需要信任周围亲近的人做出的判断，这样我们才能信任我们自己用第一人称做出的判断。这并不是说，只有我们对自己的认识才可能和经常需要通过我们与这些他者的交往而得以改变。我们从周围亲近的人那里还能学会如何用新颖的和更恰当的方式来思考我们欲望的对象，这样一方面会改变我们的欲望，另一方面会让我们想象出不同的条件并做出选择。但我绝不认为他人的影响总是有益的。我们依赖某些人，他们的思想和品德素质起着很大的作用。如果一个人的家人、朋友或同事没有思想，或者追求金钱、权力或名声，那么这个人就要和他们疏远开来，以便能够深思熟虑，做出良好的选择。然而，即便有这些必要条件，我们列举的这些情境中仍然会出现一个突出的论题。

那就是说，主体的思考和选择是否在某些方面存在缺陷，关键取决于主体的社会关系的性质，而且主体的思考和选择绝大部分都是主体自己的事情，尽管主体的第一人称立场会受到他人第三人称的点评、争论和判断的影响。因此，我们想象的那位主体难以在不同的职业之间做出选择时，需要考虑她过去和现在的社会关系如何，这在威廉姆斯看来是不可取的，因为他主张"实践思维从根本上讲是第一人称的"，这一主张具有误导性。

事实上，她现在的思维方式会让她与威廉姆斯产生更大的分歧。因为如果
163 我提出的这个突出的论题是正确的，那么一个其动机体系（借用威廉姆斯
的术语）不允许她以适当的方式向他人学习的主体就是有缺陷的主体。因
为她会很容易被欲望的对象所驱使，只要她有不良的或不够良好的欲望
理由。

那么，按照我们遵循的研究思路，我们想象的那位主体被引到了哪
里，我们被引到了哪里？我们区分了表现主义的观点，有些观点是正确
的，富有见解，有些观点则显得琐碎，或具有误导性。对评价性语句的语
义学阐释，表现主义在整体上是失败的，但它提出了一些有益的见解，为
批评和拒绝现代性道德的主张提供了基础，这种批评还加入了一些其他考
量，主要指责表现主义的主要理论不能解决那些割裂了现代性道德主张的
关键问题，不能对伯纳德·威廉姆斯的批评做出充分的回应。然而，这种
批评迫使我们超越表现主义，我们想象的那位主体就发现了这一点。我们
要提出表现主义没有提出的问题，这一方面是关于我们的实际思考如何与
我们的情感相关，即让我们相信实际思考的依据是什么，另一方面是关于
我们有什么样的理由去认为某事是有益的，能权衡其他利益，譬如高更绘
画的非凡成就、奥斯卡·王尔德的戏剧性和颠覆性的智慧、D. H. 劳伦斯
的最佳小说中富有想象力的见解等。首先，我们要再次感谢伯纳德·威廉
姆斯给我们的巨大启发，这在某种程度上是因为他把我们带到了一个节
点，在这里能清楚地看到他的理论最终如何破裂以及为什么会破裂。其
次，威廉姆斯除了关于真实性的价值有较为深刻的见解之外，其他几乎没
有什么可说的，这倒是一个值得提出的问题。我认为这里有两套不同但却
相互强化支持的原因。他敏锐地认识到，世界上有种类截然不同的善和利
益。（在他看来，我们把正义视为一种利益和把优美的歌剧视为一种利益，
两者没有多少或没有任何共同之处。）这使他赞同以赛亚·伯林（Isaiah
Berlin）的观点，即认为"所有的利益、所有的美德、所有的理想都是相
容的"是一个"深刻的错误"[31]。威廉姆斯评论说："在一个不完美的世
界里，并非所有我们认为好的东西在实践中都是相容的。这不是一个陈词
滥调。更确切地说，我们对什么是完整的世界没有统一连贯的概念，利益
本质上就会发生冲突，没有一个无可争议的方案来协调利益冲突。"

利益本质上就会发生冲突，这当然与亚里士多德的观点产生了分歧，但威廉姆斯还有其他理由来反对亚里士多德的伦理学，他认为这些理由很重要，他在自己工作的每一个阶段都反复地提出来，尽管他在回应玛莎·努斯鲍姆的批评时对这些理由的陈述有所修改。[32]其中有三个理由具有启发意义。在《道德：伦理学导论》一书中，他对亚里士多德的论题，即人类的区别性标志是他们具有智慧和理性思维能力，提出了异议："事实上，疯狂地爱恋和理性地赞同某人的道德品性一样，是独特的人类的特性。"[33]在《伦理学与哲学的局限》一书中，他认为，亚里士多德之所以把我们的品性和我们的目的以及人之为人的生存联系起来，是因为亚里士多德对自然的解释是目的论的，任何生活在现代科学世界中的人都会拒绝这种解释。[34]在同一段文本中，他声称亚里士多德对他所谓的道德错误和政治错误未能提供充分的解释。我们应该注意，在亚里士多德主义者看来，许多人（包括威廉姆斯）只要了解一点亚里士多德主义关于人类及其活动的概念，都不能接受这种道德错误和政治错误。

努斯鲍姆试图说服威廉姆斯，认为他夸大了亚里士多德伦理学对人类生物本性的依赖程度，但他仍然相信亚里士多德伦理学中的某些核心概念只有在适用于自然界时才能发挥作用。关于这一点，我认为他在某些方面是正确的，所以我的结论是，他对亚里士多德的四个批评都需要得到回应。这四个批评确实在新亚里士多德主义传统中得到了哲学上的回应，但我们还要理解当代托马斯-亚里士多德主义的伦理学和政治学的总体主张与信念是如何在适当的论述中支撑这些回应的，这一点很重要。因此，我下一步的任务就是提出这样的一个说法，找出回应威廉姆斯对亚里士多德的批判的意义和目的，但我在论述中会首先涉及一系列更广泛的问题，考虑到迄今为止我们讨论过的问题，这至少包括四个方面。

第一，和本书第一部分的进展方式有所不同，我需要说明对自己倡导的论题和主张在当今社会环境中的一些认识。我必须揭示新亚里士多德主义是否能够和在多大程度上能够支持人们的思想，人们是在与当代社会秩序和经济秩序的关系中形成了他们的欲望、贫困、关注和信念。这里会再次提到马克思提供的资源，我在先前的论证阶段利用过这些资源。第二，在评价新亚里士多德主义，更具体地说是托马斯主义的主张时，我会进一步分析在第二章文末提出的关于理性论证的三个维度。第三，关于主体的欲望、决策和实践推理与主体的社会关系之间的联系，我们在讨论威廉姆斯的思想时探讨过。我需要用亚里士多德主义和托马斯主义去进一步探讨这个论题。第四，读者可能已经注意到，有人对我的观点提出反对意见，而我有时对待这些反对意见的态度显得草率和随意。读者对此是否感到困惑，关键取决于他们自己的观点。但在我看来，有些反对意见确实值得认真对待，譬如，威廉姆斯提出的四个反对意见，对于这些意见，我必须做出进一步的回应。最后，在整个过程中，我们必须反复提醒自己研究的总体目标，更充分地理解我们的欲望和实践推理在日常生活与人生发展中起到的作用。我论证得出的结论是，这种理解所表现的形式是叙事形式，是一种以新亚里士多德主义关于人类活动的概念为前提的叙事形式。这就是本书下一章的研究内容。

注释

[1] 汤姆·伯恩斯，《解释和理解：1944—1980 年选集》（*Explanation and Understanding：Selected Writings，1944 - 1980*），爱丁堡大学出版社（Edinburgh University Press），1995 年，第 17 页。

[2] 同上，第 18 页

[3] 同上，第 17 页。

[4] 奥斯卡·王尔德，《全集》（*Complete Works*），纽约：哈珀与罗出版公司（Harper & Row），1985 年，第 985 页。

[5] D. H. 劳伦斯，《艺术与道德》（"Art and Morality"），见《凤凰：D. H. 劳伦斯遗书：1936 年》（*Phoenix：The Posthumous Papers，1936*），哈蒙兹沃思（Harmondsworth）：企鹅出版社，1978 年，第 521 页。

[6] 同上，第 526 页。

[7] D. H. 劳伦斯，《约翰·高尔斯华绥》（"John Galsworthy"），见《凤凰：D. H. 劳伦斯遗书》，第 539 页。

[8] "给凯瑟琳·卡斯韦尔的信"，引自凯瑟琳·卡斯韦尔（Catherine Carswell），《野蛮人的朝圣之旅：D. H. 劳伦斯的叙事》（*The Savage*

Pilgrimage：A Narrative of D. H. Lawrence），伦敦：塞克和沃伯格出版社（Secker & Warburg），1951 年，第 59 页。

　　[9] 关于 D. H. 劳伦斯的诗歌，参阅桑塔努·达斯（Santanu Das），《劳伦斯的感性词》（"Lawrence's Sense-Words"），载《批评论丛》（*Essays in Criticism*）第 62 卷第 1 期（2012 年 1 月），第 58–82 页。

　　[10] D. H. 劳伦斯，《乔万尼·维尔加的〈乡村骑士〉介绍》（"Introduction to *Cavalleria Rusticana* by Giovanni Verga"），见《凤凰：D. H. 劳伦斯遗书》，第 245 页。

　　[11] D. H. 劳伦斯，《为小说开刀或掷一颗炸弹》（"Surgery for the Novel - or a Bomb"），见《凤凰：D. H. 劳伦斯遗书》，第 520 页。

　　[12] 伯纳德·威廉姆斯，《伦理学与哲学的局限》，马萨诸塞州剑桥：哈佛大学出版社，1985 年，第 10 章。

　　[13] 同上，第 177 页。

　　[14] 同上，第 180 页。

　　[15] 伯纳德·威廉姆斯，《道德和情感》，见《自我的问题：哲学论文，1956—1972 年》（*Problems of the Self：Philosophical Papers，1956 - 1972*），剑桥大学出版社，1973 年，第 207–229 页。

　　[16] 同上，第 207 页。

　　[17] 同上，第 225 页。

　　[18] 同上，第 223 页。

　　[19] 同上，第 227 页。

　　[20] 伯纳德·威廉姆斯，《道德：伦理学导论》，纽约：哈珀与罗出版公司，1972 年。

　　[21] 同上，第 ix、x 页。

　　[22] 同上，第 xi 页。

　　[23] 同上，第 85 页。

　　[24] 同上，第 86 页。

　　[25] 威廉姆斯，《伦理学与哲学的局限》，第 200、202 页。

　　[26] 伯纳德·威廉姆斯，《附笔：关于内因和外因的进一步说明》（"Postscript：Some Further Notes on Internal and External Reasons"），

见《实践推理的种类》（*Varieties of Practical Reasoning*），以利亚·米尔格拉姆（Elijah Millgram）编，马萨诸塞州剑桥：麻省理工大学出版社（MIT Press），2001 年，第 91 页。

〔27〕伯纳德·威廉姆斯，《内部和外部的理由》（"Internal and External Reasons"），见《道德运气》（*Moral Luck*），剑桥大学出版社，1981 年，第 105 页。

〔28〕威廉姆斯，《伦理学与哲学的局限》，第 174 页。

〔29〕威廉姆斯，《道德运气》，第 130 页。

〔30〕威廉姆斯，《伦理学与哲学的局限》，第 21 页。

〔31〕伯纳德·威廉姆斯给伊赛亚·伯林的《概念和类别》（*Concepts and Categories*）撰写的"导论"第 xvi 页，该书由 H. 哈代（H. Hardy）编，由纽约维京出版社（Viking Press）1978 年。

〔32〕参阅玛莎·努斯鲍姆，《亚里士多德论人性和伦理学的基础》（"Aristotle on Human Nature and the Foundation of Ethics"）以及威廉姆斯的《答复》（"Replies"），这两篇文章出自：《世界、思想和伦理学：论伯纳德·威廉姆斯的伦理哲学》（*World，Mind and Ethics：Essays on the Ethical Philosophy of Bernard Williams*），J. E. J. 奥尔瑟姆（J. E. J. Altham）、R. 哈里森（R. Harrison）编，剑桥大学出版社，1995 年，第 185-224 页。

〔33〕威廉姆斯，《道德运气》，第 65 页。

〔34〕威廉姆斯，《伦理学与哲学的局限》，第 43-44 页。

第四章　当代托马斯语义中发展起来的新亚里士多德主义：关于相关性和理性论证的问题

4.1　给新亚里士多德主义提出的难题

在本书的第一章，哪怕只是在某种程度上，我提出了一种新亚里士多德主义对"善"和利益的解释并为之辩护，由此试图说明我们作为理性主体如何判断他人在欲望选择中是否具有良好的理由。现在我要进一步阐发这种解释，以便分析第二章和第三章提出的两个问题：一是关于我所提出的新亚里士多德主义和当代人们日常生活的关系的问题，二是关于这种解释的中心论题如何在当代条件下得到理性论证的问题。为了防止误导，我从现在开始把自己的观点称为托马斯-亚里士多德主义，尽管许多托马斯主义者总是在某些方面不能接受这个观点，因为他们中的有些人赞同吉尔森（Gilson），认为亚里士多德和阿奎那在思想上有一些重要分歧，他们中的另一些人则在对亚里士多德和阿奎那的认识上与我不同。这里一开始值得注意的是，相关性的问题与合理性论证的问题是密切相关的。如果当代人按照托马斯-亚里士多德主义的政治学和伦理学要求，在判断与行为中不能为自己和他人提供充分的理性论证，那么这种政治学和伦理学与当代日常生活具有相关性的主张就毫无依据。

托马斯-亚里士多德主义要和普通人对话交流，这些人现在通常过着双重生活，他们经常意识不到这一点，即便意识到了，也不能完全清楚地理解。一方面（我这里的依据是前文关于当代社会秩序的分析），他们生活于其中的社会在很大程度上是由国家制度、市场制度和道德制度建构起来的，他们社会关系的形成直接和间接地受到了这些制度的影响。人们在大多数情况下理所当然地认为，他们想要的东西就是占主导地位的社会制度影响着他们想要的东西，和他们交往的那些他者的实践思维中主要贯穿着国家伦理、市场伦理和现代性道德的规范。因此，他们不断地将自己表现为国家制度、市场制度和道德制度所设想的个体，这些个体的行为动机是不顾他人的竞争野心和占有欲，就算有一种对他人的关心和尊重那也是最低限度的约束，而且有时忽视自我。

另一方面，前文谈到过这一点，人们参与一系列实践，这使得许多人不仅能够认识到他们应该追求各种利益和卓越，而且能够认识到这些利益中哪些是共同利益，是作为家庭成员去实现的利益，是作为工作团体成员去实现的利益，或者是作为当地社区成员去实现的利益。人们要处理好这些不同利益，给予它们恰当的位置，就要反思一些问题，诸如"怎样生活最适合我？""如何让我生活于其中的社区得到最好的发展？"因此，人们有时会或多或少地全面思考这些问题，找出答案，在日常活动中权衡他们希望得到的个体利益和共同利益，确认他们要实现这些利益必须具备的思想和品德素质，确认他们在行为和交易中必须遵循的规则。在所有这些方面，他们都是用亚里士多德和托马斯的术语进行思考与行为的，这些术语和他们所生活于其中的主流文化相当不和谐，不过他们通常没有认识到这一点。人们在多大程度上能注意到生活中的这个矛盾，或在多大程度上受其困扰，当然取决于他们的生活环境和历史，取决于他们及其家庭和社区在发达的现代性变化与机遇中的发展情况。然而，如果意识不到这个矛盾，理性主体就会严重缺乏自我认识，难以做出正确的判断。

人们（当然包括我们，因为我们几乎没人完全逃脱这种情况）在实践中遇到紧急问题，需要在对立的答案中做出抉择时，就会体验到一种特殊的困难，从而意识到这个矛盾在他们生活中的影响。在我们的欲望发生了冲突的某个特定场合，那些问题经常以探讨我们欲望的良好理由是什么的形式出现，以至于我们发现自己被对立的倾向和对立的观点弄得左右为168 难。托马斯-亚里士多德主义在这里既能够提供适当的词汇来描述这种探讨的目标和困难，也能够提供一个理论来解释实践推理是如何得出正确的结论的，让主体能够重新权衡和组织他们的生活。为了具体说明当代托马斯-亚里士多德主义的政治学与伦理学的意义，我们需要研究当代生活中的政治冲突和道德冲突的每个主要领域，探讨这种政治学和道德学如何认识这些冲突的本质、如何解决这些冲突。我首先谈一些有关利益的问题，特别有关共同利益的问题。

4.2　家庭、职场和学校：共同利益和冲突

我们可以比较亚里士多德和阿奎那所理解的共同利益概念与现代的公共利益概念。从亚当·斯密开始，自由经济市场中的主体就认识到，个体要在自由经济中获得成功，就必须具备一些利益，但他们无法为自己提供这些利益。只有政府才能为他们提供。公共利益在 18 世纪可能首先是防止外部威胁的军事和海军安全保障、法律和秩序、道路的建设和维护，而且某些公共利益在那个时代可能贯穿始终。亚当·斯密及其思想继承人认识到了公共教育制度的重要性，要培养有文化和有技术的工人；100 年后，俾斯麦（Bismarck）和其他德国以及奥地利的保守派人士认识到了福利机构的必要性，以便防止工人及其家属从政治秩序和社会秩序中疏远出去。在 19 世纪晚期和 20 世纪，政府增加了许多被视为不可或缺的职能，譬如中央银行的运行、提供高等教育、对各种形式的运输和交流的监管，都成为政治生活实践的中心，让人们经常争论哪个是或哪个不是一种公共利益。

在这种争论中，支持某种公共利益的人往往把能够促进共同利益作为论证的依据。不幸的是，这种说法掩盖了公共利益和共同利益的区别。公共利益可以被理解为人们作为个体去实现的利益，尽管个体只有在与他人的合作中才能实现这种利益，而且人们是作为个体去享有这种利益；共同利益的享有和实现，正如前文强调的那样，需要人们具有各种群体的成员身份或具有各种活动的参与者的身份。我们首先具体考虑一下家庭的共同利益。

家庭成员一起努力实现其家庭的共同利益，这样做意味着什么？做不到又意味着什么？前一个问题可能比较容易回答，但对后一个问题的回答更具有启发性。前一个问题的答案可能最初看起来像一个陈词滥调的列表。夫妻作为家庭成员追求他们的利益，通过亲情和理解使对方能够实现其利益。父母作为家庭成员追求他们的利益，要促进孩子的茁壮成长，培养孩子的美德，这样他们的孩子才能从少年成长为独立的理性主体。叔伯

姑妈等人作为家庭成员追求他们的利益，引导侄子、侄女等后辈与令人憧憬的成人世界联系起来，这种关系独立于孩子和父母的关系。他们所有人都承认，他们这样做是为了这个特定家庭的利益，但在大多数情况下他们的这种想法是大家意会的，不一定被明确地说出来。然而，做不到这一点会怎么样？

做不到的情况表现为不同的类型。一种情况是，家庭的纽带要求不是促进人们更有力地发展，而是约束人们，不是偶尔令人压抑和沮丧，而是经常这样，甚至让人们认为家庭的纽带就是对人的压抑和约束。在这种情况下，家庭和家庭成员的利益没有得到完全实现，某些家庭成员实际上成了另一些家庭成员获取利益的代价。另一种做不到的情况是，家庭的一个或多个成员把家庭和家族仅仅当作实现其个人目的的手段，其个体利益的追求是以牺牲家庭利益和家族利益为代价的。一般说来，家庭和家族的繁荣都有一个经历一些挫折，从挫折中学习并克服困难的过程。家庭和家族的规模与种类有很大的不同，其存在和发展的社会环境也有很大的不同，人们对什么是家庭的繁荣以及发展程度的认识也有不同。托尔斯泰的观点是错误的。幸福的家庭和不幸的家庭都有非常不同的类型。

一个特定的家庭要在某个特定的境遇中实现其共同利益，其家庭成员就必须在共同协商和随后的活动过程中确认自己的身份。要避免失败，他们就需要在具体形式上适合他们的文化和家庭结构的美德：父母之间、父（或母）和家之间、兄弟姊妹之间、祖父母和孙子孙女之间、姑妈和侄子侄女之间的正义，欲望表现中的节制，应对外部世界和彼此交往中的勇敢，他们的个人和共同决策中的智慧。我描述过家庭失败的原因，这种家庭缺乏一些美德，其家庭成员认识不到为了家庭的利益实际就是为了自己的利益。

这在很大程度上取决于家庭有什么可用资源，这些可用资源一般不是人们自己能够提供的，在现代条件下尤其如此。三种资源不可或缺：钱财，最常见的形式是工资；儿童的学校教育；法律、秩序和其他由政府提供的公共利益。可见，个人的生活在很大程度上通常是追求共同利益，不只是家庭的共同利益，还有些其他的共同利益是对家庭的共同利益的补充。那么，什么是职场、学校和政府的共同利益？

在发达经济体中，人们在一起工作通常不仅是生产商品和提供服务，而且创造工资支付给在生产商品和提供服务中付出劳动与技术的人，为那些控制生产资料和工作场所的人获得利润。人们在一起工作的共同利益是通过生产商品和提供服务来实现的，这些商品和服务为社会生活做出贡献；商品和服务越好，人们就会在这个过程中获得越多的共同利益。但不能盈利的企业总是会被淘汰，追求盈利可能会导致企业生产不太好的东西，也许是有害的或庸俗的东西，而对工作场所的管理控制可能会导致工作方法不利于优良生产。我们举例说明问题所在。我们先考察日本汽车工业从1951年起接受爱德华·戴明的指导以后产生的效果，我在前文提到过这个例子。戴明说服日本制造商相信这样一个道理：在一种生产线上，每个工人进行单一的重复操作，不考虑这些操作的最终产品，最终产品的质量由检查员监管，这种生产线实际上不利于提高产品质量。相反，工人们通过团队合作，参与生产一辆汽车的不同阶段，作为一个团队为最终产品的质量负责，这样对车辆和工人们都会更加有利。工人们理解了活动的目的，知道要通过共同协商和决策去生产一辆好车，自己则要成为生产这种车的好手。这里的重点是，工人们知道自己在做什么，他们的标准是他们自己制定的，而不是外部的管理控制强加给他们的。他们的共同方向是获取共同利益。

戴明关于共同利益没有使用难懂的词汇。他谈到的是要消除工人害怕犯错误的担忧，要消除影响工人自尊的障碍，要有一惯性的目的，要把促进工人取得成功当作管理的任务。[1] 我相信他对我的这些总结没有什么异议，但可能会让他感到惊讶的是，他对提高工作生产力的理解和要求竟然与温德尔·贝里（Wendell Berry）对农场工作的理解和要求非常相似。[2] 人们在农场工作，需要有更大的视野，自己的农场固然要生产好，还要通过世代的耕耘和照料让土地得到可持续发展。农民必须了解每块田地的特殊性，了解农场动物的特殊性，根据他们自己的标准进行工作，而不是为应对最大化生产和短期盈利的压力而工作。具体农场的人们要为农场的利益做出贡献，在这个过程中实现他们自己的利益。戴明同意贝里的观点，也认为急功近利是良好生产性工作的敌人。这种观点的巧合令人印象非常深刻，因为他们从非常不同的前提得出了相同的结论。

171

贝里毕竟是美国南方平均地权论的继承者，是环保主义运动的主要贡献者。戴明则由统计学起家，他初期的研究是分析制造误差的发生率和导致缺陷产品的原因。贝里第一次接触的土地是肯塔基州的一个 125 英亩的农场。戴明接触的制造厂家则分布在日本以及美国的密歇根州、马萨诸塞州、新泽西州和宾夕法尼亚州。然而，他们关于工作的结论是相辅相成的。请注意，他们都没有忽视生产效能的必要性，实际上只有生产有价值的商品，才能使生产效能具有意义和目的；他们都认为生产中的每个工人是为了一种共同利益。现在看第三个例子，是康明斯发动机公司。或更准确地说，这是第四个例子，上一个参考的例子是汤姆·伯恩斯对英国广播公司的研究，那应该是第三个例子。

172　克莱西·康明斯（Clessie Cummins）于 1919 年在印第安纳州哥伦布市成立了康明斯发动机公司，他是一位汽车维修技师，有自己的车间，热衷于开发柴油发动机的潜力。当地的银行家 W. G. 欧文（W. G. Irwin）对他经营汽车维修给予了财政支持。欧文也看好柴油发动机的发展，认为这是美国未来卡车运输的关键，因此对该公司进行了投资。公司直到 1937 年才第一次盈利，当时的总经理是欧文的大侄子 J. 欧文·米勒（J. Irwin Miller）。公司是一家研究型企业，针对客户当前和未来的需要进行研究，在技术创新中保持着优异的记录。在几十年的经营中，公司追求制造优良的产品，把实现更高水平的盈利放在次要地位，期望公司员工能够关心和促进共同利益。当然，康明斯公司确实具有盈利的能力。康明斯公司和接受戴明指导的企业一样，和贝里那样的农民的农场一样，首先要有足够的盈利，才能在竞争激烈的市场中生存下来，但残酷的压力让企业不但要盈利，而且要越来越盈利，这在现实中导致许多企业和我以上描述的企业大相径庭。

家庭和家族只能通过实现参与者的共同利益来获得繁荣，人们通常不乐意看到家庭和家族不能繁荣发展的情况。同样，职场的管理方法不能让人们的工作仅仅是一个注重成本效益的手段，不能让工作的目的成为实现他人要求的高生产力和追求盈利。在某些行业的繁荣时期，人们在工作中可能会得到相对较高的薪酬，但有些工作要不是为了薪酬就并不值得做。请注意，之所以这么说，是因为我们的言辞和判断在某种意义上与学院派经济学的标准词汇不相容。在经济学家的言辞和判断中，工作的价值好像是由市场决定的，是由人们在市场关系活动中的优先选择决定的，而我在谈论某些工作值得或不值得做时，像戴明和贝里一样，使用的价值标准独立于这两个方面。这样就出现了对工作进行思考和评价的两种不同模式，这两种思考和评价模式并不局限于职场，在有关学校和教育利益的思考中也存在。

学校在这个方面和家庭一样，也和某些职场一样，对于它的共同利益，有些人能做出贡献，有些人则不能。教师实现他们作为教师的利益，*173* 在教育中以学生的利益为重，从而为这个共同利益做出贡献；学生在班集体接受教育，要在参与班级的活动中实现他们的利益。这里最重要的是技能教育与实践教育之间的关系。孩子们必须练习某些语言、数学、音乐和体育运动技能，并养成习惯。在这个过程中，他们把这些技能应用在不同学科的领域，举一反三，进而认识到他们自己在每个领域的进步既是在共同研究中的进步，又是提高个人卓越能力的进步。他们在集体学习中明确任务，提出问题，发现困难，分析和克服这些困难。他们会犯错误，并学会如何从这些错误中吸取教训。只要孩子们受到恰当的教育，他们最终就会认识到自己就像学徒一样（尽管也许不是这些措辞），在一系列的文学、数学、科学、音乐和体育运动的实践中成长，他们在这里实现了行为和思想上的共同利益，也意味着他们实现了个体的卓越发展。然而，获得这种结果的前提是他们受到了良好的教育。如果他们受到的教育很差，会怎么样呢？学生们遇到不称职的教师，当然不幸。这些教师所受的教育就很差，没有什么能力；就算是很有能力的教师，如果他们的教育方向错误的话，也是很差的教育。

他们在这样的教育中或多或少地只是注重技能的掌握，不关注学生举一反三的能力。更糟糕的是，他们强调的这些技能只是为了满足职场的需求，而不是为了开发每个学生的能力。学校教育的功能之一当然是为职场培养后备力量，但这只是几个功能中的一个；如果学校教育变成了职场的学徒培训，那么学生也难以成为职场的后备力量。好的学校教育应该是，学生能够在发展自身能力的过程中自主地找到一个方向。教育如果只专注于技能和手段的话，会使学生无法辨别哪些是自己的目的，哪些是他人为了他们的打算而强加给自己的目的。

　　这种专注所表达的意愿是把学生培养成劳动力，这便使得学生自己的追求无论是什么，都可能会服务于经济增长的目的。表面上看，是学生选择了自己的目的，自觉成为优先选择的最大化者，给市场带去了技能；实际上，这种学校教育并没有考虑学生的优先选择。评估学校的标准就是学生考试成绩的高低。但是，从维护学校的共同利益的角度看，学校教育的一个失败之处就是把能力等同于考试得分的能力，并通过反复考试来测量学生的进步情况。在这种学校体制中，学生勤奋学习，但一般不会选择没有把握在考试中取得高分的课程，这不足为奇。这种教育使学生形成了不敢冒险的心态，总想规避风险，只能被迫接受传统的成功观念；使教师在课堂上不敢有什么新鲜有趣的思路，唯恐分散学生准备考试的精力。我当然不是说考试没有用，而是说教学不能"被贬低为准备考试的工具"，学生参加考试"要心态平和，不能考前准备痛苦万分，考完试后则麻木不仁"。这些引语来自普鲁士教师实施"高中毕业考试"大学预科考试的指示，马修·阿诺德（Matthew Arnold）在 1865—1866 年访问柏林期间对此印象深刻。[3] 毕竟伟大的荷马学者 F. A. 沃尔夫（F. A. Wolf）曾经说过（阿诺德也引用过）："考试让学生有悖常理"。

　　可见，学校与家庭和职场很像，它们都有共同利益，都需要实现共同利益。但是，按照我对这些地方的描述，它们还有更多的相似之处。在每一种情况下，我们都发现了一种相同的矛盾，即两种社会经验的对比。一方面，有些人在家庭、学校或职场中是家庭成员、学生或教师、有生产力的员工，他们以共同利益为导向，相互协作，一起在这个特定的环境中生活和工作，目的是实现这个特定事业的共同利益。另一方面，有些人把家庭、学校和职场当成环境条件，他们作为个体在这里受到他们的社会关系的约束，受到家庭、学校和职场的制度下日常工作的约束，但要找到向前的出路。这条出路让他们能够尽量满足自己优先选择的需求，能够和他人讨价还价，他们要获取他们的权力、收入和财富以及在社会结构中的地位，而这种地位能够让他们使用权力和金钱去影响他人。

　　追求共同利益的人们一定会发现，他们只有树立实现共同利益的志向，才能实现他们作为个体的利益。有此发现之后，人们将发现自己会在决策过程中不可避免地探讨如何权衡他们认可的各种利益，包括共同利益和个体利益，以及如何看待每一种利益在自己生活中的地位。即使人们只追求自己的个体利益，他们也反思如何在家庭、学校和职场的日常生活中确定自己的目标，但他们会发现，要全靠自己激励自己生活（如果他们做得到的话），无论成功还是失败，自己都只是特定年龄群体、社会阶级、职业和收入阶层中的一员。他们随后的结果，即他们的利益选择，都是并且都可以被解释为他们个人的优先选择的表现，不管这些优先选择是如何形成的。在他们看来，各种机构、家庭、学校和职场有时是实现自己优先选择的障碍，有时是满足自己优先选择的手段。

　　前者作为理性主体，就自己和他人分享的共同利益与他人进行协商，就如何适当地看待每一种利益在其个体生活中的地位进行协商。后者作为理性主体，首先学会如何让自己的优先选择具有一致性和相关性，然后学会如何在社会生活中实现这些优先选择。前者将自己理解为主体，其主体性来自其某些重要的社会关系。后者将自己理解为个体，其社会关系受环境的制约而变化，这些社会关系的价值取决于能在多大程度上有助于满足他们的优先选择。如果我们认为这两种在当代社会中存在和发生作用的对立模式划分了两种不同的人群，那就会产生危险的误导。对于许多经济发达社会中的许多人而言，他们生活的某些方面是一种类型，其他方面则是另一种类型。

　　此外，这两种存在和发生作用的模式总是包含在某个特定的文化形式之中，表现在亲属关系、职业、宗教、艺术和体育运动的特殊性之中。人们通过每种文化的习语提出关于应该如何理解和评价自身处境的问题，当代托马斯-亚里士多德主义者则要针对这些用自身特定的文化习语提问的人为他们所提问题的答案辩护。那么，他们应该从哪里开始？当然是让人们认识与反思自己在家庭和家族、学校、职场中的思维和行为在多大程度上认可了亚里士多德主义和托马斯主义关于个体利益与共同利益的几个主要观点。这种认可是进一步探讨的起点。然而，这里很快就出现了一个难题：亚里士多德和阿奎那权衡个体利益与共同利益的那种政治社会语境已不复存在。

176

4.3　当地社区和冲突的政治：丹麦和巴西的例子

　　政治社会，即亚里士多德所谓的城邦（*polis*）和阿奎那所谓的公民社会（*civitas*），在他们看来具有某些关键特征。在社会秩序正常和运行良好的情况下，被统治者和统治者都会致力于实现社会的共同利益。人们都能这样做，是因为人们通过参与政治社会学会了权衡生活中各种各样的共同利益和个体利益，养成了一些品格和美德，使自己能够为实现最终目的而努力。如果退出他们所理解的政治社会，那就一定意味着人之为人的特征，包括他们所理解和追求的共同利益，都将不复存在。这确实是亚里士多德的观点。但是，他们所理解的政治社会在一些关键方面和现代国家大相径庭，现代国家的官僚机构和自由的多元主义似乎让亚里士多德思想在这里变得毫不相干。我也提出过类似的主张，由于当代经济秩序和亚里士多德以及托马斯的观点不相干，所以让现在的普通人继承亚里士多德的衣钵似乎注定要失败，更不用说接受托马斯的观念。针对这个问题，有什么说法吗？

　　我们来分析这样的情况，人们在一个群体中全面地思考他们生活的各个领域的繁荣发展问题，要考虑到自己和所有其他人，还要避免失败。这时，他们可能会发现，他们不可避免地要承担政治行为和经济行为，因为他们要考虑如何实现家庭、学校和职场的共同利益。他们不难理解，父母失业或工资较低，或必须长时间工作，或租不起房子，会让家庭生活遭受困难，所以家庭的利益和职场的状况息息相关。他们知道，儿童如果没有足够的食物，或得不到父母充分的照顾，往往就无法安心学习，所以学校的利益与家庭和职场的状况也息息相关。职场的繁荣发展需要职员具有相应技能和专业素养，能及时应对危机，所有职场都会经常出现一些危机。有潜在资质的职员通常能在职场中获得较好的经验，但前提是他们在家庭和学校获得了良好的教育，所以职场的利益与家庭和学校息息相关。

　　并非每个人都能同样地关注每一件事情。但如果人们不能在某些时候以某些方式把家庭的共同利益与学校和职场的共同利益联系起来，人们对家庭的共同利益的关注就会变少，甚至认为它无关紧要。这种关注要求人们考虑雇用的薪酬是否合适，家庭的住房是否合适，教师的培训和待遇是否合适。这便需要强有力的政治投入，通过各种当地组织、工会分支、社区组织、城镇议事会、家长教师协会的行动表现出来。这些政治行动往往针对的是单个问题，可是解决这些单个问题能把当地社区的共同利益结合起来，这一点很重要。因此，在政治社会的建设中，人们需要认识到，个人只有通过追求他们共同的政治利益才能实现个体利益；个体为了政治社会的利益而努力，这显然是当代形式的亚里士多德政治学。

　　人们抱有这种政治信念，就总可能直接或间接地参与现代国家的政治。创建和维持当地社区的政治活动，如果被理解为共同利益的政治，那么在态度和活动程序方面除了现代国家的政治要求以外，还有自己的要求，这表现在两个突出的方面。首先，这是一种共同协商的政治，其管辖标准独立于参与者的欲望和利益。这里的各方在利益竞争中讨价还价，但这不是政治的主要内容。共同协商的作用是在利益问题上达成更大程度的一致，以制定相关决策。这些决策如果制定成功的话，当地社区的利益应当放在首位，特定利益和局部利益就要放在次要地位。在这种情况下，还有一个关键问题是，人们在公平实施方面要有某种共识。这里的基本正义要求是，倾听每个相关的声音，重视每个相关的主张，就事论事，无论是谁提出的主张，都不受提出者的权力或影响力的干扰。但我在前文说过，要做到这一点，人们必须共同尊重自然法戒律的权威性，这些戒律禁止人们以欺诈或强制手段取胜。

178

　　其次，这种政治显然具有亚里士多德主义的特征。在现代社会，伦理学与政治学的关系通常被理解为伦理学是一回事，政治学是另一回事，而在亚里士多德和亚里士多德主义者看来，伦理学是政治学的一个组成部分。政治学无论在理论方面还是在实践方面，都涉及政府的建构如何有利于造福公民，有助于实现共同利益和个体利益。伦理学无论在学问方面还是在实践方面，都涉及改善主体的思想和品德素质，有助于人们成为良好的公民，成为统治者和被统治者，实现人之为人的品质。这些品质和对共同利益的认可具有重要的政治意义，在一些共同体的历史上有很好的表现，共同利益的政治学在这里至少实现了一些目标，并在当代社会更广泛的政治环境中得以持续发展。

托马斯·洪基洛（Thomas Højrup）在《沿海社区需要共同利益》（*The Needs for Common Goods for Coastal Communities*）[4]一书中讲述了这样的历史，当时人们不断地对欧盟委员会的共同渔业政策进行政治辩论，辩论的中心议题是"个体可转让配额"的制度，该书对这个辩论做出了较大的贡献。洪基洛在书中讲述了丹麦渔业社区采取这种私有化之后的破坏作用，讲述了人们在北日德兰半岛（Northern Jutland）的梭鲁普斯特兰（Thorupstrand）成功地采取了其他方式的故事。要理解这个故事的意义，我们首先需要询问以渔业为生的人们有什么想法，看看他们在做什么。这里有两种非常不同的渔业，有两种非常不同的答案。许多远洋捕鱼是由企业出资，这些企业的投资回报率取决于捕获量的大小，它们努力获得最大限度的回报，但要参与国内和国际市场的竞争。

179 它们的目的是在最有利可图的渔场占据主导地位，在销售咸鱼、罐头鱼和冷冻鱼的竞争中获得成功。人们为这样的企业工作，就像其他典型的资本主义企业里的工人一样，人们服务于企业是为了自己和家人的生计，人们的工作和他们作为家庭成员或社会成员之间的联系只有一种金钱关系或主要是一种金钱关系。

相比之下，有些渔民社区实行股份联合捕鱼，船员就是渔民，渔场也不远，他们有着丰富和悠久的捕鱼生活经验。按照洪基洛的叙述，在梭鲁普斯特兰，捕鱼收入在除去各种支付的费用之后，40%用于船只和渔具的维护与修理，20%分配给船长（通常是船只股份的所有者），分配给第二和第三名船员各20%。如果产生损失，人们按比例平摊。因此，船上每个人都是企业的合伙人，在有些渔民社区往往是家族企业，人们很容易认识到三个相关的共同利益，即家庭的利益、船员的利益和当地社区的利益，人们需要在合作实现这些共同利益的过程中实现自己的个人目的。为了实现这些利益，学校教师、造船工匠和教会牧师都起着至关重要的作用。当然，这些社区在许多方面的实际情况就会有所变化。洪基洛强调的是，他们的共同之处在于，其工作不是为了达到某种外部目的，这种工作构建了一种生活方式，维持这种生活方式本身就是一个目的。

许多欧洲渔民仍然从事着某种形式的联合捕鱼，他们的具体做法在不同的国家有不同的表现。洪基洛讲述的故事是2006年立法之前的情况。

此后，法律把捕鱼配额分配给了具体船只，实现了捕鱼配额的私有化，投资者可以购买这些配额。不拥有任何船只的渔民立即出局，以后他们从事捕鱼工作的话，只能得到工资，而得不到股份收益。船只的股份可以卖个好价钱，超出了人们过去的想象，但捕鱼业要开始长期依靠渔民社区以外的雇工，甚至要花费更多的钱。一个曾经以共同利益为价值的社会，将成为个体的优先选择最大化和利润最大化的社会。对于北日德兰半岛的很多人来说，这似乎别无选择，但梭鲁普斯特兰的情况不是这样。人们在那里探索了保留股份联合捕鱼的可能性，成功地让这种渔民社区的形式得以持续存在。人们通过成立一个合作社购买了共同配额。

人们用于购买的资金来源是入场费和两家当地银行的大量贷款。共同配额在很大程度上保障了这些贷款的安全。20户家庭组成合作社，这里的决定通过民主投票产生，一人一票。参加股份联合捕鱼的家庭有很强的责任感，共同维护联合捕鱼的事业和他们的这种生活方式。2006年至2008年期间，一艘船的价格上涨了1 000%，他们看到有人在市场狂热中取得了惊人业绩，但看到更多的人一败涂地。2008年的危机在北日德兰半岛造成的后果和在其他地方造成的后果差不多，其中一个后果是两家当地银行倒闭了一家，于是要求人们偿还贷款，这等于要摧毁他们的合作社。他们通过成功地诉诸丹麦国家的传统政治避开了这个问题，为类似情况下的其他人提供了一个解决问题的政治技巧。

学院派经济学家以及按他们的方式思考的人在认为自由市场会威胁到某些生活方式时，通常会得出这样的结论：这一定是因为那些生活方式效率低下，阻碍了经济增长。梭鲁普斯特兰等地是股份联合捕鱼，这和其他地方推行的商业捕鱼进行比较时，问题在于如何理解效率和增长。这不是一场新的争论。这曾经是李嘉图和卢德派之间的争论。在成为一个关于手段的争论之前，这首先是一种关于目的的争论，即一个关于如何进行经济资源和权力分配的争论，如果有某些目的实现的话。我们在这些争论中追求什么样的目的，并且我们由此在这些争论中采取什么样的立场，都取决于我们是什么样的人，这意味着我们具有美德还是缺德。

"梭鲁普斯特兰沿海渔民公会"之所以能够成功，仅仅是因为人们（特别是那些渔民社区领导）的思想和品德素质，和该公会清晰地表达了如下的声音：

> 让经济和政治知识不断地充实智慧，
>
> 在公会建构和股份分配中坚持正义，
>
> 在正确应对各种风险中要展现勇敢，
>
> 面临市场的承诺和诱惑时保持节制。

减去其中任何一项，就减去了社区繁荣的一个必要条件。公会把家庭联合起来，也把个人联合起来，让人们能够认识到家庭的共同利益和职场的共同利益的关系，这一点很重要。渔民社区的生存和繁荣取决于人们的政治智慧，这是人们继续参与市场经济和丹麦国家政治的智慧，这一点也很重要。

181　　每一个地方社区，无论在什么程度上成功地实施了共同利益的政治，都有其独特的故事。与梭鲁普斯特兰形成鲜明对照的是巴西圣保罗的蓝山（Monte Azul）贫民窟，圣保罗市持续的经济增长令人印象深刻，但导致了典型的资本主义不平等，少数人拥有巨额财富，大多人拥有适度繁荣，一些严重贫困地区却被排除在外。蓝山的急剧变革始于 1975 年，当时的举措并不大，是德国人类学家按照鲁道夫·施泰纳（Rudolph Steiner）的原则建立了一所学校。他们关注儿童及其父母的各种需要，如教育、艺术、医疗保健，于 1979 年成立了蓝山社区协会（ACOMA，见其官方网站：www. monteazul. org. br），该协会经过宣传和努力工作，在一些方面取得了重大进展，如卫生和污水处理、街道照明和安全、提供教育和医疗保健。然而，社区生活的改变不仅是通过这些改善得以完成的，还需要依靠人们在改变过程中的合作活动。

　　他们的特别工作小组和一般工作小组定期开会，审议、讨论如何界定和实现他们所关心的共同利益，如何获得他们所争取的资源，如何调动政治支持去抨击那些声称关心穷人，实际却对那些没有政治组织的穷人根本不管不问的国家和市级的政府以及精英人士（关于蓝山，参见 ACOMA 网站和那里引用的书目）。对于他们来说，梭鲁普斯特兰的美德——政治智慧、正义、勇敢和节制——具有同样的重要性。这些美德在蓝山最著名的德国人类学家乌特·克雷默（Ute Craemer）身上体现出来，没有这些美德，蓝山的 3 800 名居民以及后来临近地区居民的共同利益就不可能实现。[5]只有实现共同利益，才能让众多个体实现个体利益。

梭鲁普斯特兰和蓝山社区并非独一无二。为了共同利益而管理公共资源，如灌溉的用水、放牧的牧场、伐木的森林，总会出现一些问题，但世界各地有许多群体已经在或长或短的时间内解决了这些问题。值得注意的是，如果人类主体都是大多数经济学家假设的那种实践理性者，那么这种社区就不可能成立。有些个体以可预见的成本效益方式去最大程度地满足个人的优先选择，如果让他们不要为了获取对他人的竞争优势而破坏长期的社会生活关系，他们就会认为这种要求是违反理性的。因此，经济学家们普遍认为，如果国家不干预和管理公共资源，这些资源终将会通过自由和竞争的市场进行分配。欧玲（Elinor Ostrom，埃莉诺·奥斯特罗姆）分析了公共管理机构在不同的地方和区域层次上的成功案例，认为这些大量的案例是可以复制和借鉴的，从而证明这个观点是错误的。这是她很了不起的成就。她用这些例子确定了实现公共资源管理所必须满足的条件。[6]然而，结果发现，这些公共管理机构总是面临着来自市场和国家的风险，其存在和发展状况取决于社会日常政治的有效性。

无论是梭鲁普斯特兰的丹麦人，还是蓝山的巴西人，他们都不使用亚里士多德主义的词汇，更不会使用托马斯主义的词汇向自己或他人描述他们的活动和目标。我的主张是，这两个事例通过托马斯-亚里士多德主义的概念能得到最佳理解，这些例子特别清楚地说明了用那些概念来理解的理性主体如何具有必要的政治维度。如果人类为实现理性主体的目的而行为的话，他们就一定是政治动物，就像梭鲁普斯特兰和蓝山的居民那样。相比之下，在我们的社会里，人们普遍认为政治是一种可选择的活动，是那些有时间而且想参加的人所从事的活动，人们如果不愿意参加，可以把政治放在一边。在他们看来，政治的核心问题是调整国家与市场的关系。因此，参与政治可能符合自己的利益，也可能不符合自己的利益。可见，还有一个方面值得注意，这个方面的思想和行为的主要形式对人类的本性与主体性的解释，与任何托马斯-亚里士多德主义的解释都有深刻的不同。所以，要让当代的人们接受托马斯-亚里士多德主义，比我迄今为止所言的要复杂得多，这需要托马斯-亚里士多德主义者对这些特征和问题的解释，既能自圆其说，又能得到他人的认可，还能应用到政治等领域，并且能解释清楚一种冲突的倾向，即主流的当代文化观念对这些特征和问题进行了掩饰与错误的描述。这种冲突也许最显著地表现为，人们在两种不同的、对立的实践理性观念之间往往表现得模棱两可，左右摇摆。我们在前文介绍过这两种实践理性，每种观点对欲望和实践推理的关系都有自己的解释。

4.4　从社会主流的立场上看实践理性

我们大多数人平常的活动规律都比较固定。我们这样做，经常和我们交往的人便会形成预期，这种预期既会考虑到我们被预期的行为，也会考虑到我们对他们的行为的预期。我们双方的预期不仅要考虑自己和对方的行为，而且要考虑自己和对方的动机。我们大家都遵守一定的规律，这包括我们在行为选择中的思维方式。因此，共同文化的一个明显标志是，其成员一般不难理解其他人在做什么以及为什么这样做。然而，即便在这样的文化中也常常出现误解，有些误解是因人们的意见分歧而产生的，譬如在进行行为选择或欲望选择时，人们有不同的是非善恶评价。在极端情况下，有些人可能会认为他人的思维或行为动机几乎是不可理喻的。

在饱受任何一种深层分歧影响的文化中，一个人如果能够理解双方的对立观点，如果有想象力去把握任何一方的人是如何思考、感受、辩论和行动的，那么就会发现难以认同任何一方。他这时不能脚踩两只船，需要保持一种推理方式和相关理由，坚持相关的论证，站在一种评价的立场上。但是，前文已经说过，我们在当今文化中的情况往往是，我们的思维、决策与行为一方面要考虑到家庭、学校、职场和政治社会的共同利益，另一方面要考虑到国家、市场和现代性道德的要求。这两种思想和行为模式都对什么是实践理性有预先假定，我们只有更全面地阐明每一种思想和行为模式的相关概念，揭示这两种概念相互对立的原因，才能理解这种对比的意义。记住，在我们的文化中，许多人有时采取这种思想和行为模式，有时采取另一种思想和行为模式，还有时被迫在两者之间做出选择。那么，从主流的经济秩序和政治秩序的立场上看，什么是实践理性？

　　我们先分析一下市场交易活动中的推理。在这里，人人都相互认为是 *184*
为了获得最大利益，所谓最大利益是相对于获得这些利益的成本而言的，
这可以是向雇主出卖自己的劳动和技能，可以是投资一家公司或引进新的
机器，也可以是在超市购买食物或自己种植食物。因此，在市场的条件
下，我要和致力于成本效益最大化的人尽可能地达成最佳协议。为了达到
这个目的，他们和我要遵循什么推理规则呢？帕累托、萨维奇以及其他决
策论和博弈论的奠基人确定了这种推理的形式结构，他们确定的规则相对
完整，是发达经济体的文化中占主导地位的理性概念。也就是说，个体的
活动被认为是在满足他们的优先选择，所谓理性主体，就是尽可能地使满
足自己最优先选择的概率最大化，或尽可能地让自己失望的概率最小化。

　　这里讨论的优先选择当然是一个人经过深思熟虑做出的优先选择，是
经过反思的结果。至于如何对这些优先选择进行权衡，或估计相关概率，
或在不了解情况或有风险的情况下实施相关决策，人们只需参考标准文本
即可。在谈论这些文本之前，我们需要注意两个可能发生的误解。第一个
误解是：一个为最大限度地满足自己的优先选择而采取行动的人一定是为
自身利益而行动的人。这是一个严重的错误。一个人的优先选择很可能是
利他主义的，甚至是自我牺牲的，譬如许多慈善人士的优先选择。第二个
误解是：如果主体常常是赫伯特·西蒙（Herbert A. Simon）向我们说的
"满足者"（satisficers），那么人们就不能最大限度地满足自己的优先选择。
满足性策略的目的不是实现解决某个问题的最优方案，即最大化方案，而
是一个可接受的解决方案，即一个足够好的解决方案。最优方案可能太难
实现。显然，许多主体很多时候都是满足者。也就是说，他们是最大化者，
因为他们知道在理论上可以找到解决问题的最优方案，但成本太高，在他
们资源有限的情况下接受不了。满足者是成熟老练的最大化者。[7]

　　按照这种实践理性的观点，决策论和博弈论的标准文本能够用来解释 *185*
什么是一个理想的理性主体。[8]但这些文本也正确地表明，实际的主体总
是缺乏这种理想性，并且不一定造成任何危害。同样的情况要求人们在权
衡自己的诸多优先选择时具有一致性，这种要求可以用非对称条件来说明
（如果我优先选择 A 结果而不是 B 结果，那么我就不可以优先选择 B 而忽
视 A，或认为两者没有差别），可以用连通条件来说明（对于每一个相关

的结果，我要么在两个相关的结果中做出优先选择，要么认为两个结果没有差别），还可以用传递条件来说明（例如，如果我优先选择 A 而不是 B，优先选择 B 而不是 C，那么我就必须优先选择 A 而不是 C）。在人们对优先选择的权衡中，某种较大程度的一致性对于理性主体来说很重要，因为不一致或矛盾容易导致遭受挫折和不满。但在某种情况下或某个方面，即使不能满足不对称条件、连通条件或传递条件，一般也并不重要。努力成为一个理想的理性主体，这并不理性，因为成本太高；而且，并不仅仅在一致性的要求方面是如此。

人们在日常选择的过程中会估计出这个结果相对于那个结果的情况，这种大概的计算通常是足够的。至于如何理解概率的问题，是用贝叶斯（Bayesian）术语还是用非贝叶斯术语，是无关紧要的，进一步的探讨和解答会分散我们的注意力。这并不意味着理论家对这类问题的辩论无关紧要，而是说这些辩论只在研究探讨的某些复杂阶段才具有实践上的重要性。如果在这些阶段还不能解决某些问题，我们就没有理由拒绝这个关于什么是实践理性的观念。例如，当我们在不知情的状况下做出选择时，有一种行为，就算其结果不好，和其他行为结果相比，也能最大限度地满足我们的优先选择，那么我们应该采取这种行为，还是应该采取另外一种稳妥而且让我们不会后悔的行为？理论不会为人们应该遵循哪条规则提供具有说服力的依据。但日常生活中的理性主体可以根据自己的性情做出决定，这对于其理性来说并不是什么问题。

我一开始就说过，我们在推理和比较哪种行为结果较好时，我们的推理在很大程度上取决于我们对他人行为的预期，同样，他人的推理也是以他们对我们行为的预期为基础的。和另外一些人，我们则只有通过成功的谈判或讨价还价才能满足我们的优先选择。博弈论回答了这样一个问题：在任何 N 个人的博弈中，如果参与者都采取最适合自己的策略，那么对这个主体来说什么是最佳的策略？这个问题的答案适用于所有谈判或讨价还价的情况，各方在这里都希望知道自己必须做出多少让步，才能确保自己获得最佳结果。博弈论作为一个公理化的理论体系，衍生自冯·诺伊曼（von Neumann），最主要是来自纳什（Nash），它精确描述了经济行动者如何在市场环境中行为，才能作为理性的最大化者而获得成功。适用于这些经济行动者的规则，同样适用于非经济情况中的许多行动者去进行谈判或讨价还价，有助于他们考虑和选择行为过程的成本效益。但只要认识到这一点，就至少有理由接受加里·贝克尔（Gary S. Becker）坚持的观点，他认为许多人类行为明显不属于经济活动，包括家庭生活的许多方面，但事实上却可以从经济学的角度加以解释，也就是说，可以从主体的成本效益方面进行解释。[9]

当然，可以从两个方面解释贝克尔的主张。他相信自己已经发现了人类的某种存在规律，发现了实际上人类在多大程度上是理性的最大化者。但他的研究结果同样证明，在像我们这样的发达经济体中，许多主体发生了这么大程度的变化，所以他们现在能够从经济学的角度思考他们以前所谓的非经济关系和制度。因此，他们把自己从这些关系和制度中排除出去，这些关系和制度不允许他们作为理性的最大化者去思考与行为，因为这些关系和制度需要某种对他人的承诺，任何人如果只想着最大化地满足自己的优先选择，就在这里找不到容身之处。这并不意味着这种理性的最大化者在生活中不重视或没有对他人的承诺。社会生活的事实一般会迫使他们认识到，对他人有所承诺的最大化者能够让人信赖，并以这些承诺为荣，相比之下，不受约束的最大化者通常发展得较差。只有当其他人认识到某人既关心自己的利益，也关心他们的利益时，他们之间的合作才有可能。只要信任缺失，就会出现"囚徒困境"那样的情况，这样的情况中有两个或两个以上的人，一种情况是每个人都是不受约束的和不合作的理性的最大化者，另一种情况是每个人都以合作的眼光看待对方的利益，相比较而言，前一种情况下的人肯定会比后一种情况下的人陷入更糟糕的处境。因此，理性的最大化者有良好的理由来发展他们在经济活动和非经济活动中的信任关系。

然而，他们也有良好的理由去限制他们对这些关系的承诺。对于有些人，他们现在不仅有着谈判或讨价还价的关系，而且希望长期保持这种关系和往来，因此他们就有良好的理由把自己表现为可靠和值得信赖的人，而且也是这样做的。对于另一些人，因为这些人具有财富、权力、影响力、技能、魅力或其他优势，他们需要这些人的善意和帮助，所以他们有良好的理由把自己表现得恭敬和乐于相助。但对于那些没有什么可以讨价还价

187

或没有什么谈判条件的人，或对于那些在哪个方面都没有什么前景的人，他们会如何表现呢？理性的最大化者在这里没有什么理由去考虑这些人的利益，除非这些人的利益与他们的利益是一致的。这种现象在经济交易中尤为明显。

发展中的市场的持续经济增长从长远来看确实有利于世界经济，然后才是从世界经济的增长中获益最多的发达经济体的经济增长对世界经济的贡献。最贫困国家的人们生活在极端贫困之中，他们的比例从 1990 年的 43％下降到 2010 年的 21％。发达经济体中的理性的最大化者对此表示欢迎。（当然，我们其他人也欢迎。）但理性的最大化者表示欢迎（与我们其他人不同），只是为了能够提升和获取他们自己的利益，满足他们自己的优先选择。试想，一方面，那些处于困境中的人们（无论是发展中的经济体中的还是发达经济体中的）在竞争中失败，无法从投资中获益，没有解脱贫困的办法；另一方面，相关的理性投资者考虑的是获取最大化的投资回报。后者完全没有考虑前者，更不用说对前者承担责任了。他们通常确实没有承担这种责任。

按照这种观点，关于经济理性的要求，还有一个特征需要关注。从事市场交易的主体必须依靠一个大型的、复杂的制度体系，无论是国内的还是国际的，这个制度体系使这些交易成为可能。谁来支付维持这个制度体系的费用呢？理性的最大化者会付出尽可能少的成本去维持这个制度体系，他们因此而参与政治，目的是确保这些成本由他人间接支付，所以这种政治在制度上支持不平等分配。在任何社会，拥有金钱和权力的人都是理性的最大化者，即便这些最大化者是受到约束的最大化者，所以日益增加的不平等问题就不是这个社会偶然的政治特征。

理性的最大化者接受了约束，这些约束就算是真实的，但总是有条件的。过去有一套约束，一些特定的最大化者有良好的理由去接受并约束自己，但随着环境的变化，他们总是会放弃这些约束。这些约束被放弃，是因为人们在理性上不能接受这些约束。由此可见，按照这一观点，真正无条件地承诺和接受，把无条件的约束强加给自己，绝不可能是实践理性。例如，贝克尔认为某些类型的行为最好是由相关主体以成本效益评估的方式来解释，这意味着他认为这些主体在他们生活的那些领域并不知道自己是在做出无条件的承诺，或者是在破坏无条件的承诺。这些生活领域包括人们的婚姻，这意味着贝克尔的研究报告说明了一个制度性的重大变化。这一点我之前也说过。

　　如果人们最大化地满足其优先选择，使其实践理性排除了真正无条件承诺的可能性，那么，从这种理性的戒律，即从决策论和博弈论的戒律中，就不可能推导出任何道德戒律的要求，无论这些道德是古代的、中世纪的，还是现代的，也包括现代性道德。所有进行这种推导的尝试，无论多么复杂，都注定会失败。[10]就像在我们这样的社会，如此多的经济活动和政治活动表现了理性的最大化者的态度与立场。现代性道德的约束超出了理性的最大化者施加的约束，现代性道德的任务超出了理性的最大化者的承担能力，所以现代性道德继续发挥着独特的功能。有些理性的最大化者忠于现代性道德，这使他们能够以慈善家的身份认识和解决一些贫困问题，而这些问题恰恰是他们作为理性的最大化者所忽视的，或者说确实是他们造成的。西方政府宣称忠于现代性道德，这使西方政府能够做出援助承诺，但后来经常考虑到成本效益评估，故而就理所当然地放弃了承诺。因此，尽管决策论和博弈论为我们在某些社会生活领域提供了精心设计的实践理性概念，使这一概念占有主导地位，但在这些社会生活领域仍然存在着一定程度的不一致性。不过，这和生活中的诸多不一致性相比，显得 *189*微不足道，因为在生活中不仅存在着决策论和博弈论定义的实践理性概念，而且存在着最先由亚里士多德和阿奎那提出与研究的实践理性概念，这两种概念截然不同。

4.5　从新亚里士多德主义的立场上看实践理性

　　实践理性的主体不需要在行为的一刹那默默地念叨其行为的理由，他们通常不会这么做。有人正站在路旁和一位朋友聊天，看见一个横过马路的孩子将要被行驶过来的汽车撞上，她要立即向前援救。她中断谈话，一个箭步冲过去，瞬间抓起孩子离开了车道。她这样做的理由很充分，而且仅仅因为她有很好的理由，她才这样做。她抓起孩子的行为很明智，人们都能理解，因为在这里的实践推理中，第一个前提是，如果她不这样做，孩子就会被撞死；第二个前提是，这里压倒一切的利益，即最重要的事情，是孩子的生命。如果有人问她为什么那样做，这些前提便是她给出的真实答案。按照亚里士多德的观点，她的行为是这些前提的结果。[《灵魂论》434a16 - 21，《动物运动论》（*De Motu Animalium*）701a7 - 25] 显然，对实践推理的任何亚里士多德主义的解释与任何决策论或博弈论的解释之间都存在着差异，后者认为一段实践推理的结论就是一个决定，但前者认为这是一个行为。亚里士多德主义的主张是推理可以发自行为。推理发自什么样的行为，取决于主体的品性，这是主体进行推理的本质和导向。怎么会这样？

如果一些行为表达了一系列演绎推理的结论，那么这些行为一定要么与推理中的前提一致，要么与其不一致。如果一个行为的目的与前提中确定的利益不一致，在这个特定主体的情境中挽救孩子的生命是最高利益，那么这个行为便与那些前提不一致。如果站在路边的大人发现孩子的困境后仍然继续谈话（哪怕只多谈一会儿），继续谈话便违背了去救孩子的理由，因为她有理由去救那个孩子。在她的推理前提中，善作为利益处于危机之中，需要和谈话的利益加以区分。因此，主体是否有最佳行为，取决于其实践推理的质量；这种推理的质量取决于主体能在多大程度上区分真正的利益和表象的利益。主体的这种识别能力反映了其道德品质和智慧素质，反映了其人格的善恶。一个人实践推理的好坏与其为人处世的好坏有着密切的关系。

这是因为，美德的品质能够让主体查明利益为什么在特定情况下会陷入危机以及利益在这种情况下的相关重要性，并让主体确定必须采取什么行动才能确保善行和最佳利益。"美德使道德意志……正其义。"（《尼各马可伦理学》第六卷 1144a20）这种推理贯穿于欲望之中。（见第一章第 1.5 节）开始讨论这个问题的时候，我就指出，实践理性者在一系列行为中即便没有反思的机会，也可能展现其理性。但这种行动需要良好的安排，让反思在这些安排中具有一种基本的位置，既要反思一般情况下的利益权衡，也要反思在具体时间和地点的利益权衡。因此，这种实践推理需要一个前提，需要一些独立于我们的情感、态度和选择的标准，这些标准决定什么是善恶，而理性则要求我们承认这些标准的权威性。因此，这种实践推理需要其主体能够认识到实现个体利益和共同利益在自己人生中的意义，而决策理论家和博弈理论家则有其他所求，他们所认可的实践推理是其主体能够认识到最大化地满足其优先选择在人生中的意义。有些人过着分裂的生活，一会儿用这种方式认识自己，一会儿用另一种方式认识自己，所以他们会在这两种实践推理之间摇摆。

亚里士多德的实践推理有两种不同的前提（再次参阅《灵魂论》434a12‑21，《动物运动论》701a7‑29）：一种前提是，我坚持扬善抑恶，我选择的行为方式要符合我的行为目的；另一种前提是，我必须躬行实践，接受行为的约束，避免不幸的意外后果。实践推理和理论推理相比，有不同的形式结构。关于理论推理，逻辑书籍说得没错，如果我们给任何合理完整的论证增加真实的前提，该论证仍然保持合理完整。但实践推理的情况不是这样。我需要乘下一班飞机去芝加哥，如果我不在 10 分钟内离开的话，我将无法在航班预定出发时间之前赶到机场，所以我准备在 10 分钟内离开。这时，我得知所有的航班都取消了。增加了这个新的真实前提后，我早先的推理就不再合理完整，就失去了一致性。 *191*

这显然是一种形式推理，在实践中具有重要意义。譬如，某人坚持认为只有这样做才能获得某种利益，并且打算这样做，但是他没有考虑到其他利益在这个特定情况下是否会受到损害，没有考虑到是否应该在他的论证里增加其他前提；也许到目前为止，他一直在这样做，但却使将来无法实现其他更重要的利益；或者他没有立即这样做，所以减少了以后获得更重要的利益的代价。这就要求他推理缜密，在面临如何实现个体利益和共同利益时考虑得更广泛。如果不这样三思而行，就会在推理上失误，在美德实践中失误。这些失误的表现可能有很大的不同：不仅对可能实现的利益范围缺乏想象，而且对所面临的危害和危险掉以轻心或评估不当，对自己的需求或对他人的需求反应迟钝，对自己的能力或他人的能力评价太高或太低，如此等等。美德教育的关键在于使受教育者能够详细了解产生错误的各种可能性，发现每个人由于性情或社会角色或其他原因更容易犯的错误。在这里，需要通过更多最近发现的成果来丰富亚里士多德‑托马斯主义的传统观点。

例如，雪莱·泰勒（Shelley E. Taylor）和乔纳森·布朗（Jonathon

Brown）的社会心理学研究证实了亚当·斯密的论题，即我们许多人都有快乐的幻想，以让人生得以维持，这表明轻度抑郁的人很可能比其他人对自己的处境有一种现实的看法。[11]但这种幻想是实践理性的障碍之一。丹尼尔·卡尼曼（Daniel Kahneman）和阿摩司·特沃斯基（Amos Tversky）编纂了一份关于其他此类障碍的目录，让人看了会感到很可怕。他们确定了扭曲性偏见的类型，这些偏见会表现在概率和频率的错误估计中，表现在评估假设和预测结果时的错误倾向中。他们进一步证明，这些偏见是人类思维中固有的，我们通常需要意识到这些偏见才能克服它们。[12]现在的美德教育、实践理性素质教育都不完整，没有吸收他们的工作成果。

托马斯-亚里士多德主义有一个论题，认为协商这种活动不是完全由我们自己进行的，而是需要和他人一起进行（第一章第 1.8 节），我起初介绍这个论题时主要是为了强调它，因为我们为了实现自己的个体利益，需要不断地与他人合作，所以需要这样的协商过程，而且我们在和其他人分享共同利益时需要保持一种共同的心态。亚里士多德和阿奎那强调的是，没有这种共同的协商，我们就容易犯错误。亚里士多德写道："在重要的事情上，我们与他人商议，而不是依靠自己来确定。"（《尼各马可伦理学》第三卷 1112B10-11）阿奎那则更加强调，一个人若单独考虑具体问题的诸多方面，就总是会让他人受到损失，而如果与他人协商，则可能避免这个危险。（《神学大全》第二集 ae 第一部 a 第 14 题第 3 节）借助泰勒和布朗、卡尼曼和特沃斯基的研究成果，我们需要更加强调这个问题的重要性，意识到我们容易在家庭生活、职场工作和家族交往中犯错误，影响个体利益和共同利益的实现。

然而，我之前也说过，我们和谁协商以及如何与他们协商是很重要的问题。一方面，他们必须是在判断上与我们大体一致的人，这些判断涉及个体利益和共同利益，涉及在特定情况下如何权衡这些利益，因为没有这样的一致性判断，我们在实践中将无法得出共同的结论。另一方面，他们有时必须能够提出与接受对可疑论点和主张的无情批判。这种批判性协商所采取的具体形式在家庭、学校和职场会有很大的不同，但这种协商对家庭、学校和职场的活动，以及对参与这些活动的个体具有至关重要的意义，都会在每一种生活的进程中引起某些危机。因为个体若要定义或重新定义自己在实现家庭、学校和职场的共同利益方面的地位，就必须定义或重新定义各种不同利益在其生活中的地位，个体通过实现这些利益才能使自己的人生圆满，做到善始善终。

也就是说，我们的思考从提出"什么是好的家庭成员、好学生或好老师、好学徒或好技工"等问题开始，然后进展到提出"什么是好人"这个问题。在回答后一个问题时，我们要考虑如何把每个角色的诸多方面和关系融入一个单一的生命中，要考虑如何通过从孕育到死亡之间经历的诸多阶段来理解生命的统一性。对于任何已经结束或即将结束的生命，无论是我们自己的生命还是他人的生命，我们都可以问"到底什么会让人生有重大缺憾和不完整？""人生中到底缺少什么才使人生难以圆满？"回答这些问题，就是在实践中把握人类最终目的的概念，就是针对我们的目的和我们的结局之间的关系提问，就是针对我们应该如何讲述美好生活的故事和不幸人生的故事提问。

虽然我罗列了这些问题，并让人们思考和回答，但我并不是说这些问题或答案总是明确的。人们在日常生活中经常会提出足够多的此类问题，并在决策过程中解决此类问题。然而，我们如果在为人处世中太想当然的话，就会失误和受损，因此，我们需要在一些关键时刻进行更加系统的反思。例如，在我们社会的主流文化中，人们对幸福概念有一个普遍的假设，认为幸福才能使一个人的生活完善和圆满。这何以见得？对于决策论和博弈论的推理者来说，他们很容易做出这一假设。因为按照这个当代的观点，幸福就是让自己的优先选择得到满足，就是让人们在为人处世的各个方面心想事成。因此，在当代经济、政治和社会关系的经纬结构中，这种幸福概念和对与其密切相关的实践理性的理解，或类似的概念和理解，已经在许多方面被视为理所当然的前提。难怪这样设想的幸福能够成为当代政治论坛的一个重要概念。

4.6　主流的幸福概念

不丹国王的宣告很少能够在国外引起回响。1972 年，吉格梅·辛格·旺楚克（Jigme Singye Wanchuck）继承王位，宣布其政府的目标不是"国民生产总值"的最大化，而是"国民幸福总值"的最大化，他为经济发展的政治理论提供了新的概念和新的主题。实际上，使用这个概念的大多数人很少注意到国王这一说法的细节，忽视了他阐释幸福的佛教元素。人们如果注意到这些细节，也许就不会轻易地赞同他的理论。那么，人们为什么能够轻易地接受？原因有两个。

　　首先，某种特定的幸福概念在很多日常思想和言论中早就存在。顾客走进当地的百货商场，就会看到海报上写着："我们的目标是让您幸福"。不丹国王、杰西潘尼百货（J. C. Penney）的董事们，还有广告商、恋人、励志书的作者、治疗师和政客们，都承诺了幸福，而那些被承诺的人则往往认为自己生活不安、焦虑，或者内疚，或者怨愤，都是因为自己没有获得幸福。现在人们感觉不幸福，就认为是失败了，也许是自己失败了，也许是那些未能实现幸福承诺的人失败了。不幸福成了内疚的秘密，幸福则让人自吹自擂。在这种情况下，我们不难理解，使幸福最大化成为国家的目标确实能够打动人心，但是从另一个有影响力的思路来考虑幸福的话，同样能够对人们产生影响。

　　宾夕法尼亚大学的心理学家马丁·塞利格曼（Martin Seligman）曾经提出了著名的"习得性无助"（learned helplessness）理论，他1991年出版的《习得性乐观：如何改变你的思想和生活》（*Learned Optimism：How to Change Your Mind and Your Life*）[13]一书，奠定了"积极心理学"运动的基础。这极大地促进了实验心理学家和社会心理学家对幸福及相关主题的研究，取得了大量有意义的成果。爱德华·迪纳（Ed Diener）和他的同事们早就研究了收入与幸福之间的关系。[14]其他研究人员探讨了幸福与年龄增长、幸福与婚姻状况、幸福与工作满意度的关系等。丹尼尔·卡尼曼和丹尼尔·吉尔伯特（Daniel Gilbert）的研究则表明，我们并不能预测将来什么能够让我们幸福。人们制定了测量幸福的不同尺度，一个引人注目的成果是鹿特丹伊拉斯谟大学的世界幸福数据库建设。

　　经济学家揭示的问题，一是幸福的实证研究如何有助于更精确地理解选择性满足的最大化，二是某些类型的社会制度和社会安排与提高人们更高水平的幸福之间具有什么关系。[15]他们的重要研究成果是构建了测量的尺度，这就可以对不同来源的幸福测量结果进行比较。例如，据报道，在英国人们的年平均收入每增加 1 000 英镑，人们的幸福就会在一个 7 点测量尺度上提高 0.000 7 点，而看望朋友的次数比平均次数有所增加的话，他们的幸福在同样的测量尺度上会提高 0.161 点。[《金融时报》（*Financial Times*），2010 年 8 月 28 日]值得注意的是，幸福研究已经成为心理学家、社会学家和经济学家的联合事业，他们会相互引用对方的出版文献。以下这一点非常重要：他们在使用"幸福"这个词及其翻译和同源词时，他们应该意味着大体相同的事情。然而，是这样吗？他们的意思与广告商、治疗师和日常用语使用的意思一样吗？

乍一看，我们好像遇到了问题。不同的研究者提供了不同的定义，并提出了衡量幸福的不同尺度，形成了论争的观点。然而，我们仔细阅读文献就会发现，所有这些研究都试图把握同一个概念，这个概念已经存在于日常思想和语言中。社会学家鲁特·范霍文（Ruut Veenhoven）研究这个概念，他是伊拉斯谟大学幸福研究的教授，是世界幸福数据库的主任，他宣称："在我研究这个课题的 50 年间，幸福的定义并没有改变。幸福是对生活的主观赞赏。"[《爱尔兰时报》（*Irish Times*），2009 年 6 月 5 日]理查德·莱亚德（Richard Layard）也研究这个概念，他在 1997 年到 2001 年间担任英国新工党（New Labour）政府的经济顾问，他写道："所谓幸福，就是我感觉很好，享受生活，并想维持下去。"[16]让我们把这个概念说得更清楚一点。

大家都这样理解幸福：在谈论幸福时，大家指的是一种心理状态，是对自己人生某些方面如婚姻家庭生活、财务状况、个人工作的喜悦、满足和满意，或者是对自己全部的人生都满意。这不只是人们对自己的人生或人生的某些方面感到愉悦，而且是人们对自己的思想和情感感到愉悦。所以，如果一个人幸福，他就想继续幸福；如果一个人不幸福，他就想变得幸福。因此，幸福可以被理解为每个人都需要的东西。那么，我们在不幸福的时候能假设自己幸福吗？也许我们不愿意承认有不满之处，坚持认为自己和他人都有完美的幸福。这样做蒙蔽了自己，也蒙蔽了他人。但是，总的说来，一个人幸福的最好证据是，他说自己是幸福的，说的时候没有明显的不真诚，而且无法证明他不幸福。正是基于这种假设，我们同时代

196

的大多数人在日常生活中寻求幸福，社会科研人员在工作中研究幸福。

总结：幸福可以被理解为一种只有积极情感的状态。因此，幸福状态里没有欲望得不到满足，没有严重的忧虑和恐惧。幸福和不幸一样，是有程度的，人们都想在生活的各个方面获得幸福。人们在不同的方面宣称获得幸福或把生活归因于幸福，这可能会影响他们对生活其他方面的重视。但是基于个体这种日常生活的经验和社会科研人员的共识，人们会一致地认为幸福是一种极大的利益（或者善）。这种一致性的意见使幸福获得了政治上的重要性。幸福是一种利益吗？我们从托马斯-亚里士多德主义的立场上如何回答这个问题呢？

4.7　新亚里士多德主义对主流概念的批判

先看几个词组。我们在用日常用语宣称获得幸福，或把生活归因于幸福，或宣称缺乏幸福时，都会使用这几个词组。我们会说对某事感到很满足、很愉悦或很满意，或因某事而感到痛苦、不满或不高兴。"对某事"和"因某事"所表示的指向性关系很重要。我们用这些词组来表达对某事或某物的明确态度，这些态度的对象应该能够提供良好的理由来影响我们的态度，即我们感到幸福或不幸福以及感受的程度。我们会问"那件事让人高兴吗？"或者"不高兴的话，会有什么大碍吗？"什么能够让人有良好的理由感到幸福呢？

首先，有关目标必须是这个人认可的。如果我幸福是因为我通过了考试，那么只有当我确实通过了考试时，我才有良好的理由感到幸福。如果我高兴是因为我有充分的理由相信小麦的收成将会非常好，那么只有当这种丰收的乐观确信得到保证时，我才良好的理由感到高兴。其次，让我幸福的事情，让我高兴的事情，必须直接或间接有利于我的或我有理由关心的人的利益。一个人感到不幸福，其理由必须符合第一个条件，也要符合第二个条件，但在措辞上要把"有利"改成"有害或有损"。当然，我们有良好的理由感到幸福或不幸福，但不一定是那种幸福或那种不幸福。分析了幸福的诸多特征之后，我们可以提出这个问题："幸福是好事吗？"我们看看一位教师对待两个差异较大的学生的例子。一个学生总是以极大的快乐做着平庸的工作，尽管他有能力完成更高标准的工作。他对努力学习的同学们嗤之以鼻，为自己轻松应付而沾沾自喜，所以只做自己喜欢做的事，认为自己在生活中非常满足。另一个学生刻苦学习，取得了较好的成绩，但总是焦虑，一想到原本可以做得更好便恐慌不安。一个是懒惰但幸福地混日子，一个则是不幸福地追求完美。老师将为了学生们的利益，让幸福的学生不幸福，让不幸福的学生幸福。

这表明了第一个论题：如果一个人有良好的理由感到幸福，那么幸福就是好事；如果一个人有且仅有良好的理由感到不幸福，那么不幸福就是好事。为什么前一个从句是"如果……有"而后一个从句是"如果……有且仅有"呢？人们在一些情况下，不需要什么良好的理由，就可以感到幸福，譬如我早晨醒来感觉莫名其妙的幸福，没有什么原因，只是感到幸福开心。这个论题还承认，如果我醒来感觉心情低落和压抑，但并没有理由引发这种感受，那可能就是心情不好。那么，对这些理由的考量是否与我们对快乐和满足或忧伤和抑郁等情绪的评价无关，因为我们这样的感受没有什么特殊的理由？如果给出肯定的答案，便是一个错误。我们想象一个人的心情非常平静，她无论自己一个人的时候还是和别人在一起的时候，都没有什么特殊的理由保持平静，只是一种常态。突然，她收到一个令人震惊的消息，她的某位近亲在痛苦中去世了。她现在有充分的理由不再保持心情平静。如果她仍然保持平静的话，就会让人怀疑她有严重的心理障碍。如果有人平时郁郁不乐，意外收到非常好的消息却一点也高兴不起来，那也应该是有心理障碍。

概括这些例子，我们可以得知：一个人有良好的理由感到不幸福，他的不幸福就总是好事；一个人有良好的理由感到不幸福，他的幸福就总不是好事。这个结论似乎有悖于当代人们关于幸福的信念，即幸福是无条件的好事，这个信念得到了许许多多理论家的赞同。然而，围绕这个结论，有人可能认为这个分歧只是表面的，不是真实的。有人可能会说，人们认为自己的幸福是好事，实际上总是有让自己感到幸福的理由。人们接受调查，回答问题，说自己幸福，无论这种幸福是他们生活整体的幸福，还是他们生活的某个方面的幸福，他们说的是自己生活中的某些事情让他们有理由感到幸福。就算这个说法是真实的，这里总还会有进一步的问题，即

198

那些这样自称幸福的人是否有充分好的理由感到幸福。他们相信自己有充分好的理由感到幸福，这个信念也许是个错误，但他们在实际生活中缺乏纠正这个错误的资源，不是吗？

一些著名的实证研究说到了关键点上。2006 年之前，差不多有 30 年，丹麦人在欧洲人幸福状况的调查中都排名第一。根据"欧洲民意调查"的研究，超过三分之二的丹麦人认为生活很满意，而在大多数国家，对生活如此满意的人不到三分之一。2006 年，有研究对这种现象做出了解释，认为原因是丹麦人的期望非常低。[17] 原来，丹麦人比其他国家的人如芬兰人或瑞典人对生活的期望较少，因此对自己的生活更满意。我们应该注意到，丹麦人的离婚率很高，寿命相对较短。这里的相关问题是：丹麦人对生活的期望太少了吗？这个问题不仅要问丹麦人，还要问所有那些自称幸福的人，如果他们幸福仅仅是因为他们的期望很低或受到了误导，那么他们实际上就没有良好的理由感到幸福。

期望低的人可能会感到生活中的可能性减少，或感觉缺乏希望。前者让人无法想象他们的状况会有较大的变化，后者让人对这种变化不抱任何期望。在任何一种情况下，如果人们感觉生活幸福，那都只能是因为他们相信世界随他们而动，他们顺其自然，他们因此认为有良好的理由感到幸福。如果他们没有这种信念，他们的幸福就是虚幻的。这里重要的一点是，人们对在家庭和家族、学校、职场等地方能够实现的利益要有切合实际的期望；人们在实现共同利益和个体利益的过程中要把自己的活动转化为共同的努力，人们对这种努力的认可和追求形成了他们的期望。因此，如果我们要理解人们对幸福的满足和愿望，进而评价这些问题，我们就必须能够识别和理解人们的期望，无论这些人自称幸福，还是被他人认为幸福。

199

我们还必须能够识别和理解他们的欲望。费迪南·拉萨尔是 19 世纪的社会主义者，他谈到了"穷人们那可恶的无所欲求"。那些人贫困潦倒，饱受艰难，哪有什么欲求，他们剩下的知觉仅仅是基本的日常需求，不再有任何超越这些需求的欲望。拉萨尔正确地指出，这是极端贫困的一个结果，但不仅是贫困潦倒的人丧失了欲望。那些有太多失望的人，那些不得不学会为一个小小的满足而感激涕零并且不再有更多寻求的人，那些遭受疲惫或厌倦或抑郁的人，都会减少欲望，因此他们太容易满足了。所谓拥有幸福，可能只是这种满足的表现。

因此，现在人们所理解的幸福，不一定是一种欲望的状态，追求最大幸福是一种我们应该怀疑的政治理想。无论幸福的人还是不幸福的人，他们的期望和欲望都很重要，分析与解释他们的期望和欲望是一项相当复杂的工作。但是缺乏这样的工作，幸福研究说得再好也会产生误导。这项工作不仅需要注意被调查者如何回答调查的问题，还需要注意他们使用的词汇，注意他们使用这些词汇的微妙差异。例如，在被问及对工作的感受时，他们中有人会说对工作满意，意思是她对工作相当满意，或者是她对工作感到满意，即便是勉强满意。克里斯坦森（Kaare Christensen）和她的合作者在研究丹麦单词"*til freds*"（心满意足）时非常细致，独具匠心。这个单词可以被翻译为"满足的"（contented）或"满意的"（satisfied）。他们得出了正确的结论：这个研究没有受到翻译选择上的影响，但情况并不总是如此。

还有一种复杂性值得注意。在让我们高兴或不高兴的事物中，包含着我们感到高兴或不高兴的因素。我们有时幸灾乐祸（*Schadenfreude*），听到我们不喜欢的人遭受不幸的消息而感到高兴，但我们可能会因这种高兴而感到痛苦。如果我们听到某人恶意中伤第三方而感到痛苦，我们可能会因这种中伤让我们痛苦而感到高兴。密尔断言，做不满足的苏格拉底比做满足的傻瓜更好。密尔说的"更好"，意思是让人更高兴。我们能够做出并且确实做出了这些更高等的判断，为什么这一点很重要？我们考虑某个群体的人，他们在这之前未能认识到自己的状况有多糟糕，所以一直无法调动与使用他们的能力和能量去改变这种状况。现在，他们真实地看清了自己的状况，高兴地准备开始新的任务。一方面，他们的满意程度远远低于过去；另一方面，他们感觉自己更幸福。问他们是更幸福还是更不幸福是愚蠢的，就像对许多处于涉及新的道德意识和政治意识之转型期的群体提出同样的问题一样。

因此，把让人们更幸福作为自己的目标，而不管人们是否有理由感到幸福，这种做法是永远不会成立的。我们某个方面的不幸福经常比幸福对于我们而言更好。那么，为什么我们同时代的许多人不这样想？答案肯定是：他们认为，作为主体，就是要满足自己的欲望，作为理性主体，就是会权衡自己的欲望，故而其欲望表现为一系列的优先选择。客观制度被描述为，在制度和道德的约束下为这样的个体提供了在竞争的市场中、在竞争的政治制度中、在个人关系的形成中满足优先选择的机会。这是人们实现幸福的机会。

正是在如此构成的社会秩序和文化秩序中，当代主流的幸福概念具有不可或缺的位置。人们要幸福，就要做出那些选择，至少在最大限度上满足自己的优先选择，满足表现在这些优先选择中的欲望。仁慈的义务，无论是类似康德主义的观点还是功利主义的观点，是让他人幸福。因此，在信奉这种观点的那些人看来，政府把目标定为促进最大幸福似乎是没有问题的。但我们在前文说过，这当然是有很大问题的。这个问题在很大程度上被那些安于现状的人所掩盖，因为他们对社会秩序中占主导地位的经济、政治和道德观念心满意足。然而，人们仍然有可能理解这个社会秩序，知道这个概念所隐瞒的东西及其隐瞒的作用，因为人们有时在活动和生活中会与占主导地位的观念发生冲突，会与体现这个观念的各种制度发生冲突，也就是说，这些人有共同利益的思想，其实践推理符合新亚里士多德主义的模式而不是决策论的模式。那么，他们是怎样理解幸福的？

他们的幸福概念，与他们对利益的理解和他们的实践推理模式一样，由历史延续而来，具有启发性和教育性。我们看看"幸福"（happy）在被用于翻译古典拉丁语单词时的意义。卢克莱修（Lucretius）说："能够探索事物的规律的人，是幸福的（*felix*）人。"贺拉斯（Horace）说："能够用自己的牛耕耘自家的地、远离商贾的人，是幸福（*beatus*）的人。"他们不是在谈论科学家或庄稼汉的情感，而是在庆幸他们知道自己适合什么样的生活。那么，人们认为适合自己的生活和人生是什么状态呢？亚里士多德回答过这个问题，他的追随者在中世纪描述这种状态使用的词与卢克莱修和贺拉斯使用的一样，是 *felix* 和 *felicitas*、*beatus* 和 *beatitudo*，前一对词翻译成中世纪及后来的英语是 happy（幸福的）和 happiness（幸福），后一对词主要翻译成 blessed（幸福的、天佑的）和 blessedness（幸福、祝福）。两个亚里士多德主义的论题贯穿于这些词的使用之中。

　　第一个论题是，幸福就是通过从事某些有价值的活动而过某种生活。哪一种生活呢？人们在这种生活中能够使自己的能力得到发展和培养，这包括身体的、道德的、审美的和智慧的能力，使这些能力有助于实现理性主体的目的。人们要幸福，就要有欲望和行为，而人的欲望和行为是基于良好的理由。"幸福"不是一种精神状态的名称，但精神状态无不与幸福有关。至于第二个亚里士多德主义论题，可以这样表述：你喜欢什么，你以何为乐，取决于你是何种类型的主体，取决于你的思想和品德素质。只要这些素质是人类独特的卓越之处，你就会喜欢那些有助于理性动物之幸福生活的活动。正因为人类具有动物性，所以他们在生物意义上固有的情感需要得到教育，这是教育的重要性；正因为他们具有理性，而且只有当他们具有理性时，他们才重视自己的行为是否基于良好的理由，这是道德的重要性。

　　我把对幸福的这种理解称为"亚里士多德主义"，这也许看起来不过是一个哲学家关于幸福的理论。但亚里士多德作为哲学家，他的任务主要是梳理与阐明不是哲学家的普通人在他们的言论和活动中体现的概念，他的追随者在中世纪及之后解释幸福问题时也进行了这样的工作。当然，很多普通的英语（还有爱尔兰语、法语和波兰语）的用法和这个主张是一致的。我的主张是，即便人们在某些社会进行反思和考虑自己的问题时使用其他完全不同的语言词，但对幸福的亚里士多德主义理解依然往往表现在一系列广泛的活动、交流和判断之中，被视为想当然存在的观念，因为这种理解（作为概念体系的一部分）捕捉到了人类的某些真理，我们承认这些真理存在于我们的日常实践中，尽管这些真理在我们的表达方式中存在着不一致的现象。 *202*

　　可以说，亚里士多德关于如何理解幸福的观点是正确的，他对不幸福的理解也往往是恰当的。关心某人或某物会使自己易受损失，会使自己易于陷入悲伤的不幸福。对悲伤无动于衷，就不能结交友谊。在不确定性条件下做出选择总是会导致将来后悔，得知自己的选择给自己或他人造成了伤害或损失，因此不幸福。但一个人要变成刀枪不入的身躯去防御这种后悔的话，他的生活就不会具有创造性和勇敢的冒险。人们在现实中意识到伤害与危险的存在，则要学会和恐惧一起生活，恐惧不是幸福的状态。但是，没有恐惧的生活可能意味着人们在生活中不负责任地胆大妄为，或过度谨慎地小心翼翼。这些各种类型的不幸福，悲伤的不幸福、后悔的不幸福、恐惧的不幸福，是生活中不可消除的因素，但生活中还有友谊，有勇敢的冒险，有对事物发展的现实看法。这就是人们致力于实现幸福的生活，这就是亚里士多德的理解。美好的生活、满足的生活，按照幸福研究的标准可能是而且经常是不幸福的。按照那些标准，维特根斯坦和罗斯科都不幸福，但是没有他们的不幸福，就没有维特根斯坦和罗斯科。我认为，正因为夏尔·戴高乐（Charles de Gaulle）懂得这个道理，所以在被人唐突地问到是否幸福时，他回答："我不笨。"

4.8　当代的一些冲突和不一致现象

我们现在生活于其中的社会秩序有一个特点，即我们许多人大部分时间都把生活划分成了不同的领域，正常的每年、每月、每日，我们都在一个个社会角色之间转换，从遵守一个社会领域的规范，到遵守另一个不同领域具有很大差异的规范。这种差异在所有社会都具有某种程度的表现，但我们的社会却将这种差异发展到了一个极端，以至于我们在生活的早期就学会了在这些不同领域之间轻松地转换，而且我们在很大程度上并不注意这些转换。所以，现代人备受重视的特征是灵活性。某人在平常的一天里，可以做完早餐，和孩子们聊一会儿，然后在建筑工地上和工友们工作，然后去访问老师，和老师讨论孩子们的学习情况，然后在社会保障办公室里办点事，然后回去参加一个邻居的社交活动。这每一个环境都有自己的规范，规定着谁与谁交谈，什么谈话方式合适，什么笑话可以讲，应该向谁表示尊重，不应该向谁透漏信息，什么时候允许说谎或必须说谎，等等。这些规范不仅存在着差异，如果这些规范超出了它们的应用范围，它们有时就会彼此不一致，甚至产生矛盾。然而，人们时常遇到的情况是，有些问题经常在诸多领域被如此分割的情况下难以处理，这些问题的出现暴露了迄今为止部分或全部被隐藏起来的冲突。

2013 年发生在芝加哥的一件事就是一个这样的例子。芝加哥公立学校系统的管理人士提议关闭贫困地区的一些学校，他们的理由是：现在这些学校的学生太少，维持这些学校的费用成了整个系统的负担，效率、功利和公平要求把这些学校的学生转到其他学校上学。对此，家长、教师、儿童、神职人员以及附近居民和社区组织的代表表示反对，他们的理由是：这不仅会对儿童产生负面影响，而且那些为这些学校的共同利益服务的人也服务于当地社区的共同利益，而学校的关闭对于当地社区已经脆弱的社会联系相当于雪上加霜。管理当局从自己的立场上看不到后面这些考量，在做出决定时没有考虑这些因素。

相比之下，那些反对关闭学校的人，尽管深刻批判了学校系统的财务行为和芝加哥市在更大方面的财务优先政策，但却无法准确地说明应该如何衡量管理当局在做出决定时财政方面的考虑和其他方面的考虑。各方在争论中都力争为自己说理，在很大程度上忽视了对方的论点。最终起决定作用的不是论证，而是权力。附近居民几乎没有或根本没有政治影响力，也没有资源能够威胁那些在权位上的人，这一点在那些政治精英的计算中总是相关的因素。不出所料，除了极少数例外，相关学校被关闭了。这致使大量教师被解雇，再加上财政紧张，导致课程严重减少。一个无可争议的结论是，在芝加哥市分配的成本和收益中，儿童（特别是穷人家的儿童）所支付的成本过大，不成比例。 *204*

这个例子以及同类的其他例子说明了两种情况：首先，争论双方的判断是如何受到我所描述的那两种不同且不相容的政治和道德思想模式的影响的；其次，人们因为要在关闭学校这个具体问题上选择立场，说明支持哪一方，所以才意识到双方水火不容，并且必须在双方之间做出选择，哪怕是暂时的选择。有时，这种意识的产生来自个体内在的发现，某人迄今为止或多或少地比较熟悉两种思想模式，一种模式适合这些社会环境，另一种模式适合那些社会环境，但是她现在面临的问题要求她对相互对立的主张进行评估，并根据自己的结论重新权衡自己的行为。她该怎么办？这是我们许多当代人不禁要提出的问题，因为我们许多人的生活具有潜在的矛盾性，而这些生活之所以还保持着一致性，仅仅是因为某些问题没有被提出来，某些问题被忽视、被回避或被压制了，而且这种状况还持续着。

我认为有两种不一致现象值得重视。有些不一致性现象存在于实践思维和决策制定的主导模式之中，譬如，表现为在功利主义的主张和康德主义的主张之间反复摇摆。还有一些不一致性现象源于我们文化中的共生现象，表现为人们在整体上遵循实践思维和实践推理的模式，但是人们经常不自觉地诉诸亚里士多德主义甚至托马斯主义关于共同利益的推理。关键是我们的社会生活被分割成了诸多领域，我们才能够避开这两种不一致现象的矛盾。后一种不一致现象会对占主导地位的经济、政治和道德秩序构成潜在的威胁，只有意识到这种矛盾并加以遏制，才能维持这种秩序。正是这种意识为我们这些托马斯-亚里士多德主义者提供了一个起点，让我们在于特定情况下进行特定的政治判断和道德判断方面为同时代的人提供一个理性论证。那么，完成理性论证的任务需要什么条件？这些任务是什么？

205 第一个任务是我们已经在做的任务，就是找出、分析与理解我们所研究的那些人的相关信念、态度、承诺和能力。所有的合理性论证都是对某特定个体或特定群体的论证。要证明某个主张的合理性，无论是数学、科学、神学领域的主张，还是政治学和伦理学领域的主张，就是要向他人证明，他们现在的信念、态度和承诺之所以是这样，他们辨认某些真理的能力之所以是这样，是因为如果没有某种或大或小的矛盾，他们就无法经过反思去拒绝这个主张。针对这种情况，人们肯定会认为一些主张就是这样论证的，这些主张不管是向谁提出的，都具有合理性，例如，数学中的某些定理是可以证明的。数学中的证明标准确实适用于任何一个理性主体。但是，对于道德主张和政治主张来说，情况则完全不同，其原因显而易见。

关于人类利益的分歧、关于如何权衡人类利益的分歧、关于我们所谓的利益是什么样的分歧，在某种程度上表现为文化之间的差异，但即便在一种文化中，阶级之间、群体之间或政党之间也总是存在着这些分歧和问题。我们进行计算和测量活动时，其内在的一致性为验证数学概念应用的一致性提供了基础；政治概念和道德概念在应用中却会产生分歧，这至少在部分程度上来自不同的政治实践模式和道德实践模式，并延伸为如何解决这种分歧的分歧。因此，当我们向人们提出政治主张和道德主张时，我们需要了解他们的信念、态度、承诺和能力等因素，知道如何让他们愿意考虑我们的主张，或许让他们认为我们的主张具有很强的理性说服力。

在许多情况以及那些最有趣的情况下，我们只有和他们进行长期对话才能做到这一点。这种对话要求我们无论提出了什么主张，都要对他们提出的任何相关反对意见保持开放的态度。因此，这种对话是一种合作形式的探讨，如果人们的对抗性太强，则无法形成这种探讨。这种对话的起点通常是在某种实践分歧中直接形成的，但实践分歧与许多其他分歧不同，必须至少在某种程度上遇到了一些理论问题才能解决。对于这些分歧，争议各方都有自己的一系列信念、态度、承诺和困惑，所谓困惑就是悬而未决的问题，这些都源于他们过去的历史，可以借助他们过去的历史得到理解。试想，当代托马斯-亚里士多德主义者进入和维持这样一种对话，需要什么条件？持反对观点的人是具有自我意识和理性智慧的主体，他们的判断和假设受到了某些托马斯-亚里士多德主义者的质疑，他们进入和维持这样一种对话，需要什么条件？

4.9　托马斯-亚里士多德主义者在当代的辩论中如何论证他们的主张：理性论证的问题

是什么理性论证让托马斯-亚里士多德主义者对自己的立场这么有信心？他们如何为自己和彼此所主张的东西辩护？他们的答案取决于是回答哲学家的理论问题，还是回答主体的实践问题。如果他们作为哲学家，需要向人们论证他们对特定行为善恶的解释如何成立，那么他们就可能先解释什么是人类行为，然后再解释在更一般的意义上如何理解善恶，从具体到抽象逐步揭示更基础的论点。这样的论证应该贯穿整个托马斯主义思想体系。但当这个体系本身受到质疑时，他们会用其他不同的论证方式。他们需要提供而且能够提供的是一个历史叙事，这个叙事首先要讲述亚里士多德对前人的回应、对前苏格拉底时期的思想家的回应、对苏格拉底的回应和对柏拉图的回应。通过研究亚里士多德如何重新表述他们的问题，如何批判他们的论点和主张以及如何发展他们的思想脉络，就会得出一套系统的研究结果，其中每一项研究结果都至少会影响其他某些研究成果。要成为一名亚里士多德主义者，就要参与这些研究，而且在随后亚里士多德主义历史的每一个阶段，亚里士多德主义者都必须面对各种各样的问题：如何解决体系内的不一致性？如何适应新的发现？如何回应来自对立学派的反对意见？何时放弃某些无稽之谈的研究？因此，亚里士多德主义者在他们的注疏中反复地用新的见解和资源重新审视亚里士多德的文本，在时代的变迁中重新构造亚里士多德的论点和主张，他们首先得到的启发来自伊斯兰教和犹太教的哲学神论，然后是 13 世纪的奥古斯丁主义，再后来是各种现代哲学的倡导者。

　　阿奎那向世人提供的理论是他对亚里士多德主义的彻底重述，这虽然是一种有神论的理论，但却以一种新的方式让他 13 世纪同时代的人回到了最初的亚里士多德那里。在他之后，阐释和批判的工作继续进行着，但托马斯主义者在一些时期不得不面对诸多不断提出的反对意见和问题，因为人们在现代国家的形成中对法律和道德有了新的理解，有了新的反对亚里士多德主义的自然科学，有了启蒙运动，有了后康德主义的（postKantian）哲学。我们现在所理解的托马斯-亚里士多德主义的主张，按照到目前为止出现的衡量真理和理性论证的最佳标准，是迄今为止最好的理论表述，其拥护者起码能够对主要的反对意见做出充分的反驳。这并不是说托马斯-亚里士多德主义的主张不会再遇到反对意见，不会再遇到问题和去解决这些难题，事实远非如此。托马斯主义仍然是一个持续发展的研究和辩论，存在于有神论形而上学、哲学心理学、政治学和伦理学以及科学哲学等领域。

　　在这些研究和辩论的过程中，有些人拒绝接受我们的某个或某些理论观点，他们要求托马斯主义者论证其主张的合理性，这时，托马斯主义者需要利用这种论证性的叙事所提供的资源。他们具体怎么做，取决于那些具体的批评者在质疑什么。但在某些时候，如果他们要准确地表达自己的信念，他们会认为有必要从理论思考转移到实践思考。因为他们在理论上清楚地表达的概念和论点需要被传递到他们的行为，或成为其行为的假设，这些概念和论点只有在具体的行为环境中得到理解，才能被人们完全理解。但是人们这样理解之后，会立刻认识到理性论证还有一个维度，我之前说过这一点，这是第二种类型的叙事。因为理论维度要求理论观点和论证的历史发展过程中有一个连续的关键阶段，所以它采取第三人称的叙事形式，一直讲到现在。第二个维度是实践维度，是由每一个特定主体讲述自己的特定历史，所以它的叙事从一开始就是第一人称的，尽管第一人称有时是"我"，但在更多的情况下是"我们"。每一个这样的叙事都是特定主体的理性能力的发展和实践的历史，而且因为实践理性能力是知道如何权衡利益，所以这是主体学会进行利益权衡的历史。在我们的文化中，这种学习的一个起点通常是某人在自己被分割的生活中经历某种挫折。我之前说过什么是被分割的生活。一个人过去一直幸福地生活着，在她生活的某个领域有一套规范，如今她在其他生活领域遇到了不同的规范，是潜在的、不相容的规范，这时她便意外地发现了问题。我们可以用说实话的例子来加以说明。

试想，有人在朋友圈和职业生活中都毫无疑问地遵守了关于说实话与信息披露的规范要求。这两套规范非常不同。在朋友之间，人们一般认为相互保密是正确的，即使这样做对朋友圈外的其他人有害，只要不是过分的伤害。为了朋友的利益，可以允许人们撒谎，或许有时要求人们说一些保护性的谎言。相比之下，在主体的职业领域有严格的规范，规定了对谁绝不允许说谎，规定了在某些情况下什么信息必须披露。（当然，许多职业具有这样的规范特征，从医疗和司法机构到会计和房地产经纪人的职业都有要求。）某人这时会发现，按照职业要求应该说实话，但是在朋友看来，实际上是从她自己作为朋友的角度来看，这会被认为背叛了友谊，而不说实话则会严重违反职业道德。她应该如何看待自己的处境？

她无论做出什么决定，都无法避免去审视自己的生活中和更广泛的社会生活中存在的某些利益的相对重要性。她需要提出和回答某些问题：我们应该和谁说实话，为什么？我们应该为朋友做什么？我们可以谈什么，和谁谈？我们应该对谁保持沉默，在哪些事情上保持沉默？我们应该如何尊重这个或那个职业的规范？这里比她给出的答案更重要的，是她如何推理和推理的质量。她的实践推理在某些方面可能涉及她的理论反思。如果她的推理不考虑她作为理性主体需要达成的诸多目的（所谓理性主体，指的是作为人类个体，而不仅仅是作为家庭成员、朋友或职业成员），而且不考虑为了达成这些目的需要成为什么样的人，那么她的推理就会有缺陷。这可能是进一步进行实践探讨的开始。因为只要她作为理性主体向自己的目的前进，在达到这个目的的过程中就必须经历某些阶段，譬如我在最初介绍新亚里士多德主义的道德生活观念时描述的那几个阶段。这将是一个崎岖的学习过程，存在着各种错误和失败；只有她能够从错误中吸取教训，亡羊补牢，这个过程才会不断进步。要拥有这种能力，她必须在某种程度上养成某些思想和品德习惯，养成某些美德；只有这样，她才能准确地分辨出，是她过去的处境还是过去的自己导致了诸多错误和失败。如果她在某个时候反躬自问为什么现在对自己的判断和性情有某种程度的信心，那么她就只能通过叙述自己实际生活的故事来作为回答，由此证明她如何发生了转变，和过去的自己相比不太容易在实践中犯错。因此，这第二类叙事是特定主体作为叙事者能够提供的最好论证，这是该主体现在拥有的其实践判断的最佳标准。

209 　　当然，这两种论证性的叙事之间存在着密切的关系。实践推理和实践判断涉及某个特定主体在特定场合下如何采取最佳行为，其行为则体现了这种推理和这种判断。按照托马斯-亚里士多德主义的解释，这种推理、判断和行为总是具有自身的理论前提，而这些前提亦需要合理性论证。人们要正确地理解"善"及其同源词汇，认为这个或那个对象值得拥有，是有益的，并为这种善和利益而行动，这表明人们至少大概有一种主体概念，尽管这个主体概念本身还有进一步的形而上学前提。这并不是说每个主体都是形而上学的理论家，而是说无论托马斯主义的理论主张能否通过更大的叙事得到合理论证，它对于每个主体来说都非常重要。此外，如果理性主体所理解的人类实践和这个理论所描述的不一样，那么这些理论主张就是错误的。[18]尽管托马斯主义者在当代哲学、神学和科学领域的探讨与辩论中认为经过理性论证这些理论主张是正确的，这个理性论证和特定主体在特定情况下的实践结论的论证密切相关，每一种叙事仍然都有其独特的会话特性。

　　人们会在一起讨论或相互问起这样的问题：为什么他们在某个具体情况下会采取这种行为方式？为什么他们认为自己行为的理由是良好的理由？面临这样的挑战，有些人的行为和实践推理遵循与体现了托马斯-亚里士多德主义的主体概念，尽管他们大多数人甚至不太可能听说过亚里士多德或阿奎那，他们接受这一挑战的方式不是诉诸理论，而是讲述一些他们自己的故事，通过故事里的相关内容来解释他们的实践智慧如何受到过去经验的影响，他们从过去的错误中吸取教训，有助于分析现在所处的情况，弄清其中的相关利益。他们的论证会涉及其处境中的具体细节，并且要证明他们现在选择的行为方式是合理的，其他行为方式的效果可能不好。然后，如何进行这个讨论，取决于对方的反应。然而，只要在讨论中 *210* 证明他们按照自己的标准在这种情况下采取行动的理由并不是什么好理由，或者根据他们赞同的其他一些考虑因素说明他们的标准在这种情况下是错误的标准，他们就必须承认失败。当托马斯-亚里士多德主义者受到的挑战来自与之争论的理论家时，托马斯主义的某些核心理论命题就需要得到论证，其拥护者并不是利用他们自身的历史资源，而是利用其理论的历史所提供的资源，去论证他们关于人类主体的论断是正确的，这些论断是指大部分人的表现。

我已经分析和论述过这些论证策略，但针对这种情况，可以说这些论证策略是不够的，因为无论在实践层面还是在理论层面，某种哲学上的反对意见都可能已经按照托马斯主义承认的标准得到了全面而且决定性的答复，但是按照那些特定批评者的标准却尚未得到答复，这些批评者提出了反对意见，可能认为这是站在他们的立场对托马斯主义的驳斥。这种反对意见事实上相当多。然而，在当前对哲学探讨和辩论的理解中，通常对这些批评者没有什么更多可以说的。为什么会这样？大卫·刘易斯（David Lewis）在他的《哲学论文集》（*Philosophical Papers*）第一卷的导论中做出了令人钦佩的解释。[19]他写道：“读者如果支持我的理论而去寻找强有力的反驳论证，将会感到失望。”这是因为哲学理论很少（如果有的话）会被强有力的论证驳倒。他人对我们的理论提出反对意见，我们要从中学会如何付出必要的代价，学会如何理解我们的哲学信念，以避免他人的反驳。接下来的问题是“哪些代价值得付出”以及“在这个问题上，我们可能仍然具有不同的意见”。我们对自己尚未提升到哲学思考的信仰和语言直觉的重视程度，我们对自己每个哲学观点的重视程度，都是由我们自己决定的。“一旦把一系列经过深思熟虑的理论放在我们面前让我们选择，哲学就是一个观点的问题。”[20]

因此，重要的是，这些反对意见能否让托马斯主义者重新考虑他们的论点或主张。最重要的是，有些反对意见如果经过争论还能存在，托马斯主义者就应该能够辨别出这些反对意见，看这些反对意见能否让自己有充分的理由否定托马斯-亚里士多德主义的基本论点，他们由此发现托马斯-亚里士多德主义的基本论点被误解或篡改了，因为只有去伪存真才能知道这些论点的正确性。在这一点上，我们应该向 C. S. 皮尔斯学习。然而，

211 如果经过适当的考虑之后，托马斯主义者发现他们有充分的正当理由拒绝批评者提出的最强烈的反对意见，那么剩下的唯一问题就是要弄清楚那些批评者所犯错误的性质，以及他们为什么认为自己提出的反对意见具有说服力。通过回答这些问题，至少针对问题中的具体反对意见，理论层面的理性论证的任务就算完成了。然而，对这些涉及道德和政治的问题，如果不能满足第三个方面的要求，不能认识到理性论证的第三个维度，就不可能得到令人满意的回答。这第三个维度就是我之前谈过的社会学的自我认识。

社会学的自我认识，就是在社会角色和相互关系方面了解自己与周围的人，知道自己与他人是如何对待家庭、职场和学校的共同利益的，理解权力和金钱分配的社会结构以及各自在其中的地位。这种认识让人们理解在那些角色和关系中什么因素符合理性主体的实践，理解在这一系列强加于人的社会结构中什么因素可能抑制或扭曲这种实践。这样解释可能会让人们把这种认识误解为一种理论知识。事实上，这种自我认识通常体现在许多人的日常推理中，成为他们日常推理的前提，而这些人完全不懂社会学或任何其他理论学科，有些受过高等教育的理论家反而缺乏这种自我认识。关于社会秩序的不同观念和态度可以在日常的判断与行为中表现出来，试考虑以下三种比较重要的情况。

第一种情况是我们太想当然地使用某些概念。一个人如何看待在职场或其他地方的成功或失败，成功概念在其生活的自我权衡中具有什么样的地位，这对一个人的生活有着重大影响。对于习俗意义上的中产阶级和上流社会的人士来说，他们把成功理解为既定的权力等级制度存在的合法性，取得成功便会获得经济等方面的回报，让他们在这些等级制度中获得升迁，无论在制造业、零售业、金融业，还是在大学教学或政府工作中，都是如此。因为这种升迁需要得到领导的赏识，所以那些让领导乐见的品

质便被视为美德，那些规定制度化关系的规范便被视为权威。有些人在工作中孜孜不倦、尽职尽责、知足常乐、循规蹈矩，把职业生涯的成功视为自己的目的，但他们可能从来没有主动思考自己的目的是否符合理性主体的目的，没有正确理解什么是理性主体，没有正确认识到他们对社会统治秩序的认同对他们自身的影响，从而离成为理性主体十万八千里。只要人们生活在这些错误的认识之中，他们就缺乏社会学的自我认识。

　　第二种情况是和谁讨论、讨论什么，以及对话交流的质量怎么样。在每一种社会秩序中都有对话交流的规范，规定了哪些话题可以讨论、和谁讨论，规定了哪些问题可以探索以及探索的程度，规定了在什么范围内允许有机智幽默和讽刺的表现。在一些现代社会中，有表现机智幽默和讽刺的专门"场所"，如杂志、剧场和深夜电视节目等，对既定秩序发出尖锐犀利而令人愉快的嘲笑和奚落，这取悦了那些对社会不敬的年轻人，却冒犯了那些尊敬社会的长辈。那些年轻人、那些长辈，还有那些作者或演出的人，往往没有认识到这些活动维持了既定秩序，而不是破坏了既定秩序；小丑的讽刺性角色在这个秩序中应有一席之地，过去的国王们总是需要小丑；小丑所表现的反叛情绪不会造成伤害，能够有效地替代人们对这个秩序的批评和抵抗。这个秩序的捍卫者在聪明的时候会很好地认识到，人们在笑话中表现的不服从是一回事，采取实际行动要求权力和金钱的再分配则根本是另一回事。理解不了这一点，就是缺乏社会学的自我认识。

　　第三种情况是人们对可能性的想象。我们之前说过，有些人对自己的生活感到满意，却让我们感到不合理，因为他们期望太少，而他们之所以期望太少，是因为他们在现有的生活中找不到其他出路。这有时是因为他们对自己能力的认识太有限，有时是因为他们接受了既定的社会秩序以及他们在其中的地位并随波逐流。他们没有学会首先想象事物可能会有哪些可能性，然后考虑其他可能性会有什么结果。他们对变革的可能性还不够开放，更不用说接受革命性的变革了。社会变革的伟大运动往往在开始时很偶然，某些人这时候拒绝接受给予他们的待遇，他们共同表达了不满的感受和抵抗这种状况的某种初始模式。他们如果要继续进行下去，就必须想象出一个完整的未来。法兰西共和国就是在成立之前被想象出来的，工会组织就是在成立之前被想象出来的。一场变革运动可能会在某种程度上是因为其领导人缺乏想象而失败的。20 世纪 60 年代末，法国和美国的学生激进分子都渴望重新想象大学及其未来，但却无法做到这一点。他们提出了探索的问题，但无法提供任何答案，这些答案可能为有效的长期行动提供基础，而不是短期抗议和破坏。因缺乏这种想象而对可能性的认识太有限，就是缺乏社会学的自我认识。

社会学的自我认识要求人们掌握自己参与其中的角色和关系的性质，了解与自己交往的人具有什么共同的思想意识，弄清楚这些角色、关系和思想意识中的哪些因素会阻碍理性主体的实践，知道采取什么样的行为有可能会改变这些因素。我们每个人是否具有这样的理解能力以及理解的程度，都体现在我们的行为和社会交往之中。在某些情况下，我们能够清楚地表达和交流我们的这种理解，这一点可能很重要。但这种理解如何影响我们的日常实践，通常具有更重要的意义。缺乏社会学的自我认识，不仅表现在特定个体的活动之中，而且表现在某些类型的活动和某些类型的社会关系的建构之中；人们在如此建构的这种活动和社会关系中只能安于现状，根源在于大家未能共同认识和了解其社会存在的某些关键方面。

这样的思路里是否包含亚里士多德主义的思想？亚里士多德主张，如果我们的出发点是错误的，那么我们就会在政治学和伦理学上走偏，也会在我们的实践中和理论探讨中走偏；而我们的出发点是否正确，取决于我们的早期教育。但这种教育的内容通常取决于我们生活在哪种类型的政治社会中。如果接受了斯巴达人的教育，我们就会像斯巴达人那样容易产生美德方面的错误；如果接受了民主派的教育，我们就会像民主派那样错误地认识自由。《政治学》第二卷对政权的批判，在一定程度上是对不同类型的统治者作为道德教育者的批判。糟糕的公民教育容易导致的结果，就是我所说的缺乏社会学的自我认识，这在亚里士多德看来是一种品德的缺陷，我们也这样认为。

我们在某些方面推理时想证明我们的理论信念或实践结论是正确的，但因缺乏某些社会学的自我认识而出现纰漏，我们应该避免因此而遭受指责，这一点对于我们所有人来说都很重要。这里我们还需要依赖其他人、配偶、朋友、同事，他们能够在我们身上看出我们自己无法承认或拒绝承认的态度和特征，并告诉我们这些态度和特征是如何存在的。我们对自己在政治学和伦理学里的哲学主张是否胸有成竹、是否自信，在某种程度上取决于我们在家庭、学校、职场和其他地方的社会关系的好坏，这在学术研究领域被忽略了。

我们认为政治学和伦理学中的诸多论题在理论上是正确的，在实践中　214
是可靠的；我们也解释了如何对这些论题进行理性论证，但我们向谁提出这些论证呢？到目前为止我们应该清楚的是，这首先是向我们自己以及那些与我们有共同探讨和共同思考的人提出来的论证。如果我们也要考虑在理论层面回应那些在起点和结论方面与我们非常不同的批评者（我们确实应该做出回应），那是因为他们的反对意见有助于我们的探讨，把他们的正确观点吸收到我们对相关问题的解释之中，能够让我们纠正自己早期的错误。然而，在实践层面，我们的论证不仅要向我们自己和那些赞同我们的人提出来，还要向那些参与我们日常生活交往的人提出来，如家庭、学校、职场和其他地方的人，他们大多都是普通人，不是研究哲学的人，但能够在不同程度上通过判断和行为表明他们的思想信念。和他们的对话交流非常不同于和理论家的对话交流。那么，我们如何进行这两种非常不同的对话交流？我从日常实践环境中展开的对话交流谈起。

4.10 亚里士多德主义和托马斯主义对美德的相关性的理解

在我们的社会中，家庭、学校和职场等场所必定具有潜在的冲突与实际的冲突，这一点从我早先描述的两种对立心态上不难看出，这些心态存在于我们在诸多社会机构的共同生活之中。不管身处何种情境，只要有行动选择的可能性，我们便会提出"如果我要最大限度地满足我的优先选择，在这种情况下，我应该怎么做，应该遵守什么约束"，或者"在这种情况下，我们应该怎么做才能实现我们的共同利益"等问题。那些提出前一个问题的人，在某些情况下会发现自己与提出后一个问题的人发生了冲突，但他们也可能会发现自己和其他优先选择最大化的人产生了分歧；那些提出后一个问题的人，有时在涉及如何实现他们的共同利益时与其他人产生了分歧。因此，理性主体迫切需要一张关于这些具体冲突的地图，诸多冲突存在于家庭、职场和学校之内，或者与家庭、职场和学校相关，或者是公开的冲突，或者是被压制的冲突，理性主体在家庭、职场和学校中都会遇到这些冲突，他们借助这张地图便能确认在这些冲突中有利害关系的具体利益。

215　　当然，利害关系会随着当地文化环境、社会环境和经济环境的不同而变化，也会随着根植于社会实践和制度结构的社会关系类型的不同而变化，使权力、收入和财富的分配形成差异。不同群体的历史对冲突有什么影响，以及这些群体成员从这个历史中学到了什么，这一点很重要。但亚里士多德-托马斯主义的主张认为，这里最关键的问题是：冲突各方的支持者都有自己的行为方式，他们在关于实现共同利益的问题上能否一起进行理性协商，在多大程度上能够一起进行理性协商，或者相反，他们是否可能去破坏和阻碍这种理性协商？托马斯-亚里士多德主义者这样主张（也是说给冲突各方），他们只要确实以这种方式去理解他们的冲突，相信托马斯-亚里士多德主义关于人类特性的理论，就会理解他们自己和与他们发生冲突的人。怎么会这样？

　　这一切都取决于人们在日常实践中如何看待自己和他人，是否拥有理性主体的能力和潜力，是否像理性主体那样权衡利益，是否需要美德，以及在多大程度上这样看待自己和他人，这是他们发展和实践那些能力的前提。在他们的文化、社会和经济环境中，有许多因素可能会妨碍他们这样理解自己。但如果他们不能或不愿这样理解自己，那么他们将在不同程度上与自己发生冲突，只有经过不断地解决这种冲突，他们作为理性主体才能得到进一步的发展。他们会有理由去论证如何把托马斯-亚里士多德主义作为一套关于实践生活的论题，前提是他们作为理性主体进一步发展了自己的能力，找到了进一步的理由去同意这样理解他们自己和他们的冲突，尤其是理解美德在其生活中的地位。因为他们必须认识到，他们只有获得了诸多美德，才能充分理解他们对这些美德的需要。那么，这些主体如何证明他们的决定和行为是正当的？

　　如果有人问他们在某个特定情况下如何给出判断和行为的理由，他们就会论证自己做过的事或打算做的事具有正当性，因为在这种事关利害的情况下，他们的所作所为表现了公正、勇敢、慷慨和诚实。如果有人问他们凭什么理由认为自己的所作所为表现了公正、勇敢、慷慨和诚实，他们就会引用一些典型的例子，根据自己的表达能力在不同程度上充分说明什么是公正、勇敢、慷慨和诚实。如果有人问他们什么是公正、勇敢、慷慨和诚实的理由，如果他们表达得很清楚，他们就会这样解释：如果人们在这些方面存在缺陷，尤其是在智慧方面存在缺陷，他们将被自己混乱的或权衡不当的欲望所害，从而无法实现共同利益和个体利益，这些利益是人们作为理性主体在本质上所追求的。这些论证对于提问的人有多大的说服力，取决于他们自己能否赞同论证中所说的正义、勇气、慷慨和诚实等美德，而这反过来又取决于他们自己是多么公正、勇敢、慷慨和诚实。因为拥有这些美德是人知道如何应用这些美德的一个条件。

　　拥有这些美德和其他美德，即便是在某种程度上，意味着人的欲望已经接受了教化，并转化到了那种程度。现代性道德的拥护者主张道德规则是对人施加的约束，拥有美德不是这样，不是对人的欲望施加约束，或者更确切地说，虽然美德确实具有这样的约束作用，但让人拥有美德实际意味着一个人的欲望还没有得到充分的教化，这个人仍在欲望的支配下行事，而没有发挥人的理性和意志的作用。拥有美德的人不会做优先选择的最大化者。因此，在理性主体需要美德的论点上，我们不应该期望优先选择的最大化者会认为支持这些论点的论证具有说服力。有些人在行为中表现为优先选择的最大化者，这是否意味着他们总是必然拒绝我所描述的那种争论性论证（argumentative justifications）？他们当然会倾向于这样做，因为如果他们认为这些论证具有说服力，那就不仅意味着他们的思想会发生彻底转变，他们不再赞同迄今为止他们所相信的一系列政治学和伦理学的论点，而且意味着他们对待自我和欲望的态度也会发生转变，承认自己的欲望需要管控而不是迄今为止的那种"欲所欲为"。然而，按照托马斯-亚里士多德主义对人性的理解，他们把自己理解为优先选择的最大化者，这实际上是对自己的误解；他们对主体和主体性的误解，使他们难以认识和理解自己。

　　托马斯-亚里士多德主义对他们的实践主张的批评，如果设计得好，不仅可以用来反对他们的概念、前提和推论，而且可以直接导向他们无法用自己的术语解释的主张。亚里士多德认为，有些人之所以在美德的理解和实践中有缺陷，是因为他们受到的教育有缺陷。阿奎那认为，即便这些

217 人也有最小的能力认识到自己作为理性主体的潜力，这种能力可能会在任何时候被诱发出来，甚至得到发展。然而，有些人的政治学和伦理学是共同利益的政治学和伦理学，有些人是受约束的优先选择的最大化者，他们之间的实践分歧当然不会导致任何一方改变思想。在当今的政治舞台上，那些追求实现共同利益的人要想有效地进行辩论，确实往往需要向批评和反对他们的优先选择的最大化者证明，实现相关的共同利益也可以在成本效益分析的意义上满足相关论争各方的优先选择。这种辩论具体如何进行，取决于论争各方的具体情况以及各方为辩论提供的论证资源和其他资源。这一点也是我之前强调过的。

这些主体在关于争议的实践问题做出决定的过程中，可能必须直接或间接地回答一系列问题，这些问题的范围非常大，因此可能存在的分歧和冲突的范围也非常大。"我或我们应该为这个项目投入多少时间、金钱、技能和权力资源，或投入哪些时间、金钱、技能和权力资源？""允许什么样的风险和多大程度的风险？""如何重视长期考虑而非短期考虑？""其他人可能做出哪些反应？""我或我们对活动可能产生的副作用承担什么责任？""现在是进行这个项目的正确时机吗？"在提出所有这些问题之前，更需要知道"我需要和谁一起协商这件事"。所有这些问题或其中某些问题都关乎个体或群体如何做出决定，相关场合会多种多样，譬如：是继续在农场工作，还是移居到城市或国外；是为了受教育而休假，还是为了工作而放弃进修；是辞职，还是组织一个工会支部；是保持现有的工作，还是借钱创办自己的小企业，或者成立一个合作社。这些决定是当代生活的组成部分。这里的每个决定都基于相关主体对我列举的这些问题的回答，体现了主体对待共同利益和美德的立场，或对待受到约束的优先选择的最大化的立场，或在某些情况下两者兼而有之。那么，主体的美德对具体决定的形成有什么影响？主体缺乏这些美德，又会怎么样？什么利益会让主体认为是很有说服力的理由，而如果这些决定的形成不受美德的影响，这些理由便没有分量，或根本无足轻重？

当然，家庭、职场和学校的共同利益占有最重要的地位，前提是这些共同利益必须具体化为这个家庭、职场或学校此时此刻所需要的特定利益，这些环境必须存在。因此，体谅与照顾到个体处境和需要的特殊性以

218

及制度处境和需要的特殊性，是一种不可或缺的美德。如何体谅与照顾是智慧方面的问题，但智慧是受诸多美德影响还是受诸多邪恶影响，这决定了主体如何抓住其情境的主要特征进而理解其情境，并决定做什么。因此，有人表现出强烈的占有欲，即贪欲，可能认为某个情境是须臾不可错过的机会，要好好利用其资源，而其他人则可能认为这些机会分散精力，会影响自己完成长期的事业。有人看到他人有所需求，便认为找到了和他人谈判的优势，而他人则认为这些需求为将来合作关系的建立提供了基础。

    主体在其社会处境与关系中如何看待其他主体和他们自己也是类似的情况。从美德的观点来看，即托马斯-亚里士多德主义所理解的美德，每个主体的生活都有针对其目的的某种指向性，或缺乏这种指向性，要理解个体的行为，就是看该行为是促进朝向那个目的的运动，还是阻碍朝向那个目的的运动。有些判断似乎和主体生活中进行的叙事没有关系，但在许多情况下却击中要害；我们在判断某个具体行为时，可以简单地说是懦弱、偏私、吝啬，或认为某个具体行为过程必然导致失败。我们的意思是，在这种情况下，任何这样行为的主体都会在实现其目的的道路上走上歧途，但在许多情况下，我们的判断需要简明，往往省略了如何涉及那个具体主体的方向性，没有谈及其具体情境中的美德实践和人生的整体方向之间的关系。这是对个人的判断，对社会机构的判断与此很类似。因为家庭、学校、生产性企业、政治社会的方向和目标也是实现其具体利益，这些利益和个体利益一样，可能会随着时间的变迁以特定的形式发生变化。因此，如何判断这些社会机构，亦要参照个体在其社会角色中的美德实践和社会机构整体方向之间的关系，个体的社会角色可以是家庭成员、学生、教师、看门人、工人、经理等。

    以这种方式进行评估，其前提是个体主体和社会机构可以在叙事的意义上得到理解，而且只有通过叙事背景提供的语境，才能恰当地理解与评估具体的行为和行为过程。因此，引起实践分歧的一个重要原因是，有些人同意用叙事的方式进行思考，但不同意对方采取的相关叙事形式。例 *219* 如，一个人的评价立场接受了简·奥斯汀或乔治·艾略特（George Eliot）的故事讲述模式（当然是翻译成了当代术语），而另一个人接受了弗吉尼亚·伍尔夫（Virginia Woolf）或艾丽斯·默多克（Iris Murdoch）的模式。另一个引起实践分歧的原因也很重要，赞同叙事性前提的人和不赞同叙事性前提的人之间有分歧，后者的评价性判断和规范性判断独立于任何叙事性前提，与任何叙事性前提不相容，譬如站在大多数现代道德哲学家的立场上做出的判断，这是现代性道德的立场，而有些哲学家的成果证实了劳伦斯的论点，即小说和哲学互不相待乃双方的损失。（有一种方式可以检验某个具体的伦理学课程在讲授中是否具有道德上的严肃性，那就是老师是否教会了学生仔细阅读某些小说，这对于他们学习现在缺乏的东西是必不可少的。）

我之前强调过对待分歧的重要性，无论是实践分歧还是理论分歧，我们要尽可能地把这些分歧当作向批评者学习的机会。人们的争论是针对他们的立场，不是针对他们这些人，在哲学辩论中，如果双方持敌对态度，则会妨碍研究探讨。但是，在我们自己的文化秩序、社会秩序和经济秩序中，有些类型的分歧和冲突具有特殊的重要性，诸多美德要求一种非常不同的态度，反对这些分歧和冲突的人敌视任何对这种公民社会与政治秩序的合理性辩护。在过去的 30 年，贫困在发达的资本主义社会里不断地产生和再生，生产力以大众欢迎的技术为基础得到了发展，但工资却处于停滞或近乎停滞的状态。我之前说过，有一些措施能够让资本主义从危机中复苏，但这些措施的成本却被广泛施加在儿童身上，与此同时，那些主宰经济秩序的人所占财富的比例越来越大，特别是在美国，我对这一点也有过解释。我写到，在英国，公司首席执行官的平均报酬是工人平均报酬的 84 倍，而这在瑞典是 89 倍，在法国是 104 倍，在德国是 147 倍，在美国是 275 倍。这些数字是一个指数，表明那些拥有最大权力和最多金钱的人能够在多大程度上免除风险，他们自己没有任何荒谬的感觉，但他们的决定和行为会使最弱势、最易受到伤害的人暴露在风险之下，是他们的决定和行为出了错，却让这些最弱势的人们支付成本。他们认为，只有家庭、职场和学校的共同利益得不到满足，他们才能满足自己的利益和维护自己的地位。因此，我们与他们的分歧，以及与那些致力于维护有利于他们繁荣的经济秩序和政治秩序的理论家的分歧，截然不同于大多数其他理论和哲学上的分歧。这种分歧可以被看作而且应该被看作长期发生社会冲突的序曲。

4.11 回应伯纳德·威廉姆斯对亚里士多德主义和托马斯主义的概念与主张的批判

我在第三章的结尾列举了伯纳德·威廉姆斯拒绝亚里士多德的伦理学的四个主要理由，并承诺回应这四个理由。表面上看，我随后的讨论不仅推迟了这种回应，而且让我们走到了不同的方向，但实际上并不是这样。在关于如何理解我们当代的社会道德状况方面，托马斯-亚里士多德主义和其他理论之间存在着分歧，而且在日常生活中也存在着实践上的分歧。我通过分析这两种分歧中存在的问题，实际上已经说明了亚里士多德主义者会如何回应威廉姆斯。下一步，我还会借用先前的解释和论据。有些人似乎不需要这些重复，在此向他们道歉。我们首先考虑的问题是，威廉姆斯指责亚里士多德缺乏对道德错误和政治错误的充分解释。一个最初的回应是，整理亚里士多德在《尼各马可伦理学》、《政治学》及其他著作中对具体类型的道德和政治上的失败进行的诊断分析，发现那些犯错误的人包括放纵与乖僻（没有自制力）的人、聪明但轻率的人、愚蠢的人、擅长战争但不动脑筋的人（如斯巴达人），还有那些过分追求金钱、快乐或政治成功的人。但如果从讨论当代实践分歧的类型开始，我们可以取得同样的效果，甚至做得更好。我们已经参与了这种分歧，如果我们从这种讨论开始，我们可能会很轻松地从两个方面整理出我们所遇到的诸多类型的实践错误，我们可以在这两个方面二选一，要么用社会学和心理学的术语来描述这些错误，要么根据这些错误中缺乏哪些相关的美德来进行鉴别。

然而，如果认为这两个方面是相互替代的，那便是错误的看法，或更糟糕的看法是把这两个方面当成相互对立的、互不相容的描述和识别模式。我们经过仔细研究便会发现，亚里士多德对美德的解释是一种心理学的和社会学的解释，或者更确切地说是以心理学和社会学为前提的。拥有美德和践行美德，就是在自己的社会角色中发挥良好的作用，如作为公民、家庭成员等。一个政治社会或家庭要良好运行，前提条件是教育其成员践行美德；如何评估政治社会和家庭的好坏，看它们符合哪个阶层，则需要研究践行美德对那些社会关系是起促进作用还是起破坏作用，就政治社会而言，这些社会关系是统治者的关系或被治者的关系。因此，通过对道德错误和政治错误的诊断，可以确定错误的根源是在主体本身，还是在主体的社会关系之中。

所谓错误，就是主体因欲望某物而行为，但主体的欲望理由不当。因此，无论过度的行为还是放纵的行为，都是缺乏管制的激情。缺乏管制是主体的错，还是其教育者的错？抑或是因为那个社会既定的关系治理规范？还是因为所有这些原因？亚历山大大帝的狂妄自大，是只归咎于亚历山大，还是要连带亚里士多德和他的其他导师，甚至再加上马其顿皇室的规范要求？不同社会的不同之处在于年轻人如何学会让自己承担责任，并在他人要求他们负责时做出回应；按照亚里士多德主义的标准，社会运行的一个缺陷在于该社会未能教育年轻人承担责任。亚里士多德指出，富人不知道如何成为被统治者（《政治学》第四卷 1295B13 - 16），也就是说，富人在其他事务中通常没有学会让自己承担责任，这是他们的典型特征，因此他们也当不了统治者。

亚里士多德对道德错误和政治错误的解释是否充分？任何当代亚里士多德主义者，无论是托马斯主义者还是其他人，都会欣然承认亚里士多德的社会学和心理学急需借鉴现代研究的非凡成就，以得到纠正和发展，社会学方面可以借鉴韦伯（Weber）、涂尔干（Durkheim）、齐美尔（Simmel）、加芬克尔（Garfinkel）、戈夫曼（Goffman）和伯恩斯等学者，精神分析学和心理学家方面可以借鉴卡尼曼、特沃斯基等学者。但是，亚里士多德对道德错误和政治错误的解释不管能够得到多么有力的纠正、发展与丰富，都仍然无法使威廉姆斯满意。我们任何人对一个家庭或政治社会良好运行的认识，都应该和亚里士多德以及亚里士多德主义者在这方面的认识是一致的；威廉姆斯会否认这一点，而且他确实否认了这一点。判断一个家庭或政治社会是否运行良好，是从一个特定的评价立场上进行的，而人们的评价立场总是具有多种选择和争论性。在亚里士多德看来是错误的观点，是可以鉴别的，威廉姆斯则认为这是分歧，而分歧不能通过诉诸任何来自纯粹经验的社会学或心理学的标准来解决。因此，威廉姆斯

批评亚里士多德没有解释清楚道德错误和政治错误，强调亚里士多德错误

地认为世界上存在人类主体的美好生活，他的这两个观点是密切相关的。

这两个观点都取决于他的观点，以赛亚·伯林和斯图尔特·汉普夏也持这样的观点，他们认为人类利益具有多元性和多样性，广大人民对待这些利益各有自己的态度，因此，关于什么是美好生活的观念有无数种，观念的表述也良莠不齐，人们在这些问题上的优先选择没有什么理性的基础。像伯林和汉普夏一样，威廉姆斯认为最重要的是政治制度应该善待和容忍如此众多的观念，不能在制度上认同或灌输其中的任何一个观念，因此要接受他们的政治自由主义，要允许他们拒绝亚里士多德关于制度如何良好运行的理论以及他关于人类利益的理论。那么，关于后者还有什么可说的？针对那些和伯林、汉普夏以及威廉姆斯有类似心态的读者，亚里士多德主义的一个理论也许应该经过四个阶段才能引起关注。关于这四个阶段，本书第一章有稍微全面和系统的概述。

第一个阶段是确定哪些利益有助于美好生活，无论人的文化秩序或社会秩序如何，都很难否认这个问题。这些利益至少存在于八个方面，首先是良好的健康和生活水平（食物、衣物、房屋），使人摆脱贫困，然后是良好的家庭关系、让人有机会充分发展能力的教育、富有成效和回报的工作、好朋友，以及工作之余的有益活动，如体育、审美、智力的活动，还有理性主体安排生活的能力、发现错误和接受教训的能力。许多优渥的生活都包含这些方面，尽管有些生活会缺乏某个或某些方面。但是缺乏得越多，主体就会因为这方面的资源缺乏而遇到更多的困难。这种资源包括一种能力，让人们能够在自己的社会制度秩序中发现哪些社会的因素必须改变，哪些自身的因素可以改变，目的是实现和享有构成美好生活的利益。

当然，正如伯林特别强调的那样，我们无论作为个体还是作为家庭或政治团体，经常不得不在利益之间做出痛苦的选择。我也许可以是一名成功的运动员或一名有用的医学研究员，但不能同时成为两者；可以是一名好丈夫和父亲或一名好士兵，但不能同时成为两者。我的社区也许可以提供良好的学前教育或优雅的剧院，但不能同时提供两者；可以提供更好的交通服务或更好的老年护理，但不能同时提供两者。但是，对于美好生活来说，重要的不是选择什么，而是做出这些选择的方式，是选择过程中思考和协商的性质与质量。主体正是通过最初接受的成为实践理性者的教

223

育，以及随后在做出这些选择时对推理能力的运用，才在决定选择何种美好生活的方面起到作用。他们面临的各种选择的实质，当然会随着文化的不同而不同，随着社会秩序的不同而不同，也随着主体在其社会秩序中地位的不同而不同。家庭结构、生产劳动类型、权威和权力分布，都有不同的形式。但是，人们有一个同样的需要，让他们能够判断每一个行动过程对实现主体的个体利益和共同利益做出了何种贡献。可见，我们在探讨的这个第一阶段已经能够勾画出任何人类美好生活都必须采取的形式，人们实际上对这一点有着惊人的巨大共识。

这是对待利益的情况，对待失利、失败和邪恶的情况也是如此。人们可能在生活的许多方面不顺利，我们已经评论过几个方面，人们对这些情况亦有很大的共识。过早的死亡和致残的疾病，被排斥、被迫害的人遭受贫困和没有朋友，这些都消除了过上美好生活的可能性。有些情况不那么可怕，可能会带来一些障碍和挫折，但能够让人们借助我们前文提到的资源去克服，这些资源是许多美好生活的重要组成部分，而且往往是必不可少的基础。缺乏这些资源可以使人们在需要承担风险的情况下无法学会如何承担风险，或不愿意承担风险。有些思想和品德素质使人们能够面对逆境、克服逆境以及从逆境中学习，我们如果进一步整理这些素质，就可以编制一个美德清单，这也有很大程度的共识，因为这些美德在许多不同情况下都是美好生活所必需的。然而，人们需要美德，还有其他原因。正如亚里士多德在其研究一开始就指出的那样，我们很容易犯错误，因为我们太容易被快乐诱惑，因为我们有政治野心，因为我们热爱金钱。从我们探讨的这个第二阶段，我们可以得出结论：美好生活的特征表现为人们有能力在利益之间做出良好的选择，在美德实践中知道如何克服和摆脱逆境继续前进，如何给予快乐，如何行使权力，如何获得应得的金钱但在生活中取之有道。

关于这个结论，我们也可以期望有相当大的共识，但不能夸大共识的程度，这一点很重要。有些人认可了伯林、汉普夏和威廉姆斯的主张，他们会毫不费力地引用许多现实生活中产生分歧的例子，这些分歧可能关乎哪些利益在某些情况下具有相对重要性，哪些品质应该被列入美德清单以及如何描述它们的特性，什么样的人生应该被视为典范。个体或团体在日常决策过程中必须解决这些分歧，这些分歧不但在理论上是相关的，而且在实践上是相关的。如何解决这些分歧？我们早就说过，在亚里士多德主义者看来，唯一的解决途径是共同协商，和家庭成员、朋友、同事、同胞或与这个具体决策相关的尽可能多的人进行协商。人们需要在两个方面达成共识，一是他们如何权衡利益，二是他们的集体需要朝哪个方向发展才能实现共同利益和个体利益；只有相关人员在很大程度上达成这种共识，这种解决方法才有可能成功。决策的结果将表现出个人的意志和共同的思想。

　　这样说是想说明，如果这是对威廉姆斯反对亚里士多德的回应，那么威廉姆斯就没有接受这种回应，甚至不可能接受这种回应，因为这不符合威廉姆斯坚持的第一人称主张，第一人称是"我"，不是"我们"，而他认为只有第一人称才能真实地表达主体的实际思考。个体必须在各种利益之间做出选择，但这并不重要，重要的是像伯林和汉普夏主张的那样，每个个体在对立和冲突的利益之间做出的选择必须是他们真正的选择。这一点与威廉姆斯的不同之处在于，强调必须满足实现理性决策的条件。我坚持的主张是，这样的决策需要某些社会关系的存在，个体主体只有通过和自己在实践里有共同关注的人进行相互批评，才能在长期的时间中发展和运用自己的理性能力。因此，在探讨关于什么是人类的美好生活时，第三个阶段便涉及我们必须生活于其中的社会和社区，我们要在这种环境里成为理性主体。当然，我们在这里可以设想的环境和亚里士多德可以设想的环境相比，具有更广泛的可能性。令人欣慰的是，人类不仅仅在"城邦"内才能作为理性动物繁荣发展，我们在当代社会并不难改写亚里士多德关于"城邦"如何有必要存在的论点。（《政治学》第一卷 1253A1 - 39）

　　然而，要做到这一点，需要面对威廉姆斯的另一个批评。把人类定性为理性动物，认为这是人类在动物物种中的独特之处，是一种武断和毫无根据的观点。他这样论证，人类能无可奈何地坠入爱河，这大概是人类的独特之处。令人惊讶的是，威廉姆斯似乎从一开始就没有认识到亚里士多德主义的要点。当然，有一些非人类动物如大猩猩、海豚和狼，它们有时会在行为中表现出理性并做出实际推论。这些动物都没有以下两个方面的能力。它们缺乏人类语言的资源，所以无法反思和批判自己的推理以及他者的推理。它们不能提出问题并审视自己是否有良好的理由确信自己的所作所为，不能辨别自己的欲望是不是"欲所欲为"。不过，威廉姆斯当然很清楚这一点。我认为，他的观点承认人类具有独特的情感生活，人类能够被一系列恐惧、兴奋、憎恨、爱和同情所感动，这是大猩猩、海豚和狼无法体验的；他并没有把这些现象和人类的理性能力相比，从而认定这些现象是更加反映了人类的独特特征，还是没有那么反映出人类的独特特征。那么，我们为什么不能同意他的观点？我们从独特性的问题开始解答。

物种通过自然选择在具体类型的环境中出现。一个特定物种在繁殖方面是繁荣还是失败，取决于其环境，但人类的情况除外，因为人类已经发展出了独特的能力去改变环境，使自然选择不能像对其他物种那样对人类发挥作用。这不是说其他物种不改变环境，不随着环境的变化而改变[21]，更不是说自然选择不再对人类主体发生作用，而是说逐渐出现了一些活动，这些活动占据了人类生活，但无论对个体还是对群体，都已不再具有生殖性优势。因此，有必要让进化论生物学家来解释人类生活后来的特征，譬如人类关注大基数，关注波斯细密画的历史，或关注吃馅饼比赛的输赢，说明这些活动犹如建筑装饰的附件，是自然选择的附带活动。然而，正是这些活动在人类生活中的数量和重要性使人类在生物学上具有独有的特征。但是，要说这些活动有什么共同点，我们就必须超越生物学去探寻。

这是独特的人类发展的关键时刻：某人第一次利用其语言能力提出"做这件事或那件事有什么好处，促成这件事或那件事发生有什么好处，允许这件事或那件事发生有什么好处？"这样的问题。这意味着某人需要从他人那里或从自己这里得到赞同具体答案的理由和反对具体答案的理由，并对这些理由进行评价。从这时起，人类的活动、人类如何应对命运的好坏以及人际关系，都可以用善恶好坏的观念来理解，用理性上正当的理由和理性上不正当的理由来理解。所以，前人在某个时刻能提出"无可奈何地坠入爱河是好事还是坏事"的问题，并能考虑到这样的回答，如"这取决于你爱上了谁或你爱上了什么"以及"如果发生得太频繁的话，那就是坏事"。当然，我们也能够就一些非人类物种提出类似的问题。海洋温度的这种变化对海豚是好还是坏？象牙需求的这些变化对大象是好还是坏？但这些问题是海豚和大象自己无法提出或回答的，更不用说论证其答案的合理性了。

　　我的主张是，人类之所以和其他动物物种区分开来，是因为人类实现了诸多可能性，仅仅从进化论的角度是不能解释这些可能性的；人类已经实现了一种确定的生活形式，参与这种生活需要掌握善和利益的概念、理性和因果关系的概念以及一些密切相关的概念，并且有能力应用这些概念。威廉姆斯正确地认识到某些情感能力是人类特有的。然而，之所以是人类特有的，部分原因在于人类能够接受教育的方式和人类的实践活动能够得到批评的方式。认识到这几点，也许就会认识到对亚里士多德的那种反对是无的放矢，达不到目的。威廉姆斯认为亚里士多德对人类主体性的目的论解释不可信，因为科学发现否定了他对自然的整体目的论解释。这里也提供了一个起点去回应威廉姆斯的指责。我和努斯鲍姆不同，我同意威廉姆斯的观点，即亚里士多德对主体性的解释有诸多前提，这些前提使威廉姆斯至少承认了某些关于自然界的目的论解释的论点，因此我不能像努斯鲍姆那样去回答威廉姆斯。那么，我为什么同意威廉姆斯的观点？

　　亚里士多德从一开始就坚持认为，我们只有从两个视角来理解主体，才能充分理解主体，一个是主体的视角，另一个是外部观察者的视角，而且这两个视角不是相互独立的。作为主体，我们需要在许多不同的方面向外部观察者学习；作为观察者，我们需要向主体学习。我们作为观察者，最初看待人类主体就像我们看待所有其他动物一样，确定了其目的才能理解他们，因为人类主体的活动通常以目的为导向，根据这些目的可以描述这些活动的特征。一个受伤的或患病的动物会失去某些功能，难以实现其特有的活动目的，尽管环境中没有任何东西阻碍其功能。受伤的猎豹无法成功狩猎，雄性小海豚感染疾病后则停止玩耍。注意，目的论对于识别和描述动物活动的任务是必不可少的。如何解释这一活动，现在仍然留有很大的探索空间。

　　这是非人类动物的情况，人类主体也是如此。我们观察到人类主体有目的，其活动通常是以这些目的为导向的。我们注意到，人类主体在受到疾病和伤害的阻挠时也不能达到他们的目的。我们作为外部观察者还注意

227

到，人类主体和非人类动物有两个重要区别，一是幼年人类断奶后仍然会依赖父母和其他长者一段时间，二是他们必须从父母和其他长者那里接受教育，他们只有接受了这样的教育，才能像成年人一样正常生存和生活。如果没有这样的教育，或者如果他们受到的教育很差，那么他们将无法达到其目的，因为他们作为主体将不知道如何正确地权衡利益和确定自己的最终目的。但在这一点上，我们不可避免地意识到，他们就是我们，如果我们作为主体受到了正确的教育，无论是我们自己的教育还是来自他人的教育，我们就可以发现我们的目的，然后在实践中致力于实现这个目的。因为在亚里士多德看来，人类主体作为人类独有生活形式的参与者，有一个最终目的，这是事实。他们只能从目的论上得到理解，他们只能从目的论上理解自己。威廉姆斯认识到，这种目的论理解的概念是亚里士多德道德学和政治学的一个组成部分，这在他拒绝亚里士多德的所有原因中可能是最重要的一个。那么，如何为亚里士多德的论点辩护？

对于"我怎样才能最好地做到人之为人"这个问题，亚里士多德要在两个对立的答案之间做出决定。这里的比较对象是这样的问题，如"我作为姑妈、学生、农民或医生，怎样才能做得最好？"在后面的情况下，什么是好姑妈、好学生、好农民或好医生，以及如何做一名好姑妈、好学生、好农民或好医生，可能相对没有问题，因为我们对姑妈、学生、农民或医生在自己的社会秩序中的角色和地位有很清晰的概念。我们在每一个角色中都致力于达到那个角色的目的。在一个家庭的父母或其他家庭成员无法照顾或不愿意照顾其子女时，姑妈会致力于为侄女侄子的成长提供所需的生活用品；学生则致力于完成现阶段的教育。农业劳作的目的是生产食物、养护土地和养殖动物，而医疗实践的目的是使病人恢复健康。但是，我们每个人践行自己的一个角色，怎么把这些各种各样的活动整合、统一起来，说明我们最好地做到了人之为人？我们作为人类，致力于什么，我们的目的是什么？

这里我们必须重新审视我在第一章第1.8节想象的那位新亚里士多德主义者的论点，这些是关于我们所有活动的问题，包括我们以各种角色从事的活动。人类的最终目的必须是我们在实现其他目的的过程中追求的目的。显然，现在有两种生活方式让我们难以实现人类的目的。一种生活方式是，我们把生活划分成不同的领域，我们无法整合自己的不同角色，因此我们实际上过着一些不同的生活，这在我们自己的文化中很容易做到。这种生活的分割，使我们在生活某一方面的决定难以影响我们其他方面的活动和关系。我们如何分配时间，表明了我们关心什么和关心了多少，这种测量比我们的主观感觉更准确；我们在生活中对一个领域花费的时间越多，对其他领域花费的时间就越少。所以，有人从来没有时间听巴赫，或者从来没有时间静静地独自坐一会，这个事实可能非常重要，即使那个人自己没有太注意。和这种划分成块的生活相比，另一种生活方式有点随意，人们在这样的生活里，经常允许一个领域的活动干扰、阻挠或推迟其他领域的活动。这种生活自身就证明了秩序的必要性。

我们这样假设，某人认识到有必要把自己的活动整合、统一起来，但又害怕又谨慎，他们采取的行为原则是让自己尽量少地处于无法控制的情境中，这种情境可能将他们带入陌生和不可预测的领域。对于这一原则，有两个主要的反对意见。第一个反对意见是，采用这个原则的那些人，提前排除了他们生活中的某些利益，而实现这些利益在以后的某个阶段对于他们来说可能是很重要的。第二个反对意见是，按照这个原则生活，尽管看起来可能不像，但实际上是享乐主义者的生活。我为什么这么说？作为享乐主义者有什么不好？享乐主义者的行为，是为了尽可能地确保他们的所作所为和他们遇到的事情让他们趋乐避苦。我们想象的主体又害怕又谨慎，这让避免痛苦成为他压倒一切的目的，因此犯了享乐主义的错误，认为主体把自己的喜好和厌恶视为理所当然的，并根据其喜好和厌恶来选择自己的利益，而不是努力改变自己的喜好和厌恶，只有改变了自己的喜好和厌恶，他们才可以获得某些利益，否则，他们将不得不放弃这些利益。什么让我们快乐和痛苦，取决于我们是什么样的人，这是亚里士多德和阿奎那两人都强调的观点；而重要的是我们要努力实现美好生活的利益。无论人类活动的最终目的是什么，这个目的都不可能是趋乐或避苦。还有其他什么不是这个目的的呢？

我以否定的方式提出这个问题，是学习阿奎那，他提出的人之为人实现其最终目的之后的状态是 *beatitudo*（至福），这是他翻译的亚里士多德的 *eudaimonia*（幸福）。在《神学大全》第二集的开头部分（第二集 ae

第一部 a 第 2 题第 1-8 节），他的分析是否定的方式，说明至福不能包含什么；在每个阶段为自己的论证提供证据，说明至福必须包含什么。他主张，至福不可能存在于获取或拥有金钱、政治荣誉、名声、权力、健康或快乐之中，所有这些都是人们应得的利益，但没有一个是人们的最终利益。他从这些否定的理由和其他否定的理由之中得出了三个结论。我们完成自己的一生而达到的最终目的，无论是什么，都不是为了实现其他事情的手段，因为如果这个其他事情让我们为之而努力，我们最好称之为我们的最终目的。此外，最终目的不是和其他具体利益处于相同层次的具体利益，它处于更高的层次，其重要性比这些利益大得多；如果最终利益是一种具体利益，它便也在我们的生活中占据一席之地，大概占据我们生活中最大的一席之地，但这样的话，它便不能提供衡量每一种利益和每一个利益在我们的生活中应该占据什么地位的尺度，而任何有助于我们完成人生的利益才是这样的衡量尺度。

作为我们最终目的的利益和其他利益没有相争之处。我们重视其他利益，是因为这些利益本身的价值，是因为这些利益有助于我们作为一个整体、作为一个统一体的生活。作为我们最终目的的利益构成了我们作为一个整体、作为一个统一体的生活。因此，我们努力实现某个具体利益，就是在努力实现我们的最终目的，正是在这个意义上，如果我们正确地为人处世，我们就能让生活指向这个最终目的。正是因为这个原因，我们的生活确实具有叙事结构，我们只能通过叙事才能让自己得到恰当理解；我这个观点当然超越了阿奎那（某些托马斯主义者可能会说是远离了阿奎那）。我们在整个人生中都朝向我们的最终目的前进，我们每个人参演的故事在亚里士多德看来都可能有许多不同类型的结局。等我临终的时候，我好像才体会到亚里士多德的最初构想，我们可能是幸福（eudaimōn）但达不到福寿（makarios），也可能是幸福和福寿，也可能不是幸福而是凄惨（athlios）。（《尼各马可伦理学》第一卷 1100b8-1101a8）所谓幸福，是指主体的全部活动符合最好和最完整的美德，是完整的一生（1098a16-18）；所谓福寿，是指主体享有良好的成果和利益，获得了巨大成就和福禄。（所谓凄惨，是指主体可怜，苦苦挣扎，也不幸福。）那么，主体如何可能达到幸福但达不到福寿？亚里士多德最终排除了这种情况。他认为，没有利益成就和福禄，一个人不可能幸福。亚里士多德的观点正确吗？

　　在有些情况下，人们未能实现一些具体的、有限的目标，无论这些目标有多大，都不算作失败；亚里士多德排除了这种可能性，但阿奎那没有排除。试考虑一个很平常的例子，有人面临某个有限的具体利益，好像实现这个利益不仅是非常巨大的获利，而且是其最终目的。有些人非常关心自己的孩子、配偶或朋友的生活福祉，或者非常向往某种非凡的体育运动或智力上的成就，以至于如果他们的孩子、配偶或朋友死了，或者他们未能达到他们体育运动或智力上的目标，他们就认为自己的生活不再具有任何意义或目的。他们也许感到生不如死，可能认为没有什么良好的理由不去自杀。阿奎那则坚持认为，任何人都不会这样做，理性主体绝对不会让自己这样做，因为他们会在反思中意识到，自己的人生所指向的目的不是任何有限的具体目的。

　　什么样的目的能够超越一切有限的目的？我们在实践生活中学会一边追求这个目的，一边描述其特征，通过一系列否定来确认这个最终和最高的欲望对象。这个欲望对象不是这个，不是那个，也不是另一个那个。对于任何接受过新柏拉图传统教育的人来说，譬如阿奎那曾经读过伪狄奥尼修斯（Pseudo Dionysius），他们不难发现这种对应的相似推理，人们通过在生活中沉思和磨炼，以类似的否定方式逐渐认识到了上帝的特性，认为上帝是最终和最高的信仰对象。因此，阿奎那作为哲学理论家是否有适当的证据来确认上帝的存在，说明上帝的特征存在于我们的实践生活和思想中，这些证据对于他来说非常重要。阿奎那坚信，他确实有这样的证据。我们必须提出的问题是：阿奎那关于上帝存在的哲学论题是否不仅能够抵挡住他当时遇到的反对意见，而且能够抵挡住当代最强烈的反对意见？这个问题至关重要，关于这个问题的分歧可能会影响我们给予阿奎那关于人类最终目的的核心思想所应有的重视。

　　按照他的观点，我们允许生活中存在不完善，才让生活圆满和完善。*231* 这看似矛盾，实则不然。所谓美好的生活，是生活于其中的主体虽然一直在权衡具体的利益和有限的利益，但不把这些利益当成人生圆满的必要条件，让自己追求的最终利益超越所有这些利益，让理想的善超越所有这些利益。所谓有缺陷的生活，是生活于其中的主体错误地认为他们已经得到或想要得到的某个特定的、有限的利益是他们的最终利益，或者想当然地认为得不到这些利益便得不到他们的最终利益。人们如果用这些话语来理解自己的生活，就必须是有神论者吗？当然不是。阿奎那对这种生活的设想是否正确是一回事，什么是这种生活的特性则完全是另一回事。注意，按照这一观点，人们非正常的死亡和过早的死亡使生命缩短，并不意味着人生不完善。关键是主体在临终时考虑的是什么，其考虑的东西也许不是什么重要的事情，而是死后不能带走的有限的利益。

人们讨论托马斯-亚里士多德主义对人类的善和利益的解释并为之辩护，这起初是回应伯林、汉普夏的批评，尤其是回应威廉姆斯的批评。他们会认为或能认为这种回应是恰当的吗？当然不会！托马斯-亚里士多德主义的解释中存在着有神论元素，这足以让人们有三个充分的理由拒绝这种解释，更不用说任何其他考量了。这标志着人们之间的分歧非常系统化：一方面，人们在日常的实践活动和选择中的思想前提接近托马斯-亚里士多德主义的解释；另一方面，人们的思想前提更接近伯林、汉普夏或威廉姆斯的主张。我们现在探讨托马斯-亚里士多德主义这种解释的进一步含义。

4.12 叙事

在评价人生时，我们要依据什么样的统一性？这是在叙事中的统一性，叙事的过程往往很复杂，叙事的主体同时是叙事的对象和叙事的作者，或者是共同的叙事者。这是什么样的叙事？我们如何意识到这个叙事？在理解这两个问题时，最好能考虑到这和我们每个人有什么责任关系。责任也是人类独有的特征。我们每个人都不同于海豚、大猩猩和狼，都可能随时要对自己负责，譬如说明我们做过什么、正在做什么或打算做什么，通过解释我们行为的动机和理由使我们的行动得到理解，通过证明这些理由具有足够的合理性来论证我们行为的正当性。与我们交往的其他人需要确定我们做过什么、正在做什么或打算做什么，需要确定我们为什么这么做和我们是怎样论证自己行为的正当性的，这样他们才能回应我们，因此是他们不停地给我们提出那样的问题。但是，因为我们如何回应将决定我们未来和他们的关系，所以我们必须深刻地思考我们过去的行为、现在的行为和拟定的行为，考虑如何解释和论证这些行为的正当性。因此，有些问题是我们给自己提出来的。我们每个人在回答这些问题时，都要借鉴每个人对自己特定生活的叙事，尽管我们对这种叙事的认知程度有所不同。下面比较两个例子。

　　我可能会被要求为一件很久以前的事负责，无论这件事是我做过的，还是有人认为我做过。这里有两个关键：我实际是否做过这件事，为什么这个人或这个群体现在让我为这件事负责。这个人或这个群体让我为过去做的事负责，是我欠人家什么吗？这可能是他人向我们提出的问题，或者是我们向他人提出的问题，譬如最近发生在东欧的一件事，有些人被指控曾经在苏联和亲苏联的国家与秘密警察合作。他们在回答这些指控时，则要讲述他们在相关时期的生活故事，会涉及相关的各个方面。或者某个人变成了连自己都难以捉摸的人，不知道他们何以做出了、想出了或感受到了那种事，不知道他们现在是否需要对他人或甚至对自己做出弥补，因为自己成了这么一个无情而不可饶恕或粗心而不可依赖的人。这里唯一可行的解答方法是讲述故事，通过故事让人们有所理解和有所选择。在这两种情况下，所谓有所选择，就是从人生故事里找到更大的叙事。当然，故事的讲述必须是真实的，选择不是为了掩盖，不是为了混淆故事讲述人的过去和现在。根据奥古斯丁的研究和精神分析学家的研究，我们所有人都经常会被幻想迷惑，总认为自己是真实的、正确的，以至于自欺欺人。但萨特认为，故事本身的叙事结构并不作假。安托万·罗康丹（Antoine Roquentin）是萨特的代表作《恶心》（*La Nausée*）中的主人公，他说世界上没有什么真实的故事。[22] 实际生活是一回事，讲故事是另一回事。我们讲一个故事，一开始讲我们心里就已经有了结局，也就是故事的结果。在生活中，我们永远不会提前知道结果，因此没有这种故事的结局，也没有这种故事的开始。事情都是自然发生的。因此，萨特的结论是，生活里没有什么预设的情节，没有什么真实的故事。但这个论点是错误的。为什么会这样？

　　我们的人生叙事在受孕之初就正式开始了，其结局是我们生命的终结，无论我们成为何种程度的理性主体，也无论我们是否圆满地完成人生。刚才说萨特的论点是错误的，这种说法还要看我们的人生是如何完成的，有没有一个人类的最终目的，这是亚里士多德的争论，是阿奎那的争论，我们刚才又重复了这个争论。萨特当然很清楚这个问题，他是在默默地回应同时代的托马斯主义者。但有一点很重要，亚里士多德和阿奎那的论点依据来自主体的实践经验与认识，主体在早期的教育中形成了各种美德，这影响着主体的生活导向。这样的主体很清楚萨特会给他们讲的话，譬如他们永远不可能提前知道其行动的结果。然而，即便在事物初始，在还没有看到全局的情况下，他们也会知道那些结果最终是好还是坏；基于这种认识，他们在事物初始就能感知某种结局，这就是他们参演的一种叙事。对于这个观点，写《恶心》的萨特会这样回应，这不是事物在实际中的存在，安托万·罗康丹的生活就是没有叙事幻觉的生活。对此，托马斯-亚里士多德主义者肯定会这样回复：首先，罗康丹的事例非常好地说明了，一个主体有智力，但是没有培养出美德，所以他无法理解自己的生活；其次，萨特撰写了罗康丹的所作所为和苦难经历，这种叙事的意义在于它只是描绘了某一种实际生活，也就是说，如果萨特让罗康丹讲的故事都是真实的，那么世界上就不可能有真实的故事。

一部小说、一个戏剧或一首史诗所讲的故事，其意义在传统上主要是一个或多个角色与他们最终目的之间的跌宕起伏的关系。当然，至于这种关系，一般很少明确地说明或不做什么说明。《神曲》（*Divina Commedia*）这部伟大的神学史诗是个明显的例外。令人惊心动魄的情节通常是故事中的一些角色要成就某种利益，而如果失去这个他们苦苦寻求的利益，他们的命运就成了未知数。[23] 从荷马（Homer）到欧里庇得斯（Euripidēs）、奥维德（Ovid）、莎士比亚（Shakespeare）、斯特恩（Sterne）、福楼拜（Flaubert）和亨利·詹姆斯（Henry James）等诸多作家，他们绝大多数的故事都含蓄地演示了这种利益关系，故事的主人公在斗争与冲突中表现出他们的心智、良心和性格，他们在实现某个目的的成功或失败中产生了这些斗争与冲突，有时也因为发现自己的成败得失和他们最初预料的大相径庭而产生这些斗争与冲突。在 20 世纪，出现了讲故事的新人和新故事，讲故事的人，如萨特，认为这种利益和这种目的的概念是一种形而上学的错觉，构建出故事角色所居住的各种世界就是对这个概念的质疑。弗朗西斯·斯莱德（Francis Slade）比较研究了两种不同例子：昆汀·塔伦蒂诺（Quentin Tarantino）的剧本与卡夫卡（Kafka）的小说和短篇故事。

斯莱德指出，塔伦蒂诺描述的角色居住在一个虚构的世界：这里清除了任何目的，无论是终极目的还是从属目的；这里只有相互竞争与发生冲突的欲望和意图，而意图是为了实现那些欲望满足；某些角色在运用伎俩与实施暴力的过程中却表现出优美的形式和仁慈。这些都是塔伦蒂诺的艺术描述，是一个混乱而优美的世界，这不是我们的世界。相比之下，卡夫卡描述得更加混乱而优美，我们有时害怕我们的世界会变成他描述的世界，在这个世界里，我们可能有目的，不只是欲望和为欲望服务的意图，我们可能有人生的意义和宗旨；我们永远不能排除这种可能性，但我们只能苟延残喘地生活在对这种可能性的漫长期待和怀疑中，最多"有一个目标，但没有途径；我们所谓的途径，不过是摇摆不定"[24]。塔伦蒂诺和卡夫卡在故事中提出的问题是：人生中是否存在某种利益导向，获取这些利益后，主体也许从此一帆风顺？有没有一个故事能够再向前一步，它描绘的世界可以被认为是我们的世界，但那里没有利益和目的呢？好像没有这样的故事，因为这种故事里不会发生任何真正的意义。不过，我们确实有这样一个故事，这是 20 世纪伟大的小说之一，因为是用爱尔兰语写的，所以直到最近才引起世人注意，这部爱尔兰作品给人印象极为深刻，翻译亦是异常困难。

这个作品是马丁·奥凯丹（Máirtín Ó Cadhain，1906—1970）的《教堂之土》（*Cré na Cille*），出版于 1949 年，2007 年被拍成一部精彩的电影，英语标题是 *Graveyard Clay*，最近才被翻译成英语。[25]《教堂之土》这部小说里有许多声音，是爱尔兰西海岸墓地死人说话的声音，有时是彼此对话，有时是自言自语，表达了他们带到坟墓的情感和关切，有敌意、怨恨、焦虑、幸灾乐祸、烦恼、自命不凡、希望揭穿别人的自命不凡。死者们无休无止，就像活着的时候一样。

凯特瑞娜·派丁（Caitriona Pháidin）是奥凯丹的主角，她一直有一些怨恨，抱怨她还活着的妹妹，抱怨她儿子的岳母，抱怨墓地的另一个死者，抱怨她儿子把她埋在这块 15 先令的墓地而不是那块更贵的 1 英镑的

235

墓地。不时地有刚死的人被安葬在这里，带来一些世间的消息，凯特瑞娜便焦急地询问她儿子是否在她的坟墓上置备了绿色玄武岩墓碑，这是她最上心的事。凯特瑞娜如此可悲，其他人物角色的类似特征表现在他们关心的事情上，是他们情不自禁关心的事情，他们嘲弄别人关心的事情，不是因为他们有某种标准去衡量什么是真正值得关心的事情、什么是真正的利益，只是因为他们除了嘲弄别人之外，没有什么其他爱好。譬如，凯特瑞娜的亲家母诺拉·沙宁（Nára Sheáinín）抱怨校长总是乐于八卦他的遗孀，说她在他死后很快就和邮递员比利奇（Bileachaí）好上了；她认为校长作为一个受过教育的人，应该让自己有教养。凯特瑞娜反过来嘲笑诺拉自命不凡，充当有教养的人。在这个死者的世界里，并非没有故事发生。甚至还有过一次选举，候选人来自 1 英镑的墓地、15 先令的墓地和半基尼（10 先令 6 便士）的墓地。在选举中，来自半基尼墓地的候选人用马克思主义分析了墓地的阶级结构，这是模仿嘲弄奥凯丹自己的政治观点。所有这些人的言谈，都是自娱自乐的自我表达，越说越多，没有任何结果；在小说的最后几页，仍然是一波又一波争论的声音，没有最终结局，也看不到最终结局。

奥凯丹描绘的世界让我们感到那里有些古怪，同时缺乏很多精神价值。有欲望和欲望的对象，有目的性的活动，但没有基于良好的理由去欲求的利益，没有追求的目的，不能让他们的活动具有意义和宗旨，不能让他们的生活导向并超越这些目的。这是一个令人害怕的、被剥夺的世界，故事角色的生活叙事失去了组织结构，所以他们的故事不再有什么结局，尽管他们无休无止，奥凯丹讲述的这个故事还是在这里结束了。《教堂之土》是一部伟大的语言艺术作品，不仅表现了一位艺术家的志趣，而且用小说家娴熟的技艺在这部小说中弘扬了这些志趣，堪称楷模。小说里的声音只能通过奥凯丹的手笔说出来，他为了让人们听到这些声音，说出了他们不能说的话，做出了他们不能做的事，在尽善尽美的艺术中成就了故事的结局。这种艺术是那些人物角色在死后的生活中完全没有的。作者的目的及其艺术的目的都在书里表现得尽在不言中。

这种做法也许意味着《教堂之土》确凿地论证了我所提倡和捍卫的关于人类活动与生活如何建构的诸多哲学论题，但这样说会产生误导。因为这些故事展示了那些论题在我们实践生活中应有的方法和缘由，而这种说法意味着，无须讲述这些故事或在讲述这些故事之前，那些论题就可以得到充分的阐明和理解，所以这种说法是错误的。故事和论题可以关于遵守规则与破坏规则，可以关于实现的利益与未能实现的利益，故事和论题必须合在一起才能理解，否则根本不能理解。当然，孤立地看待故事，不考虑规则或普遍的道理，不考虑实践指导的来源，也是一种危险的做法。例如，我们可能会太轻易地让自己进入想象的角色，这使我们为放肆追求某些欲望的对象找到了托词，但实际上我们并没有追求这种欲望的良好理由。然而，如果我们要正确地理解我们为什么不仅在一般情况下这么做，而且在特定情况下也这么做，那么我们就必须知道如何应用相关的论题，发现关于我们生活方面的哪些故事是自己欺骗自己，从而知道应该如何讲述真实的故事，这时我们才能找到答案。

不过，这项任务的性质和难度因文化而异，因为文化本身在讲故事的实践方面有些差异，譬如谁给谁讲故事，讲什么故事，等等。青少年通过倾听和阅读各种不同的故事，学会反思故事中的因果联系，知道如何思考和回答这样的问题，如："我今天做了什么事，发生了什么事？""今天的所作所为和发生的事情与过去某天、某月、某年的事有什么关系？""今天的所作所为和发生的事情与明天的事会有什么关系？"这事关青年人能否学会想象自己过去的经历、现在的处境和未来的可能性，他们想象的局限性会限制他们的欲望和他们的实践推理。他们学会去希望得到他们想象的最好的东西；他们若不能想象美好的未来，便会绝望。正因如此，每一种文化的故事资源都具有重要的政治意义和道德意义。有些文化有着丰富的神话传说，有些文化则没有；有些文化强调对人们共同的历史温故而知新，有些文化则做得不够；有些文化发展了戏剧和其他文学体裁，其中的故事讲述具有教育意义，有些文化则注重故事的娱乐性，不注重其教育意义。

这样，青少年便学会了用漫画、悲剧甚至史诗的言辞来看待自己和生活中的情节，学会了区别喜剧和闹剧、悲剧和毫无意义的灾难、史诗和浪漫夸张的伪史诗。这样，他们就不会被讽刺、嘲弄和漫画中的错觉迷惑。那些最有助于我们理解政治生活和道德生活的哲学家，如亚里士多德、阿

237

奎那和马克思，他们每个人都提供了让我们了解自己的方式，这要求复述我们生活的故事，复述意味着不断地进行更恰当的叙事。这不是偶然现象。不过，人们在争先恐后地讲述自己生活的故事时，讲故事的做法不再为他们提供什么资源，因为社会对讲故事的观念发生了变化，人们的生活状况发生了变化。这在发达的现代性文化中已经发生。我们先讨论那些生活状况的形成和结构。

我在前文指出过，每一种发达的现代性文化与其他文化之间都有一个很大的差别，这表现为其社会生活领域划分的不同程度和性质。这种文化里的故事讲述会怎么样？这依然是不同领域的故事，其作用大有不同。有讲给孩子们的故事，有要求学生们在文学课上做作业的故事，有电视、影院或剧院里演播的娱乐故事，有媒体上发布的具有政治意义或人类兴趣的故事（"妇女在后院养了一匹斑马""47人死于原因不明的火灾"），所有这些故事都是关于他人的。听故事和讲故事，是我们理解自己和他人的至关重要的活动，现在总是缺乏这种概念；我们需要先学会听，然后再学会叙述，这是非常重要的过程，现在也总是缺乏这种认识。

人们的关系维护和促进了美德的实践，又在美德的实践中得到维护和促进，然而，以上现象却增加了主流文化对这些关系的不利影响，和我们早已确定的其他方面表现出同样的不利因素。自由市场和国家资本主义的剥削性结构，经常让人们难以通过出色的工作实现自己的职场利益，有时甚至让人们不可能做到这一点。在商议人们生活中的重大问题时，许多现代国家的政治结构把大多数公民排除在外，使他们既不参与也不知情，这让人们经常难以实现当地社区的利益，有时甚至让人们不可能做到这一点。现代性道德对规范性思维和评价性思维的影响，让人们经常难以理解，有时不能理解美德的要求，更遑论在我们的共同生活中遵循美德的要求。想象力在美德生活中占有第一位的重要性，但现在的文化注重娱乐，让人们浮躁，也让人们经常难以发展那些想象力，有时甚至让人们不可能发展其想象力。因此，我们在生活中必须反对这种文化，就像我们必须学会反对占主导秩序的经济、政治和道德一样。我们要学会如何做到这一点，不能通过抽象的理论，在很大程度上要通过相关的故事了解人们在各种非常不同的现代社会环境中得到的经验；人们已经发现了必须完成哪些工作，才能实现基本的人类利益；社会要求人们必须具有什么美德，才能批判和反对既定的秩序。因此，我需要超越我的理论结论，列举和解释一些具体的人生。但是，有人认为我这样做会陷入幻想和错觉，所以我必须先分析这种反对意见，然后再列举和解释一些具体的人生。萨特反对用任何叙事的方法理解人生，我已经回应过这些主张。但是，最近在现象学的传统和分析哲学的传统中出现了更强大的哲学主张，也倾向于反对用叙事的方法理解人生。

4. 13 长期以来关于叙事的分歧

关于现象学传统中的著作，可以参阅拉斯洛·滕格义（László Tengelyi）的《生活史上的荒原》（*The Wild Region in Life-History*）。[26] 滕格义借助胡塞尔和梅洛-庞蒂的思想构建了一种自我的观点，否定了我的叙事理论。胡塞尔的思想毫无争议，前提是他者的存在性绝不由我掌控，但列维纳斯（Levinas）对这一思想的发展却较为惊人，引发了许多争议。梅洛-庞蒂从另一个方向超越了胡塞尔的这一思想。我们面对实体的他者时，我们要看到"超越客观实体"的东西，就像看到"一幅画而超越画布的感觉"[27]，这种感觉并不总是能够让我们用自己的语汇加以处理，因为这需要逐渐内化为我们熟悉的形式，但我们还没有做到，而且有时候根本做不到。梅洛-庞蒂学习了莫斯（Mauss）和列维-施特劳斯（Lévi-Strauss）的思想之后，撰写了关于人类生活"荒原"的构想，认为这块荒原超越了所有特定的文化，是这些文化产生的源头。滕格义跟随梅洛-庞蒂谈论他所谓的野性，认为这是存在于我们生活经验中的东西，没有这种野性，我们就不能像现在这样生活和思维；没有这种野性，我们的生活就会缺乏现在这样的意义和形式；但这种野性本身的存在仍然不受任何文化形式的制约。这种观点怎么会让他否定我对生活的理解呢？我在《美德缺失的时代》等著作中认为生活是"戏剧创作式的叙事"。

滕格义的主张是，"自我的基础不应该去一个叙事的人生故事的统一性中寻找，应该去一个作为整体生活经验的人生中寻找"[28]，而且这些生活经验中的自我的基础是不能在叙事中表现出来的。我们生活中的一些关键时刻会发生一些突如其来的事情，这使叙事中增添了"在顺序结构上不可追溯的成分"[29]。在我们稍后讲述的故事中，这些"顽固的碎片式感受"可以被忽略、抛弃或抑制，但会在我们的生活中留下重创的痕迹，可能会以惊人的方式再度发生。通过叙事来理解人生，是给人生一种它并不拥有的一致性，用一致性把人生中野生荒芜的东西掩饰起来。

当然，滕格义正确地认为，每个人的人生中都有一些经历让我们无法说清其意义，无法梳理、评估，这些经历会破坏我们人生的整体一致性。他还正确地强调，我们自己不愿意认识这些经历的意义，所以故作掩饰；我们这样做的一个方法是讲故事，通过故事来隐瞒这些经历在我们生活中的存在。然而，这一切无不符合我的中心论点。因为如何梳理、评估这种经历或能否做到这一点，对于我们所有人来说都是一个中心问题，而且总要讲一个相关的故事。我们可以在一个完整一致和清晰易懂的叙事中，承认生活中的某些方面缺乏完整一致和清晰易懂的特征，但我们不能掩盖或歪曲这种缺乏完整一致和清晰易懂的特征。确实没有其他办法能充分地做到这一点。

伽伦·斯特劳森（Galen Strawson）在其论文《反对叙事性》（"Against Narrativity"）[30]中对我使用的叙事概念进行了非常不同的批评，他的论点主要是针对查尔斯·泰勒（Charles Taylor）和保罗·利科（Paul Ricoeur）的观点（滕格义也讨论过利科的观点），针对精神病学家奥利弗·萨克斯（Oliver Sacks）和心理学家杰罗姆·布鲁纳（Jerome Bruner）的观点，但认为我是"现代叙事性阵营的创始人"。他后面这个论点有些误导，因为我的研究在很大程度上得益于泰勒、利科、萨克斯和布鲁纳。斯特劳森否定了两个论题，他认为我们某些人或所有人都赞同这两个论题。第一个是他所谓的心理学的叙事性论题："人类在生活的视角、方式或经验上，通常把自己的生活看作某种叙事或故事，或至少看作诸多故事的集合。"第二个是伦理学的叙事性论题："在经验或认识上把自己的生活看作一种叙事，这是有益的；丰富的叙事性世界观是良好生活中必不可少的因素。"[31]

斯特劳森通过两个区别否定了这两个论题。第一区别是："当人把自己主要看作一个整体的人的时候所体现的经验，和当人把自己主要看作一个内在的精神体或某种'自我'的时候所体现的经验，我把后者称为人的自我经验。"[32]第二个区别是自我经验的两种形式之间的区别：一种是历时形式（the Diachronic form），人们在这种形式中"考虑自己的问题，把自己视为一个自我，这种自我在（更早的）过去存在，在（更远的）将来依然存在"；另一种是情节形式（the Episodic form），人们在这种形式中"很少意识到或根本不会意识到现在的自我在（更早的）过去存在过并在（更远的）将来依然存在"。如果人们的自我经验是情节形式或主要是情节形式，他们过去的自我就不是现在的自我，他们过去和现在的自我就不会成为他们将来的自我，这些人也就"可能没什么兴趣用叙事的方式来看待自己的人生"。亨利·詹姆斯和普鲁斯特（Proust）提供的相关例子经常被引用。[33]斯特劳森认为自己属于后者，他断定心理学的论题泛化了人类的属性，是错误的。对于那些不符合这种论断的人来说，他们会觉得用叙事的方式来评估自己的人生毫无意义，而且事实上这样考虑和评估的人生不如其他类型的人生好。相比之下，"真正幸福快乐、随遇而安的人生才是最好的，这样的人生吉祥有福、生动鲜明、扎实深厚。……友谊这个礼物来自人们当下的生活"[34]。因此，他否定了各种叙事的主张，包括我的主张，即"对我有什么好处"这样的问题是探寻自己的生活和人生如何得到最佳实现，人生应该具有叙事所揭示的统一性。[35]

　　关于自我概念，斯特劳森和我产生分歧的根源在于我们哲学思想的基础有所不同，这里涉及人格同一性（personal identity）、自我认识（self-knowledge）、意图（intention）等具体问题，需要进一步研究，我在此无法进行。然而，斯特劳森对叙事性的评论反映了他对我的立场的某种误解。我根本没有认为人类在大部分时间里把自己的人生经历看作叙事，这种自我戏剧化是多么大的非凡和不幸。但让人欣慰的是，我们大多数人都不是这种自我戏剧化的编导。我们一般很少意识到我们人生的叙事结构，这有两种情况：要么在我们反思如何通过讲述我们的部分故事让他人了解我们的时候，要么在我们因故提出"我的人生到目前为止是如何发展的"以及"我必须怎样做才能让人生发展得好"等问题的时候。这些问题有时候是很严厉的实践问题，正是在回答这些问题的过程中，人们通过各种叙事的推测，才能知道"对我有什么好处"的答案。在什么样的场合需要提

241

出这些问题呢？这一般在我们面临人生中的未来之变，需要做出关键选择的时刻。这里我必须重申先前说的话。

我们所有人在长大成人的过程中，或甚至在年幼的时候，都必须决定如何谋生：我是待在农场工作，还是做木工学徒，还是移居外国？对于某些人来说，中年意外失业，得了致命疾病，或亲近的人去世，都会让人探索这些问题。对于某些人来说，有了新的发现，发现通过组织当地工会活动可能会有所收获，或学习绘画，也都会让人去探索这些问题。我们在努力回答这些问题时，要以史为鉴，反思我们迄今为止所做的事情，反思我们对自己的能力和局限是否有自知之明，弄清楚我们容易出现什么错误和我们拥有什么资源。人们提出和回答这些问题的方式当然会有很大的变化。人们用不同的方式进行理智的反思，对于许多人来说，他们的反思就是要求自己言行一致，言无不尽。然而，人们如果在面对这种危机和选择的场合不能提出这些问题，不能反思自己人生中的相关叙事，那么就会缺乏实践智慧。

斯特劳森质疑人们是否用叙事的方式思考或表达其人生和生活，以及在多大程度上能做到这一点，所以他提出的问题和我提出的问题显然有极大的不同。那么，什么是斯特劳森所称赞的"真正幸福快乐、随遇而安"？如果斯特劳森要证明如此称赞的正当性，他就要给我们举例，详细地阐明这种生活和人生，也就是说，他肯定会向我们提供一些叙事，由此回应人们对他的论题提出的主要异议。人生即便被分解为片断的情节，亦有其历史，亦是可以评估的人生。至于斯特劳森称赞的那种生活，可以说，某些人之所以能过这种生活，只是因为其他人过不上这种幸福快乐的生活，却维系着让这种生活成为可能的关系和制度。家庭、学校、职场、诊所、剧院和球队之所以能发展繁荣，是因为太多人过不上这种幸福快乐的生活。这里的问题是：有些人过着这种幸福快乐的日子，在那些过不上这种日子的人让他们对此做出解释时，他们会怎么解释，会提出什么正当的合理性？斯特劳森能代表他们说什么？

滕格义和斯特劳森对我关于叙事的论点提出了他们的意见，我对他们的意见做出了回应，他们还会做出有力的回应，这一点我不会怀疑。这就是不断进行的研究。但在叙事方面，我们不仅需要更多的论证，而且需要更多的叙事，因为，正如我所主张的，如果我们用叙事的方式确实能正确地理解我们欲望的变化以及我们实践推理的过程和结果，那么，最好的证明方法就不是用哲学论证来说明其存在的必要性，而是通过相关叙事的事例让人们理解特定主体的行为，说明这些行为的正当性或不正当性。

注释

[1] 参阅玛丽·沃尔顿（Mary Walton），《戴明管理方法》（*The Deming Management Method*），纽约：近地点出版社（Perigee Books），1986 年；关于实践理性与技术理性之间的复杂关系的解释，参阅约瑟夫·邓恩（Joseph Dunne），《复杂的交织结构：理解实践理性》（"An Intricate Fabric：Understanding the Rationality of Practice"），载《教学法、文化和社会》（*Pedagogy，Culture and Society*）第 13 卷第 3 期（2005 年），第 367-389 页。

[2] 例如参阅温德尔·贝里，《美国感到不安：文化与农业》（*The Unsettling of America：Culture ℰ Agriculture*），旧金山（San Francisco）：塞拉俱乐部图书（Sierra Club Books），1977 年。

[3] 马修·阿诺德，《德国的高等学校和大学》（*Higher Schools and Universities in Germany*），伦敦：麦克米伦出版公司（Macmillan ℰ Co.），1868 年，第 54-55 页。

[4] 托马斯·洪基洛，《沿海社区需要共同利益》，丹麦（Denmark）：沿海文化和造船研究中心（Centre for Coastal Culture and Boatbuilding），2011 年。

[5] 参阅乌特·克雷默、雷娜特·伊格纳西奥·凯勒（Renate Ignacio Keller），《改变是可能的》（*Transformar e possivel*），圣保罗（São Paulo）：佩罗波利斯出版社（Editora Peiropolis），2010 年。

[6] 埃莉诺·奥斯特罗姆，《共有资源治理：集体行动体制的演化》（*Governing the Commons：The Evolution of Institutions for Collective Action*），剑桥大学出版社，1990 年，第 182-192 页。

[7] 迈克尔·拜伦（Michael Byron），《满意性和最优性》（"Satisficing and Optimalty"），载《伦理学》（*Ethics*）第 109 卷第 1 期（1998

年），第 67—93 页；相关讨论，参阅《满意性和最大化：道德理论家论实践理性》（*Satisficing and Maximizing：Moral Theorists on Practical Reason*），迈克尔·拜伦编，剑桥大学出版社，2004 年。

[8] 优秀著作如迈克尔·雷斯尼克（Michael D. Resnik），《选择：决策论导论》（*Choices：An Introduction to Decision Theory*），明尼阿波利斯（Minneapolis）：明尼苏达大学出版社（University of Minnesota Press），1987 年；马丁·彼得森（Martin Peterson），《决策论导论》（*An Introduction to Decision Theory*），剑桥大学出版社，2009 年。

[9] 加里·贝克尔，《人类行为的经济学分析》（*The Economic Approach to Human Behavior*），芝加哥大学出版社，1976 年。

[10] 关于这种推导的最有趣和最持久的努力，参阅大卫·高赛尔（David Gauthier），《合意道德》（*Morals by Agreement*），牛津大学出版社，1986 年；随后的讨论和研讨集中体现在《伦理学》第 123 卷第 4 期（2013 年 7 月）。

[11] 雪莱 E. 泰勒、乔纳森·布朗，《幻觉和幸福感：关于精神健康的社会心理学视角》（"Illusion and Well-being：A Social Psychological Perspective on Mental Health"），载《心理学通报》（*Psychological Bulletin*）第 103 卷第 2 期（1988 年），第 193—210 页。

[12] 参阅丹尼尔·卡尼曼，《思维的快与慢》（*Thinking Fast and Slow*），纽约：法勒－斯特劳斯和吉罗出版社（Farrar, Strauss and Giroux），2011 年。

[13] 马丁·塞利格曼，《习得性乐观：如何改变你的思想和生活》（*Learned Optimism：How to Change Your Mind and Your Life*），纽约：克诺普夫出版社（Knopf, Inc.），1991 年。

[14] E. 迪纳（E. Diener）、E. 三特维克（E. Sandvik）、L. 塞得利茨（L. Seidlitz）、M. 迪纳（M. Diener），《收入与主观幸福感的关系：相对还是绝对?》（"The Relationship Between Income and Subjective Well-Being：Relative or Absolute?"），载《社会指数研究》（*Social Indicators Research*）第 28 卷（1993 年），第 195—223 页。

[15] 参阅布鲁诺·弗雷（Bruno S. Frey）、阿洛伊斯·斯塔特勒

（Alois Stutzer），《幸福与经济学》（*Happiness and Economics*），普林斯顿大学出版社，2002 年；《幸福、经济学和政治学》（*Happiness，Economics and Politics*），切尔滕纳姆（Cheltenham）：爱德华·埃尔加出版社（Edward Elgar），2009 年。

[16] 理查德·莱亚德，《幸福：来自新科学的经验》（*Happiness：Lessons from a New Science*），伦敦：企鹅出版社，2005 年，第 12 页。

[17] 卡尔·克里斯坦森、安·玛丽亚·赫斯基德（Ann Maria Herskind）、詹姆斯·W. 沃佩（James W. Vaupel），《为什么丹麦人幸福满满：关于欧盟生活满意度的比较研究》（"Why Danes Are Smug：A Comparative Study of Life Satisfaction in the European Union"），载《英国医学杂志》（*British Medical Journal*）（2006 年 12 月 23 日），第 333 页。

[18] 有些人希望托马斯伦理学从亚里士多德的目的论（这也是阿奎那的目的论）中分离出来，关于这些人的错误，参阅拉尔夫·麦金纳尼（Ralph McInerny），《理论知识的首要性：对约翰·菲尼斯的几点评论》（"The Primacy of Theoretical Knowledge：Some Remarks on John Finnis"），见《阿奎那论人类行动：一种实践的理论》（*Aquinas on Human Action：A Theory of Practice*），华盛顿特区（Washington，DC：）：天主教大学出版社（Catholic University Press），1992 年，第 184-192 页。

[19] 大卫·刘易斯，《哲学论文集》，第 1 卷，牛津大学出版社，1985 年，"导论"。

[20] 同上，第 x-xi 页。

[21] 关于这方面的两种观点，参阅莱兰（K. Laland）、乌勒（T. Uller）、费尔德曼（M. Feldman）、斯特尔尼（K. Sterelny）、穆勒（G. B. Müller）、莫切克（A. Moczek）等，《进化论需要重新思考吗?》（"Does Evolutionary Theory Need a Rethink?"），载《自然》（*Nature*）（2014 年 10 月 8 日），第 161-164 页。

[22] 让-保罗·萨特，《恶心》，巴黎（Paris）：伽利玛出版社（Gallimard），1938 年；让-保罗·萨特，《恶心》，罗伯特·鲍尔迪克（Robert Baldick）译，哈蒙兹沃思：企鹅出版社，1965 年，第 60-62 页。

[23] 弗朗西斯·斯莱德，《论目的的本体优先性及其与叙事艺术的相

关性》（"On the Ontological Priority of Ends and Its Relevance to the Narrative Arts"），见《美、艺术和城邦政治》（*Beauty，Art，and the Polis*），爱丽丝·拉莫斯（Alice Ramos）编，华盛顿特区：美国马里坦学会（American Maritain Association），2004 年。

［24］弗朗茨·卡夫卡，《中国的长城》（*The Great Wall of China*），薇拉·谬尔（W. Muir）、埃德温·谬尔（E. Muir）译，纽约：肖肯出版社（Schocken Books），1946 年。

［25］马丁·奥凯丹，《教堂之土》，都柏林（Dublin）：赛绍-迪尔出版社（Sáirséal and Dill）；艾伦·特利（Alan Titley）的译本《脏土》（*The Dirty Dust*），康涅狄格州纽黑文：耶鲁大学出版社，2015 年；利姆·麦康莫尔（Liam Mac Con Iomaire）、蒂姆·罗宾逊（Tim Robinson）的译本《墓地黏土》（*Graveyard Clay*），康涅狄格州纽黑文：耶鲁大学出版社，2016 年。

［26］拉斯洛·滕格义，《生活史上的荒原》，G. 卡莱（G. Kállay）、拉斯洛·滕格义译，伊利诺伊州埃文斯顿（Evanston, IL）：美国西北大学出版社（Northwestern University Press），2004 年。

［27］梅洛-庞蒂《可见与不可见》（*Le visible et l'invisible*），巴黎：伽利玛出版社，1964 年，第 167 页，腾格义引自第 104 页。

［28］滕格义，《生活史上的荒原》，第 xix 页。

［29］同上，第 xxxi 页。

［30］伽伦·斯特劳森（Galen Strawson），《反对叙事性》，见《自我？》（*The Self？*），伽伦·斯特劳森编，牛津：布莱克维尔出版社，2005 年，第 63-86 页。

［31］同上，第 63 页。

［32］同上，第 64 页。

［33］同上，第 65 页

［34］同上，第 84-85 页。

［35］同上，第 71-72 页。

第五章　四个叙事

5.1　导论

从本书的前四章我们在理论上可以得出一个也许较为复杂的结论：主
体把事情做好的前提是，他们必须基于良好的理由去选择欲望的对象，他们必须是缜密和有效的实践理性者，他们必须在行为中遵守美德的要求，他们必须在行为中坚持实现他们的最终目的。这些听起来有点老生常谈，但经过分析就会发现，这四个条件不是相互独立的，主体必须满足这些条件才能做正确的事情，并把事情做好。要充分满足其中任何一个条件，都必须满足另外三个条件。此外，像所有政治学和伦理学的理论结论一样，要正确理解这个结论，我们必须仔细研究具体的案例，用典型的事例来说明这个结论，这不是想象的事例，而是真实的事例。要理解这个结论，还要知道它是如何应用的。然而，这些事例中的主体和我们一样，还没有达到完全的理性，还需要学习如何择善而行把事情做好，因此他们在这四个方面多少都有些不完美。正因如此，我们也可以通过他们每个人独特的生活经历来反思和印证理论概括的相关性。这在我们需要向他们学习时具有特殊的意义。

在下面我要讲述四个人的故事，这四个人至少在某种程度上就是这样的主体。他们每个人都有自己独特的历史，能够有助于我们理解其他生活在迥然不同的环境里的人生。他们每个人的历史上都有比较翔实的相关生活记录。他们每个人都和我们既不太近也不太远，太近了，我们会因自己的顾虑而扭曲对他们的看法；太远了，我们会感到和他们的生活关系不相干或鞭长莫及。他们四个人的生活都是异乎寻常的，他们遇到的问题是我
们许多人永远不会遇到的，但他们的每一个选择却都有助于我们理解普通

现代生活中的日常选择。当然，我挑选这四个人物有点任意性，但不过是为了说明他人的故事在我们理解实践问题中的作用。我选择的内容不足以成为传记，我关注的焦点和大多数传记作家有较大的差异。我当然深切地感谢为这四个人撰写传记的众多作家，让我了解了他们的生活事实和富有启发性的观点。我首先讲述瓦西里·格罗斯曼，他 1905 年出生于乌克兰的别尔季切夫；接着讲述桑德拉·戴·奥康纳，她 1930 年出生于得克萨斯州的埃尔帕索；再接着讲述 C. L. R. 詹姆斯，他 1901 年出生于特立尼达岛；最后讲述丹尼斯·福勒，他 1932 年出生于爱尔兰的劳斯郡。

5.2　瓦西里·格罗斯曼

在一段几个世纪的历史中，别尔季切夫曾经一直是犹太文化的中心，涌现了一些著名的拉比（rabbis），一些世俗化的犹太人在这里得到了良好的教育。格罗斯曼的父母属于这个受过教育的阶层，说俄语，不说意第绪语，并让他们的儿子在世俗的环境中长大。他的父亲是一位化学工程师，母亲是一位法语老师。在他幼年时，他的父母就分开了，在 1910—1912 年母亲带着他住在瑞士。他和母亲一样能够说流利的法语。十月革命爆发时，他还不到 12 岁；内战结束时，他只有 15 岁。从 1923 年到 1929 年年底，格罗斯曼是莫斯科国立大学化学系的学生，在此期间苏联领导层在农业集体化和工业化的问题上发生了斗争。这些斗争的政治史也是斯大林上升到掌握最高权力的历史。斯大林掌权以及后来行使权力的一些情况，在历史上相当突出。第一，排除任何反对的声音，这不仅包括来自共产党中央委员会的反对声音，还包括来自党和国家所有领导岗位的反对声音。哪些事情需要赞同？斯大林为工业化和如何改造苏联农业制定了政策，以便实现工业化的诸多目标，这些政策的每个细节都需要赞同；斯大林声称，遵循这些政策就能建造社会主义秩序，让苏联成为人类进步的先锋，这些话的每个细节都需要赞同。第二，对反对斯大林的人进行无情的打击，实施了广泛的清洗和惩罚体系，通过"格伯乌"（OGPU）和"古拉格"（Gulag）形成制度化。我们当然都会关注这些，但是我们还应该认识到，如果斯大林统治的苏联社会都是被恐吓屈服的人和自私自利的愤世嫉俗者，那么这个社会是难以运行的。人数众多的苏联公民，至少在大多数情况下是按照斯大林的号召理解他们自己和他们每天的任务的，年轻的格罗斯曼就是其中一人。这意味着什么？这意味着，党的领导告诉人们，苏联选择了未来人类繁荣之路，党在利益权衡上选择的是人类的利益。恰恰是因为苏联公民响应了这个号召，恰恰是因为他们的实践理性认可了党制定的规范，斯大林的苏联才成为斯大林主义如此泛滥的苏联。

第三，斯大林把自己当作马克思、恩格斯、列宁的合法继承人，因此斯大林及其拥护者阐述其理论立场的修辞、体现这些立场的政策和这些政策对苏联日常生活的影响，都不得不使用马克思、恩格斯和列宁在过去的承诺中所提出的主张。斯大林主义在一些重要方面与列宁的马克思主义有差异，更不用说与马克思、恩格斯的思想有差异，于是他们就用修辞来掩盖苏联的现实情况与马克思主义的真实思想之间的差距。托洛茨基对此提出了意见，托洛茨基主义就连续不断地受到严苛的谴责。苏联的作家也遭遇了一些奇特的问题。分配给作家的任务是塑造苏联的形象，以便让读者用斯大林主义的言辞来为自己定位。斯大林在 1932 年宣称"生产灵魂要比生产坦克重要"，并在敬酒时把作家比作"人类灵魂的工程师"。格罗斯曼就要成为这样的作家。

他在上学期间就决定，自己未来的职业不是化学工程师。他毕业之前已经结婚，这段婚姻仅维持到 1932 年，他的女儿在 1930 年出生，最初由他的母亲抚养。他毕业后在顿巴斯地区找了几份工作，在肥皂厂工作过，当过矿区的检查员，在一所医科学校当过化学教师，也在莫斯科的萨科和万泽蒂工厂工作过。但毕业之前，他已经在报刊上发表过文章，不过这时他主要是阅读和思考而不是写作。他 1929 年就读过托尔斯泰的《伊万·伊里奇之死》（*Death of Ivan Ilyich*），而且思考着托尔斯泰提出的死亡与日常生活的关系问题。对这些问题的思考体现在让格罗斯曼一举成名的短篇小说《在别尔季切夫城》（*V gorode Berdicheve*）中，该作品 1934 年 4 月在《文学报》（*Literaturnaya gazeta*）发表。

故事发生在亚特基（Yatki），这里住着别尔季切夫最贫穷的犹太人，当时布尔什维克和波兰人在这里交战。有两位女主人公：一位是红军骑兵的女政委，她被一个战士弄怀孕了，并且来不及堕胎；另一位是一个犹太人的妻子，一个有孩子的母亲，女政委要在她家生产。女政委不再是发号施令的人，不再是机智勇敢、带领士兵冲锋陷阵的人。她和自己的孩子现在要依赖这位母亲和产婆的技能与稳妥。那么，她如何既是好母亲，又是好战士呢？她的孩子才出生一周，红军就要撤出别尔季切夫，因为波兰人打过来了，而且她发现不能拒绝随部队撤离，即便这意味着要放弃自己的孩子。那位犹太人妻子和母亲对此感到沮丧、困惑：哪有母亲会这样做？她丈夫看到这种情况，则钦佩女政委的刚强。两人最后都没有说话，结局是孩子的哭声。

这样，格罗斯曼给读者留下了两个悬而未解的问题。笼统地说，面对这种差异巨大的利益选择，人们会怎么做？具体地说，当选择的一方面是儿童和家庭的利益，另一方面是苏维埃国家的利益时，人们必须留下什么样的遗憾和悲哀？这些问题对于格罗斯曼的许多读者来说，是他们在日常生活中必须回答的问题，他们必须在各种冲突的思虑中做出选择。格罗斯曼的故事表明，这些选择有时非常成问题，实践推理的一些难题总是不能解决。然而，斯大林主义设想，好的苏联公民在利益选择上都不成问题。斯大林的领导就是让人们相信他们和他们的选择都是为领袖提出的目标服务，让难以抉择的道德问题和形而上学问题没有产生的余地。

1934 年，格罗斯曼的《格柳卡乌夫》（*Glyukauf*）出版，这部短篇小说描述了煤矿工人的艰辛生活，他们在一位共产党干部的领导下疲惫不堪，这位干部自己也因劳苦而死。小说发表在马克西姆·高尔基（Maxim Gorky）主编的评论季刊《纪事》（*Almanakh*）上，高尔基当时已经是斯大林文化政策的重要代表人物。高尔基对格罗斯曼的写作给予了肯定，但是批评了格罗斯曼表现的自然主义。自然主义对事物的状况和当下的现实进行如实描述，并把结果视为普遍的真理。但是思想不能局限于此，更应该看到事物是怎样变化的和现实是如何向未来发展的。因此，高尔基阐明了社会主义的现实主义学说，认为不应该"在《格柳卡乌夫》中让素材掌握作者，而不是作者掌握素材"。按照高尔基的观点，格罗斯曼应该反问自己："我要巩固什么真理？我想让什么真理取得胜利？"[1]关于苏联的现实，一般艺术家尤其是作家需要巩固的真理是共产党中央委员会已经认可的以及那些尚未认可的观点。所以，格罗斯曼仍然要证明自己的认同，他用富有想象力的语言表现了斯大林主义对苏联社会生活的理解。他的努力得到了承认，1937 年 9 月他被接纳为苏联作家协会的会员，获得了各种物质奖励，其中包括一个在莫斯科的大公寓。

苏联的统治确实取得了一些真实的成就，苏联的新闻进行了世界观的灌输，这改变了他和同时代苏联人的观点，有些事情从外界的观点来看是道德罪恶和荒谬行为，比较突出的例子是对托洛茨基的批判，但在他们看来都具有合理性，是可以辩解的。这个历史背景有助于人们理解"托洛茨基主义"当时是怎样被谴责的。从任何不同于斯大林的外界立场去评判苏联的现实，都要看到苏联在 20 世纪 30 年代对托洛茨基主义的谴责；而对托洛茨基主义谴责到什么程度，格罗斯曼心知肚明。1933 年 3 月，他的表妹娜德雅·阿马兹（Nadya Almaz）遭到格伯乌逮捕，被指控为拥护托洛茨基主义。她曾在莫斯科的"赤色职工国际"工作，是负责人的助理，这是共产国际的工会组织。这很可能是因为她和维克托·塞尔日（Victor Serge）有过联系，塞尔日坚守 1917 年的理想，却在 1933 年被捕，被判流亡 3 年，然后被允许离开苏联。娜德雅·阿马兹同样被开除党籍，在阿斯特拉罕（Astrakhan）流放 3 年。两人几年后都很有可能被送到古拉格，或被处决。处理他表妹案件的格伯乌人员曾经审问过格罗斯曼等人，所以格罗斯曼不可能没有意识到这些悲剧会有多么严重。但是，像格罗斯曼这样的作家，尽管我们不知道他本人当时的主张是什么，他们典型的主张是，伟大、快速的社会变革总会涉及一些错误和不公正，问题的关键在于这种变革所提出的目的，如果作家们能够通过他们独特的洞察力和富有想象力的写作为实现这个目的做出贡献，那么他们的贡献就不仅会成就这个目的，而且会战胜错误和不公正现象。

某些作家的艺术和洞察力有限，他们只能看到苏联现实的情况，他们不会觉得这种主张有什么过分。但是，当任何一位作家认为这种主张是强词夺理和胁迫的时候，他们就不会一方面用自己的想象力和道德人格去宣扬真理，而另一方面却站在作家协会的立场上，实际是站在斯大林的立场上，去服从当时的社会政治变革。格罗斯曼在 1936 年还没有认识到这一点。他的实践理性基于这样的前提，即回答以下形式的问题："这样做能够发展我的文学力量吗？""这样做能够促进我的作家生涯吗？""这样做有益于我的家人和朋友吗?""这样做有助于实现党所规划的苏联社会的目标吗?""这样做是人之为人的做法吗?"但问题不能被这样笼统和抽象地提出来，而要表现为他日常生活和环境中的具体内容。当这些不同种类的思虑发生冲突时，他们所拥有的解决困境或者在困境中生活的资源，无论对于个体来说还是对于社会秩序来说，都总是发挥着重要作用。斯大林时代的作家在相当长的时期内，不但要努力表达自己的想象力，还要努力争取作家协会、党和斯大林的官僚们的赞同，社会给他们是一种双重生活，一种摇摆的生活，一种有时非常危险、有时为自我利益沉默、有时为自我利益发言的生活。这就是格罗斯曼的生活。

这和我们有什么不同，我们可以想一想。这种生活的一个方面对于我们来说并不陌生。我曾经说过，我们的现代社会秩序被分割成了条块，我们在生活的某个领域，如工作场所，受制于一些规范并接受了这些规范，而这些规范可能会和我们在其他生活领域所认可的规范大不相同。有时候这些规范确实互不相容，但即便在这些情况下，我们也经常能够在这些生活领域之间自由穿梭，没有敷衍了事、丧失真诚。这似乎和苏联作家的情况一样，他们有创造性，同时也遵循斯大林主义，譬如格罗斯曼。

他的那些过去是文学和哲学团体"山隘"（Pereval）成员的朋友开始更广泛地阅读哲学书籍。该团体于 1932 年被迫解散，因为它的发展对高尔基式的社会主义现实主义形成了挑战。"山隘"的主要思想来自亚历山大·沃朗斯基（Alexander Voronsky）。高尔基和沃朗斯基曾经是文学盟友，在 1921 年创建了《红色处女地》（*Krasnaya Nov'*）杂志。沃朗斯基和高尔基不同，他早在 1904 年就是布尔什维克党人，在参加 1917 年的敖德萨（Odessa）起义之前就遭受过监禁和流放，而高尔基后来才参加革命。他和高尔基的不同之处还有，他跟随的是托洛茨基和卢那察尔斯基（*Lunacharsky*），而不是斯大林，他在 20 世纪 20 年代的文学论争中有自己独特的立场。沃朗斯基主张，艺术是独立的知识来源，理论界要虚心向艺术家学习。他认为这是马克思主义的主张，认为艺术所揭示的人类现实的丑和美与马克思的理论所提出的思想应该相互补充、相互增强。"艺术家并不发明美，而是用其特殊的敏感性在现实中发现美。"[2]

艺术家用以直观判断的标准，指导艺术家创造的标准，是客观的。

"任何事物都会通过其生命、富有、自由、生长和发展给我们带来美的快乐。"[3]言外之意很清楚，党需要经常向艺术家学习，坚持尊重艺术家的独立和正直。沃朗斯基在1928年被开除党籍，公开认错后被重新接纳，后来又被开除，在1937年被处死。他让作家和其他艺术家不能忽视他的挑战，这就是他的成就。这些人为表忠心，至少在一段时间内必须像引用斯大林和高尔基的话一样引用他的话。可见，沃朗斯基的故事一方面深刻说明了苏联作家的双重生活，另一方面也让作家们意识到了自己的双重性。格罗斯曼的双重性在1937年表现得尤为显著，当时老布尔什维克领导人受到审判，他上书《文学报》，谴责"托洛茨基-布哈林阴谋"（Trotsky-Bukharin conspiracy），呼吁将那些受审者处以死刑。

1938年2月，格罗斯曼的妻子（第二任妻子）被人民内务委员部（NKVD）逮捕。她的前夫鲍里斯·古别尔（Boris Guber）曾是"山隘"的成员，一些"山隘派"不是被处决，就是被送到古拉格，古别尔是被处决的。格罗斯曼对"山隘派"朋友的遭遇保持了沉默，但妻子的被捕让他鼓足勇气，不但去人民内务委员部办公室为她的清白辩护，要求释放，而且直接写信给人民内务委员部的首脑叶若夫（Yezhov）。这些行为很有可能导致他自己被逮捕。实际上，他成功了，奥尔佳·米哈伊洛夫娜（Olga Mikhailovna）在1938年夏末被释放，这使他们恢复了作为斯大林主义文学精英的特权生活。

我在前文说过，格罗斯曼和其他人一样过着双重生活。现在可以进一步分析这种双重性的特征。他在一段很长时间的生活、思维和行为中，好像完全信服斯大林主义，而不是被迫接受了斯大林主义。但他在某些时候的思维、行为和写作中，好像认为沃朗斯基的教导才是正确的，好像他自己的立场、观点和对某些社会现实的见解与斯大林主义的主张相当矛盾。这里的关键是如何理解"好像"。格罗斯曼在审美上有困惑吗？尽管他表面上毫无疑问是斯大林主义者。他在两种立场之间游刃有余，从而能够忘却自己的双重性吗？虽然他大部分时间坚信斯大林主义，但有时候的信念却与此截然不同。

那些过着这种双重生活的人在这个或那个特定时期论证的实践结论的前提与他们在其他时期论证的实践结论的前提是不相容的。他们在这个

250

或那个特定时期将之作为自己结论之理由的"善"或利益显然在其他时期是不成立的，不是真正的"善"或利益，而是某种欲望，但不是真正令人欣赏的欲望。这种人在他们分裂的生活的每一部分都可能表现为一致的，甚至是坚定一致的理性主体。但是从他们的生活整体来看，他们缺乏实践理性，实践理性在他们的长期生活中被伪装起来了。然而，让他们生活分裂的条块和领域总会崩溃，他们这时必须在不兼容的利益之间做出选择。他们在这种情况下可能至少有三种反应。

他们可能简单地有什么便选择什么，这样可以让他们继续安逸地过那种双重生活，但他们不能再掩饰自己内心的矛盾。从这时起，他们成为愤世嫉俗的伪君子。或者，他们也可能在不同的选择之间做出选择，努力使生活完整、一致，尽管只是在这个必须做出这个选择的特定领域。或者，他们还可能通过思考这个特定的选择，认识到他们的生活在整体上具有双重性，并用自己的选择来结束这种双重性，这种反应也许有些困难。这是三类斯大林主义者，当然还有那些其他的斯大林主义信徒。格罗斯曼的命运是安然度过了 20 世纪 30 年代后期的岁月，他从 1941 年开始为战争服务，只有在战争期间和战争结束后才面临这种生存选择的机会。

在那段时期，作家和作曲家、画家一样，是特别容易受到迫害的人，因为斯大林个人非常关注他们的作品。阿赫马托娃（Akhmatova）是 20 世纪最伟大的苏联诗人，在斯大林统治下没有发表过作品，生活贫困，直到 1939 年经斯大林批准才出版了一本小册子的《六书诗抄》（*From Six Books*）。1938 年，她的儿子被判处 5 年徒刑，在她马上要被逮捕的时候，斯大林取消了逮捕令。帕斯捷尔纳克（Pasternak）曾拒绝接受社会主义现实主义的教条，作家协会 1937 年发函要求判处亚基尔（Yakir）将军和图哈切夫斯基（Tukhachevsky）元帅死刑，他拒绝在这封信上签字，获得了赞誉。他害怕给自己和家人带来可怕后果，但安然无恙。当时斯大林发现帕斯捷尔纳克在处决名单上，他下令划掉，说"让那个云中的居民活着！"相比之下，曼德尔施塔姆（Mandelstam）曾在 1934 年传播一首诗嘲笑斯大林，公然挑衅斯大林，结果被捕入狱，后来在 1938 年死于狱中。格罗斯曼的小说《斯捷潘·科尔丘金》（*Stepan Kol'chugin*）描述了主人公从 1905 年到 1916 年的俄国革命生涯，受到广泛称赞，获得 1940 年的

"斯大林奖"提名，而斯大林却下令禁止发给格罗斯曼任何奖励，认为他在立场上同情孟什维克。

格罗斯曼在 20 世纪 30 年代关心的事情以及他选择和行为的理由至少可以从四个方面考虑。首先是他的个人关系：他的第二任妻子和继子、母亲（虽然说不上富裕，却抚养了他的女儿）、女儿、父亲、表妹娜德雅（1939 年流放后归来）、各种朋友。其次是他对苏联社会主义建设的真正奉献，参与这种奉献的还有绝大部分苏联公民，尽管他们的生活中有这样或那样的批评责难或愤世嫉俗。再次是他致力于职业写作生涯，实在不愿意因行为闪失而造成职业上的阻碍。最后是他决心致力于艺术创作，要成为短篇小说作家和小说家。如果他必须在这四个方面和其他方面之间做出选择的话，会出现什么情况？这是他在不同阶段面临的问题。

他曾经缺乏深思远虑，没有做出明智的判断。在纳粹德国 1941 年 6 月 22 日入侵苏联之后，格罗斯曼肯定立刻就意识到，他母亲所在的别尔季切夫很快会被占领，他当时有条件把母亲和母亲有智障的侄女转移到一个安全的地方。他妻子争吵说他们的莫斯科公寓太小，容不下别人，也许是这个原因，格罗斯曼在德国占领别尔季切夫之前没有采取行动。他的母亲、母亲的侄女和他所有的其他亲戚在 1941 年 9 月遭受了别尔季切夫 30 000 犹太人的共同命运。为此，格罗斯曼永远不会原谅自己，他在别尔季切夫被占领后立即志愿当兵，部队让他当记者，他成为《红星》（*Red Star*）报的战地记者，和前线战士一起参加了一场又一场战役。《红星》报每天为数百万苏联人提供战争新闻，读者是老百姓和部队官兵，格罗斯曼的报道引人注目，深受读者欢迎。他作为记者和士兵，始终表现出巨大的勇气，在新闻报道和作战战斗中都取得了辉煌成就。

斯大林不相信希特勒会入侵苏联，没有让武装部队备战，被打得措手不及。他们经过几周的混乱和恐慌，才建立起统一、有效的军事领导，把军队和群众抵抗力量分配到各个部门。这时，纳粹德国的"国防军"已经占领了乌克兰的部分地区，正向莫斯科稳步推进。格罗斯曼在这第一个时期的观察和报道的内容，不仅是恐慌和混乱，而且是已经形成的巨大的共同抵抗意志。随着战争的推进，经过了两场史诗般的战役，即斯大林格勒战役和库尔斯克战役，以及数以百计的交战，他描绘了一个又一个榜样人

252

物，展现了人们在生活中的美德、面临突发事件时的智谋和判断、日常普遍的勇敢和自我牺牲、在巨大困难与危险中的正义和友谊、为实现共同宏伟目标的奋斗气概，同时，还有生活中存在的野蛮、无情、逃避危险的自私和官僚主义的愚蠢。值得注意的是，他忠实地记录了苏联军队在战争最后阶段对德国平民的所作所为，就像他早期写下了德国军队对苏联平民的罪行。格罗斯曼从前线发回的这些报道都不是道德说教，有些内容后来以《斯大林格勒速写》（*Stalingrad Sketches*）为名出版，有些以连载的形式发表在《红星》报上，这就是小说《人民是不朽的》（*The People are Immortal*）。[4]

红军收复失地后，格罗斯曼发现了大屠杀的事实，这是对犹太人进行的系统的大规模谋杀，他最初是在回到别尔季切夫时发现的，后来对特雷布林卡（Treblinka）灭绝营进行了报道。该报告题为《特雷布林卡地狱》（"The Hell of Treblinka"），于 1944 年首次在杂志《旗》（*Znamya*）上发表，后来成为用作纽伦堡审判的证据。1941 年，为了宣传，斯大林允许设立了一个"犹太人反法西斯委员会"。格罗斯曼给该委员会的意第绪语报纸《团结报》（*Einigkeit*）写过稿件，他作为该委员会文学组的成员，在伊利亚·爱伦堡（Ilya Ehrenburg）的协助下于 1943 年编写了一本关于俄国领土上的大屠杀的记录，他们计划以《黑名单》（*The Black Book*）为名出版这本记录。格罗斯曼是犹太人出身，这使他深切地感到对所有犹太人逝者负有责任。他后来表示希望死后被埋在犹太人公墓。

战争有一个悖论（至少对于那些在战争中为正义而战的人来说），战争的纪律和约束都是为了解放。大家有一个共同的至高无上的利益，所有其他利益都必须处于服从地位。单位的每个成员都有非常明确的角色和责任。大家相互之间的付出和期望一般都无可争议。因此，一旦大家认可了最终目标和规章约束，每个人作为理性主体就会与他人团结工作，无论与周围的人，还是与所有参与这项共同事业的人，都会保持行为一致。只有当战争结束后，无论取得了胜利，还是遭遇了失败，一些人才会惊奇地发现那些自己再也无法确信该如何回答的问题。1945 年，很多国家都出现了这种现象。在苏联的表现尤为明显，并且这不仅仅是因为战争已经结束。

斯大林担心的一个中心问题是如何书写战争史，以便掩盖这场战争中的一些关键事实。任何回忆，凡涉及斯大林糟糕的军事指挥或战争中的相关情节，凡质疑斯大林的行为或党的作用的文字，都要被删除，要尽最大可能地从苏联的意识中抹掉。斯大林战后的担心落实在相应的政策中，对格罗斯曼产生了三个方面的影响。

第一个方面是，A. A. 日丹诺夫（A. A. Zhdanov）重申最原始形式的社会主义现实主义教条，并将之强加给作家、作曲家和画家。他直到1948 年去世，都坚定地执行斯大林的文化政策，深受斯大林信任。阿赫马托娃和左琴科（Zoschenko）受到公开羞辱，格罗斯曼虽然没有受到公开羞辱，但同样遭到禁止出版。他必须小心翼翼地想办法出版，但仍受到了批判。

第二个方面是，《黑名单》的出版先遭到推迟，后遭到禁止。所有试图纪念苏联犹太人命运的活动都受到阻止，因为当局声称没有哪个族群值得特殊纪念"犹太人反法西斯委员会"的成员被逮捕或被杀害，该委员会被解散。意第绪语的书不能出版，作家协会与意第绪语作家脱离了关系。越来越多的犹太人成为受害者，最终，最引人注目的是犹太医生遭到迫害，斯大林在 1953 年 3 月去世，他们在此前数月因所谓的"医生阴谋"而遭到起诉。格罗斯曼允许在一封要求最严厉地惩罚那些被诬告的医生的信上加上自己的名字。尽管他意识到了自己的犹太人身份，但顺从斯大林主义规范是他为生存而付出的代价，他仍然愿意付出这种代价。处在危急关头的不仅是他的生命，还有他要出版的小说《为了正义的事业》（*For a Just Cause*）。这部书最初名为《斯大林格勒》（*Stalingrad*），后来按照作家协会领导亚历山大·法捷耶夫（Alexander Fadeyev）的建议改为现名。

第三个方面是，斯大林决心控制苏联的记忆，这对格罗斯曼如实描写斯大林格勒战役造成了负面影响。他的这部小说曾于 1946 年、1948 年和1949 年部分发表在杂志《新世界》（*Novy Mir*）上，后来提交整部小说出版。一次又一次地被要求改写，那就一次又一次地改写。格罗斯曼甚至接到过罗迪塞夫（Rodimtsev）将军的电话，说米哈伊尔·苏斯洛夫（Mikhail Suslov）让他评论一下他的稿件[5]，这种警告说明对格罗斯曼写作的审查来自最高层。罗迪塞夫在斯大林格勒指挥过第十三警卫师，格罗

254

斯曼就属于这个部队。但是，《为了正义的事业》的最后部分出版之后，起初的赞赏变成了谴责。法捷耶夫转身改变了态度和观点，格罗斯曼面临的后果相当严重。法捷耶夫对他的主要指责是低估了苏联共产党在斯大林格勒战役中的作用，认同了其笔下两个人物的反马克思主义观点。但就在这时，斯大林去世了。所以，虽然对格罗斯曼的批判还在继续，但格罗斯曼仍然能够继续自己的写作生涯。

那么，应当如何解读《为了正义的事业》的最终版本？苏联和西方国家的读者都有不同的见解，有人认为这不过是一部普通的苏联小说，有人认为在这里看到了作者即将对苏联社会进行的激烈批判，这后来表现在《人生和命运》（*Life and Fate*）之中。哪种观点正确？两种观点在某种程度上都正确，这部小说像此时的格罗斯曼一样，表现得有些含糊不清。

255 格罗斯曼一直是既保守又反叛的人，立场摇摆，观念妥协。但是，当他开始写《人生和命运》时，他的作品和观点都非常明确。我并不是说他此时已经明确地反对苏联当局，远非如此。斯大林死后，苏联当局发生的一个变化是从集体领导变为赫鲁晓夫统治，明显的标志是他 1956 年谴责斯大林的讲话，数千人得到平反，从古拉格释放。人们自然希望文化开放，但是当赫鲁晓夫在党内的领导地位遭到反对时，这些希望也就终结了。作家协会内部也发生了相应的变化，明显的标志首先是法捷耶夫向他冤枉过的作家包括格罗斯曼做出了道歉，随后反映出来的是对党领导的态度的改变。格罗斯曼经历了所有这一切，继续生活和工作，接受了管理部门施加的限制，但是从这时起，他要在一个关键方面挣脱这种限制。

他这时决定无条件地写一部小说，从头到尾地描述一场真实的战争。那么，对于历史小说家来说，什么是真实？首先要谨慎，对发生在相关时间和地点的情况，不但要紧扣主题，还要尽可能地掌握其历史知识；其次要忠于过去，把当时人们的各种见闻和感受形象地表现出来，通过虚构和想象的人物使读者了解当时人们的实际情况；最后要避免感情用事，不能用无关的情感把过去浪漫化、庸俗化或为己所用。这样的小说既要表现笔下人物的情感，又要表现小说家自己的情感。这些情感必须体现出或意味着最值得关心的事情并说明其重要性。按照这些要求，真正的历史小说家肯定不只是描述，或者说人们一旦理解了这种描述，就不用作者再去评价，因为其描述就是评价。真正的历史小说家所信奉的现实主义要超越自然主义，这两者是不同的。

到目前为止，我说这句话，当然是赞同社会主义现实主义的拥护者。卢卡奇（Lukács）在1955年的著作中认为自然主义缺少观点，是作家的观点决定了其叙事"过程和内容"，即"人物发展的方向、有些情节是写出来还是置之不理"[6]。卢卡奇没有说，也许是不能说，"这种观点需要作者站在评价的立场上，不仅能够区分是非善恶及其程度，而且能够辨别和分析各种恶行、欺骗、自欺、没有能力、没有思想、故意邪恶、屈从邪恶以及在这些场合中的伪装面具"。卢卡奇当时谨慎行事，让自己的视线避开了许许多多的罪恶。格罗斯曼不再这样回避，而是正视这些问题。

那么，这一切和格罗斯曼的实践理性有什么关联？格罗斯曼如果不能真实地叙述自己的生活，就不能写出真实的小说。他生活中有太多的情节和他小说中的情节是一致的。这部小说记录了他在服役期间如何学会了根据特定情况处理善恶问题，这些来自失败和错误的教训往往让人不堪回首。他懂得了什么是欲望和行为的良好理由，这种认知在他写作小说的岁月里影响着他的选择和行为。他作为记者和战士，明白了许多实践主张和决定；他作为作家，则重现与重申了这些实践主张和决定。那就是其他一切都服从一个唯一的目标。如果到这时他对管理部门还有所妥协的话，那么这已经不是因为他是一个分裂的自我，而是因为他接受了一个压倒一切的责任：为追求真实而完成他的小说。

我说过，格罗斯曼的小说是一部历史小说，它过去是，现在仍然是。它必定还是一部关于当时苏联的小说。焦急的管理部门虽然表面上不能诉诸镇压手段，但对文化的开放性实施了强有力的限制，使得苏联学界和文学界的人知道应有的行为尺度，不但要注意说话的内容，而且要注意和谁说话或在什么范围内说话。帕斯捷尔纳克《日瓦戈医生》（*Doctor Zhivago*）的文本从苏联偷运出境，在意大利出版，被翻译成多种文字，帕斯捷尔纳克被授予诺贝尔文学奖，这使一些官员既惊恐又愤怒。《人生和命运》经过精心设计，让他们更加惊恐。为什么会这样？

最重要的原因是，这部书充分罗列了苏联模式的种种弊端。这部书不遗余力，用生动的语言和活生生的事例表现了这些弊端。格罗斯曼的做法远远超越了赫鲁晓夫。由此看来，《人生和命运》似乎是直接反对苏联的小说。这种解读也会犯下大错。这不是格罗斯曼的意思，而是管理部门对这部小说的解读。格罗斯曼一直期望着小说出版，对管理部门的禁止感到惊讶和失望。管理部门为什么要禁止？

那些官员禁止《人生和命运》出版，是因为管理部门不允许这部书在那个特定时期或在任何他们所预见的将来问世。当时赫鲁晓夫的修正主义已经对广泛的社会和文化问题释放出一种新的质疑与公开反思，但当权者对这种做法相当矛盾，认识到某种程度的质疑是不可避免的，甚至值得欢迎，但前提必须是在他们的控制之下，而且他们施加的限制会越来越紧。相比之下，《人生和命运》会使读者对苏联整个国家进行开放的和激进的质疑，它没有针对这些问题规定任何现成的答案，无论是拥护苏联还是反对苏联，但当时的苏联生活和思想仍然受到十月革命的启发，仍然指向十月革命的目标，这部小说相当于为此开辟了一个批判性的空间。如果说《人生和命运》是在挖墙脚的话，那么首先挖的是赫鲁晓夫官方版的苏联生活和苏联历史。因此，它非凡的想象力对苏联政权构成了直接的危险。

一些评论家把这部书的宏伟和志向与托尔斯泰通过《战争与和平》（War and Peace）所体现的宏伟和志向相提并论，把格罗斯曼塑造人物的艺术与契诃夫（Chekhov）塑造人物的艺术相提并论。但他的读者对象和托尔斯泰或契诃夫的读者对象迥然不同，读者们不知道他所经历的累累伤痕，格罗斯曼却让读者们理解他笔下的人物，设身处地地提出他（格罗斯曼）的问题。小说一开始描述的是纳粹集中营，这里的苏联战俘和政治犯、普通罪犯关押在一起。这个集中营是由党卫军策划的，让囚犯自我管理，让他们以恶制恶、相互勾结，所以这个集中营是邪恶力量的化身。后来，集中营的司令官里斯（Liss）强烈地劝说莫斯托夫斯科伊（Mostovskoy），反对斯大林，因为这里一切问题都有提前准备好的定论。莫斯托夫斯科伊当时仍然是忠实的老布尔什维克，是在斯大林格勒被俘虏的。他还要和其他苏联囚犯辩论，和前孟什维克切尔涅佐夫（Chernetsov）辩论，和托尔斯泰式思想幻灭的伊康尼科夫（Ikonnikov）辩论，他们探求的问题是："什么是'善'？'善'对谁有益？有没有共同的善是为了所有人？或我的善是你的恶吗？"这些问题让他抛弃了所有哲学和宗教的答案，同时发现，击败邪恶的只能是"无能为力的善良和没有意识的仁慈"[7]。

《人生和命运》不是哲学著作，不是抽象著作。读者要穿越许多不同的场景，遇到许多不同的人物，有发生在斯大林格勒的巷战，有战线后面参谋人员的讨论，有物理学家的理论和实验研究，有苏联科学界的政治阴谋，有对契诃夫的优点的讨论，有爱情的悲欢离合，有糟糕的警察审讯和愉快的乡间散步，有笑话、讥讽、回忆、痛苦和死亡。需要注意的是，读者要提出各种质疑，而不是赞同那些结论，但有些结论是无法否认的。数学家索科洛夫（Sokolov）在赞美契诃夫时说："让我们从对个人的尊重、同情和友爱开始。"

亚历山德拉·弗拉基米洛夫娜（Alexandra Vladimirovna）这位老妇人首次出现在第一部分，最后的出现差不多在 800 页之后（英文翻译版），她"想知道她所爱的那些人为什么前途如此昏暗而过去如此挫折，她没有意识到正是在这种昏暗和不幸里隐蔽着一种奇怪的希望和光明，没有意识到在她灵魂的深处，她已经知道自己生命的意义，知道那些她最亲近和最亲爱的人的生命的意义"[8]。她已经知道的是，只有在人类的生存和死亡中，我们才能战胜历史的毁灭性力量，实现"永恒而痛苦的胜利"。不过，能够让我们作为人类去生存和死亡的品质是什么？这绝对不只是"对个人的尊重、同情和友爱"。谁赢得了斯大林格勒战役，是一个极其重要的问题。"斯大林格勒要决定未来的社会制度和历史哲学。"如何赢得了这场战役，是否应该真实地讲述这个故事，也是非常重要的问题。因此，战士人生的美德和作家人生的美德必须被包含在这些品质里。但是，在这种情况下，苏联读者如何理解当时的社会制度和历史哲学？这种社会制度和历史哲学实际上是斯大林格勒战役结束 18 年之后的结果。

格罗斯曼在 1960 年 10 月把《人生和命运》交给《旗》杂志的编辑出版之前，已经发表过该书的若干章节，而且和《旗》杂志社签了合同。到 1961 年 1 月，他却得知不但书稿被拒绝，连编委会都被扣上了"反苏联"的帽子。到了 2 月，3 个克格勃军官来到格罗斯曼的公寓执行命令，没收了他所有的小说，包括草稿、打字机和复写纸，不留任何痕迹。格罗斯曼人身仍然自由。他首先向作家协会申诉，然后给赫鲁晓夫本人写信。这里可以看出苏联意识形态的捍卫者非常重视格罗斯曼的小说，米哈伊尔·苏斯洛夫召见了他。苏斯洛夫当时是政治局委员，在赫鲁晓夫 1964 年下台后成为共产党第二书记。苏斯洛夫坦承没有读过这部书，只看过相关报告，但他告诉格罗斯曼这部书的出版会严重危害苏联，所以不能出版。[9]格罗斯曼被整垮了，直到 1964 年因癌症去世都深感不幸。他不会知道留给朋友的一个副本在很久以后被偷运出苏联，后来在瑞士出版。

这种不幸并没有阻止他继续写作。他 1961 年年底访问了亚美尼亚，写下了生动的游记，记录了自己作为游客的思考，这在他去世后以《我祝福你》（*I Wish You Well*）为名出版，其中有一部分是他对苏联反犹太主义的评论，出版时被删除。他的最大成就是继续撰写最后的小说《一切都在流动》（*Everything Flows*），这在 1955 年动笔，直到他去世也没有完成。[10]故事讲的是伊万·格里戈里耶维奇（Ivan Grigoryevich）被古拉格监禁 30 年后返回到苏联社会的情况，书中充满了他今昔岁月的思绪。他遇到了让他被捕入狱的告密者，在小说的一个剧情中，四位不同的告密者分别讲述了他们的故事。格里戈里耶维奇的女房东变成他的情人后，讲述了她参与造成乌克兰致命饥荒的过程。但这部小说不只是忏悔，还扩展为反思，反思了斯大林，反思了列宁，反思了他们和革命之前的俄国的关系。忏悔和反思服务于同一个目的，这个目的就是揭露苏联社会的弊端，提出否定的判决。《一切都在流动》才是直截了当地反对苏联的小说，这是苏斯洛夫过去对《人生和命运》的指控。

由列宁创立并由斯大林建设的国家现在进入了第三个阶段。在这最后的几年里，格罗斯曼终于宣称自己是苏联当局的敌人，终于成了苏斯洛夫判定的人，但在某种程度上甚至连苏斯洛夫都无法想象。

把《人生和命运》和这部书做一下比较亦很重要。格罗斯曼在《人生和命运》中对所有的历史哲学提出了质疑，在《一切都在流动》中提出了他自己的俄罗斯历史哲学；在《人生和命运》中让读者提出问题，在《一切都在流动》中让读者给予赞同；《人生和命运》中没有什么他的哲学主张，在《一切都在流动》中他提出了大量主张，提倡一种从来没有说清楚的自由观，这好像和以赛亚·伯林的消极自由概念很接近。他这时提倡的论点需要更多的论证，但他提供得不够翔实。实际上，他根本没有认识到自己会受到一个案件的牵连。（有关这个案件，可参阅维克托·塞尔日的

第一手证词，格罗斯曼的表妹娜德雅被指控为他的同谋。）[11]《一切都在　　261
流动》这部书的修辞很有力，但是辩论部分较弱，总体上表现了他的最终
立场。需要提醒的是，他在写作《人生和命运》的同时，已经开始写作
《一切都在流动》，但两者表现了非常不同的态度，再次表现出分裂的自
我。那么，格罗斯曼作为实践理性者，我们对他能做出什么结论？

　　我此前几乎没有谈过他在战争前后的日常生活状况、他与历任妻子、
他的女儿和其他家庭成员、他的朋友（他有一些很好的朋友）、他的合作
者的关系，更没有谈过他作为作家的日常生活结构以及他每天、每周、每
月的例行工作情况。格罗斯曼和其他所有人一样，其实践理性主要表现在
他如何度过了这些日常生活和是否维持了这些关系。人们对他的看法比较
稳定，对他的行为和交往形成了一定的期望，对他关心的事情也形成了一
定的看法。这是人们生活里普遍的相互关系。然而，在日常生活被打乱和
家庭关系以及其他关系被骚扰时，尤其被突发事件打乱和骚扰时，个人必
须思考并找出合理的行为方式，这样他们就会发现，也许是第一次发现，
他们的行为选择取决于他们的利益权衡，而且他们还必须决定这种利益权
衡是否需要修正。正是在这些时刻，主体的实践理性才变得显而易见，才
有可能被主体自己或他人评价。格罗斯曼一生经历了一些非常不同的或接
连不断的这样的时刻，这对他的人生产生了决定性的影响。

　　首先是斯大林政权的一些机构要求格罗斯曼给予支持与合作：先是他
表妹在 1933 年被捕后，格伯乌的特工审讯了他，接着让他以作家协会会
员的身份在 1938 年公审布哈林等人时呼吁对布哈林等人施加死刑，再接
着到 1953 年他又被指使出面呼吁死刑，这次是针对被指控有"医生阴谋"
的大夫。格罗斯曼的动机是什么？毫无疑问，这在某种程度上是害怕不这
样做的后果。但是，至少在他的大部分人生里，他认为应该做一名好的苏　　262
联公民，这对于他来说很重要。他相信自己的主要价值追求，如优秀的写
作和成功的作家，都是苏联国家所认可和支持的。因此，他接受一次又一
次的写作修改要求，以便作品能够出版。因此，他对阿赫马托娃和帕斯捷
尔纳克的遭遇显得漠不关心。他一方面按照职业生涯的需要去生活，另一
方面按照斯大林政权的需要去生活，他和数百万其他人一样没有什么理由
去选择别的生活方式。但这必然使他和那些人一样，不会提出某些问题，

只会封闭自己的思想，尽可能地防止某些可能发生的恶果。这也必然使他和那些人一样，不太关心真理、真相，不让实事求是的想法干扰自己的生活。

格罗斯曼从这一立场出发成为实践理性者。我们所有人，无论生活在什么时空里，成为实践理性者，都是从接受灌输和教育给我们的观点开始的，采纳提供给我们的观点是成为实践理性的起点。我们的差异取决于我们是否接受这些观点以及如何由此向前发展。1941 年 6 月 22 日和 7 月 7 日标识着格罗斯曼的第一次彻底改变。这两天分别是希特勒统治的德国入侵苏联和第十一装甲师抵达别尔季切夫，格罗斯曼已经不可能去营救自己的母亲。他这时才认识到，当初没有让母亲及其侄女来莫斯科居住的理由实在太渺小，虽然也不能说那些理由毫无分量。和绝大多数莫斯科人一样，他的居住空间很小、很狭窄，没有什么隐私，他的妻子不愿意让这个环境变得更糟，这是可以理解的。但在德国大兵压境时，他没有及时救助自己的家人，这导致了致命的后果。他这时才理解到，这是自己未能履行对母亲和家人的责任，这个责任最终是对所有死于纳粹之手的犹太人的责任，是对所有遭受了反犹太主义迫害的犹太人的责任，无论那些犹太人是德国人或苏联人，还是波兰或乌克兰人。他的这一决心非常重要、非常坚定，但在斯大林去世之前他的歇斯底里中，这个决心却失去了踪影，唯一的解释是，他害怕不这样做会对他和他的一切带来毁灭性后果，这种恐惧完全站得住脚。所以，从那时起，格罗斯曼决心尽快履行他对犹太死者的责任，把思辨付诸行动，为人们提供有关这场战争的真实描述。

263　　　我们在前文说过，格罗斯曼开始写作《人生和命运》时，就不再对自己的作品和观点含糊不清。但这种思想转变早在那些战争经历中就发生了，那些经历对后来的小说写作产生了巨大影响。正是在战争中，他发现人生要有一个压倒一切的目标，其他一切都要服从这个目标，那就是要取得胜利。那么，取得胜利，是战胜什么样的敌人呢？苏联战时的作品主要是把德国和德国人作为敌人，如伊利亚·爱伦堡的作品，但后来越来越多的作品把纳粹视为敌人。格罗斯曼逐渐认识到，纳粹确实是敌人，但纳粹只是人类邪恶的一种形态，唯有真实才能揭露各种形态的邪恶，因此要致力于探求真理和真相。因此，追求真实就成了格罗斯曼压倒一切的目标，成为他实践理性的主要前提。他在写作《人生和命运》的岁月里努力追求真实，却遭遇了巨大的障碍。

我们在前文已经指出，赫鲁晓夫等人只是否定了斯大林和斯大林主义的某些部分。当时哪些话允许说，哪些话不允许说，一些苏联思想家和作家花了很长时间才把握到这个分寸，就别说普通公民了。年轻的哲学家艾瓦尔德·伊里因科夫（Ewald Ilyenkov）1956 年出版了他的博士学位论文，主题是关于马克思《资本论》中从抽象上升到具体的方法，该论文的原创性和思想性为他赢得了当之无愧的声誉。但当他和一位同事质疑斯大林的辩证唯物主义概念时，他们立刻失去了在莫斯科国立大学的工作。这并不意味着他们学术生涯的终结。但是像其他类似事件一样，这对他们的同事已经足够形成一个警告，让他们知道在什么时候对什么人说什么话，哪些真话可以说，哪些真话不可以说，哪些真话永远不可以说。

格罗斯曼追求真理，在苏联公民中绝非独一无二，但他作为一名职业 264 作家，尤其是一名功成名就的作家，体现着独特的重要意义。他的目标不只是启发读者，让广大人民考虑和质疑他们的社会生活形式，思考善恶是怎样存在、发展和消亡的，这里包括实事求是的美德，他还要让读者知道这些问题都离不开对真理的探求。他能成功完成这项任务吗？答案显然是"不能"，这里有两种原因，其性质有所不同。20 世纪 60 年代苏联社会的政治条件决定了格罗斯曼肯定会被打败。就算这个条件发生很大的变化，格罗斯曼仍然不可能成功，除了在某个有限的方面。格罗斯曼求真心切，他那种残酷的自我反省在任何现代社会生活中都很难存在。所以，格罗斯曼不可能结束这个任务，只能是这个任务结束格罗斯曼的一生。

我这句话并不是说格罗斯曼知道自己的生命是这样结束的。他一生都是不满足和不快乐的人。尽管如此，现在的关键是他已经下定决心去完成一项任务，这项任务在他经历了沧桑和变故之后尤为重要，承载着他人生所有的意义和目的。这意味着他的实践理性把他的行为引向了目的，这些目的是他作为理性主体必须完成的。他所追求的这些目的为他的人生画上了句号，这在现代意义上不是幸福，但在亚里士多德的意义上是幸福。

5.3　桑德拉·戴·奥康纳

　　我主要是根据桑德拉·戴·奥康纳的司法论证和判决，认为她是一位实践理性者。我对她的关注点和法学理论者相比有很大的不同，我要考虑的是她的实践推理模式，这具体表现在她的思想和言行之中，表现在她在美国最高法院所做的判决之中，还要考虑她作为理性主体是如何成为一位这样的法官的。因此，我需要首先指出她作为理性主体所表现的两个显著特征。第一个特征是，至少在某些情况下，她没有把作为法官的事业追求放在第一位，而是放在了她生活的利益权衡中较低的位置。我这里尤其是指她在 2006 年 75 岁时决定从最高法院退休的事。这是她事先计划好的，目的是和丈夫能够像过去那样多待在一起，让户外活动重新成为生活的中心。不幸的是，她退休后不久，丈夫的阿尔茨海默病恶化，她只能专心照顾丈夫。她的意图和行为都表明，她在决策中能够把家庭和婚姻的利益放在应有的位置，而且有时是放在最高的位置。第二个特征是，人们在描述她时，都强调她的某些品德特点贯穿了一生，而且她经常把早年学会的技能恰到好处地用于解决后来的问题。

　　奥康纳的童年是在养牛农场度过的，这使她比较自立，乐于合作，意志坚强。她遇到问题时，只要弄清楚原因，就会很有效地解决问题。她有一个亲情融洽的家庭，从小接受的是美国圣公会的信仰，但她经常参加当地卫理公会的教堂活动。她似乎一生都坚持圣公会的信仰，没有动摇过。她在青少年时期就刻意做好自己的事，追求卓越，这在她后来的律师事务工作以及打高尔夫和桥牌中都能看出来。她聪明超常，拥有斯坦福大学的经济学和法学学位，能够理清思路，别人觉得庞大而棘手的问题，她能迎刃而解。她天生睿智，遇到障碍时总能另辟蹊径，即便当时不能实现目标，从长远来看也能实现自己的目标。她毕业时，在律师事务所找不到工作，因为当时对招聘妇女还有根深蒂固的偏见，她获得了加利福尼亚州圣马特奥县（San Mateo County）副检察长的职位，后来在第一个孩子出生后，和一位年轻律师成立了一个律师事务所。因为要照看孩子，所以她辞掉了律师事务所的工作。她在一些公民组织做过志愿者工作，这使她成为亚利桑那州凤凰城（Phoenix）的女生青年会的会长、共和党的选区工作人员、州助理检察长、州参议员议员和议会多数党领袖，最后成为法官，首先是马利科帕县（Maricopa County）高等法院法官，然后是亚利桑那州上诉法庭法官。她在律师工作和生活中耐心细致、冷静贤明、尊重他人，但有时义无反顾、毫不留情，这是有目共睹的。她如果想达到某个目标，就一定会有获取这个目标的良好理由，一定会有实现这个目标的合理行为。

因此，奥康纳追求的每个目标和她追求的其他目标是一致的，她在职业生涯的不同阶段需要克服而且知道如何克服对妇女的偏见，她对自己的角色认知和价值追求，无论作为律师、妻子和母亲、政治家，还是作为法官，都基本符合当时的社会观念，符合她所属社会阶层和收入群体的、与她教育背景相同的很多美国人的期望。她坚决主张妇女不应该受到歧视，这令人敬佩；同样令人敬佩的是，她坚决反对任何形式的种族歧视，所以她对瑟古德·马歇尔（Thurgood Marshall）反对种族歧视的耐心和勇气表示赞赏。[12]这些不仅是她个人的深切感受，而且体现了她的社会生活秩序的基本的共同价值观。这样看来，美国的历史是不平等的历史，但在不断的进步中走向民主、自由和平等；美国是实现这些理念的主体。当然，这里也有挫折和冲突，但"不同象征着进步的脚步，不满意味着社会放弃了旧事物而正在产生更好的新事物"[13]。这段历史就是奥康纳的社会背景，她知道自己的一生已经嵌入这个社会背景之中。这个社会的一个基本信念是，人类个体的繁荣取决于他们自己，但是人类繁荣所需的社会条件应该在美国的社会秩序中得到供给和保障。

有人可能会问：任何人成为美国最高法院大法官之后还会有不同的想法吗？实际上这种信念使人不能接受、更不可能赞同某些思想：美国事实上受制于经济、金融、政治和媒体的精英，他们通过特定的限制决定着人们在州和联邦选举中的投票选择；金钱影响着美国的政治生活，因此美国在某些方面并不是一个民主国家，而是一个富豪当政的国家；美国近几十年来一直在世界事务中充当着破坏性角色。我暂且不解释为什么不能接受这些思想，这里只强调无能为力。

在奥康纳和绝大多数美国人看来，美国的司法制度和美国的社会秩序

267　一样，表达了一种似乎毋庸置疑的价值观，这种价值观在司法推理和实践推理上一般都是可行的。然而，个人或公司在特定场合下追求的利益随着时间、地点和环境的变化确实有所不同，而且由于利益种类的不同，人们追求的某种利益最终可能会和另一种或多种利益互不相容。这就会产生冲突。在冲突面前，人们就要反思相关的基本原则，权衡每一种利益。这适用于司法推理，也适用于一般的实践推理。正是在这个探寻解答的过程中，奥康纳表现了其独特的实践推理和司法推理的模式。我想稍后再评论这种模式，这里先强调一下奥康纳的两个特征，这两个特征非常显著，好像奥康纳天生如此。

　　首先，她善于反思，但绝不是理论家。她很保守，但不像大多数美国保守主义人物，也不像美国最高法院的一些其他大法官，保守是态度，不是理论，那些理论左右不了她的司法推理或更寻常意义上的实践推理。其次，如前文所述，她的基本信仰非常牢固，不可置疑，这对她的具体判决肯定会有重大影响，她经常不会详细解释她认为理所当然的事情，这让有些批评者难以接受，会在意识形态上对她加以指责。我们看看这些特征在她关于“阿克伦市诉阿克伦生殖健康中心案”的意见中的表现，这是她任职初期关于堕胎的司法陈述，她持反对意见。在先前的“罗伊诉韦德案”中，法官的结论是，妇女在孕期的前三个月完全有权决定堕胎，但是随着妊娠的发展，国家有权决定应该还是不应该堕胎，这个权利高于妇女的那个权利。奥康纳对“罗伊诉韦德案”有两点异议。第一点异议是，孕期每三个月的划分反映了做判决时的医学科学的情况，现在要让相关原则合理地应用于具体案件，则需要考虑医学知识和技能的发展。这些相关原则是什么？一个原则是维护妇女的生育权，另一个原则是保护未出生孩子的生命。奥康纳对“罗伊诉韦德案”的第二点异议也说得很清楚，那就是要在两种利益和两种考量之间找到平衡，而不是在这两个对立的原则之间做出

268　决定。妇女维护她们的生育权，做出相关决定，这是合法权益。国家保护胎儿的生命和母亲的健康，这也是合法利益。对每一种考量的权衡，因案件的不同而发生变化，必须考虑到每个案件的特定情况和环境。

　　奥康纳的司法推理遵循着一定的模式。人们遇到困境或冲突时，通常涉及多个原则或多种考量。每个原则都有特定的善恶标准或利益权衡，需

要表现在具体的决策之中，并会产生冲突。因此，在遇到困境或冲突时，正确识别和分析具体的环境特征具有特殊的重要意义。没有这种识别和分析，我们就无法知道应该运用哪个相关原则。进行了这种识别和分析之后，我们才能恰当地权衡每种考量，摆平各方。这种能力的基础是良好的判断力。显然，这里不仅是一种司法推理模式，也是一种实践推理模式，我们对奥康纳的了解也都表明，这是她的实践推理的模式。奥康纳无论在公共演讲中，还是在出版的书籍和发表的文章中，总是能够意识到特定的观众对象或读者对象，知道怎么和他们交流，如儿童图书的小读者、有各种共同关注点的学生、政治对手、政治同僚等。对每一种人，她都有话语权，知道如何按照自己的思路把他们的关注点说出来。她讲的笑话能够非常到位，很精彩。

这种推论和辩论的模式无论在司法推理中还是在实践推理中都极具特色，特别是和其他模式相比，例如有些人把某些原则作为推理的大前提，认为这些前提是不能改变的，而且一旦运用于具体的案件，就应该足以解决这个案件。不考虑其他原则，就意味着这个案件不可能有其他解决方法。在奥康纳看来，应该反对这种坚守基本原则的观念。她同意"罗森伯格诉弗吉尼亚大学案"的判决，曾写道："当基本原则发生碰撞时，会检测固执己见的局限性，并暴露'大统一理论'的缺陷和危险，结果证明这个理论既不宏大，也不统一。"她所否定的，不仅是最高法院有些同事的观点，这既有自由主义也有保守主义，而且是在我们政治生活和道德生活的许多领域存在的一种实践推理模式。

这对于奥康纳来说很重要，因为这不仅要求我们的推理应该具有我所描述的那种结构，而且要求我们在辩论中应该表现出一定的美德。律师不应该把辩论当成战斗，这是交往和推论，目的在于通过调查研究发现真理，达成公正的结果。公民精神在这个过程中起着至关重要的作用。[14] 显然，她认为律师的思路应该和参与辩论的每个人保持一致。她之所以这样看待司法推理与实践推理，是因为她相信两者的某种根本思路是一致的，这就是她所谓的"美国人依靠深思熟虑，在变革中保持永恒的价值"[15]。深思熟虑的变革，无论在法庭上还是在个人生活中，都需要在特殊的情况下做出决策。如果出现错误，那一定要么是没有考虑某些情况或考虑不周，要么是没有权衡某些考量的重要性，造成观点偏颇。权衡在这里具有极其重要的意义。

在本书第三章，我认为占主流地位的现代性道德有一个特征，那就是人们选择和行为的理由来自各种各样的考量。不过，有些原则会把权利分配给某个阶级或这个阶级中的人，这样的原则有时容易和人们公认的幸福最大化原则、或促进经济发展的原则、或维护国家安全的原则发生冲突。我曾说过，人们有时表现为结果主义，有时又好像坚信权利不可侵犯，事情的结果却总是和他们的考量不一致。人们真的应该反思一下如何做出了这些选择，如何评价自己做出了这些选择。至少有些时候，也许是在一般情况下，人们的思路非常接近奥康纳。人们会研究每一种考量，在诸多考量中做出权衡。这里有两个问题，第一个问题是：如何决定哪些考量是相关的，哪些不是？第二个问题是：进行权衡的尺度是什么，也就是说，人们提出要求并得出实际结论的标准是什么？这是给人们提出的问题，也是给奥康纳提出的问题。

这些问题实际上是要求人们和奥康纳弄清楚哪些原则、哪些考量在具体的问题情境中是相关的。所有这些而且只有这些原则是争论中的各方为了论证自己观点的合理性而会采用的。譬如，现在有一伙人要决定如何使用一块不动产，这是一块较大的土地。当地社区居委会想买来用作公园。共同拥有这块土地的三位家庭成员意见不一：有人认为应该卖给社区居委会；有人认为应该卖给出价最高者，无论是谁，要用这笔钱支付自家孩子的教育费用；还有人认为这块地不该卖，要留作子孙后代的家庭财产。这里每个人都有自己的原则，在要求上有冲突，不同的考量指向不同的方向：当地社区的利益、孩子的利益（也许是孩子的权利）、家庭未来世代的利益、当地社区未来世代的利益。说白了，如果各方坚持自己的争论立场，要以牺牲其他利益为代价来实现自己的目的，这个冲突就是无法解决的。这在美国很有可能导致法律诉讼。（世界上80%的律师住在美国。）奥康纳的推理模式为法庭判决或日常生活提供了一个解决争议的方法。这个推理有两个关键。

第一个关键是，如前所述，她坚持认真分析具体案件的事实。针对我想象的这个案件，她肯定会考虑这块地的大小、适合哪些用途、当下和未来的市场价值、孩子的数量和年龄、为他们的教育所能提供的各种便利条件等。这些实际情况对于达成合理的解决方案具有直接的影响。第二个关键是，前文也说过，奥康纳会寻求一种可以尽可能权衡争议各方的价值、达成一种有限共识的解决方案。如果重视这一考量——虽然比对另一考量的重视多一点或少一点——能确保争议各方达成共识，即便是牵强的共识，那么这本身就是坚持应该重视每一个考量的一个理由。协商一致达成共识，便是一种巨大的利益。

我提出的这种解决两个或多个个体之间冲突的方式也适合于一些主体用来解决他们在一些具体情境中遇到的以下两难冲突：自己的一个原则所要求或赞成的行为是自己的另一个原则所否定的。人们一旦充分理解了自己的实际问题，就要反问自己哪种解决冲突的方式更有利于自己现在和将来的生活。这好像是他们寻求内在的共识。我这样说，当然不是直接引用奥康纳的话，而是我的发挥，当然也不能把我对她的立场假设和推论强加给她。但是，我们通过她的自传著作可以看出，这至少不违背她的实践推理和决策模式所表现的特征。人们以这种方式推理和选择，解决生活中的问题，就是权衡各种理由，这既有对方主张的理由（对方想让自己接受），也有自己主张的理由（自己想让对方接受）。我们并不难理解生活在一个社会中的人会表现出这样的实践推理。那么，这样做有什么问题吗？或可能会有什么问题吗？

值得注意的是，哪些信念是给定的和毋庸置疑的，以及它们在什么程度是给定的和毋庸置疑的：关于基本价值以及体现这些价值之制度的共同信念、社会上人们解决困境的诸多原则和信心、依附于社会共识的价值，还涉及一个前提，即社会确实有一套标准和尺度，能够让人们权衡每一个考量，尽管这套标准和尺度只是心领神会的。这个思维图式似乎不能脱离这些信念，不能站在外部的立场通过某种独立的标准对这些信念加以质疑。因此，遵循这个思维图式的人似乎被禁锢在自己的文化里。实际上是这样吗？

答案在我们对奥康纳的研究里可能是否定的，这根本不是一种文化禁锢，而是一个特定传统中的成员意识，这个传统和历史较长的政治保守主义非常相近。这个传统不仅尊重过去和当今建立的社会制度，把社会发展看成一脉相承的，而且深刻怀疑抽象的推论，依赖某种共同的偏见，在推理和判断上先入为主。如果这就是答案的话，那可能表明奥康纳的立场是一种伯克保守主义（Burkean conservatism）的美国版，这不是通过阅读伯克（Burke）的著作形成的（一个人不可能读了伯克的书就珍视自己的传统，这可以是某些理论动机，但根本不会成为伯克保守主义），而是受她的成长经历和导师的影响形成的。如果是这样的话，我认为这样就能解释奥康纳和其他自称为保守派的人之间的对立。大多数当代美国的保守派人士，包括她在最高法院的一些同事，都是比较坚定的理论家，对他们信奉的某些原则具有无条件的忠诚。她和他们之间的分歧源于南希·玛葳缇（Nancy Maveety）所谓的她"对僵硬的思想原则的反感"[16]。但现在出现的问题是：有人指责奥康纳被禁锢在自己的政治文化里，这个答案是否足以解除这种指责？

对于任何传统来讲，在需要批判性地审视自身的信念和实践时，都需要回答有什么资源可用的问题。若缺乏这种资源，就会不可避免地导致重大失败，让人们无法通过反思和改革去解决无法回避的问题，从而无法实现传统的复兴。许多传统在历史上遭遇过这种失败。事例不胜枚举，存在于宗教历史、建筑和其他工艺传统史、劳工运动和其他政治运动史甚至思想传统史、哲学和科学传统史之中。但有一种传统特别容易导致这种失败，这种传统在骨子里反对任何激进的自我批判，教育其追随者错误地把抽象的推论和对社会生活中具体问题的考虑对立起来。而这两者的关系恰恰是奥康纳的实践推理模式的前提。

然而，研究结果表明，对奥康纳被禁锢在自己的政治文化里的指责显然是错误的。因为她认为学习外国的司法经验是很重要的，而她的一些同事并不这样认为。她强调美国法起源于英国法，让人们知道美国在早期的司法实践中援引过英国的判例。"我们应该关注外国司法的创新，这经过嫁接修剪，也许能移植到我们的法律制度上。"[17]她主张有必要研究外国法律，这样美国法院才能适当地处理国际争端。这种学习他人的开放性令人敬佩，但在实际运行中着实有限。

我们没有机会对奥康纳的基本假设提出问题，如她司法推理和实践推理的前提原则是什么，她司法推理和实践推理的形式是什么。她不会接受任何有可能颠覆现存秩序的思想，无论这些思想出自何处。但是，她关于美国司法制度之历史和社会背景的讨论没有涉及任何严重的不平等问题，如金融、教育、政治和法律的不平等，不平等的政治原因在于精英统治，这些都是事实，是资本主义经济秩序使然。正是基于这种意识，她才把伯克保守主义的思想当作自己的绝缘外衣。这并不否认她是近来让人们比较敬佩的最高法院大法官，也不否认她的许多判决受到了理性主体的欢迎。这是说，她作为司法推理者和实践理性者都不可避免地具有政治局限性，这表现在她的许多活动中。

5.4 C. L. R. 詹姆斯

从理性主体的立场上看，人生都会出错，都有局限。这句话没有新意，甚至有点陈词滥调，但在评价具体的人生时仍然需要记住。我讲格罗斯曼的故事，强调了源自重大理论信仰的错误；讲奥康纳的故事，强调了关注具体方面的局限性。然而，这两个都是关于不同寻常的事业成功的故事，显示了卓越的专业技能的运用；两个故事的主人公都在人生中实现了各种不同性质的利益追求和成功，既有个体利益又有共同利益；他们之所以能够做到这一点，是因为他们知道如何在具体选择的场合下做出权衡。这里就出现了问题：当他们进行这种权衡时，在从理论前提到实践结论的辩论中，他们各自诉诸了什么标准，各自的利益尺度是什么？这种权衡意味着他们人生中的什么倾向，每种活动指向的目的是什么？

他们都没有明确地阐释这些问题的具体答案，这并不令人吃惊，因为没有人会有这种明确的人生答案，即便是那些表达能力按说应该很强的人，如格罗斯曼和奥康纳。格罗斯曼变得越来越愤世嫉俗，不但怀疑苏联马克思主义，而且怀疑任何声称增加人类利益的理论主张。奥康纳基本上反对一刀切的做法，认为每个案件都要具体问题具体分析。可以说，他们都没有一个理论立场，但做事都深思熟虑。然而，正因为他们不能明确地阐释如何指向和超越自己人生中特定的、有限的目标，所以都不能对自己的思考模式提出疑问。他们实践思维中的这两个方面有关联吗？他们的局限性是否来自他们对理论的反感？起初从表面上看，答案或许是否定的，因为人们在日常生活中遇到困惑时，一般不需要依靠某种理论。我们即便不成为伯克的追随者也能认识到，有些人沉迷于理论反思但却在实践生活中误入歧途。但这也许是因为让人们出错的理论是有缺陷的理论。有些人在举例反对理论的意义时能够令人信服，这也许是因为他们的举例是经过筛选的。无论是哪种可能，我都想先记住这个问题，现在讲述第三个人生故事，这是 C. L. R. 詹姆斯的故事。

詹姆斯受益于两种教育。第一种教育来自当时英国直辖殖民地特立尼达首都西班牙港（Port of Spain）的女王皇家学院的教师；教师们传承了英国公学的精神和传统，促进了詹姆斯所期盼的对英国文学和板球的热爱。第二种教育来自那些追随托洛茨基的马克思主义者，他们后来成立了"第四国际"。这两种教育和詹姆斯的发展息息相关，渗透在他以后的实践推理模式之中。但是，如果没有他早期的成长和教养，这两种教育就不会发生作用。詹姆斯出生在图纳普纳（Tunapuna），这是离西班牙港 8 英里的一个小镇。他的祖先是非洲奴隶，他祖父的表姐南希（Nancy）曾讲述过自己在 1834 年解放之前做家奴的故事。他父亲的家里信奉圣公会，母亲家里则信奉卫斯理教派。他母亲非常喜欢读书，大概相信开卷有益，所以阅读了狄更斯（Dickens）、斯科特（Scott）、萨克雷（Thackeray）和莎士比亚的著作，她把喜欢阅读的习惯传给了詹姆斯。他父亲是学校老师，给他买书。同时，詹姆斯和其他几乎每个特立尼达的小男孩一样，把当地擅长板球的青年人当成自己的英雄。他希望长大像他们那样潇洒。在他获得女王皇家学院的奖学金时（他是史上年龄最小的获奖男孩），他不但开始学习有助于丰富生活的板球和文学，而且开始研究它们之间的关系。他后来认识到，自我约束是成功的关键，这是家人、学校老师和板球队员们教诲的结果。

他后来认为自己的家教属于清教主义，最典型的例证是他姑妈朱迪思（Judith），她对任何粗心大意和自我放纵都不能容忍，要求必须自尊和关心他人。学校灌输的是英国公学的精神，这是托马斯·阿诺德（Thomas Arnold）的理解；文学方面研究了伟大的文学作品之精华，这是马修·阿诺德的理解。板球最基本的要求是追求卓越的激情和对游戏规则的共同尊重。这三种教养都要求杜绝欺骗和可耻的行为。60 年后，詹姆斯问：

"我，一个殖民地人打板球的经历和我姑妈朱迪思有什么联系？答案存在于一词之义：清教主义；更具体地说是节制，即个人意义上的节制。"这种节制的学习不仅来自他母亲和姑妈、学校老师和板球场，也来自他阅读的英国文学。[18]节制作为一种品德特征，在实践推理中具有重要意义。

节制是必要的，一个人如果有能力反思自己的欲望，就能及时对欲望的任何对象提出问题：我有那个欲望，但有没有良好的理由呢？詹姆斯青少年期的品德显然具有双重特征：一方面鼓励他有各种欲望，享受家庭生活、学术成绩和板球运动带来的好处，还有更大、更美好的愿望；另一方面则教育他养成节制和辨别是非的美德。没有节制的欲望和享受会破坏德性，没有快乐的自我节制也会破坏德性。詹姆斯的家人和老师为他提供了非常好的教养与成长环境。

詹姆斯写道："我，一个殖民地人"。非洲后裔的特立尼达人大概占特立尼达人口的五分之二，印度后裔（东印度、契约劳工的后裔）大约占三分之一，其余是混合种族的人，还有非常少数但拥有财富和特权的白人。詹姆斯经常投身于反对种族隔阂和种族偏见的斗争中，但他在女王皇家学院时，无论作为学生还是后来作为教师，似乎都没有经历过种族歧视。他在觉醒中早就认识到自己是第三世界受剥削的一员，而且是这个庞大的阶级中非常善于表达的一员。为了得到相关的理论武装，他必须成为一位马克思主义者。

他31岁时离开特立尼达去英格兰，希望成为一名小说家。（他已经出版了两部小说）。他应邀住在朋友家，这位朋友是特立尼达的板球运动员，名叫李瑞·康斯坦丁（Learie Constantine），住在兰开夏郡（Lancashire）的纳尔逊（Nelson）纺织城。康斯坦丁曾在1928年的系列板球对抗赛中为西印度群岛对阵英格兰，而后在英格兰成为专业的板球运动员，在兰开夏联赛中代表纳尔逊。这个联赛成立于1892年，各队代表兰开夏郡的中小城镇，各队球员是普通工人，但各队要聘请一名专业球员，经常是很出色的板球运动员。这样，詹姆斯就住在了英国社会工人阶级的家里，参与当地的社会生活和政治生活，并见过一些政治激进分子，见证了1932年的兰开夏郡棉纺工人大罢工，也许还阅读了马克思的著作。他在纳尔逊期间仍然致力于为特立尼达做贡献，出版了《希普利亚尼上校的一生：关于

276

英国政府在西印度群岛的报道》（*The Life of Captain Cipriani：An Account of British Government in the West Indies*），这部书的三章后来修改成一本小册子，名为《西印度群岛自治的案例》（*The Case for West-Indian Self-Government*），由伦纳德（Leonard）及弗吉尼亚·伍尔夫的霍加斯出版社（Hogarth）出版。[亚瑟·安德鲁·希普利亚尼（Arthur Andrew Cipriani）曾经是军官，拥护工会，是西班牙港的社会主义市长，极其反对英国在特立尼达的殖民统治。]

康斯坦丁最初的想法是让詹姆斯帮他写传记。康斯坦丁却帮詹姆斯得到了一份后者非常想要的工作，给《曼彻斯特卫报》（*Manchester Guardian*）写关于板球的报道，当时主要的板球记者是内维尔·卡杜斯（Neville Cardus），他对重大赛事往往力不从心，詹姆斯则帮助他完成报道。卡杜斯比詹姆斯大 11 岁，他一方面是詹姆斯学习的榜样，另一方面则不为詹姆斯所接受。卡杜斯像詹姆斯一样对两件事有激情，一件事是板球，另一件事是古典音乐。无论关于板球还是关于古典音乐，他都给《曼彻斯特卫报》写了非常出色的文章。但不同于詹姆斯的是，他把生活和激情隔离开来了。詹姆斯认为板球和文学都是高级形式的艺术，甚至认为不理解这一点的人就无法理解艺术。卡杜斯则认为板球不过是老百姓的娱乐活动，音乐才是受过教育的社会精英所享受的艺术。詹姆斯很钦佩卡杜斯的写作，但认为卡杜斯在理解板球、音乐和普通劳动人民的能力及情感方面具有严重的局限性。

詹姆斯得到新的工作后决定搬到伦敦去。他住在布卢姆茨伯里（Bloomsbury），到"学生运动之家"听讲座和参加会议，这里聚集着来自世界许多地区的学生，他也经常光顾拉尔（Lahr）的激进书店。在布卢姆茨伯里的文学界，他见到了伍尔夫夫妇和伊迪丝·席特维尔（Edith Sitwell）；在伦敦政界，他遇到了各种人物。前者让他确信了对英国文学传统的认同，后者则让他确认自己已经是一位马克思主义者，并属于托洛茨基派。那么，在 1934 年的伦敦，托洛茨基分子意味着什么？首先要对世界范围的危机做出具体的诊断，这在 1929 年的股市崩溃和随后的经济大萧条之中变得非常明显。这场危机表现在经济、政治和文化等层面，但关键是要理解它们之间的关系。工人阶级是潜在的革命力量，但在各国遭到一系列失败，而法西斯主义、纳粹主义和日本军国主义等反动势力却强大起来。当时需要在进步运动中结成牢固而有原则的联盟，抵制那些反动势力，创建或重建自觉的、革命的工人阶级，接受先锋队党的指导和领导。

然而，要成为托洛茨基分子，并不只是同意托洛茨基的这些政治结论，更是要认识到只有马克思主义才提供了理解当代世界的钥匙，并通过这把钥匙的理性论证才得出了这些结论。因此，托洛茨基派致力于教育工友们掌握马克思主义观点。詹姆斯则不仅忙碌于日常的政治活动，还要进行阅读和思考，探索他早年的激情和信念与现在拥护的那种马克思主义之间的关系。实际上，他能够向马克思学习并有所获得，和早年老师的教诲有关键性的联系。他后来写道："是萨克雷，不是马克思，对我的影响作用最大。"[19]因为他首先是从萨克雷以及其他19世纪的小说家那里了解到那些关于社会阶级和经济依赖的事实，马克思的理论则抓住了这些问题并进行了明确的阐释。随着他的思想的发展，他认为小说家的见解和理论家的分析可以相互补充。两者从一开始就对他的活动产生了很大的影响，而他的活动又是如此广泛！

詹姆斯最初所属的托洛茨基派在独立工党（ILP）内部工作，所以他日常参与的政治活动包括马克思主义小组和独立工党的一般政治任务：定期出席会议、贩卖报纸和小册子、为独立工党的《新领袖》（*New Leader*）写文章、拉选票、支持当地的罢工行动、不断地争论和辩论。埃塞俄比亚于1935年被墨索里尼侵略后，他和其他非洲人一起动员支援埃塞俄比亚，这使他越来越多地参与到"泛非"（PanAfrican）事业中，成为"国际非洲事务局"时事通讯的编辑。该事务局的负责人是他的朋友——乔治·帕德莫尔（George Padmore）。除了这些工作，他还要继续为《曼彻斯特卫报》工作。詹姆斯在1934年离开纳尔逊去伦敦之前不久，拒绝了在兰开夏联赛参加职业比赛的机会，他终于放弃了想成为板球运动员的想法，但这使他更重视关于板球的写作。他1934年在《曼彻斯特卫报》发表了49篇关于板球比赛的报道，1935年发表了52篇。他停止为《曼彻斯特卫报》写板球报道后，便给《格拉斯哥先驱报》（*Glasgow Herald*）写板球报道。他的个人生活较为复杂。他在生活中对知识女性具有吸引力，和他有关系的妇女常常对他的狂妄自大感到困惑，并为之而恼怒。（他离开特立尼达时，第一段婚姻已经破裂。）

1936 年，他发表了《薄荷小巷》（*Minty Ally*），这是他在特立尼达写的最后一部小说；1937 年，他发表了《世界革命的 1917 到 1936：共产国际的兴衰》（*World Revolution 1917–1936：The Rise and Fall of the Communist International*），这是他对斯大林主义的政治谴责；1938 年，他发表了《黑人反抗史》（*A History of Negro Revolt*），这部著作篇幅很短，但存在的时间会很长。这一时期对詹姆斯影响较大的谈话是和乔治·帕德莫尔的谈话，他和詹姆斯在特立尼达从小就是朋友，后来又在"学生运动之家"相遇。帕德莫尔早就加入了共产党，他在 1935 年与斯大林主义决裂之前，曾在莫斯科为"赤色职工国际"工作。帕德莫尔成为"泛非主义"的主要理论家，他在伦敦成立了非洲局，为所有从事解放斗争的人提供了一个联络地点，无论这些人在非洲，还是游移于世界其他地方。詹姆斯为其编辑杂志，花费了一些功夫，但仍然坚持完成了自己重大、辉煌的历史性作品《黑人雅各宾派：杜桑·卢维杜尔和圣多明戈革命》（*The Black Jacobins：Toussaint L'Ouverture and the San Domingo Revolution*）。[20]詹姆斯最初把这部作品写成了三幕剧，1936 年在伦敦演出时，保罗·罗伯逊（Paul Robeson）扮演主角。

詹姆斯所讲的故事很清晰，令人印象深刻，但故事的情节较为复杂，有三个部分：第一部分是关于圣多明各（San Domingo）法属殖民地的非洲奴隶在 18 世纪 90 年代进行的反抗运动，他们声称应该拥有和法国革命者所要求的同样的权利；第二部分是关于那些革命者在大多数情况下都不认可奴隶们主张的正义，因为他们对财产权利的重视使得他们根本不尊重人的权利；第三部分是关于杜桑·卢维杜尔（Toussaint L'Ouverture）作为军人和超越军人的领袖的出现，他使非洲同胞能够团结起来成为自由和自我解放的人类，但他遭到背叛、监禁，并死于拿破仑之手。詹姆斯所讲的故事强调奴隶们从非洲带来的文化的丰富性，认为他们争取自由的斗争所激发的潜在性超越了他们自己和他人的想象。他们通过行动证明，他们取得了巨大的变化和发展。詹姆斯所讲的故事也描述了失败，描述了自私的野心带来的破坏，也分析了当时产生这些问题的经济条件和社会条件。

他的写作不但照顾了历史，也察看了应得的教训（这教训来自那些在 20 世纪 30 年代和他一起从事政治斗争的人），即非洲和非洲人，无论在非洲还是在西印度群岛，都只有以自己的方式，在自己的领导下，才能实现自身的潜在性，过上自由的、具有创造性的生活。

詹姆斯过去在《黑人雅各宾派：杜桑·卢维杜尔和圣多明戈革命》中表达的观点，在部分意义上界定了他自己的未来。因此，这里有必要探讨詹姆斯这一时期的日常实践推理和他的历史研究之间的关系。他的活动形式在很大（虽然不是全部）程度上是受其政治信仰的影响而形成的。詹姆斯脱离独立工党后，加入了那些托洛茨基分子创建的革命社会主义同盟，该同盟把自己视为列宁主义先锋队党的核心，是有纪律的积极分子。党员身份对詹姆斯的要求似乎和他的个人生活没有什么关系或冲突。他离开特立尼达时，他的第一段婚姻已经结束，并且他不能或不愿意维持他在英国结识的诸多关系。他认为自己主要应该做三件事情：从某种意义上看，他为了生计要像作家和历史学家那样写作，要在这些活动中做出卓越的成绩，要推进社会主义革命事业，这要符合托洛茨基派的定义并接受其指示。在相当一段时间内，他的这三件事情并不矛盾，更谈不上相互排斥。他通过写作谋生，写的内容大体上是他认为需要写的，只有写作才能表现卓越，他认为作家的价值就是提高人类的素质和成就，他相信通过一场社会主义革命造就的社会能够产生同样的效果。

他当时的推理和许多马克思主义者一样，是一种"手段-目的"的推 *280* 理。他的一些活动之所以有意义和价值，仅仅是因为它们是实现社会主义革命之目的的手段。他的一些其他活动本身就有价值，不过这也是因为它们为社会主义革命事业做出了贡献。还有一些活动的价值在于有利于他维持生计，这有利于他成为更好的作家和革命的社会主义者。可见，这种基于理论的利益权衡指导着他的活动，从表面上看很简单，实际上隐含着他的文化传承和性格的复杂性。但是，影响这种权衡的理论有两个方面的缺陷。詹姆斯后来很快就发现，一方面的缺陷是关于正确理解马克思主义理论的标准，另一方面的缺陷就像其他版本的马克思主义理论一样，是关于人类利益的概念。

詹姆斯在不同的阶段发现，20 世纪 30 年代的托洛茨基主义作为马克思主义理论的一个版本是有缺陷的。1938年，他接受了美国社会主义工人党（SWP）的邀请在全美做巡回演讲，帮助将黑人工人组织起来。他访问了墨西哥，并与托洛茨基会面。他从墨西哥返回后，一直留在美国，直到1953年被驱逐出境。在这差不多15年里，他积极参与社会主义工人党内部的争论，参与从该党分离出来的团体里的争论。正是在这些争论的过程中，他关于如何成为马克思主义者的观念发生了变化。詹姆斯和托洛茨基的第一个重大分歧关乎他们1940年见面时讨论过的一个问题，即黑人解放团体和先锋队党的关系问题。托洛茨基认为，黑人工人是具有潜在性的革命工人阶级的一部分，在党的领导下才能实现这种潜在性。詹姆斯则认为，像"泛非"这样特定的黑人运动必须是独立的，具有自己的领导形式。但这还不算完。

当詹姆斯回到美国时，他发现自己和美国社会主义工人党的少数派意见一致，这些少数派拒绝了托洛茨基的观点，即苏联仍然是工人政权国家，即使在斯大林时代发生了扭曲，他们仍然有义务为苏联辩护。持这种观点的代表人物是托洛茨基的前秘书雷娅·杜娜叶夫斯卡娅（Raya Du-nayevskaya），詹姆斯和她结成了同盟。当时要用化名来欺骗联邦调查局（FBI）打入党内的线人，詹姆斯在党内的化名是"约翰逊"，杜娜叶夫斯卡娅的化名是"福瑞斯特"，所以他们一帮人就被称为"约翰逊-福瑞斯特派"。他们内部的争论与托洛茨基的政治立场产生了更加尖锐的分歧，最终导致杜娜叶夫斯卡娅和詹姆斯两人都脱离了托洛茨基派，不再参与相关运动。他们当时放弃的整个观念是：先锋队党作为被剥削者的领袖和导师，要为被剥削者提供目标的话语和定义，这是他们自己无法提供的。他们当时坚持的观点是：被剥削者必须用自己的话语为自己说话，这些话语具有多元性，出自他们不同的文化传统，而且被剥削者必须定义他们自己的目标。马克思主义者的任务是成为这些对话交流的参与者，并为实现这些目标而努力。

出人意料的是，杜娜叶夫斯卡娅和詹姆斯都没有在这个转变中拒绝列宁主义，因为他们接受并支持列宁思想中的一个部分，而这一部分在随后的列宁主义甚至托洛茨基的列宁主义中都遭到了压制。根据列宁在《国家与革命》和苏联革命后的辩论中的观点，没有哪个政党能够带来革命性的变革，除非这个政党能够把工人们自发的自我组织放在首位，并学习那些工人和其他被压迫人民的经验。[21] 因此，政治活动必须是草根活动，能够与所有反抗剥削的人对话交流，无论这些人在美洲的工厂、矿山和农场，还是在非洲或西印度群岛的这些地方，而且要帮助他们思考和设定自己的目标。这不仅需要关于他们的知识，而且需要在思想上认可他们，因为他们作为特定的人群往往具有丰富的文化遗产，而他们的话语在世界的精英文化中却往往得不到倾听。这还需要更好地理解发展中的资本主义，在这样的资本主义社会，政府机构和私人资本的关系正在发生改变。这种观点和视角从此影响着詹姆斯的政治议题。

　　他当然坚信马克思主义，他实践推理的结构也没有变化。但是，正如前文指出的，马克思主义从开始就在理解人类利益的问题上存在缺陷。马克思揭示的是那些妨碍人类繁荣和妨碍实现人类利益的障碍，这是资本主义经济造成的。马克思主义者进一步确认了这些妨碍人类繁荣的障碍，并认为这些障碍是 19 世纪和 20 世纪帝国主义的特征。那些被剥削、被剥夺自由的人肯定会进行反对资本主义和帝国主义的斗争，他们不仅遵循马克思主义者的理论，而且相信各种形式的阶级斗争的历史。但如果有人在资本主义和帝国主义的社会秩序中能够很好地满足自己及家人的生活，他就可能发问："我为什么要赞成反对资本主义或帝国主义的斗争？我为什么应该追求这一斗争的目标，而不是追求其他各种利益？"马克思主义者经常发现自己的措辞贫乏，这只是因为他们没有适当的答案。马克思谴责抽象的道德主义，所以答案不能诉诸仁慈或慷慨。诉诸提问者的自身利益，显然也不恰当。因此，马克思主义经常看起来像某种粗糙的边沁功利主义，要求人们实现最大多数人的最大幸福，从而获得自己的福祉。但是马克思早已拒绝了边沁哲学，马克思主义者在这里往往保持沉默或更改这个问题。

　　还有一组密切相关的问题，他们也没有提过：如果斗争是为了用更人性化的、对我有利的秩序来代替资本主义和帝国主义，那么我需要成为什么样的人？如果我在某些情况下不能接受腐败，那么我需要何种美德？这些问题对于那些跟随托洛茨基的人来说显然很重要，这有两个原因。首先，十月革命的前奏史、十月革命本身的历史以及随后背叛的历史都具有

282

戏剧性，这种戏剧性历史从其关键部分来看是一种截然不同的人物之间的冲突史，发生冲突的每个人都有自己的善恶观：列宁反对马尔托夫（Marto）、列宁反对托洛茨基、什利亚普尼科夫（Shlyapnikov）反对列宁和托洛茨基、斯大林反对列宁的其他继承人。产生了托洛茨基主义的历史就是一段道德史。其次，托洛茨基派运动的内部生活诱发了扭曲和腐败。一方面要求自我牺牲、自我约束、勇气、慷慨合作、耐心和某种实践智慧；另一方面却让一些成员不能容忍其他观点，自高自大，总以为自己正确而沾沾自喜，腐败到在集团内部和集团之间以玩弄权势为乐。

詹姆斯没有这些缺点。他很幸运，能够一路实现自己的各种目标，甚至无须自问要做一个什么样的人，这个问题关乎能否继续把那些利益追求在自己的人生中整合一致，这是在人生的不同境遇中都会面临的问题。他到美国之后，很快遇到了一位年轻的女演员，她叫康斯坦斯·韦伯（Constance Webb），是一位坚定而积极的社会主义者。当时她 18 岁，他 37 岁。1945 年，他们再次相遇，那时两人都在纽约。1938 年至 1945 年，詹姆斯和她的往来书信超过 200 封，这是他们在 1946 年结婚之前非同寻常的序幕。在他们书信往来期间，韦伯作为演员获得了惊人的成功，曾给萨尔瓦多·达利（Salvador Dali）做过模特，继续从事社会主义政治运动，经历了第一段婚姻的失败。她在 1943 年的一封信中提出了她应该过什么样的生活的问题。詹姆斯的答复具有一定的指导性。他对她说，她认为自己的做法是一种偏执的虔诚，这是她内心强烈情感的表现，必须表现出来："人生重要的是要过你的生活，要表达你自己，只要这不是卑鄙下流的生活。"[22]

当她不确定应该做哪些事情时，他给她写信说："一些伪马克思主义者在打你的主意，告诉你应该入党，在工厂工作。让他们滚蛋吧，如此而已。"詹姆斯继续写道，他自己经过努力成了一名作家，"感谢上天，我终于有所成就，但身边很多人还在漫无目的地挣扎"。这里值得注意的是，詹姆斯一再强调：要表现我们内心涌动的强烈情感，表现对于多数人来说"被资本主义扼杀"的生活。这在某些人如他和韦伯那里有了一些突破。詹姆斯坚持认为一个人应该相信自己的情感，这可能是接受了 D. H. 劳伦斯的观点，实际上他不是劳伦斯的追随者，但这里引发的问题同样也是针对劳伦斯的问题：一个人应该相信什么样的情感，一个人应该提防什么样的情感？詹姆斯不会提出这个问题，他对自己的实践判断充满了信心，这是他内心世界的表达。这也让我们有必要重新认识詹姆斯是什么样的实践理性者。

我在前文谈过，有一种推理模式似乎在他的选择中起了支配作用。他向韦伯清楚地表明，他自己总是诉诸理性，因为只有诉诸理性才能表达他的情感和态度。詹姆斯展现给韦伯的显然是一个能够客观地进行实践推理的人，也就是说，任何人在他那种情况下像他那样行为，都会成为优秀的作家，或者都会促进社会主义革命事业，所以他才应该那样做，这表达了他对自己情感的基本信任，呈现出第一人称的推理形式：这是我的感受，所以我才会采取这种行动。这就产生了进一步的问题：詹姆斯当时真的了解自己吗？他其实是否只是把自己看成了想象的自己？这在他人生的继续发展中会有一个答案。 284

他和韦伯的婚姻在五年后结束，也许是因为詹姆斯和别的女性有染，但也许是因为他在两人的关系中总是发号施令，这在他的其他关系中表现明显。其他方面，他的政治活动和文学活动仍在持续，没有太大变化，直到 1953 年他被拘留和驱逐出境，表面上的原因是他没有更新签证，他的滞留期确实超过了签证上的日期。但詹姆斯和其他人则认为，他的被捕不过再一次体现了美国在反对苏联的冷战时期对所有共产党人的迫害，这包含斯大林主义者、托洛茨基分子、后托洛茨基分子等。虽然对于苏联政府来说，詹姆斯和他的政治盟友才是最有原则的、顽固不化的敌人，但詹姆斯并没有以此为据来抗议被驱逐出境。

詹姆斯在美国的最后一年撰写了关于赫尔曼·梅尔维尔（Herman Melville）的研究——《水手、叛逆和漂流：赫尔曼·梅尔维尔的故事与我们生活的世界》（*Mariners，Renegades and Castaways：The Story of Herman Melville and the World We Live In*）。该著作在纽约非公开出版，当詹姆斯被拘留在埃利斯岛（Ellis Island）上时，他安排送给参议院议员每人一本。为什么？詹姆斯当时的判断是，必须让人们知道他深入研究了美国文化和美国历史。美国文化史上有三个关键时期，代表人物是惠特曼（Whitman）、梅尔维尔和 20 世纪伟大的电影人。惠特曼是一位民主个人主义诗人，这在当时代表了美国人的独特性，对于每个人都具有重要意义。他在"平等和英雄的个人成功的土地"上摆出了反叛者的姿态，但不知道反叛什么。他从未理解到个人主义的局限性和潜在危险，所以他的成功是有限的，确实是诗意上的成功，其现实性在于，他"确信个人的价值存在于个人的工作、娱乐和生活的各个方面，强调个人只有和自己平等的其他个人在一起才能得到最充分的表现"[23]。其局限性在于，他未能认识到个人主义所采取的经济形式、社会形式和政治形式在根本上不利于这些价值。惠特曼未能理解的东西，在梅尔维尔或至少写作《白鲸记》(*Moby Dick*) 的梅尔维尔那里得到了理解。

梅尔维尔和惠特曼不一样，他能准确地描述"社会环境中的个人、他们所做的工作、他们与其他人的关系"[24]。所以，他能理解猖獗的个人主义对人与人之间、人与自然世界之间的关系的破坏性威胁，并通过小说的形式将之呈现在他对梅尔维尔的评价中，"通过小说的形式"是一个要点。詹姆斯赞赏梅尔维尔是一位伟大的艺术家，他认为艺术家需要更多交流和表达，而不是像社会学家和经济学家那样从事研究。此外，要充分理解个人主义，我们就像需要社会学家和经济学家那样需要小说家，小说家的对象可以是那些无法听到社会学家或经济学家发声的人，尽管在 20 世纪中期那些最有力地谈论人类状况的艺术家不再是小说家："艺术创作从埃斯库罗斯与莎士比亚的伟大传统中延续成今天的电影，如 D. W. 格里菲斯 (D. W. Griffith)、查理·卓别林 (Charlie Chaplin)、爱森斯坦 (Eisenstein)。"[25]这是詹姆斯在离开美国前后的一段时间内发展起来的思路。

他为什么把他关于梅尔维尔的书送给参议院的议员？詹姆斯并不习惯空洞的戏剧性姿态，他肯定知道这种大量邮寄不能阻止他被驱逐出境。他这样做，是为了让人们知道，他对于美国和美国文化的重要意义在当时的政治对话中做出了主要贡献，这既有利于美国人，也有利于其他人，他的这份努力应该得到承认。这是他返回英国之前最后的政治行动，而英国从他离开之时起就已发生了巨大的变化。面对这样的一些变化，他不得不认真考虑，但起初有点不知所措，没有把握如何继续下去。格蕾丝·李 (Grace Lee)——他在美国时的政治盟友——在伦敦拜访他时发现，他"无所适从，正在寻找出路"[26]。乔治·帕德莫尔也是如此。这让詹姆斯觉得形单影只，他不得不有所妥协，既要适应环境，也要调节自己，后者比前者花费了更长的时间。

有两个社会政治变化非常重要，对于詹姆斯来说意义非常重大。1948年，西印度群岛人开始从加勒比海向英国大规模移民。到1962年，移民人数约达25万。在一些城市地区，包括伦敦，形成了西印度群岛人的社区，这使文化生活变得丰富多彩，尽管出现了经济困难和充满敌意的歧视。英国广播公司播出了一个电台节目"加勒比之音"，节目主持人曾一度是特立尼达人 V. S. 奈保尔（V. S. Naipaul）。从1950年开始，伦敦出版商便经常出版西印度群岛作家的小说。[27] 加勒比地区成为英国的一种新面貌，而加勒比地区本身的政治变革也正在逼近。

大多数英属殖民地要求民主自治，开展了强大的运动，英国政府也希望通过谈判有序地进行权力转移。问题是：新的政治秩序应该采取什么样的形式？英国政府和詹姆斯都强烈赞成西印度群岛联邦，1958年1月这个联邦应运而生，包括特立尼达和多巴哥（Trinidad and Tobago）、牙买加（Jamaica）、巴巴多斯（Barbados）和许多其他小岛。詹姆斯回到特立尼达，成为《国家》（*The Nation*）的编辑，这是新执政的人民民族运动党（PNM）的报纸。但不久，他和该运动的领导层发生了争执，因为在詹姆斯看来，脱离殖民统治的独立或独立后的尽快改革固然重要，但前进的方向更加重要。关于这个方向的问题，詹姆斯在某种程度上受到了乔治·帕德莫尔的影响。

詹姆斯很早就让夸梅·恩克鲁玛（Kwame Nkrumah）和帕德莫尔取得了联系，帕德莫尔的泛非主义观念激发了恩克鲁玛的政治思想。恩克鲁玛在加纳（Ghana）取得政权后，帕德莫尔成为他身边最亲密的顾问。詹姆斯1957年访问加纳，他把加纳人奋斗的成就和局限作为加勒比地区政治思考的例证。加勒比地区的人们需要接受教育，对他们独特的文化传承形成强烈的共同感，这样他们就能以同样独特的方式为世界秩序的革命性变革做出贡献。摆脱帝国主义统治的独立是走向这种变革的必要的一步，但独立必须产生新型的政治。这在加纳和特立尼达都没有实现。詹姆斯与埃里克·威廉姆斯（Eric Williams）以及人民民族运动党其他领导人发生争执的直接问题是，他们反对西印度群岛联邦，该联邦在1962年分裂，

287 特立尼达和多巴哥成为独立国家。詹姆斯辞去作为《国家》报编辑的工作，回到了英国。但他和威廉姆斯的冲突远远超出了对某一个问题的分歧。

　　在加纳和特立尼达与在其他地方一样，独立后的国家政权形式都忠实地复制了殖民地政府的结构。新的黑人精英取代了其殖民地的前任，新的政治论调取代了旧帝国主义和家长统治式的论调，但统治者和被统治者的关系竟然没有变化。特立尼达的新统治者没有考虑为特立尼达的工人与农民提供文化教育和政治教育，但这是他们改变生活所必需的。帕德莫尔和威廉姆斯早已准备接掌任何形式的政权，只要得到就行。詹姆斯敬佩他们的奉献、毅力和手段，但和他们不同的是，他认为摆脱帝国主义列强的政治独立只有继续进行彻底的社会变革，建设一个新社会，才具有意义。帕德莫尔和威廉姆斯欣赏作为历史学家的詹姆斯，但认为他的理论思想顽固，在政治上行不通。帕德莫尔曾轻蔑地说詹姆斯是"纸上革命"[28]，威廉姆斯至此对詹姆斯的尊重也仅限于他对促进人民民族运动所做的贡献。

　　詹姆斯1962年回到英国时已经61岁。他痛苦地发现他在当时习以为常的西印度群岛政治中不再有任何作用。也许他回到伦敦后会再次感到茫然，就像他八年前从美国回到英国的感觉一样。但实际上并不是这样，因为在这八年间，詹姆斯已经调整自己，重新发现了生活的意义和目的。他是怎样做到这一点的？他从板球中得救了。他第一次从美国回到英国后，重新发现了板球，重新确立了他的记者地位。当时内维尔·卡杜斯只是偶尔为《曼彻斯特卫报》写点文章，而在1954年5月至7月，詹姆斯为42场郡际板球赛写了报道。从那时起，他非常认真地研究板球，对当时的体育运动、对其历史和显著的审美品质进行了思考。后来在特立尼达，他作为《国家》报的编辑，成功地让弗兰克·沃雷尔（Frank Worrell）被任命为西印度群岛队的队长，参加与澳大利亚在1960—1961年的对抗赛，

288 这是第一个黑人球员获此任命。他这样做，并不是因为弗兰克·沃雷尔是黑人，而是因为他是唯一胜任这个位置的人，具有卓越的球技和良好的判断力，堪称楷模。詹姆斯的关注不只是板球，还有板球在他自己的道德形成中发挥的作用。

　　这种反思的起点可以追溯到1950年的美国，当时报纸报道了高校篮

球运动员接受庄家的贿赂去操纵比赛结果，詹姆斯深感震惊。他告诉美国朋友，无论在特立尼达还是在英国，板球运动员都不可能干这样的事。他还震惊地发现，他最熟悉的美国年轻人——那些大学毕业生——往往因为在道义上支持社会主义政治事业而在职业生涯中付出了相当大的代价，但他们却认为收取贿赂无可厚非。运动员忠诚于他们代表的学校，这种忠诚应该防止欺骗行为，但这些观念却对他们毫无意义。詹姆斯继续和他同时代的人讨论这种态度的差异，"我们已经得出了一些结论。这些年轻人对学校没有忠诚，因为他们对任何事情都没有忠诚。他们普遍不信任长辈和老师。……每个人都必须努力找出自己的个人规则"[29]。詹姆斯的美国朋友对詹姆斯的反应感到惊奇，起初"看我的目光有点奇怪"，但很快，詹姆斯写道，"我看自己也有点奇怪"[30]。他发现了一些对自己很重要的东西，这是他很长一段时间都没有认识到的。他的实践推理和实践判断与他过去想象的不同。

詹姆斯在和杜娜叶夫斯卡娅等人在一起的那段时间，重新思考和构建了他所理解的马克思主义。他后来也说过，正是在那个时期，他"越来越多地意识到人类生存的诸多领域"在复杂的马克思主义里很少被论及或者没有被论及。人们靠什么生活？人们想要什么？人们现在的欲望和过去一样吗？艺术和文化在人们的生活中起什么作用？对这些问题的第一反应是要注意到"当老百姓不在工作的时候，他们想要的一件事是有组织的体育和比赛"，而且他们的需求是如此贪婪和热情。[31]

詹姆斯开始重新审视自己的人生故事，通过对板球的思考揭示板球对他人生的影响，结果写了一本书，既涉及板球的历史，又涉及詹姆斯的历史，书名为《越界》（*Beyond a Boundary*），于1963年出版。这本书里记录了他的四个发现。第一个发现是关于板球的，他把板球视为一门艺术，正如文学和音乐。说板球是一门艺术，是说它本身具有卓越的标准，成就这种卓越便赋予了板球价值和目的。正因为板球是一门艺术，所以写好板球也是一门艺术。第二个发现是关于他自己的，是因为他接受了教育，在品格素质上得到父母和其他家庭成员的教化，得到学校老师的教诲，他才能在利益追求中择善而行。第三个发现是，必须通过对一种绝对不接受特定类型之行为（如作弊和受贿）的规范的共同忠诚来让人们知道，家庭、学校、板球场和其他地方的社会关系可以让人们成就与欣赏真正的卓越。第四个也就是最后一个发现是，他之所以能够这样认识自己，无论在板球世界，还是在更一般意义的生活中，只是因为他继承了家人、老师和板球史上那些伟大人物的思想、判断与行为的传统，现在他要传播给其他人。

每个发现都有很多内容需要说，我先说第四个。詹姆斯接受的传统教育具有多个方面，每个方面都有自己的起点。体育运动在 19 世纪 60 年代到 70 年代的十几年间成为现代社会普通人日常生活的一个重要部分，在同一时期，劳工运动和民主改革对于这些普通人来说变得很重要，这些关于体育运动和大众民主的思想同样在西印度群岛人们的生活中流行。托马斯·阿诺德本人对体育比赛不感兴趣，但在 1828—1842 年改革了拉格比公学（Rugby School），把培养道德品质、行为礼仪、自我约束和诚信作为教育目标。有些人学习了阿诺德的观点——其中有《汤姆·布朗的学生时代》（*Tom Brown's Schooldays*）的作者托马斯·休斯（Thomas Hughes），他们很快意识到，橄榄球、板球等体育运动有利于学生的自我约束和诚信等品质的发展，同时有利于培养学生赞赏和尊重卓越的能力，这种卓越不仅是运动场上的卓越，而且是各种学业上的卓越。英国公学的态度、规范和忠诚就这样传播到了西班牙港女王皇家学院。

从某种传统的角度来理解自己，不仅要从过去的角度来理解当前的自己，而且要从自己的过去中找到解决当前冲突的钥匙。詹姆斯正是遇到了这些冲突，才发现了其道德立场的正当合理性。1932 年，板球界因哈罗德·拉伍德（Harold Larwood）等人快速投球（bodyline bowling）的争议被分裂，快速投球瞄准的不是三柱门，而是击球手。这在板球规则里没有被禁止，但显然不符合比赛精神，自我道德约束不允许伤害他人，这是不辩自明的。快速投球最终被宣布为非法，但詹姆斯在反思中把这件事上升为某种社会征兆，"我们这个时代的暴力和凶残表现在板球里"，同样的暴力和凶残在同时代表现为对民主的各种攻击。[32]因此，詹姆斯很清楚地表明，要坚持无条件的道德规则和发展人的品德素质，其正当合理性就在于，没有这些规则和素质，就不能获取人类繁荣必需的利益。

詹姆斯也承认，在社会生活结构中，必要的道德承诺和品德素质只有通过家庭、学校而得以相传，人们才能在工作场所、体育运动和政治斗争中将之表现出来。人们有必要通过政治斗争去实现社会生活的彻底民主，因为"民主是为了一个更完整的存在"[33]，是充满艺术而丰富多彩的存在。精美的艺术包括各种运动，其中有板球。詹姆斯在论述板球是一门艺术时，在观点上还跟随着卡杜斯[34]，虽然他当时并没有意识到这一点。关于审美价值的特征，他参考了伯纳德·贝伦森（Bernard Berenson）和阿德里安·斯托克斯（Adrian Stokes）的观点，并且在伟大绘画作品的高贵典雅与伟大板球运动员之表现的高贵典雅之间做出了惊人且富有启发性的类比。詹姆斯在《越界》的结尾处赞颂了弗兰克·沃雷尔作为队员和作为知道如何使团队队员发挥最佳的队长，1960—1961 年在和澳大利亚的对抗赛中所取得的成就，他把沃雷尔描写成一个传统在当代的最佳代表，而这个传统正受到商业化和价值缺失的威胁。"托马斯·阿诺德、托马斯·休斯和大师本人［W. G. 格雷斯（W. G. Grace）］都会认可弗兰克·沃雷尔的优秀品质。"

　　《越界》是和《黑人雅各宾派：杜桑·卢维杜尔和圣多明戈革命》同样出色的书，不能读点摘要就算读了这本书，更不能只看这里的几句话和大体勾勒。在该书的结尾处，詹姆斯记叙了他回到特立尼达的家，并认为 *291* 姑妈等女性长辈践行的价值与促进卓越的板球、文学和政治的价值是相通的。从他早期的人生到他当时（1963 年）的生活状况，他认为自己"没有什么改变"，并且说"早就知道自己不会有什么变化"[35]。但事实上，他的结论在多大程度上正确？

　　是不是这种情况：詹姆斯发现了过去以来就存在的东西，但是长期没有认识到，现在认识到了？抑或是这种情况：他不再接受自己在成长时期所遵循的价值和规范要求，感觉在英国的时候就有某种程度的差异，在美国的时候差异更大，现在又回到了原来的生活，便感觉和原来的生活连接在一起了，而这种生活实际上是虚构的？他的托洛茨基主义和后托洛茨基主义的实践推理即便不是被人们承认的定论，是否依然体现了他早期遵循的价值和规范要求，或者取代了那些要求？他对康斯坦斯·韦伯表现得自信满满，对自己的情感和态度确信无疑，仅仅因为这是他自己的情感和态度，这是否又隐含着他早期遵循的价值和规范要求，或者取代了那些要求？我们如果要回答这些问题，就需要进一步梳理他对自己的看法以及对自己的成长环境和教育状况的看法，他的观点在《越界》中有所阐明，但并不充分。

正确的行为有一些特点。第一，正确的行为要致力于和有助于消除不公正，从而使人们摆脱奴役、剥削和独裁统治所施加的限制与扭曲的关系，得到解放。因为这种解放只能通过大家团结一致的行为来实现，这种行为需要具有信任的社会关系，所以正确的行为通常是大家协商的结果。第二，正确的行为要致力于实现人们的利益，让人们自由，让人们的生活值得过，这就是家庭的利益、教育的利益以及思想探索和艺术成就的利益。因为这种利益的实现只能通过大家团结一致的行为来完成，这种行为需要具有信任的社会关系，所以这里再次说明，正确的行为通常是大家协商的结果。第三，人们团结在一起协商、分享，是因为人们共同接受某些规范，认可某些共同利益，但其表现形式和具体内容总是源于特定的共同文化传承。因此，人们在任何特定时间和地点的实践推理中，总会在利益权衡的尺度上有某种大体的共识。

第四，人们还必须意识到，在具体冲突中遇到的反对力量可能很强大，在实践推理中容易出错的地方可能很多。我们考虑一下詹姆斯指出的三个方面。他所接受的公学传统是在英帝国主义时代传播过去的，那些人对特立尼达黑人的态度充其量是家长式统治。板球运动员具有巨大的取悦民众的价值，所以经常被投资者视为赚钱的机会，而板球运动员有时为了钱而愿意打好比赛；板球和其他比赛一样，尤其能让高水平的选手充分地进行自我炫耀和自我表达。左翼政治的舞台往往是争夺权力和影响的赛场，革命热情可以成为权力追逐者的面具，实际上也经常成为这样的面具。那些像詹姆斯这样在以上三个方面受益颇深的人，在每一种情况下都认为自己有责任去识别和抵制这些道德弊端，詹姆斯做得尤为突出。

詹姆斯在《越界》中高度抽象地解释了他所赞成的基本道德立场，如果这是真实的，那么对我之前提出的问题应该给予怎样的回答？这些同样的态度和信念贯穿了詹姆斯的整个成年生活吗？或者，他实际上在不同时期发生了很大的变化，但他当时还没有认识到这一点？开始我们要注意到共同协商在道德生活和相关的道德推理中所起的关键作用，接着要进一步注意到他与之辩论的各种群体具有非常显著的差异，他在自己职业生涯的不同阶段所做出的决策亦有非常显著的差异：在阶级和种族分裂的特立尼达，他成长和接受教育；在工人阶级团结的兰开夏郡，他投身于工党和板球；在伦敦，他活跃于文学界和政治舞台；在 20 世纪 50—60 年代，他去过美国、英国和特立尼达的不同城市，参与了一些政治组织和工人的活动。他和许许多多的人一起工作、讨论、辩论，他们带来的那些论点和问题涉及不同的文化观点与道德观点，并有可能和詹姆斯的观点截然不同。可见，如果詹姆斯在每一个环境中、在一个环境与另一个环境的转换中的发展完全是直线型的话，那才令人惊讶。显然，在不同的时期，他有选择地和某个群体协商与互动，他肯定有自己利益权衡的价值标准，对和他相差甚远的品质，他肯定不会赞同。因此，在发现美国的政治盟友并不像他一样对欺骗行为深恶痛绝时，他才天真地感到吃惊。

　　詹姆斯当然已经意识到，他在人生的这个特定时期优先考虑了某些特定的利益和目标，在早期或后来的某个时期优先考虑了其他特定的利益和目标，他的这些选择应该是基于他本身的某种根本性的东西。但这种根本性的东西是什么？他对这个问题的回答，随着时间的推移而有所变化。在 20 世纪 40 年代，我们通过他与康斯坦斯·韦伯的通信可以看出，他在各种选择中对自己的判断力相当自信，这是他对自己情感的信任，没有什么其他依据。他后来不再这样解释问题，到 20 世纪 60 年代，他已经放弃了这种个人主义的观念，认为他的那些选择体现了一个复杂的传统或几个传统合在一起对他的影响。他承认了自己是什么样的人。詹姆斯实话实说，他认为在人生的某些时期背离了自己成长时的教养，如 20 世纪 30 年代主张托洛茨基主义，40 年代主张个人主义，但整体上存在一种潜在的连续性。詹姆斯在《越界》中讲述的故事大体上是真实的，让我们能够把詹姆斯归为一个实践理性者。

　　可以说，在某种程度上，他直到 1960 年都过着一种双重生活；这不是说他阳奉阴违，而是说在他一生的某些时期，有些利益占主导地位，这些利益只有通过解放性的政治行动才能实现，而在另一些时期，另一些利益占主导地位，这些利益只有通过投身板球技艺和参与板球社会的生活才能实现。在对这两种利益的追求中，重要的因素是他的作家身份，他向伟大的文学前辈——从埃斯库罗斯到萨克雷——学习。在某种意义上可以说，他作为作家试图在《越界》中说明这两种利益之间的关系，这最突出地表现为他雄心勃勃的写作计划，但在实际写作中他只能简单叙述古希腊生活中的体育竞赛场以及悲剧艺术与雅典民主之关系的历史。与《越界》相比，詹姆斯 1958 年出版的《面对现实》（*Facing Reality*）篇幅较短。[36]

294 《面对现实》也许是我们所看到的詹姆斯对其政治立场的最佳陈述。该书系统地批判了西方的国家市场资本主义和苏联模式，试图确定社会和政治变革的可能性，这些变革的可能性已经开启，但是工人和知识分子要理解这些变革的可能性，他们必须有所响应。然而，《面对现实》的读者却看不到体育运动与他们生活的相关性，或者更普遍地说是艺术与政治之间的关系。实际上，《面对现实》和《越界》确实似乎是两位不同作者的著作。

我们只能得出这样的结论，詹姆斯在《越界》中试图把他人生的两个方面整合在一起，这说明他那时还处于雄心大于成就的阶段。他缺少什么吗？詹姆斯在《越界》中谈到了"更完整的存在"才是"民主的目的"，谈到了"俄瑞斯特亚"（Oresteia）的希腊观众和板球对抗赛的现代观众，他们都在试图理解"更完整的人类存在"[37]，但他从来没有说明如何达到人类生活的完整，更不用说他自己就过着如此深刻的双重生活。然而，大概从 1960 年起，詹姆斯就努力使他两个方面的事业相辅相成。他从不缺少正直。现在他实现了某种程度的整合，但这种整合是有限的。

詹姆斯 1961 年给麦克斯韦·盖斯玛（Maxwell Geismar）写过一封信，认为美国生活缺乏悲剧意识，他把悲剧意识定位为"人们在社会中感到无法克服邪恶，因为这种邪恶似乎与社会组织和政治组织不可分离"[38]。美国人的性格是追求幸福，拒绝接受人类生活中的邪恶，因而不承认其悲剧性格。詹姆斯本人当然相信社会组织和政治组织的形式是可以被根本改变的，因此邪恶可以被克服，人类生活不再有悲剧。但是，如果有人愿意而且能够建设性地参与社会冲突和政治冲突，那就必须承认人类生存迄今为止所具有的和在我们这个时代所具有的悲剧性格，就必须向悲剧大师们学习。需要学习的不仅是我们在生活中要为完整性而奋斗，而且是要意识到所谓的完整性是达不到的。所以，詹姆斯活出了他注定不完整的人生。

　　他 20 世纪 60 年代后期得以重返美国，先在哥伦比亚特区大学教授几　　295
门课程，然后在西北大学任教。后来他还是回到了伦敦，住在布里克斯顿
（Brixton），当时那里已经有相当多加勒比黑人的企业。年轻的政治活动
家把他看作非常有用的老师，经常给他提问题，他耐心地给出很有特色的
解答。1989 年，在詹姆斯去世前不久，史蒂夫·派克（Steve Pyke）出版
了一本近现代哲学家的肖像摄影画册，每个人都有简短的哲学论述。几乎
所有人都是学院派哲学家，几乎所有人都研究了分析传统。但在这些学术
面孔中出现了詹姆斯清瘦而英俊的脸庞，他在这之前很少被认为是哲学
家，甚至在更早的近 40 年前，他和杜娜叶夫斯卡娅研究列宁的《哲学笔
记》时也没有被看作哲学家。派克这时洞察到了什么吗？派克能把他当成
哲学家吗？詹姆斯的哲学论述摘自《越界》，说他花了很长时间才发现
"人生重要的不是利益或功利的优劣，而是运动；不是你在哪里或你拥有
什么，而是你来自哪里、你要去哪里和你要到达那里的速度"[39]。

　　把这段论述放回詹姆斯的自传背景下，就会发现这段论述似乎缺乏大
多数哲学主张的抽象和论证性质，确实缺乏。然而，如果这段论述的发现
确实是正确的，那么道德哲学和政治哲学中的一些著名命题就必定是错误
的。因为在詹姆斯看来，人类的生活确实具有目的论结构，我们每个人在
追求特定利益的过程中都会找到自己的目的，从而能够意识到生活的方
向。我们对早期行为的合理性进行反思，使我们能够成为具有自我意识的
主体，能够讲述自己的人生故事，人生价值和意义就会呈现在这种讲述
里。这里涉及一些特定利益的命题，以及如何获得这些利益并有助于和其
他志同道合的人进行协商的命题，这就是那些行为中的实践推理的前提。
如果事情进展顺利，结果就意味着人类的繁荣，这一思想在表述上肯定是
以主体自身的特定文化为基础。

　　可见，詹姆斯对自己的人生经历和经验的解释，显然具有一些亚里士
多德主义的特征，但有些特征又和亚里士多德主义迥异。这不同于柏拉图　　296
学派的解释，也不同于斯多葛学派、康德学派、边沁学派或黑格尔学派的
解释，并对所有这些学派的解释提出了质疑。史蒂夫·派克说得对，詹姆
斯是一位哲学家。他于 1989 年 5 月 18 日去世。

5.5 丹尼斯·福勒

我以上论述了三位实践理性者的人生案例，他们的社会环境非常不同，但是他们都有几个显著的特征表明他们不是典型的实践理性者，也就是说，他们并非常人，这可能反而降低了他们作为榜样的价值。他们三人中两位是小说家，两位出版过自传体著作。他们三人都具有某种高超的表达能力，这是大多数人缺乏的。这在某种意义上使他们成为我们研究的绝佳案例，他们提供的证据恰恰是我们需要的。但不能说他们并非常人，读了本书的介绍就会让人变得怪异，因为大多数人从来没有读过这样的书。我们在学习这些榜样时要避免一种危险，不要把应有之义的实践理性者混淆为我们（格罗斯曼、奥康纳、詹姆斯、作为读者的你和作为作者的我）这些实践理性者。我们能避免这种危险吗？

首先，我们应该注意，在研究实践理性者的问题时，我们可以先研究一些善于表达的人，他们在我们提问之前可能就已经回答了一些问题。从他们那里，我们也许能够知道要提出哪些问题，以及如何最恰当地提出这些问题。我们也许会认识到那些最善于表达自己的人最有可能欺骗我们，而且是在欺骗自己。所以，我把自己的工作仅仅看作一个实验性的研究。

同样值得评价的是，社会上有许多受过相当多正规教育的人，他们一般认为有些人善于表达，能够说出自己行为中所表现的推理模式，这里形成鲜明对比的是，还有许多人不善于表达，因为他们没有上过学。有些人只和同类型的人在一起，从来没有和小农场或工厂的工人或那些失业和无家可归的人有过什么语言交流，他们会认为这些人不善于表达，实际是这些人的语言交流机会和方式与他们的不同。就在我写作这本书期间，一大批美国工人，尤其是美国黑人，上街游行反对白人警察对黑人青年的专横、残酷有时是致命的虐待。他们有些人接受电视采访，把他们行为的理由说得很清楚，对各种反应的是非善恶有很明确的界定，这表明他们在不同程度上具有一定的自我认识和自我反思。因此，我认为这种对主体的划分具有危险性误导，即断言有些人善于表达，在实践推理中具有较好的自我意识，而另一些人却做不到。

然而，最后这个例子表明，格罗斯曼、奥康纳和詹姆斯从另一个方面看都是非典型的实践理性者。和其他人一样，他们的实践推理以一套对既定社会秩序的态度为前提，在这种秩序中，他们发现了自己，并将其作为自己生活的政治维度。但和很多人不一样的是，他们发现自己在人生的某些关键时刻被迫要表达自己的态度，而且要全面彻底地表达，这就要求他们把日常实践推理中的利益权衡表现出来，突破平常的隐蔽状态。这时，他们要让人们看到他们平时隐含的思想和态度。他们的推理是非同寻常，对他人具有教育意义。我们要研究的第四种情况不同于格罗斯曼、奥康纳和詹姆斯的情况，尽管他们三者的情况之间也有差异。这就是丹尼斯·福勒的情况。

丹尼斯·福勒 1932 年生于爱尔兰的劳斯村（Louth）。这一年是爱尔兰被分裂为新独立的"爱尔兰自由邦"和"北爱尔兰"的第十个年头，前者有 26 个郡，包括劳斯郡（County Louth），郡名来自劳斯村；后者有 6 个郡，首府在斯托蒙特（Stormont），但仍归英国统治。两个国家的边界把劳斯郡从北爱尔兰的唐郡（County Down）分割了出来。爱尔兰自由邦 90% 以上的居民都是天主教徒，而且天主教是该邦的官方宗教，但北爱尔兰的总理克雷加文勋爵（Lord Craigavon）却声称其是"新教人民的新教政府"。自由邦于 1949 年成为爱尔兰共和国，那里的少数人是新教徒，受人尊敬，亦有一些影响力，但受到强势天主教文化的规范、约束。在北爱尔兰，天主教教徒确实占少数，但一直被占多数的新教徒认为是对其支配权的威胁，因而在各个方面受到蓄意的歧视。

丹尼斯·福勒的父亲是一位执业医生，家里有七个孩子，其家庭生活可谓其乐融融，典型地反映了新爱尔兰生机勃勃的职业阶层的生活状态，遵循保守的天主教文化的价值观念，这种文化认为"出版物审查委员会"的一些行为无可厚非，也认可禁止天主教徒去三一学院（Trinity College）上学的要求，但高度重视教育的价值和意义。福勒在 9 岁时就决定成为职业牧师，而且从来没有动摇过这种想法。他在邓多克（Dundalk）和阿马（Armagh）上完学，便去梅努斯（Maynooth）的圣帕特里克学院（St. Patrick's College）上大学。他从神学院的学生做起，1956 年晋升为牧师。关于在梅努斯的学习生活，他可能会说："我们早上六点起床祷告。

298

我们每天吃面包、黄油和羊肉，踢盖尔足球，以保持头脑清醒。我们不允许提问题，但在庇护十二世（Pius XII）期间，所有的事情都直截了当。"[40] 他上了两年的研究生，首先在梅努斯学习，然后在罗马的格列高利大学（Gregorian University）学习，之后被派往蒂龙郡（County Tyrone）邓甘嫩（Dungannon）城的圣帕特里克学校（St. Patrick's Academy）任职。他在这里先当老师，后当校长，任教近40年。

福勒神父作为牧师和教师，在工作中依然保持着一些强烈的兴趣和关注。他在邓甘嫩仍然踢盖尔足球。他熟练使用爱尔兰语并关心爱尔兰语的发展。后来，他在多尼戈尔郡（County Donegal）特林（Teelin）村举办的爱尔兰语暑期学校担任牧师，这项工作也做了好几年。他是一位终生的"先锋"（Pioneer），即爱尔兰戒酒运动的成员，这是詹姆斯·卡伦（James Cullen）神父在19世纪末发起的运动。他教授的科目，包括最初的拉丁语和宗教，都是他专心研究的对象。他是一位终生学习者。

他有时对学生要求非常严格，这是因为他非常希望学生们能够一生有所成就，而不仅仅是学业有成。1956年年底，爱尔兰共和军（Irish Republican Army）决定把爱尔兰北部的六个郡统一到爱尔兰，便重新掀起了反对英国统治的武装斗争。爱尔兰共和军的义勇军从边境的南部地区开始对爱尔兰北部的警署和军事设施发起袭击，人们起初对这场斗争表现得很支持。这场斗争持续到1962年，其间一些理想主义的天主教年轻人接受的教育是支持爱尔兰共和军的事业，他们从小就羡慕那些为之牺牲的英雄人物，因而经常被引诱参加义勇军，其中有些是福勒神父的学生。他看得很清楚（年轻人却往往看不到），不仅这场斗争注定要失败，而且当时爱尔兰共和军的领袖利用招募来的人去实现他们的政治目的，招募来的人却并不了解那些政治目的。福勒神父尽可能地说服他的学生不要被这种政治诱惑所欺骗。

299 爱尔兰共和军当时的领袖越来越清楚地看到，"边境战役"无法坚持下去。同时，他们有些人接受了马克思主义对爱尔兰情况的分析，认为当时存在两个方面的冲突，一方面是天主教民族主义和共和党，另一方面是新教统一党，这两个方面的冲突掩盖了工人阶级包括天主教和新教与资产阶级及其盟友之间的冲突，转移了人们的注意力。这就需要让边境两边的爱尔兰工人相信他们具有共同利益，而且这不是通过军事行动能够实现的。因此，他们有些人转向投身于社会主义政治，致力于实现工人阶级的团结。然而，使北爱尔兰的局势发生了最重要的发展的因素来自其他方面，而且这标志着福勒神父政治转型的开始。

福勒神父到 30 多岁的时候，其实践推理模式还具有爱尔兰牧师和教师的典型特征。作为牧师和教师，他的工作和生活都被高度结构化了，他在教会生活中要完成弥撒等牧师每年、每月、每日的例行工作，在学校生活中要完成教学等教师每年、每月、每日的例行工作。因此，遇到"他为什么现在做这件事"这样的问题，第一个答案往往是"今天是三月的一个星期四，现在是下午两点"，第二个答案则可能归因于他的职责之所在，任何一位认真敬业、性格开朗的牧师和学校教师都会理所当然地这样做。他在日常生活中表现的推理贯穿着自然法和神法的规定以及对人的行为要求，这包括亚里士多德主义和托马斯主义关于人们安居乐业的重要意义。但对于他来讲，现实对他的要求超过了他的预期。

从 1964 年起，北爱尔兰的民权运动持续高涨，在 1967 年 7 月创立了"北爱尔兰民权协会"。他们要求的公民权利是现代民主政治的基本权利。这种民主要求每个人的投票具有同样的分量，而在北爱尔兰的地方选举中，只有纳税人（有产者）才可以投票，在议会选举中，选区划分不公正，使得新教统一党的选票在任何投票中都会超过天主教的票，于是天主教民族主义者和共和党人就起不到什么代表作用。按照这种民主政治的要求，政府工作是择优分配，公共住房是按需分配，但在北爱尔兰优先考虑的是新教和统一党成员的申请，和人的优秀或需求无关。按照这种民主政治的要求，警察应该平等和人道地对待所有公民，但由百分之百的新教徒组成的皇家阿尔斯特警队（RUC）的基本任务就是恐吓天主教徒，尤其是年轻的天主教徒。"B 特"（B-Specials）是新教警察的后备力量，比皇家阿尔斯特警队还要狠。《特别权力法》（*the Special Powers Act*）允许警察无须任何犯罪指控便能逮捕和拘留任何人。

1968 年，民权协会（Civil Rights Association）在北爱尔兰各地举行了一系列游行，其中第一场游行是从科莱兰（Coalisland）到邓甘嫩。在这之前，新教徒（特别是工人阶级新教徒）对民权运动非常反感，主张暴力回应。他们组建了民兵，自由长老会的牧师伊恩·佩斯利（Ian Paisley）成为一位蛊惑人心的政治领袖。游行者受到全面干扰。1968 年 10 月，北爱尔兰政府禁止了一场在德里（Derry）举行的游行。游行者无视此禁令，结果遭到皇家阿尔斯特警队的攻击，许多人遭到野蛮殴打。1969 年 1 月，"人民民主"作为民权运动的学生分会，举行了从贝尔法斯特（Belfast）到德里的游行。游行队伍不断遭到袭击，袭击人数曾一度多达 200，其中有些人是下班的警察，他们或挥舞铁棒，或投掷砖块，这些人标榜拥护大不列颠和北爱尔兰的政治联合。游行人群到达德里时再次遭到攻击，那天晚上皇家阿尔斯特警队袭击了德里的博格赛德（Bogside）区，但遭到顽强抵抗，以失败告终。博格赛德的居民建立了"自由德里"，不让皇家阿尔斯特警队进入。一场民权冲突差点演变成一场战争。

福勒神父从一开始就认可民权运动。他参加了几次游行，很快就因抗议侵害游行者而闻名，他总是义正词严，有根有据，条理清晰。他不是唯一参与这些活动的牧师，阿马郡的雷蒙·莫瑞（Raymond Murray）神父（后成为主教）在这个方面也发挥了相当显著的作用，还有其他牧师。这就自然提出了一个问题：牧师们这样做，仅仅是因为他们作为天主教牧师认同天主教社会并对伤害天主教徒的行为疾恶如仇吗？答案是，他们作为牧师，肯定要关心自己社区的成员，这是部分原因，另外至关重要的原因是，他们都信仰普遍的托马斯主义正义观，这在世俗社会里是合理的，符合公平正义的要求。他们在抗议中要求诉诸正义的标准，相信这是许多英国法律认可的，是任何理性主体都应该遵循的。到 1972 年，福勒神父已经成为"法律正义协会"的一位发言人，该协会很大程度上是左翼集团，致力于控诉警察和英国军队犯下的罪行。

早在 1969 年，英国军队就开始在北爱尔兰扮演一个主要角色。当年 7 月，皇家阿尔斯特警队和天主教游行者之间发生冲突，天主教徒遭到殴打，其中两人是无辜的旁观者，却受伤而亡。这时的局势非常紧张，忠于政府的德里"学徒男孩"对博格赛德发动了攻击。一些地区爆发了战斗，尤其是在贝尔法斯特，主要是忠于政府的民兵和皇家阿尔斯特警队对天主教地区的攻击。皇家阿尔斯特警队在邓甘嫩、阿马、科莱兰向手无寸铁的反抗者开了枪。爱尔兰共和军则经常缺乏备战，在反攻中并不总是能够赢得成功。英国政府最后不得不面对事实，承认皇家阿尔斯特警队根本不是法律和秩序的捍卫者，变成了暴力和混乱的主要来源，因此让大量军队进入北爱尔兰。但到 8 月战斗结束之前，有 8 人死亡，750 多人受伤，1 500 多个天主教家庭，还有 300 多个新教家庭，被驱离家园，400 多个住宅和营业场所遭到烧毁或破坏，绝大多数属于天主教徒。

大多数天主教徒起初对英国军队的到来表示欢迎，但是他们发现英国军队实际上和皇家阿尔斯特警队站在一起，有时还联合忠于政府的民兵，于是变得反感起来。同时，所谓的临时爱尔兰共和军在天主教地区的活动已经不仅仅是防卫。1972 年 1 月 30 日这一天成为"血腥周日"，发生了决定性的政治变化。民权协会无视关于禁止民权游行的法令，在德里组织了从博格赛德到市政厅广场的游行，抗议正在发生的随意拘留。英国第一伞兵团的士兵被派往德里，去阻止游行队伍到达广场。他们向手无寸铁的示威者和旁观者开枪，杀死了 14 人。有许多目击者见证了现场，但英国政府始终全面否认这种暴行，并设计由"威杰里法庭"调查该案，确认士兵行为的正当性。英国政府 40 多年后才承认事件的真相。

从 1971 年 8 月开始，大批人被怀疑支持共和党的事业，未经指控便遭拘留。被拘留的超过了 350 人，年龄在 19 岁以上，其中很多人已婚，拥有家庭，后来飙升至近 2 000 人。这时，不仅要关心被拘留的人，关心被判刑后入狱的人，还要关心他们的家人，这是很迫切的问题。同样迫切的问题是，那些被拘留和被判刑的人会受到怎样的对待。 *302*

14 个在 1971 年 8 月被拘留的人，被带到位于巴利凯利（Ballykelly）的英国皇家空军营地。在那里，他们的头都被蒙起来，造成呼吸困难，无法看到或识别拘留他们的人。他们被孤立起来，遭到拳打脚踢，长时间被剥夺睡眠，经常不给食物和水，感觉就像要被处以死刑。后来其中有些人要对自己受到的虐待进行控告，急需找到相关的途径。福勒神父承担了这个责任。他还承担了许多其他责任，这只是其中之一。

他看到那些人被拘留的布告后，立即在贝尔法斯特的报纸《爱尔兰新闻》（*Irish New*）上刊登启事，留下他的电话号码，供需要帮助的人和他联系。他和其他牧师一样，为许多被拘留人的家庭提供了重要的帮助。"无论哪里的人需要他的帮助和建议，他根本不考虑时间和距离问题。"他过去在圣帕特里克学校的同事麦肯特加特（McEntegart）主教写道："我经常看见他出发去贝尔法斯特或德里，也许是去这两个地方。他在一天的课堂教学之后，还要去在军队或警察的干预中受害的家庭，帮助他们缓解悲痛和焦虑。"[41]至于所谓的"被蒙面的人"，那些在巴利凯利遭受极端审讯的受害者，法律正义协会负责替他们向有关部门提出控诉。该协会收集了证据，在1974年出版的一本指控酷刑的小册子[42]，其中的案子于1978年提交到欧洲人权法院。同时，福勒继续直言不讳地谴责其他不公正的恶劣行为，包括北爱尔兰法院的一些骗局。他的直言不讳得罪了一些爱尔兰负责管理牧师的主教。

英国政府给福勒神父贴的标签是"爱尔兰共和军的牧师"。他的回应总是这样："我想看到爱尔兰统一，但我不会为此杀害任何人。我不是爱尔兰共和军的人，但我衷心拥护共和。我和英国人很友好，但他们和我的国家毫不相干。"[43]爱尔兰的分裂本身就不是公正的事情，而在维护这种分裂的过程中又造成了更多的不公正。那么，我们如何理解福勒神父在这一阶段的实践推理呢？我们需要考察他优先考虑哪些事情，他考虑的是谁，与谁合作，在道德推理和政治推理中遵循了什么原则。

他把牧师的职责放在优先地位，首先是在邓甘嫩担任神父和校长，然后是照顾那些患难的家庭，这些家庭中的丈夫、父亲、儿子偶尔还有女儿被拘留或被判刑入狱，后来他做了梅兹（Maze）监狱的天主教牧师助理。抗议和政治行动与牧师的关怀相比是次要的。凡涉及抗议和政治行动，他都坚持非暴力原则。在法律正义协会，他和爱尔兰共和军过去的成员合作密切，这些成员所属的政治组织从1972年起被称为"新芬工人党"（1982年成为"工人党"）。这个组织能够认识到，临时爱尔兰共和军的武装斗争使统一党越来越敌视共和党的事业，越来越难以和解，使真正统一爱尔兰的前景越来越遥遥无期。暴力手段不仅造成了更多的错误，而且对于任何真正的共和党人来说都是自我毁灭。这也是福勒神父的观点。

他和法律正义协会的其他成员坚持共同的原则，即托马斯原则。他所理解的托马斯原则形成于他早期的学校教育，形成于他先在梅努斯而后在罗马的学习和研究。如果要把这些原则仔细讲出来，在那个时期接受过类似教育的人都不会觉得陌生，但可能觉得乏味：死记硬背地学习天主教教理，掌握教会通谕对社会教导的定义，在研究生学习中研究经典神学和哲学文本。然而，既然有这么多人能理解和把握这种正义观，那为什么福勒神父站出来显得如此独特？有些人批评他不够明智，认为他在公共场合大肆谴责是相当固执的表现，因为在这些人看来不那样攻击当局可能会有更多的收获。这似乎是枢机主教康威（Conway）的态度。这种批评有道理吗？稍后我们会看到，他有时可能会因言辞不慎而被抓住把柄，但更重要的是，我们要看到他的立场是如何逐步形成的。他最初谴责了统一党和英国的不公正行为，这使他在共和党的社会群体中获得了信誉。当有人被拘留或被判刑入狱，他们的家庭需要帮助时，他伸手相助，忠实可靠，他的影响自然而现。他最初谴责宗派屠杀时并没有偏见，无论谁犯下这样的罪行，他都谴责，在当时尤其是谴责了某些临时爱尔兰共和军的部队犯下的罪行。不过，这也没有让人们认为他和临时爱尔兰共和军的领袖有什么严重的争执。这后来发生了改变。

304

在一次停火期间，即 1974 年 12 月到 1976 年年初，临时爱尔兰共和军的领导层看到《桑宁代尔协议》（*the Sunningdale Agreement*）失败，所以得出结论：通过谈判没有希望实现他们的目标。他们开始了"一场长期的战争"，没有限期，这让英国人最终认识到自己要在经济和政治上付出昂贵的代价，还有人员牺牲，而这只是为了保持爱尔兰的分裂。但按照天主教和托马斯传统的理解，这样的战争不符合正义战争的标准。所谓正义战争，必须具备这样的条件，其目标是正义的，在有限的时间内是确定的，能够得以实现，但这些目标不能和平实现，而且战争中的人员伤亡和这些目标相比不能代价太大。所以，在 1977 年之前，福勒神父不仅致力于揭露具体的不公正的事情，而且反对爱尔兰共和军的运动。在这一时期，他这样做还能得到爱尔兰共和军领袖们的信任，因为他们希望在与英国政府进行私下和秘密沟通时让他做中间人。这后来也发生了改变。

从 1976 年起，英国政府坚持把被羁押的爱尔兰共和军成员当成罪犯对待，而不是战俘。关在梅兹监狱 H 监区的 500 多人为此拒绝穿监狱制服，他们只用毯子包裹身体。他们被限制在自己的牢房里，家属探监的权利也被剥夺了。1978 年 4 月，一名囚犯遭到监狱工作人员的毒打，其他被囚禁的人则砸坏牢房里的家具表示抗议，结果牢房里的东西全被搬出，只剩下床垫和毯子。他们连离开牢房去倒夜壶都不行，便把用毯子表示抗议变为用脏东西表示抗议，在牢房的墙壁上涂满了粪便。那种肮脏程度可想而知。1980年，爱尔兰共和军的六名成员以及爱尔兰共和军左翼分裂派的爱尔兰民族解放军的一名成员进行了53天的绝食抗议，要求允许被关押人员不穿监狱制服，能在牢房外和其他被关押人员自由交往，接待来访者和接收邮件，让监狱的环境更人性化。当其中一名抗议者快死的时候，第一次绝食抗议结束。之所以结束，是因为抗议者获悉英国政府将会同意他们的要求。但其实不是这样。

在第一次抗议时，波比·山德士（Bobby Sands）已取代布伦丹·休斯（Brendan Hughes），成为H监区爱尔兰共和军囚犯的指挥官。他根据大家的投票结果，在1981年3月1日开始了第二次绝食抗议。他要求自己先坚持两周，然后另一位狱友再加入，希望在抗议要求被满足之前不会有任何生命丧失。其他人一个接一个地加入抗议，但在抗议结束前却有10人丧生。这对于托马斯·奥菲奥（Tomás O'Fiaich）大主教和在监狱工作的牧师来说非常急迫，他们要尽可能地拯救生命。福勒神父数次陪同大主教参加会议，试图说服英国政府向绝食抗议者真正让步，但玛格丽特·撒切尔（Margaret Thatcher）毫不妥协。福勒神父和其他牧师一样，也去劝阻绝食抗议者，但没有成功。他在和波比·山德士最后一次会谈的报告中写道：他谈话结束时对我说"人为朋友舍命，人间的爱没有比这个更伟大的了"（《约翰福音》），而福勒神父则回答"既然这样，我就不劝你了"[44]。

这次抗议开始后不久，南蒂龙（South Tyrone）和弗马纳（Fermanagh）国会选区独立的共和党议员去世了，需要举行补选。波比·山德士作为"抗议H监区及阿马政治囚犯"被提名，获得了超过30 000的票数，4月9日被选入国会。绝食抗议者看到如此强大的公众支持，认为应该继续绝食抗议，结果5月5日波比·山德士死亡，年仅27岁。抗议者濒临死亡，其家人悲痛万分。福勒神父为了挽救生命，劝说一些家庭进行干预，让快死的绝食抗议者吃点饭，不要放弃生命。这促成了抗议的结束，政府也终于同意了抗议者的要求。爱尔兰共和军领袖和抗议者的看法却是福勒神父背叛了他们，到现在都一直这样认为。劳伦斯·麦克恩（Lawrence Mckeown）是在抗议结束时快要死去的人，他 25 年后仍然记得福勒神父早期看望囚犯的情景，他偷偷带进来香烟、烟草和笔，他带来外面世界的消息。麦克恩不无感激，但补充说："我确实认为他干预绝食抗议的行径完全应该受到谴责，因为他要弄抗议者家人的做法太过分了。"[45] *306*

当时共和党报刊的言论比这样的话更苛刻。《爱立斯》（*Iris*）的一位作家说，福勒神父是"一个阴险、奸诈的人"，他要为"剥削情感、滥用道德、歪曲真理、诽谤中伤、政治上完全敌视绝食抗议"[46]负罪。这里有两个指控：一是指责他道德傲慢，不尊重波比·山德士、比克·麦克法兰（Bik McFarlance）和劳伦斯·麦克恩等抗议者深思熟虑的思想；二是麦克恩指责他不仅"玩弄人家的悲痛"，而且"试图离间他们和爱尔兰共和运动"[47]。这些指控有道理吗？我们首先考察一下抗议者的道德视角。从经历上看，他们从小就目睹父母和邻居遭受冤屈，遭受殴打，被赶出家园，被剥夺工作。他们除了志愿加入爱尔兰共和军进行武装抵抗，没有其他办法。他们被视为罪犯，但受到虐待，连罪犯都不如。他们现在认为坚持抵抗是唯一的出路，认为自己应该获得每一个共和党人的支持。监狱外面的共和党领袖们赞同福勒神父的忧虑，这一方面是考虑抗议作为一种策略的效果有多大，另一方面是担心会有生命丧失，但是他们不认为外人有权否决抗议者的决定。那样做，就等于公然破坏了他们为达到目标所必需的道德合力与政治团结。他们认为福勒神父的干预就起到了这种破坏作用，因此，在严厉批判的意义上，不能再认为福勒神父是善意的，或者是任何类型的盟友。

第二个指控是指责他利用了人家的悲痛，这恰恰指出了为什么福勒神父和绝食抗议者的意见不一致。对于绝食抗议者来说，他们寻求一个压倒性的利益，那就是共和党事业的胜利，所有其他利益都是次要的。但对于福勒神父来说，需要考虑几个不同的利益，他关心绝食者的家人，认为这些家人的利益不能为共和党事业而牺牲。可见，他确实不是一个可靠的盟友。

在绝食抗议结束后的数天和数周内，他也陷入了悲伤之中，他毕竟和那些处于死亡边缘的囚犯及其家属有太深的接触。他有时讲话也会轻率。 *307*
麦克恩在他 2006 年的回忆中表明自己曾经感到非常不愉快，因为福勒神父说"已经打败了爱尔兰共和军"并有能力将来打败他们。福勒的说法不只是轻率，更是过于自信地误读了当时的情况，结果许多同情共和党的人不再听他的话，这个结局有点悲剧性，因为他在随后的15年内对爱尔兰共和军的领袖和他们误用、滥用权力的问题提出了一些忠告，这反倒没人听，也没法落实。经过绝食抗议，出现了南蒂龙和弗马纳的议员补选中公众对抗议者的大规模支持，在这种形势的影响下，爱尔兰共和军及其政治对手"新芬党"走上了在政治上解决北爱尔兰冲突的长期而曲折的军事道路和政治道路，其结果体现为《1998年耶稣受难节协议》（*Good Friday Agreement of 1998*）。然而，为了追求这一目标，在一些爱尔兰共和军控制的地区，一些人野蛮行使权力，绑架和处决那些被认为向英国告密或同情英国的人，有时根本没有什么确凿证据；严惩各种犯罪行为，使罪犯致残；通过权力进行操控和欺骗，确保领袖的政策得到支持。

在爱尔兰共和军和新芬党内部，一些共和党人对这种领导做法的批评一直很强烈，他们实事求是，努力澄清复杂的历史问题，对后人很有帮助。[其中一人是安东尼·麦金太尔（Anthony McIntyre），他做过H监区的囚犯，后来成为一位史学家，可参阅他的口述历史项目、他的著作《耶稣受难节：爱尔兰共和主义的死亡》（*Good Friday：The Death of Irish Republicanism*）和他的博客"沉思鹅毛笔"。]说到对爱尔兰共和军和新芬党的批判，恐怕谁也比不上福勒神父，他不断地揭露他们所有的罪行，甚至要把爱尔兰共和军领袖描述为"法西斯"。同时，他一方面继续投身照顾那些共和党的囚犯，特别是他们的家庭；另一方面努力揭露一些长期存在的不公正现象，这是他自始至终谴责的。1975年，六名爱尔兰男子被判处终身监禁，他们涉嫌于1974年在伯明翰（Birmingham）的两家酒吧放置了炸弹，造成21人死亡。同年，三名爱尔兰男子和一名英国女子被判处终身监禁，他们涉嫌在吉尔福德（Guildford）的一家酒吧放置了炸弹，涉嫌提供炸药的六名爱尔兰男子和一名爱尔兰女子被判处长期监禁。实际上，这些人都是无辜的，定罪的证据是伪造的，而认罪则是出于酷刑的威逼利诱。这些人是伯明翰的六人、吉尔福德的四人以及马圭尔（Maguire）的七人，他们通过上诉法院在1989年至1991年推翻了对他们的指控，这是因为福勒神父和他的同事们发起了一场运动并坚持到最后。

可见，福勒神父没有站在爱尔兰共和军这边，实际上也没有站在英国政府那边。

然而，他不时地收到一些死亡威胁，对其中一些还不能掉以轻心。如果说他有一些批评者和敌人，但他坚持照顾那些最需要帮助的人，他为人低调、善良和慷慨，这往往让那些刻薄的批评者哑口无言。1998 年，他从圣帕特里克学校退休，成为附近卡里克莫尔（Carrickmore）的教区牧师，本地的一伙爱尔兰共和军支持者嚷着反对他的任命；当他会见了一些北爱尔兰警察部门的人员后，一些教区居民则要求撤销对他的任命。但经过一段时间，他的个人素质赢得了人们的信任，除了那些最尖刻的批评者。教会在 1995 年提升他为主教，这是对他杰出牧师生涯的认可。他对《1998 年耶稣受难节协议》寄予很大的政治希望，希望这不是幻想，希望由此能够实现真正的和解。他很高兴看到北爱尔兰留在英国，人们能继续享受那些健康和福利待遇，穷人的生活会好过一点。但他认为，人们这时需要的是耐心和宽容，因为社会在长时间内陷入冲突，德性实践如此艰难，尤其是坚持正义的德性。他本人这么多年来确实杰出地践行了正义之德。

1956—2006 年，北爱尔兰和丹尼斯·福勒都发生了显著的变化。同样显著的是福勒主教人生中三个不变的特征。第一个特征是他对兄弟姐妹、其他家庭成员和朋友的温暖。他们保持着良好的关系，真想说他对他们的关心是无微不至的，但这可能会引起误解，实际上他们也在全力支持他。第二个特征是他对盖尔足球的热情持续不断。他当圣帕特里克学校的校长时，校球队赢得了"霍根杯"（Hogan Cup），这是全爱尔兰中学队的比赛。踢盖尔足球是他最大的乐趣。第三个特征是他学习的兴致，这有助于他理解与解决当代神学和哲学争论中的诸多现实问题。他的阅读相当广泛，这不但受到了天主教学者简·波特（Jean Porter）的关注和研究，还受到了基督教新教侯活士（Stanley Hauerwas）的专门研究。他晚年开始学习希伯来语。（这些关于福勒主教的兴趣和态度的报告来自他最后 15 年生活中的谈话与信件。）

有些人认为他的神学信念和观点具有保守性。当时有些人建议爱尔兰天主教的儿童不应该继续在天主教学校接受教育，天主教和新教的儿童应该一起在公立学校接受教育。他抵制这些建议，尤其让那些人愤怒。支持这种变化的自由主义者有明显的意图，他们认为，只有这样才能消除统一党与共和党成员之间传统的和致命的对立。相比之下，福勒主教的观点是，这两派的成员必须和解，但不能失去他们的身份意识，这个任务很艰巨，但有价值。受过教育的天主教徒能够承担这一任务，而他们所受的教育必须具有鲜明的天主教特色，尽管这一任务本身是政治性的。他在生命的最后一刻说过，他现在投票支持的唯一政党是工人党，该党派成员是他过去在法律正义协会的同事的马克思主义继承者。

福勒主教患癌症病逝于 2006 年 6 月 21 日。确实有非常多的人参加了他的葬礼弥撒，不只是家人、朋友和教友，还有对他心存感激的进过监狱的人及其家人，有绝食抗议者和新芬党的主要成员，后者急于向新闻媒体表白的是，他们参加葬礼只是因为福勒主教早期在北爱尔兰冲突中的作用。如果他能看到聚集在这里的有这么多真正善良的好人，还有几个猖獗的坏蛋，他一定会感到欣慰。

5.6　结语

以上四个故事的主人公展示了人生的美德。我们要理解什么是美德，就需要了解他们经历了什么样的人生。他们人生成功，这不仅表现在欲望和实践推理方面。从假设上看，他们和其他任何人一样，人生都可能会很糟糕，这可能不是他们自己的错，而是遭受了太坏或太倒霉的命运。不过，所有的人生也许会因为人的欲望被误导和实践推理有缺陷而变得很糟糕。当然，不只是在他们的人生里，在其他所有人的人生里，实际上都有欲望被误导的情况，实践推理也存在着缺陷。对于他们四个人来讲，有一种关系很重要，那就是主体确定目标之后，需要认识到实现这些目标有哪些障碍，如何理解这两者之间的关系具有重要意义。在他们四个人的人生中，一些障碍不能被仅仅理解为阻碍这个主体成功的障碍，更要被理解为主体在不道德和邪恶的环境中遭遇了不道德和邪恶的事情。

他们每个人遇到的障碍各不相同。格罗斯曼遇到的反犹太主义是致命的，这种偏见在类型上完全不同于奥康纳在美国法律界遇到的对女性的盲目偏见。詹姆斯反抗的是种族与阶级不公正，这和福勒抗议的宗教与阶级不公正亦有非常不同的特征。他们四个人都有自己的利益权衡，要考虑到实现目标的过程中可能涉及的问题，这甚至在相对不成熟的早期就要考虑到，而且他们不能容忍并反对那些不道德和邪恶的事情。这里我们也许应该认真思考一下，如果他们不这样做，是否就意味着他们的利益权衡中没有什么真正的价值追求。人们在利益权衡中确定了自己应该追求的目标，肯定认为这是善的追求，会反对那些不道德和邪恶的事情，就算不能始终如此，也会经常反对，而且反对的原因并不仅仅是它们阻碍了自己的追求。这种情况在主体欲望的对象及其实践推理中都会有所反映。

我们首先考虑欲望的对象。人们学会了利益权衡，在选择欲望的对象时就知道哪个应该追求，哪个先放在一边，这时就确定了他们应该追求的目标。人们在利益权衡过程中肯定会有相应的推理思维，但是他们可能会在某个时候感到沮丧，因为他们经常会遇到一些想不到的困难，阻碍他们实现目标。人们在这种情况下应该怎么办，要看他们怎么回答以下问题：人们是否会用尽可能少的成本绕过或解决这些特定的障碍？或者说，这些障碍是不道德和邪恶的事情，尽管人们在这个场合能够避免被这些障碍搞得很惨，但在让人们感到是可忍孰不可忍时，他们会激情爆发，强烈要求消除这些障碍吗？而且他们想这样做并不只是为了自己。对于感觉不到这种激情或缺乏这种强烈愿望的人来说，他们追求至善的欲望很可能是有缺陷的，因为他们不在乎善良被邪恶压制，任凭邪恶于无声处肆虐。

就算他们在乎这个问题，他们从此开始的思维方法也会有相当显著的不同。他们会增加其他目标或计划，在特定场合下能够很快获取具体环境中的具体利益，但他们必须考虑这样做和他们承诺反对那些心知肚明的邪恶有什么关系。格罗斯曼和詹姆斯在许多场合下就是这种情况，但他们的做法可能会造成榜样误导。大多数人会在日常生活中遭遇邪恶，在追求目标的过程中受到阻碍，诸如贪婪自私、冷酷无情和漠不关心，这些有时化为社会风气，但在大多数情况下还不至于成为巨大的历史现象，如格罗斯曼青年时代的斯大林主义或詹姆斯遇到的帝国主义。人们真心地追求善，并且不只是一己之善，人们被驱使去反抗邪恶，并且没有把这些邪恶只看作自己实现特定目标的障碍，这两者是一回事，这在格罗斯曼和詹姆斯那里都有所体现。这表现在欲望之中，也同样表现在实践推理之中。这时，人们在日常生活中不但有自己特定的目标，而且如果他们追求真正的善，他们就会坚决反对某些邪恶的东西，这是他们在实践推理中要考虑到的。

按照以上思路，我们可以考虑这四个人生故事的教育意义，探求什么是美好的人生，什么是人的欲望、行为及其实践的正当理由。但我们在这里需要谨慎。他们四个人都有一些政治的和道德的抽象观念与具体概念，我们只有知道这些观念与概念是如何应用于某些具体情况的，才能理解它们，这一点我早就强调过，所以我们需要转到叙事研究。我们已经讲述了他们四个人的故事，现在也应该清楚地认识到，只有理解了相关的观念与概念，才能充分理解他们的故事。理论理解和叙事理解显然是分不开的。然而，每个故事立足于每个人，其特殊性和人们抽象概括的普遍性有所对立。因此，这些故事即便是真实的，也不能轻易地起到教育作用；那些主人公即便令人羡慕，也不能轻易地成为道德榜样。有些人不承认这里的复杂性，可能会错误地认为我们概括的一些观念足以用于实践，适合每个人的决策和行为，放之四海而皆准。如果真是这样的话，那一种道德生活就可能仅仅是在主要方面复制了另一种道德生活，但这是任何生活的特殊性所排斥的。尽管如此，我们研究的四个人的生活确实具有重要的共同特征，特别是在他们人生的早期。

我们首先看性格和品德形成初期的一些特征。尽管奥康纳、詹姆斯、福勒三人的童年和受教育的情况有所不同（关于格罗斯曼的童年，我们知之甚少），但家庭和学校显然促进了他们的学习能力与愿望，并使他们在发展中超越了家庭和学校。三人都非常认可这一点。这些概括应该相当中肯，符合相关的心理学实证研究。在这个早期阶段，有三个品质至关重要，若缺乏这三个品质，一些关键美德将难以进一步发展，也许不可能发展。一个品质是可靠，这使人们能够合理地期望一个人的反应和做事的方法。第二个密切相关的品质是可信，这使人们能够信赖一个人说的话。如果没有这两个品质，某些类型的关系（包括某些类型的友谊）就不可能建立，这些类型的关系恰恰是品格进一步发展所需要的，这是性格和品德发展的特征与规律。第三个不可或缺的品质是权衡，和以上两个品质有所不同，这使人们能够想象当前行动的备选方案，设计不同的目标和实现当前目标的不同方式，这就要求人们思考坚持这样做的理由，要比较选择行为方式的不同理由。没有这种想象，没有良好的判断，抓不住时机，人们就会不可避免地成为有缺陷的实践理性者。这三个品质通常是人们有教养的标志。

这段话补充和扩展了前文谈到的这种教养的性质。考虑一下他们四个人生活的巨大差异，同样能够补充和扩展前文谈到的人生话题，即如何理解差异巨大的人生能够实现同样的人类繁荣。我当时强调的是，差异来自人们生活于其中的不同文化的特殊性。格罗斯曼、奥康纳、詹姆斯和福勒之间的人生差异在某种程度上源于他们生活于其中的文化，但是和这些差异同样显著的是每个主体的欲望和实践推理所表现的独特个性。人们能够在自己的处境中确定相关的具体情况，理解为什么有时在这种情况下难以应用一些抽象观念，知道墨守成规的危险性，这是良好的实践理性者的特征之一。我强调过，自然法的戒律提出了负面的禁止，只是告诉我们不能做的事情，显然给各种可能性留下了余地。

哪些特殊性和主体在一定情况下的决策是相关的，其实是哪些利益在这种特定情况下会受到危害以及它们在这种情况下具有相对重要性的问题。主体能否明确地认识到什么会受到危害，如何做出适当的判断，这往往不仅取决于主体有能力认识和考虑其处境，还取决于主体有能力认识和考虑这个处境中的其他相关人员，特别是那些为了共同利益的合作者。获得这种能力的途径，只能是和其他具有洞察力、能够实事求是的人进行思想交流和协商，使一个人能够超越自己的立场局限，这是我提到过的观点。一个人认可的共同利益是什么、有什么样的朋友就成为关键之所在，这对于儿童形成和发展某些品德素质具有非常重要的意义；一个人没有那些品德素质，就不可能关心相关的共同利益，也不会有各种各样的好朋友。这种对共同利益的关心、这种友谊交往的能力，是我讲述的四个人物的突出特征。

格罗斯曼的一些主要关系形成于他的早期生活，还有一些形成于他在战时和战后的经历，后来的一些关系形成于苏联文学界。奥康纳和不同的美国人结成了广泛而密切的联系，有家庭成员、农场工人、法律职员等。詹姆斯和板球运动员以及小说家很熟，和兰开夏郡的工会会员以及底特律的汽车工人也很熟，更不用说他的家庭关系。福勒同样拥有亲密的家庭关系，并且和学校的同事们保持着友谊，和一些牧师以及工人党的成员也保持着友谊，和所有接受过他激励的我们保持着友谊。如果让他们失去友谊，那就等于让他们失去了欲望和实践推理的关键。人们现在还没有充分地认识到亚里士多德和托马斯的思想，他们认为一个完全理性的主体通常有各种好朋友，这是一个很典型的特征。

一个人要有好朋友，自己一定要做好朋友；要做好朋友，不但要有稳定可靠的品质和可信的美德，还要有诚实正直和忠贞不渝这两种美德，诚实正直使人不会因处境的变化而改变信念，忠贞不渝使人的信念不会随着时间的推移而改变。不良性格有时在这些方面会是良好性格的镜像，譬如坚守信念能使人坚持走自己的道路。但是这种坚守信念却不一定让友好关系长久，许多联盟都是短暂的。因此，其他相关的人怎么看待主体的诚实正直和忠贞不渝起着重要的作用。一般情况下，他们而不是主体自己对主体性格和品德的评价才是中肯的。只有那些相关的人才最有资格评价某个主体的一生是否具有整体志向或缺乏志向。所谓整体志向是由什么组成的？

314　　整体志向有两个方面，前文谈了其中一个方面，这两个方面在四个人物身上都有所体现。第一个方面体现于在具体场合下利益权衡发展的模式，这意味着某种或某些利益具有高于一切的重要性，这种或这些利益不能通过在某个具体场合下实现了这种或那种利益而最终圆满地实现。这在格罗斯曼那里的表现是，他认为自己的任务是把苏联展现给苏联人民，但这个目标不是通过写一两部书就能完全实现的，无论其文学成就多么伟大。这在奥康纳那里的表现是，她认为一生要做好公共服务，但这个目标不是在哪个办公室做好工作就能完全实现的，无论其工作多么杰出。这在詹姆斯那里的表现是，他要努力让我们理解共同的过去从而知道自己在塑造现实中的角色和作用，而在福勒那里表现为对完全公正和富有同情心的社会秩序的认识。要理解他们的人生志向，则需要承认他们都不是完人，但他们的志向超越了具体利益这样的目标。

然而，理性主体需要不时地评估他们所要达到的目的或目标，以便保持现有的行为进程。他们在这些场合如何考虑问题取决于他们当时是什么样的人，这里必须考虑其人生整体志向的第二个方面。他们在实现各种利益的过程中会发生改变，发展和增强了一些个性，同时失去了一些个性。这就有故事可讲，讲他们的欲望和理性，看看他们的欲望如何最终变成了现在这种状况，其间的思想变化有什么理由。他们会按照自己当时的理解，认识到自身欲望的变化和自身的变化中始终有一个整体志向，尽管这种主体的自我意识需要通过其他相关人士的评价而不断得到纠正。我讲述的这四个人生故事在这里又可能会产生榜样误导，因为他们四人虽然都在有些时候或在某些方面没有认识到自己的一些局限性，但他们四人对自己、对自己的欲望、对自己的实践理性的看法只出现了极少的错误。他们或早或晚地学会了如何通过其他相关人士对他们的评价来看待自己，并实事求是地进行自我反思。

　　这两种志向可以被视为成功人生的标志，但志向的方向是什么？当然是指向一些可获得的利益，这需要理性权衡的指引，而且一般会随着从青少年到中年和往后的生活而发生变化。然而，这是否意味着人若在死前没有获得想要的主要利益，那么其人生在某种意义上就是失败的，其人生就是不圆满的或不完善的，因此我们可以断言人只有寿命更长一点才会使自己的人生圆满或完善？这种思维方式会产生误解，前文论证过这一点。美好生活是要努力获取最佳利益，这些利益是一个人有能力获取的，因而美好生活要显示出一个人是那种能够获取这些利益的主体。但是，不能说获取了哪种特定的利益和有限的利益，就意味着人生的圆满和完善。一个人无论获取了什么，总会想获取其他的东西和更多的东西。人生的圆满和完善在于坚持追求与超越人们所知道的最佳利益。人生中总有某种更进一步的利益，这个欲望的目标超越了所有特定的利益和有限的利益，世间最想得到的东西和美好生活都不能满足这个欲望。政治学和伦理学的研究在这里结束，自然神学在这里开始。

注释

[1]《高尔基档案》（*the Gorky Archive*）所载 1932 年 10 月 7 日的报告，引自：约翰·加勒德（John Garrard）、卡罗尔·加勒德（Carol Garrard），《别尔季切夫的骨头：瓦西里·格罗斯曼的人生和命运》（*Bones*

of Berdichev：*The Life and Fate of Vasily Grossman*），纽约：自由出版社（The Free Press），1996 年，第 105－107 页。非常感谢加勒德撰写的传记和弗兰克·埃利斯（Frank Ellis）的《瓦西里·格罗斯曼：一位俄罗斯异端者的产生和演化》〔（*Vasiliyi Grossman*：*The Genesis and Evolution of a Russian Heretic*），牛津/罗得岛州普罗维登斯（Oxford/Providence，RI）：伯格出版社（Berg），1994 年〕。他们的作品让我对格罗斯曼的生平事迹有所了解。

〔2〕亚历山大·沃朗斯基，《艺术乃生命的认知：1911—1936 年作品选》（*Art as the Cognition of Life*：*Selected Writings 1911－1936*），F. S. 乔特（F. S. Choate）编译，密歇根州奥克帕克（Oak Park，MI）：梅林书局（Mehring Books），1998，第 368 页。

〔3〕同上。

〔4〕关于格罗斯曼的战时著作，参阅《战争作家：瓦西里·格罗斯曼和红军在一起的 1941—1945 年》（*A Writer at War*：*Vasily Grossman with the Red Army 1941－1945*），A. 毕佛（A. Beevor）、L. 维诺格拉多娃（L. Vinogradova）编译，伦敦：哈维尔出版社（Harvill Press），2005 年。

〔5〕约翰·加勒德、卡罗尔·加勒德，《别尔季切夫的骨头：瓦西里·格罗斯曼的人生和命运》，第 223 页。

〔6〕格奥尔格·卢卡奇，《现代主义的思想》（"The Ideology of Modernism"），见《我们时代的现实主义》（*Realism in Our Time*），纽约：哈珀与罗出版公司，1964 年；J. 曼德（J. Mander）、N. 曼德（N. Mander）译自《现实主义的问题》（*Probleme der Realismus*），柏林：奥夫堡出版社（Aufbau Verlag），1955 年；转载于 A. 卡达凯（A. Kadarkay）编，《卢卡奇读本》（*The Lukács Reader*），牛津：布莱克维尔出版社，1995 年，第 200、192 页。

〔7〕瓦西里·格罗斯曼：《人生和命运》，罗伯特·钱德勒（Robert Chandler）译，纽约：纽约书评出版社（New York Review Books），2006 年，第一部分第 1－4、67 页，第二部分第 14－15 页。

〔8〕同上，第三部分第 60 页。

[9] 关于格罗斯曼的谈话笔记，参阅加约翰·加勒德、卡罗尔·加勒德，《别尔季切夫的骨头：瓦西里·格罗斯曼的人生和命运》，第 357-360 页。

[10] 瓦西里·格罗斯曼，《一切都在流动》，R. 钱德勒（R. Chandler）、E. 钱德勒（E. Chandler）、A. 阿斯兰彦（A. Aslanyan）译，纽约：纽约书评出版社，2009 年。

[11] 参阅维克托·塞尔日（Victor Serge），《一场革命的回忆录》（*Memoirs of a Revolutionary*），P. 塞奇威克（P. Sedgwick）、G. 派伊斯（G. Paizis）译，纽约：纽约书评经典（New York Review of Books Classics），2012 年。另参阅马塞尔·利伯曼（Marcel Liebman），《列宁时代的列宁主义》（*Leninism under Lenin*），B. 皮尔斯（B. Pearce）译，伦敦：乔纳森·凯普出版社（Jonathan Cape），1975 年。

[12] 尤其参阅桑德拉·戴·奥康纳，《法律的威严：关于最高法院司法的思考》（*The Majesty of the Law*：*Reflections of a Supreme Court Justice*），纽约：兰登书屋（Random House），2003 年，第 15 章。

[13] 同上，第 276 页。

[14] 同上，第 226-228 页。

[15] 同上，第 70 页。

[16] 南希·玛葳缇，《桑德拉·戴·奥康纳大法官：最高法院的战略家》（*Justice Sandra Day O'Connor*：*Strategist on the Supreme Court*），马里兰州拉纳姆（Lanham, MD）：罗曼和利特尔菲尔德出版社（Rowman & Littlefield），1996 年，第 40 页；我对奥康纳司法观点的讨论受益于玛葳缇的精辟分析。关于奥康纳的不同观点，参阅琼·比斯丘皮克（Joan Biskupic），《改变美国联邦最高法院：大法官奥康纳传》（*Sandra Day O'Connor*：*How the First Woman on the Supreme Court Became Its Most Influential Justice*），纽约：埃科出版社（Ecco），2005 年。

[17] 奥康纳，《法律的威严：关于最高法院司法的思考》，第 235 页。

[18] C. L. R. 詹姆斯，《越界》（*Beyond a Boundary*），伦敦：哈奇森出版社（Hutchinson），1963 年，第 47 页。

[19] 同上。

［20］C. L. R. 詹姆斯，《黑人雅各宾派：杜桑·卢维杜尔和圣多明戈革命》，伦敦：瑟克和瓦伯格出版社（Secker & Warburg），1938 年；纽约：戴尔出版社（Dial Press），1938 年。

［21］参阅雷娅·杜娜叶夫斯卡娅，《马克思主义与自由》（*Marxism and Freedom*），纽约：布克曼出版社（Bookman Associates），1958 年。

［22］1943 年 9 月 1 日的信，见《C. L. R. 詹姆斯读本》（*The C. L. R. James Reader*），安娜·格里姆肖（Anna Grimshaw）编，牛津：布莱克维尔出版社，1992 年，第 128 页；任何关于詹姆斯的写作都要极大地借助安娜·格里姆肖的成果。

［23］引自詹姆斯《美国文明笔记》（*Notes on American Civilization*）1949—1950 年的早期草稿，詹姆斯曾用这些资料写作《水手、叛逆和漂流》（*Mariners，Renegades and Castaways*），参阅《C. L. R. 詹姆斯读本》第 12 章，第 203、208 页。

［24］《C. L. R. 詹姆斯读本》，第 209 页。

［25］詹姆斯，《流行艺术和文化传统》（"Popular Art and the Cultural Tradition"），见《C. L. R. 詹姆斯读本》，第 247 页。

［26］格蕾丝·李，《为变化而生活》（*Living for Change*），明尼阿波利斯（Minneapolis）：明尼苏达大学出版社（University of Minnesota Press），1998 年，第 69 页。

［27］参阅狄龙·布朗（Dillon Brown），《移徙的现代主义：战后伦敦和西印度群岛的小说》（*Migrant Modernism：Postwar London and the West Indian Novel*），弗吉尼亚州夏洛茨维尔（Charlottesville，VA）：弗吉尼亚大学出版社（University of Virginia Press），2012 年。

［28］卡罗尔·波斯格罗夫（Carol Polsgrove），《结束英国在非洲的统治：为了共同事业的作家》（*Ending British Rule in Africa：Writers in a Common Cause*），曼彻斯特大学出版社（Manchester University Press），2009 年，第 130 页。

［29］詹姆斯，《越界》，第 53 页。

［30］同上，第 54 页。

［31］同上，第 150 页。

[32] 同上，第 186 页。

[33] 同上，第 206 页。

[34] 参阅内维尔·卡杜斯，《自传》（*Autobiography*），伦敦：柯林斯出版社（Collins），1975 年，第 32–33 页。

[35] 詹姆斯，《越界》，第 246 页。

[36] C. L. R. 詹姆斯，《面对现实》，伊利诺伊州芝加哥（Chicago, IL）：查尔斯·H. 克尔出版社（Charles H. Kerr Publishing Company），2005 年；格蕾丝·李协助他写作此书，法国理论家科内利乌斯·卡斯托里亚迪斯（Cornelius Castoriadis）撰写了一章。

[37] 詹姆斯，《越界》，第 206 页。

[38]《C. L. R. 詹姆斯读本》，第 278 页。

[39] 詹姆斯，《越界》，第 116–117 页。

[40] 转引自安妮·麦克哈迪（Anne McHardy）所写的讣告，载《卫报》（*The Guardian*），2006 年 6 月 21 日。

[41]《悼念丹尼斯·福勒主教》（"Tribute to Mgr. Denis Faul"），载《先锋》（*Pioneer*），2006 年 7 月。

[42] 丹尼斯·福勒、雷蒙德·穆雷（Raymond Murray），《被蒙面的人》（*The Hooded Men*），北爱尔兰：法律正义协会（Association for Legal Justice），1974 年。

[43] 安妮·麦克哈迪，《丹尼斯·福勒主教》（Monsignor Denis Faul）（讣告通知），《卫报》，2006 年 6 月 22 日。

[44]《丹尼斯·福勒主教》（"Monsignor Denis Faul"）（在线祭文），载《时报》（*The Times*），2006 年 6 月 22 日。

[45]《爱尔兰共和党新闻》（*Irish Republican News*），2006 年 6 月 22 日。

[46] 转引自帕德雷·奥莫利（Padraig O'Malley），《墓地撕咬：爱尔兰绝食抗议和绝望的政治》（*Biting at the Grave：The Irish Hunger Strikes and the Politics of Despair*），波士顿（Boston）：灯塔出版社（Beacon Press），1990 年，第 127–128 页。

[47]《共和党》（*An Phoblacht*），2006 年 7 月 27 日。

参考文献 [*]

A. W. H. Adkins. "The Connection between Aristotle's Ethics and Politics," in David Keyt, Fred D. Miller, Jr. eds. *A Companion to Aristotle's Politics*. Oxford: Blackwell, 1981.

G. E. M. Anscombe. *Intention*. 2nd ed. Oxford: Basil Blackwell, 1958.

G. E. M. Anscombe. "Thought and Action in Aristotle," in R. Bambrough, ed. *New Essays on Plato and Aristotle*. London: Routledge & Kegan Paul, 1965.

Aristotle. *Nicomachean Ethics*. Terence Irwin, trans. Indianapolis, IN: Hackett, 1985.

Matthew Arnold. *Higher Schools and Universities in Germany*. London: Macmillan & Co., 1868.

J. L. Austin. *Philosophical Papers*. Oxford: Clarendon Press, 1961.

A. J. Ayer. "Jean-Paul Sartre's Doctrine of Commitment." *The Listener*, 1950, 30.

Gary S. Becker. *The Economic Approach to Human Behavior*. Chicago: University of Chicago Press, 1976.

A. Beevor, L. Vinogradova, ed. and trans. *War: Vasily Grossman with the Red Army 1941 - 1945*. London: Harvill Press, 2005.

Wendell Berry. *The Unsettling of America: Culture & Agriculture*. San Francisco: Sierra Club Books, 1977.

---

[*] 参考文献为译者所列。

Joan Biskupic. *Sandra Day O'Connor*: *How the First Woman on the Supreme Court Became Its Most Influential Justice*. New York: Ecco, 2005.

Simon Blackburn. *Ruling Passions*. Oxford: Clarendon Press, 1998.

Simon Blackburn. *Spreading the Word*. Oxford: Oxford University Press, 1985.

Richard Bodéüs. *The Political Dimension of Aristotle's Ethics*. J. E. Garret, trans. Albany, NY: SUNY Press, 1993.

D. A. Brading. *The First America*: *The Spanish Monarchy*, *Creole Patriots*, *and the Liberal State*, *1492 – 1867*. Cambridge: Cambridge University Press, 1991.

Dillon Brown. *Migrant Modernism*: *Postwar London and the West Indian Novel*. Charlottesville, VA: University of Virginia Press, 2012.

Tom Burns. *Explanation and Understanding*: *Selected Writings*, *1944 – 1980*. Edinburgh: Edinburgh University Press, 1995.

Michael Byron. "Satisficing and Optimality." *Ethics*, 1998, 109 (1): 67−93.

Michael Byron, ed. *Satisficing and Maximizing*: *Moral Theorists on Practical Reason*. Cambridge: Cambridge University Press, 2004.

Neville Cardus. *Autobiography*. London: Collins, 1975.

Catherine Carswell. *The Savage Pilgrimage*: *A Narrative of D. H. Lawrence*. London: Secker & Warburg, 1951.

Kaare Christensen, Ann Maria Herskind, James W. Vaupel. "Why Danes are Smug: A Comparative Study of Life Satisfaction in the European Union," *British Medical Journal*, 2006, December 23.

Ute Craemer, Renate Ignacio Keller. *Transformar e possivel*. Sao Paulo: EditoraPeiropolis, 2010.

Santanu Das. "Lawrence's Sense-Words," *Essays in Criticism*, 2012, 62 (1): 58−82.

E. Diener, E. Sandvik, L. Seidlitz, M. Diener. "The Relationship Between Income and Subjective Well-Being: Relative or Absolute?" *Social*

Indicators Research，1993（28）：195－223.

William Desmond. *Desire, Dialectic and Otherness*. New Haven, CT：Yale University Press，1987.

Raya Dunayevskaya. *Marxism and Freedom*. New York：Bookman Associates，1958.

Joseph Dunne. "An Intricate Fabric：Understanding the Rationality of Practice," *Pedagogy, Culture and Society*，2005，13（3）：367－389.

Frank Ellis. *Vasiliyi Grossman：The Genesis and Evolution of a Russian Heretic*. Oxford/Providence，RI：Berg，1994.

Denis Faul，Raymond Murray. *The Hooded Men*. Northern Ireland：Association for Legal Justice，1974.

Harry G. Frankfurt. "Freedom of the Will and the Concept of a Person," *Journal of Philosophy*，1971，68. reprinted in *The Importance of What We Care About*. Cambridge：Cambridge University Press，1988.

Harry G. Frankfurt. *The Reasons of Love*. Princeton，NJ：Princeton University Press，2004.

Harry G. Frankfurt. *Taking Ourselves Seriously and Getting It Right*. Stanford，CA：Stanford University Press，2006.

Harry G. Frankfurt. "The Necessity of Love," *Conversations on Ethics, Conversations with Alex Voorheve*. Oxford：Oxford University Press，2009.

Bruno S. Frey，Alois Stutzer. *Happiness and Economics*. Princeton，NJ：Princeton University Press，2002.

Bruno S. Frey，Alois Stutzer. *Happiness, Economics and Politics*. Cheltenham：Edward Elgar，2009.

David Gauthier. *Morals by Agreement*. Oxford：Oxford University Press，1986.

Peter Geach. "Good and Evil," *Analysis*，1956，17. reprinted in *Theories of Ethics*. P. Foot，ed. Oxford：Oxford University Press，1967.

Peter Geach. "Assertion," *Philosophical Review*，1965，74（4）：449－465.

Alan Gibbard. "Preference and Preferability," Christoph Fehige, Ulla Wessels, eds. *Preferences*. Berlin: de Gruyter, 1998.

Alan Gibbard. "A Pragmatic Justification of Morality," *Conversations on Ethics*, *Conversations with Alex Voorheve*. Oxford: Oxford University Press, 2009.

Alan Gibbard. *Wise Choices*, *Apt Feelings*: *A Theory of Normative Judgement*. Cambridge, MA: Harvard University Press, 1990.

Anna Grimshaw, ed. *The C. L. R. James Reader*. Oxford: Blackwell, 1992.

Vasily Grossman. *Life and Fate*. Robert Chandler, trans. New York: New York Review Books, 2006.

Vasily Grossman. *Everything Flows*. R. Chandler, E. Chandler, A. Aslanyan, trans. New York: New York Review Books, 2009.

Stuart Hampshire. *Innocence and Experience*. Cambridge, MA: Harvard University Press, 1989.

D. Hay, P. Linebaugh, J. G. Rule, E. P. Thompson, C. Winslow. *Albion's Fatal Tree*: *Crime and Society in Eighteenth Century England*. New York: Pantheon, 1975.

H. Hardy, ed. *Concepts and Categories*. New York: The Viking Press, 1978.

Thomas Højrup. *The Needs for Common Goods for Coastal Communities*, Fjerritslev. Denmark: Centre for Coastal Culture and Boatbuilding, 2011.

David Hume. *A Treatise of Human Nature*. L. A. Selby-Bigge, ed. Oxford: Oxford University Press, 1888.

David Hume. *Enquiries Concerning the Human Understanding and Concerning the Principles of Morals*. L. A. Selby-Bigge, ed. Oxford: Clarendon Press, 1902.

C. L. R. James. *The Black Jacobins*: *Toussaint L'Ouverture and the San Domingo Revolution*. London: Secker & Warburg, 1938; New York: Dial Press, 1938.

C. L. R. James. *Beyond a Boundary*. London: Hutchinson, 1963.

C. L. R. James. *Facing Reality*. Chicago, IL: Charles H. Kerr Publishing Company, 2005.

John Garrard, Carol Garrard. *The Bones of Berdichev: The Life and Fate of Vasily Grossman*. New York: The Free Press, 1996.

Clifford Geertz. *New Views of the Nature of Man*. John R. Platt, ed. Chicago: University of Chicago Press, 1965.

Martin Gilens, Benjamin I. Page. "Testing Theories of American Politics," *Perspectives on Politics*, 2014, 12 (3): 564-581.

A. Kadarkay, ed. *The Lukács Reader*. Oxford: Blackwell, 1995.

Daniel Kahneman. *Thinking Fast and Slow*. New York: Farrar, Strauss and Giroux, 2011.

Franz Kafka. *The Great Wall of China*. W. and E. Muir, trans. New York: Schocken Books, 1946.

George L. Kline. "The Myth of Marx's Materialism," *Annals of Scholarship*, 1984, 3 (2): 1-38.

K. Laland, T. Uller, M. Feldman, et al. "Does Evolutionary Theory Need a Rethink?" *Nature*, 2014 (October 8): 161-164.

D. H. Lawrence. *Phoenix: The Posthumous Papers*, 1936. Harmondsworth: Penguin Books, 1978.

Richard Layard. *Happiness: Lessons from a New Science*. London: Penguin Books, 2005.

Grace Lee. *Living for Change*. Minneapolis: University of Minnesota Press, 1998.

Shane Leslie. *Henry Edward Manning: His Life and Labour*. London: Burns, Oates and Washbourne, 1921.

David Lewis. *Philosophical Papers*, Vol. I. Oxford: Oxford University Press, 1985.

Heinz Lubasz. "The Aristotelian Dimension in Marx," *Times Higher Education Supplement*, 1977, April 1.

Marcel Liebman. *Leninism under Lenin*. B. Pearce, trans. London: Jonathan Cape, 1975.

Alasdair MacIntyre. *After Virtue*. 3rd edn. Notre Dame, IN: University of Notre Dame Press, 2007.

Alasdair MacIntyre. "Philosophical Education Against Contemporary Culture," *Proceedings of the American Catholic Philosophical Association*, 2013, 87: 43–56.

Alasdair MacIntyre. "Ends and Endings," *American Catholic Philosophical Quarterly*, 2014, 88 (4): 807–821.

Karl Marx. *Grundrisse der Kritik der politischenÖkonomie*. Martin Nicolaus, trans. London: Allen Lane, 1973.

Karl Marx. *Capital*, Vol. I. New York: International Publishers, 1967.

Nancy Maveety. *Justice Sandra Day O'Connor: Strategist on the Supreme Court*. Lanham, MD: Rowman & Littlefield, 1996.

Ralph McInerny. "The Primacy of Theoretical Knowledge: Some Remarks on John Finnis," *Aquinas on Human Action: A Theory of Practice*. Washington, DC: Catholic University Press, 1992.

Scott Meikle. *Essentialism in the Thought of Karl Marx*. London: Duckworth, 1985.

Maurice Merleau-Ponty. *Le visible et l'invisible*. Paris: Gallimard, 1964.

Elijah Millgram, ed. *Varieties of Practical Reasoning*. Cambridge, MA: MIT Press, 2001.

F. Nietzsche. *Beyond Good and Evil*. R. J. Hollingdale, trans. London: Penguin Books, 1973.

Martha Nussbaum. "Aristotle on Human Nature and the Foundation of Ethics," J. E. J. Altham, R. Harrison, eds. *World, Mind and Ethics: Essays on the Ethical Philosophy of Bernard Williams*. Cambridge: Cambridge University Press, 1995.

Máirtín Ó Cadhain. *CrénaCille*. Dublin: Sáirséal and Dill. Alan Titleytrans. as *The Dirty Dust*. New Haven, CN: Yale University Press, 2015. Liam Mac Con Iomaire and Tim Robinson trans. as *Graveyard Clay*. New Haven, CN: Yale University Press, 2016.

Sandra Day O'Connor. *The Majesty of the Law: Reflections of a Supreme Court Justice*. New York: Random House, 2003.

Padraig O'Malley. *Biting at the Grave: The Irish Hunger Strikes and the Politics of Despair*. Boston: Beacon Press, 1990.

Elinor Ostrom. *Governing the Commons: The Evolution of Institutions for Collective Action*. Cambridge: Cambridge University Press, 1990.

Martin Peterson. *An Introduction to Decision Theory*. Cambridge: Cambridge University Press, 2009.

Carol Polsgrove. *Ending British Rule in Africa: Writers in a Common Cause*. New York: Manchester University Press, 2009.

Adam Phillips. *Winnicott*. Cambridge, MA: Harvard University Press, 1988.

Jonathan E. Pike. *From Aristotle to Marx*. Aldershot: Ashgate, 1999.

Huw Price. "From Quasirealism to Global Expressivism—and Back Again?" R. Johnson, M. Smith, eds. *Passions and Projections: Themes from the Philosophy of Simon Blackburn*. Oxford: Oxford University Press, 2015.

Joseph Raz. "On the Guise of the Good," Sergio Tenenbaum, ed. *Desire, Practical Reason and the Good*. Oxford: Oxford University Press, 2010.

Michael D. Resnik. *Choices: An Introduction to Decision Theory*. Minneapolis: University of Minnesota Press, 1987.

Jean-Paul Sartre. *La Nausée*. Paris: Gallimard, 1938. Robert Baldicktrans. as *Nausea*. Harmondsworth: Penguin Books, 1965.

Mark Schroeder. *Being For: Evaluating the Semantic Program of Expressivism*. Oxford: Oxford University Press, 2010.

Mark Schroeder. "Skorupski on Being For," *Analysis*, 2012, 72 (4): 735-739.

Martin Seligman. *Learned Optimism: How to Change Your Mind and Your Life*. New York: A. A. Knopf, Inc., 1991.

Victor Serge. *Memoirs of a Revolutionary*. P. Sedgwick, G. Paizis, trans. New York: New York Review of Books Classics, 2012.

Russ Shafer-Landau, ed. *Oxford Studies in Metaethics*, Vol. 6. Oxford: Oxford University Press, 2011.

Robert Skidelsky. *John Maynard Keynes: 1883 - 1946*. London: Penguin Books, 2003.

John Skorupski. "The Frege—Geach Objection to Expressivism: Still Unanswered," *Analysis*, 2012, 72 (1): 9-18.

John Skorupski. "Reply to Schroeder on Being For," *Analysis*, 2013, 73 (3): 483-487.

Francis Slade. "On the Ontological Priority of Ends and Its Relevance to the Narrative Arts," Alice Ramos, ed. *Beauty, Art, and the Polis*. Washington, DC: American Maritain Association, 2004.

Adam Smith. *The Theory of Moral Sentiments*. Oxford: Clarendon Press, 1976.

Patricia Springborg. "Politics, Primordialism, and Orientalism: Marx, Aristotle, and the Myth of the Gemeinschaft," *American Political Science Review*, 1986, 80 (1): 185-211.

Charles L. Stevenson. *Ethics and Language*. New Haven, CT: Yale University Press, 1945.

Galen Strawson. "Against Narrativity," Galen Strawson, ed. *The Self?*. Oxford: Blackwell, 2005.

Shelley E. Taylor, Jonathon Brown. "Illusion and Well-being: A Social Psychological Perspective on Mental Health," *Psychological Bulletin*, 1988, 103 (2): 193-210.

László Tengelyi. *The Wild Region in Life-History*. László

Tengelyi，G. Kallay，trans. Evanston，IL：Northwestern University Press，2004.

E. P. Thompson. *Customs in Common*. New York：The New Press，1991.

G. H. von Wright. *The Varieties of Goodness*. London：Routledge，1963.

Alexander Voronsky. *Art as the Cognition of Life*：*Selected Writings 1911 - 1936*. F. S. Choate，trans. and ed. Oak Park，MI：Mehring Books，1998.

Mary Walton. *The Deming Management Method*. New York：Perigee Books，1986.

Oscar Wilde. *Complete Works*. New York：Harper & Row，1985.

Bernard Williams. *Ethics and the Limits of Philosophy*. Cambridge，MA：Harvard University Press，1985.

Bernard Williams. "Morality and the Emotions," in *Problems of the Self*：*Philosophical Papers*，*1956 - 1972*. Cambridge：Cambridge University Press，1973.

Bernard Williams. *Morality*：*An Introduction to Ethics*. New York：Harper & Row，1972.

Bernard Williams. *Moral Luck*. Cambridge：Cambridge University Press，1981.

D. W. Winnicott. *The Child*，*the Family and the Outside World*. Reading，MA：Addison Wesley，1987.

索 引

accountability 责任，221，231 –
233，311

achievement of excellence 卓越的
实现，50–51

action（as expression of desires）
行为（欲望的表现），5–6

akrasia（Greek）缺乏自制（希腊
语），34

Althusser, Louis 路易·阿尔都
塞，96

*An Enquiry Concerning the Hu-
man Understanding*《人类理解
研究》，79

Anscombe, Elizabeth 伊丽莎白·
安斯康姆，5

Aquinas, Thomas 托马斯·阿奎那

　　and achievement of excellence
　　卓越的实现，50–51

　　and achievement of final good
　　最终利益的实现，53

　　and every desire is for some
　　good 欲望皆为向善，10

　　and plain persons as practical-
　　reasoners 作为实践理性者的
　　普通人，90

　　and social order under capitalism
　　资本主义的社会秩序，99–100

　　and theological nature of final
　　good 最终利益的神学性质，
　　55–56

Aristotle 亚里士多德

　　and achievement of final good
　　最终利益的实现，53

　　and conflict resolution 冲突解
　　决，223–224

　　and human flourishing 人类繁
　　荣，28–31

　　and morality 道德，117–120

　　and philosophical enquiry 哲学
　　探讨，210

　　and practical rationality 实践理
　　性，80

　　and *prohairesis* 道德意志，38–
　　39，51

and sociological self-knowledge 社会学的自我认识，112－113，211－213

and the ethics of modern politics 现代政治的伦理学，177－178

and the influence of teleology in achievement of final goods 目的论对实现最终利益的影响，227－230

and the tension between social prejudices and human function 社会偏见和人类功能之间的紧张关系，85－87

on happiness 关于幸福，54，200－202

on moral and political error 关于道德错误和政治错误，164，220－221

on reason and action 关于理性和行为，189－191

on theoretical enquiry 关于理论研究，76

Arnold, Matthew 马修·阿诺德，174

art 技艺

as a human good 作为人类利益，118

as a learned value 作为习得性价值，148－149

as a means to a new morality 作为产生新道德的方式，146－148

assertive sentences 断言性语句，17－18

Associação Communitária Monte Azul 蓝山社区协会，181

asymmetry condition 非对称条件，185

attitude of approval 赞成态度，6

Austin, J. L. 奥斯汀，13

Ayer, A. J. 艾耶尔，19，23

Baier, Annette 安妮特·拜尔，86

beatitudo（Latin）至福（拉丁语），54，98，201

beatitudo 祝福（古法语），229

beatus（Latin）幸福（拉丁语），201

Becker, Gary S. 加里·贝克尔，186，188

Beliefs 信念，7

Benthamite utilitarianism 边沁功利主义，282

Berlin, Isaiah 以赛亚·伯林，163，222

Berry, Wendell 温德尔·贝里，171

Beyond a Boundary《越界》，

288-291，292-294

Beyond Good and Evil《超越善恶》，42，58

Bismarck，Otto von 奥托·冯·俾斯麦，168

Blackburn，Simon 西蒙·布莱克本

　　and human flourishing 人类繁荣，39

　　and moral reflection 道德反思，21-22

　　and quasi-realism 准现实主义，42

　　and relationship between meaning and endorsement 意义和赞同之间的关系，19

Bloody Sunday 血腥周日，301

Boethius 波爱修斯，53

boulēsis（Greek）意愿（希腊语），80

Brown，Jonathan 乔纳森·布朗，191

bureaucracy 官僚体制，124

Burke，Edmund 埃德蒙·伯克，271，274

Burns，Tom 汤姆·伯恩斯，130

Capital《资本论》，94

capitalism 资本主义

　　and commodification of labor 劳动的商品化，95

　　and social costs of rational risk management 理性风险管理的社会成本，103-105

　　and surplus value 剩余价值，96-97

Cardinal Manning 枢机主教曼宁，107

Chicago Public Schools 芝加哥公立学校，203-205

choice 选择

　　and influence of third person perspective 第三人称视角的影响，159-162

　　and the impact of the good enough mother 足够好的母亲的影响，36

Christensen，Kaare 卡尔·克里斯坦森，199

Churchill，Winston 温斯顿·丘吉尔，144

civitas（Latin）公民社会（拉丁语），176

common goods 共同利益

　　and achievement of as necessary for social justice 作为社会正义的必要条件，106-110

　　and constraints of war 战争的约束，253

　　and pursuit of as experience in

Monte Azul 蓝山追求共同利益的经验，181–182

and pursuit of as experienced in Thorupstrand 梭鲁普斯特兰追求共同利益的经验，178–180

as compared to public goods 和公共利益比较，168–169

family pursuit of 家庭共同利益的追求，169–170

NeoAristotelianism approach to achievement of 新亚里士多德主义实现共同利益的方法，202–205

politics of achievement of 实现共同利益的政治，177–178

school pursuit of 学校共同利益的追求，172–174

state promotion of 国家共同利益的促进，125

workplace pursuit of 职场共同利益的追求，170–172

communication, *See* language 交流，参阅"语言"

compartmentalized lives 把生活划分成不同的领域

and human failure 人类的失败，227–228

and modern life 现代生活，203

and Vasily Grossman 瓦西里·格罗斯曼，xi，244，251

as part of double lives 作为双重生活，250

conflict resolution 解决冲突，214–216

connectivity condition 连通条件，185

cooperation 合作，20，26

cost-benefit analysis 成本效益分析，217

Craemer, Ute 乌特·克雷默，181

Créna Cille《教堂之土》，234–236

cultures (influence of) 文化（的影响），27–28

Cummins Engine Company 康明斯发动机公司，172

decision theory 决策论，184–185

decisive debt 毋庸置疑的受益，94

Deming, W. Edwards 爱德华·戴明，130，170–171

desires, *See also* good 欲望，另参阅"善"

and conflict with reason 与理性的冲突，42–46

and identification of goods 利益辨析，9–13

and influence of modern culture on 受现代文化的影响，120–

123

and limits of the imagination 想象的限制，237

and the influence of cultural norms on 受文化规范的影响，135-136

as motivation to act 乃行为的动机，5-6，7-12

characteristics of human 人类的特征，1-3

influence of belief on 信念的影响，7

transformation of 发生变化，129-133

Desmond，William 威廉·戴斯蒙德，12

Diderot，Denis 德尼·狄德罗，137-138

Diener，Ed 爱德华·迪纳，194

directedness 人生导向

and a life well lived 美好生活，314-315

and exercise of the virtues 践行美德，217-218

disruptions 混乱，4

Distributism 分配主义，108-110

double lives 双重生活

and C. L. R. James 詹姆斯，xii，293-294

and conflict between pursuit of

common and individual goods 追求共同利益和追求个体利益之间的冲突，174-176

and Soviet writers 苏联作家，248-249，250-251

and Thomistic Aristotelianism 托马斯-亚里士多德主义，166-168

Dunayevskaya，Raya 雷娅·杜娜叶夫斯卡娅，280

eccentric behavior 乖僻的行为，81

economic modernity 经济现代性

and influence on working class opportunities 影响工人阶级的机会，120-123

and inter-relationship between the state and the market 国家和市场之间的内在关系，128-129

influence of academia on 受学术界的影响，101-105

emotional education 情感教育，147-148

emotivism 情感主义，17-19

See also Stevenson，Charles L.，expressivism，另参阅"查尔斯·史蒂文森""表现主义"

endorsements 赞同，17-19，41

Engels，Friedrich 弗里德里希·恩

格斯，93

Episodic self-experience 情节形式的自我经验，240

epithumia（Greek）贪婪（希腊语），80

equilibrium theory 均衡理论，101

ergon（Greek）功能（希腊语），86

established hierarchies of power 既定的权力等级，211-212

ethical Narrativity thesis 伦理学的叙事性论题，240

Ethics and the Limits of Philosophy《伦理学与哲学的局限》，164

ethics-of-the-market 市场伦理，127-128

ethics-of-the-state 国家伦理，125

eudaimōn 幸福，29

eudaimonia 幸福，54

evaluative disagreements 评价性分歧，22-24，27-28

evaluative sentences 评价性语句，17-18

Everything Flows《一切都在流动》，259-261

expressivism 表现主义

　and conflict between desires and Morality 欲望与现代性道德之间的冲突，138-141

　and conflict between reason and

desire 理性与欲望之间的冲突，41-42，47-48，67-68

　and conflict in achievement of desires 欲望实现中的冲突，31-33

　and determination of good 对善的确定，20-22

　and evaluative disagreements 评价性分歧，22-24

　and human flourishing 人类繁荣，25-26，29-30，39-40

　and on being a rational agent 关于成为理性主体，57-59

　and role of personal relationships in 人际关系的作用，61

　and the role of reason in the determination of final ends 理性在确定最终目的中的作用，47-48

　critique of 对表现主义的批评，152-155

Fama, Eugene 尤金·法玛，xi，104

Fama's Efficient Markets hypothesis 法玛的"有效市场"假说，104

Faul, Denis 丹尼斯·福勒，xi，244，296

　impact of hunger strikes on 绝

食抗议的影响，305—306

influence of Thomistic princi-
ples on 托马斯原则的影响，
302—304，308

practical rationality of 其实践理
性，299

felix（Latin）幸福的（拉丁
语），201

felt need 身心需求，2

Feuerbach, Ludwig 路德维希·费
尔巴哈，96

final ends, *See* final good 最终目
的，参阅"最终利益"

final good 最终利益

and achievement of as a charac-
teristic of human distinctive-
ness 人类的独特性的实现，
227—230

and struggles against evil 和邪恶
斗争，309—311

and the achievement of excel-
lence as a human being 作为人
的卓越的实现，50—51

and the role of narratives in
achievement of 叙事在实现最
终利益中的作用，233—236

bureaucratic overtake of 官僚统
治，130—131

determination of 最终利益的确
定，52—54

the influence of theism on a 受有
神论的影响，230—231

flourishing, *See* human flourish-
ing 繁荣，参阅"人类繁荣"

For a Just Cause《为了正义的事
业》，254—255

Frankfurt, Harry 哈利·法兰克福

and conflict between reason and
desire 理性和欲望之间的冲
突，44—46

and second order desires 二级欲
望，6

and the practical live 实践生活，
149

and what we care about 我们的
关心，143

Franklin, Benjamin 本杰明·富兰
克林，149

free markets 自由市场，177—180

Freud, Sigmond 西格蒙德·弗洛
伊德，32

game theory 博弈论，185—189

Gauguin, Paul 保罗·高更，141

Geach, Peter 彼得·吉奇，19

Gibbard，Alan 艾伦·吉伯德，
19—21，33，42

Gilson，Étienne 艾蒂安·吉尔森，
166

Glyukauf《格柳卡乌夫》，246

Gombrich，E. H. 贡布里希，144

good，*See also* desires 善，另参阅"欲望"

  and achievement of as a rational preference 其实现乃理性的优先选择，19-24

  and conflict between hunger strikers and Denis Faul 绝食抗议和丹尼斯·福勒之间的冲突，305-306

  and human flourishing 人类繁荣，25，27-28

  and NeoAristotelianism 新亚里士多德主义，36-39

  as motivation to act 乃行为的动机，7-12

  impact of human development on determination of 受人类发展的影响，35-39

  qualifications in the use of 善的使用条件，13-14

  role of shared deliberation in determination of 共同协商的作用，56-57

  use of narrative as a form of evaluation of 叙事作为一种评价善的形式，218-220

good-enough mother 足够好的母亲，35-39

Good Friday Agreement of 1998 《1998年耶稣受难节协议》，307

good life 美好生活，222-223

Gross Domestic Product 国内生产总值，103

Gross National Happiness 国民幸福总值，193

Grossman，Vasily 瓦西里·格罗斯曼，xi，244-263

  and impact of war on 受战争的影响，251-254

  and practical rationality 实践理性，256，261-262

  and search for truthfulness 探求真实，263-264

  and the double life of a Soviet writer 苏联作家的双重生活，246-248，250-251，253

  life goal 人生目标，255

Hale，Bob 鲍勃·黑尔，19

Hampshire，Stuart 斯图尔特·汉普夏，81，222

Hansen，Lars Peter 拉尔斯·彼得·汉森，104

happiness 幸福

  and a diminished sense of possibility 可能性的减少，198-199

  contemporary definition of 当代的定义，193-196，200

Hegel, Georg 黑格尔，94

herd mentality 从众心理，33

Højrup, Thomas 托马斯·洪基洛，178-180

honest life 诚实做人，248

human distinctiveness 人类的独特性，224-226

human flourishing 人类繁荣

 and attainment of common goods 共同利益的实现，106-110

 and attainment of desires 欲望的实现，129-133

 and human vs. non-human 人类与非人类比较，24-26

 and Marxism 马克思主义，281

 and prohairesis 道德意志，38-39

 and Stalinism 斯大林主义，245

 and the good enough mother 足够好的母亲，35-39

 Aristotelian components of 亚里士多德主义关于人类繁荣的构成，28-31

human rights 人权，77-78

Hume, David 大卫·休谟

 and achievement of desire 欲望的实现，79-81

 and deformations of social order 社会秩序的扭曲，86

 and how evaluative judgements motivate 评价性判断的激励机制，140

 and the role of reason in the determination of final ends 理性在决定最终目的中的作用，46

 and universal sentiments 普遍性情感，80，82-85

hunger strikes 绝食抗议，304-306

idle wishes 空想的愿望，5-6

imagination of possibilities 对可能性的想象，212

"In the Town of Berdichev" ("V gorode Berdicheve") 《在别尔季切夫城》，246

individualism 个人主义，283-285

inequality 不平等，126-127

institutionalized routines 制度化的规律，7

intentional actions 意向行为，10-11

irrational behavior 非理性的行为，46

Irwin, Terence 特伦斯·欧文，80

James, C.L.R 詹姆斯

 and evolution of personal philosophy 个人哲学的演化，279-

282

and teleological structure of human lives 人类生活的目的论结构, 295

influence of Marxism on 马克思主义的影响, 275-277

influence of Puritanism on 清教主义的影响, 274-275

political agenda of 政治活动, 280-282

Johnson-Forest tendency 约翰逊-福瑞斯特派, 281

just war 正义战争, 304

Kahneman, Daniel 丹尼尔·卡尼曼, 191-192, 194

Kantianism 康德主义, 150-152

Kautsky, Karl 卡尔·考茨基, 93

Keynes, John Maynard 约翰·梅纳德·凯恩斯, 104

LaNausée《恶心》, 232-233

labor 劳动, 94-96, 97, 107

Lady Chatterley's Lover《查泰莱夫人的情人》, 147

language 语言, 26-27, 28

LaSalle, Ferdinand 费迪南·拉萨尔, 100, 198-199

Lawrence, D. H. 劳伦斯, xi, 146-148, 149, 150

Layard, Richard 理查德·莱亚德, 195

LeNeveu de Rameau《拉摩的侄儿》, 137

Learned Optimism: How to Change Your Mind and Your Life《习得性乐观：如何改变你的思想和生活》, 194

Levellers 平等主义者, 83-84

Lewis, David 大卫·刘易斯, 210

liberal democracies 自由民主国家, 126-127, 134

Life and Fate《人生和命运》, 254, 255, 256-259, 260-261

life events 生活事件, 4

Lubasz, Heinz 海因茨·卢巴兹, 94

Maimonides 迈蒙尼德, 55

makarios 福寿, 229

Mannheim, Karl 卡尔·曼海姆, 64

Marx, Karl 卡尔·马克思

and influence of Aristotle on his works 亚里士多德对其著作的影响, 94-96

and surplus value as tenet of capitalism 剩余价值乃资本主义的宗旨, 96-97

and the destructiveness of capitalism 资本主义的破坏性，99

Marxism 马克思主义

 and influence on C. L. R. James 对詹姆斯的影响，275—277

 and the need for a working class society 工人阶级社会的需要，100—101

 and working class politics 工人阶级的政治，106—110

Mill, John Stuart 约翰·斯图亚特·密尔，199

modernity 现代性

 and art as a human good 艺术乃一种人类利益，143—146

 and cultural influences on attainment of desires 文化对欲望实现的影响，133—136

 and sources of desire 欲望的来源，129—133

 and the dominance of Morality 现代性道德的主导地位，138

monetarism 货币主义，104

Monte Azul（Brazil）蓝山（巴西），181

moral and political error 道德错误和政治错误，220—222

moral conviction 道德信念，152—155

moral education 道德教育，153

moral obligation 道德义务，151

moral philosophy 道德哲学

 and importance of tradition in development of 传统在其发展中的重要性，287—291

 and need for authenticity 对真实性的需要，155—156

moral reflection 道德反思，21—22

morality 道德

 and conflict with artistic achievement 和艺术成就之间的冲突，144—146

 and flaws in philosophical theory of 道德哲学理论的缺陷，76—78

 and Hume's universal sentiments 休谟的普遍性情感，80—81

 and tension over adherence to moral rules 关于遵守道德规则的难题，65—66

 rejection of 对道德的排斥，150—152，156—158

Morality 现代性道德

 and adherence to by modern society 在现代社会对现代性道德的服从，64

 and conflict between practice and theory 实践和理论之间的冲突，65—66，67—69

and constraint of desires 对欲望的约束，129

and its influence on the maintenance of economic order 对维护经济秩序的影响，84-85

and secular societies 世俗社会，136-138

as a constraint on rational maximizers 对理性的最大化者的约束，187-189

characteristics of 现代性道德的特色，115-116

conflicts within principles of 现代性道德原则之间冲突，116-120

Morality：An Introduction to Ethics《道德：伦理学导论》，154

narratives 叙事

and achievement of final ends 最终目的的实现，233-236

and disagreements over meaning of 关于叙事的意义的分歧，238-242

and influence on desires 对欲望的影响，3

and the dependence on storytelling to comprehend human nature 依靠讲述故事去理解人性，

236-237

and the power of language 语言的能力，26-27

as a form of accountability 作为一种责任的形式，231-233

Nash, John 约翰·纳什，186

nation states 民族国家，124-125

natural law 自然法，88-89

natural slave 自然奴隶，85，88

naturalism 自然主义，247，255-256

NeoAristotelianism 新亚里士多德主义

See also Thomistic Aristotelianism 另参阅"托马斯-亚里士多德主义"

and achievement of excellence 卓越的实现，50-51

and arguments against 反对的主张，48

and being a rational agent 成为理性主体，70-75

and failure to flourish 繁荣的失败，39-41

and human flourishing 人类繁荣，30-31

and philosophical errors of expressivism 表现主义的哲学错误，114

and pursuit of final good 最终利

益的追求，57—59

and pursuit of goods 对利益的追求，54—57

and role in contemporary life 在当代生活中的作用，164—165

and the desire for good 对善的欲望，33—34，36—39

and the importance of personal relationships 人际关系的重要性，60—61

as an alternative practice to capitalism 作为替代资本主义的实践，98—100

on being a rational agent 成为理性主体，87—88

on being happy 论幸福，196—200

Nicomachean Ethics《尼各马可伦理学》，38，90，95

Nietzsche, Friedrich 弗里德里希·尼采

and conflict between reason and desire 理性和欲望之间的冲突，42—43

and imposition of beliefs 强加的信仰，33

on Aristotelianism 论亚里士多德主义，48

on being a rational agent 论成为

理性主体，57—59

Nobel Prize for Economics 诺贝尔经济学奖，104

non-human flourishing 非人类的繁荣发展，24—25，26

nous（Greek）理智（希腊语），80

Nussbaum, Martha 玛莎·努斯鲍姆，86，164

Ó Cadhain, Máirtín 马丁·奥凯丹，234—236

O'Connor, Sandra Day 桑德拉·戴·奥康纳

and adherence to insular traditions 坚持保守的传统，271—273

and mode of judicial reasoning 司法推理的模式，266—268

influence of shared cultural inheritance on 共同文化传承的影响，265—266

"Of the Rise and Progress of the Arts and Sciences"（essay）《论艺术和科学的兴起与进步》（论文），82

orexis（Latin）欲望（拉丁语），80

Ostrom, Elinor 欧玲（埃莉诺·奥斯特罗姆），182

Padmore，George 乔治・帕德莫尔，278

Pareto，Vilfredo 维尔弗雷多・帕累托，102，184

philosophical conflicts 哲学冲突

　and agreement on what is good 关于什么是善的共识，15－16

　and attainment of wealth 获得财富，90－93

　and contemporary philosophy 当代哲学，34－35，61－64

　and evaluative statements as endorsements 评价性陈述的赞同意义，17－19

　and expressivism vs. NeoAristotelianism and achievement of final good 表现主义和新亚里士多德主义的论证、最终利益的实现，59－63

　and Morality 现代性道德，65－69

philosophical enquiry 哲学探讨

　and distortion of social realities 社会现实的扭曲，78－79

　and the need to confront objections to central tenets 需要面临对主要学说的反对意见，87－88

　limitations of 其局限性，70－72

philosophical inquiry，*See* philosophical enquiry 哲学探索，参阅“哲学探讨”

Philosophical Papers《哲学论文集》，210

phronēsis (Greek) 实践智慧（希腊语），74，118

Pierce，C. S. 皮尔斯，63，210

Plato 柏拉图，53，149

pleonexia (Greek) 贪欲（希腊语），109，127，218

Plotinus 普罗提诺，53

polis (Greek) 城邦（希腊语），28，176，224

Politics《政治学》，88，94

Pope Leo XIII 教皇利奥十三世，106

powers of the state 国家的权力，125－127

practical errors 实践错误，75－76，80

practical rationality 实践理性

　See also rational maximizers 另参阅“理性的最大化者”

　and avoidance of failure 避免失败，190－191

　and awareness of good in desires 对欲望之善的意识，9－12

　and choices between incompatible goods 不同利益之间的选择，250

and danger of insularity 思想僵化的危险，297

and influence of restraint 克制的影响，275

and the failure of rational agents to maximize preferences 理性主体在优先选择最大化中的失败，185

and Vasily Grossman 瓦西里·格罗斯曼，xi，256

"Preference and Preferability" (essay)《优先选择和优先选择性》（论文），42

preference maximization 优先选择的最大化

and management of common resources 共有资源的管理，181-182

and the virtues 美德，216-217

as key to personal success 作为个人成功的关键，135-136

preferences 优先选择，19-21

Prisoner's Dilemma 囚徒困境，186

progressive taxation 累进税制，105

prohairesis (Greek) 道德意志（希腊语），38-39，51，190

prudentia (Latin) 实践智慧（拉丁语），74，118

psychologicalNarrativity thesis 心理学的叙事性论题，240

quasi-realism 准现实主义，41-42

rank ordering 权衡

and C. L. R. James 詹姆斯，280

and hunger strikes 绝食抗议，306

and the culture of modernity 现代性的文化，134

disagreement about 相关分歧，14-15

impact of Stalinism on 斯大林主义的影响，246

rational agent，*See also* rational maximizers 理性主体，另参阅"理性的最大化者"

and determination of good 对善的确定，37-39

and maximization of preferences 优先选择的最大化，101-102

and natural law 自然法，88-89

and self awareness 自我意识，74-76

and the achievement of final good 最终利益的实现，52-54

and the decision to take action 采取行为的决定，9-12

and the influence of market transactions on preferences 市场交易

对优先选择的影响，108-110

Thomistic influence on 托马斯主义的影响，106

rational justification 理性论证，111，210-213

rational maximizers, *See also* rational agent, preference maximization 理性的最大化者，另参阅"理性主体""优先选择的最大化"

and achievement of non-optimal preferences 非最优选择的实现，184

and game theory 博弈论，185-189

constraints of Morality on 现代性道德的约束，187-189

rational risk management 理性风险管理，103-105

rational thinking 理性的思考，19-24

Raz, Joseph 约瑟夫·拉兹，10

Rerum Novarum《新事》，107

right action 正确的行为，291-292

Romanticism 浪漫主义，21

Roschd, Ibn 伊本·路西德，55

Ross, W. D. 罗斯，14

Rothko, Mark 马克·罗斯科，202

Sartre 萨特，23，232-233

satisficers 满足者，184

Savage, L. J. 萨维奇，102，108，184

Schroeder, Mark 马克·施罗德，19

Schueler, G. F. 许勒尔，19

self-perception 自我认知

and impact of social relationships on 社会关系的影响，162-163

and importance of third person standpoint 第三人称立场的重要性，153，157-158，159-162

self-rule 自治，126

Seligman, Martin 马丁·塞利格曼，194

share fishing 联合捕鱼，178-180

shared cultural inheritance 共同文化传承，291

and influence of in life of C. L. R. James 对詹姆斯人生的影响，274-275，287-291

and influence of in life of Denis Faul 对丹尼斯·福勒人生的影响，297-299，301，303，308-309

and influence of in life of Sandra Day O'Connor 对桑德拉·戴·奥康纳人生的影响，

265—266，271—273

and need for in Caribbean 加勒
比人们的需要，286

and social prejudices 社会偏见，
86

and the importance of accumula-
tion of wealth 财富积累的重
要性，89—92

shared culture 共同文化，183

shared deliberation 共同协商

and right action 正确的行为，
291—292

and the determination of com-
mon goods 对共同利益的确
定，56—57，314—315

and the politics of common
goods 共同利益的政治，177—
178

and Thomistic Aristotelianism
托马斯-亚里士多德主义，215

as a method to reduce human er-
ror 作为一种减少人们犯错误
的方法，191—192

Shiller, Robert 罗伯特·希勒，
104

Simon, Herbert A. 赫伯特·西
蒙，184

Smith, Adam 亚当·斯密，61，
91—92，168，191

social justice 社会正义，106—110

social order 社会秩序

and Aristotelianism 亚里士多德
主义，99—100

and conflicts over Marxism 马克
思主义的冲突，100—101

and expression of in everyday
life 在日常生活中的表现，
211—213

and impact on happiness 对幸福
的影响，199—200

and the impact on feelings and
desires 对情感和欲望影响，
147—148

as a requirement for human flour-
ishing 作为人类繁荣的要求，
271—273

sociological self-knowledge 社会学
的自我认识

and rational justification 理性论
证，210—213

and theoretical enquiry 理论探
讨，112—113

Sons and Lovers 《儿子与情人》，
149

Soviet revisionism of war 关于战争
的苏联修正主义，253 — 254，
256—257

Stalin, Joseph 约瑟夫·斯大林，
244—245，253

Stalingrad, battle of 斯大林格勒战

役，254，258

Stalinism 斯大林主义

  and constraints placed on writers 对作家们的约束，245，247－249，251，253

  and determination of good 对善的确定，245，246，263

Steiner，Hillel 希尔·施泰纳，78

Stevenson，Charles L. 查尔斯·史蒂文森，17－19

Stoicism 斯多葛主义，21

storytelling，*See* narratives 故事讲述，参阅"叙事"

Strawson，Galen 伽伦·斯特劳森，239－242

Summa Theologiae《神学大全》，10，89

surplus value 剩余价值，96－97

Sutherland，Graham 格雷厄姆·萨瑟兰，144

Tarantino，Quentin 昆汀·塔伦蒂诺，234

Taylor，Shelley E. 雪莱·泰勒，191

teleology 目的论，226－231，295

telos（Greek）目的（希腊语），86

Tengely，László 拉斯洛·滕格义，238－239

Thackeray，William 威廉·萨克雷，274，277

The Black Jacobins：*Toussaint L'Ouverture and the San Domingo Revolution*《黑人雅各宾派：杜桑·卢维杜尔和圣多明戈革命》，278－279

The Needs for Common Goods for Coastal Communities《沿海社区需要共同利益》，178

The Rainbow《虹》，147，149

The Theory of Moral Sentiments《道德情操论》，92

the virtues 美德

  and influence on rank ordering of goods 对利益权衡的影响，189－191

  and the human condition 人类的特性，216－220

  qualities needed in the development of 其发展需要的品质，311－312

theoretical enquiry 理论探讨，110－113

theoretical inquiry，*See* theoretical enquiry 理论探究，参阅"理论探讨"

Thomas，Alan 阿兰·托马斯，19

Thomistic Aristotelianism 托马斯-亚里士多德主义

  See also NeoAristotelianism 另

参阅"新亚里士多德主义"

and double lives 双重生活，166-168

and shared deliberation 共同协商，192-193

and the human condition 人类的特性，215-217

and the need to blend theoretical and practical enquiry 理论探讨和实践探讨结合的必要性，206-209

and the political dimension of rational agents 理性主体的政治维度，182-183

philosophical justification of 其哲学论证，209-211

Thomism 托马斯主义，106-110

Thompson, E. P. 汤普森，83

Thorupstrand (Denmark) 梭鲁普斯特兰（丹麦），178-180

thumos (Greek) 激愤（希腊语），80

tilfreds (Danish) 心满意足（丹麦语），199

torture 酷刑，116

transitivity condition 传递条件，185

A Treatise of Human Nature 《人性论》，46n39，79

Trotskyism 托洛茨基主义，245，247

Tversky, Amos 阿摩司·特沃斯基，191-192

unconstrainedmaximizer 不受约束的最大化者，186

Union of Soviet Writers 苏联作家协会，247，259

universal sentiments 普遍性情感，82-85

Unwin, Nicholas 尼古拉·昂温，19

utilitarianism 功利主义，77-78，150-152

utility maximization 功利最大化，77-78

value of goods 货物的价值，90-91

value of work 工作的价值，172

van Roojen, Mark 马克·范·罗恩，19

Veenhoven, Ruut 鲁特·范霍文，195

von Neumann, John 约翰·冯·诺伊曼，186

von Wright, G. H. 冯·莱特，13

Voronsky, Alexander 亚历山大·沃朗斯基，249-250

wants, *See* desires 欲求，参阅"欲望"

war 战争，252

West Indies Federation 西印度群岛联邦，286

whims 冲动，10

Wilde, Oscar 奥斯卡·王尔德，xi，141

  and art as a learned value 艺术乃一种习得性价值，145—146

  and the conflict between morality and art 道德和艺术之间的冲突，141—145

  art as a learned value 论艺术乃一种习得性价值，149

Williams, Bernard 伯纳德·威廉姆斯

  and authenticity and self-expression 真实性和自我表现，150

  and critique of expressivism 对表现主义的批判，152—155

  and rejection of morality 对道德的排斥，150—152，163—164

  on moral and political error 关于道德错误和政治错误，221—222

  on moral philosophy 论道德哲学，43

Winnicott, D. W. 温尼科特，35

Wittgenstein, Ludwig 路德维希·维特根斯坦，202

Wolf, F. A. 沃尔夫，174

Women in Love《恋爱中的女人》，149

working class 工人阶级

  influence of economic modernity on opportunities for 其机遇受到经济现代性的影响，120—123

  need for self-organization of 自我组织的需要，280—282，287

World Database of Happiness 世界幸福数据库，194

译后记

　　麦金泰尔是我非常敬重的伦理学家。2017年初，得知他出版了《现代性冲突中的伦理学：论欲望、实践推理和叙事》，便迅速入手一册。这是麦金泰尔年近九旬时出版的著作，想必凝聚着他的核心思想与精华。阅读后发现，这部书里的主要观点在他过去的著作中有过论述和分析，但在这部书中阐述得更加直截了当，具有很强的可读性；这些观点经过作者学术年轮的提炼之后，也更具说服力。难能可贵的是，麦金泰尔认识到，当代社会的学院派哲学已经成为非常专业的学科，哲学工作者主要是探讨他们之间的问题，不会考虑社会大众是否对这些问题感兴趣，他希望本书最大限度地减少哲学上的专业讨论，让一般读者能够接触和理解他的论点。

　　浏览了全书之后，我仔细阅读了第五章的人生叙事，感觉这些故事非常引人入胜、发人深省。书中引用了英国作家劳伦斯的一段话："柏拉图的对话录是一些奇怪的小说。在我看来，把哲学和故事分割开了是世界上的最大遗憾。它们曾经是一体的，从神话时代开始就是。在后来的发展中，随着亚里士多德、托马斯·阿奎那，以及走到极端的康德的出现，它们就分道扬镳了。因此，小说变得枯燥无味，哲学变得抽象干瘪。两者应该再次结合起来，成为小说。"麦金泰尔当然没有把这四个人生故事写成小说，他相信叙事的形式能够让人们更好地理解前几章分析与论证的相关概念和主张，如欲望和实践理性的关系、个体利益和共同体利益的关系、幸福和人类繁荣在美好生活中的意义、每个人独特的生活经历和社会历史条件的复杂关系、新亚里士多德主义在现代生活中的适用性等。这些故事的主人公对于我们来说也许有点陌生，他们是苏联时期的作家瓦西里·格罗斯曼、现代美国的大法官桑德拉·戴·奥康纳、在英国的殖民地特立尼达长大的历史学家和记者 C. L. R. 詹姆斯、在爱尔兰保守的天主教文化中生活并终生致力于天主教事业的丹尼斯·福勒牧师，但是我们在阅读中并不难理解他们的处境和优先选择。格罗斯曼要在个人利益、家庭利益与国家利益之间做出选择和牺牲，甚至在人格上出现了双重性；奥康纳则坚守自己传统的实践态度和价值观念，用包容心对待其他不同的传统思维方式和现实的观点；詹姆斯在青少年时期就喜欢写作和打板球，接受了马克思主义后主张黑人应该独立开展革命运动，主张革命者要又红又专，要努力追求卓越的职业生涯；福勒牧师反对爱尔兰共和军，试图用马克思主义解释天主教教徒和新教徒之间的冲突，认为这是被宗教掩饰起来的阶级斗争。他们都不是完人，都在人生的某个阶段遇到过挫折，都在某些事情上遭受过非议和攻击。

但在麦金泰尔看来，他们在各自具体的历史条件下进行了恰如其分的实践推理，甚至在某种意义上和他所理解的马克思主义联系起来，展现了新亚里士多德主义的道德品质，如为人可靠、言行可信、能够进行较为充分的利益权衡。这些品质的形成，离不开每个人的家庭教养、学校教育以及生活和事业中的良师益友。这些品质的存在，让我们人类生活更有意义，让我们的人生在精神上趋于圆满和完善。我在翻译相关篇章时，情不自禁地感受到古今中外的人生哲学是如此融会贯通，某些真理和规律在不同的文化中得到相互印证。麦金泰尔自己也说，在许多社会环境和文化环境中，人们可能没有听过亚里士多德的名字，更没有读过他的著作，但一旦了解亚里士多德的思想，便能够用这个思想的概念和体系更好地理解与梳理自己的实践活动。确实如此。正是在这个意义上，我冒昧地建议读者至少买两册这部书，一册留着自己阅读，另一册送给自己的亲朋好友，反复揣摩，相当受益。

当然，阅读叙事故事和阅读理论研究是相辅相成的，先阅读哪一部分都可以，都会让我们理解得更加深刻。本书贯穿着亚里士多德和阿奎那传统中的实践推理思想，麦金泰尔试图让这些传统中的美德在现代社会生活中落地生根。但是，现代社会的主体性和传统社会的主体性相比发生了很大的变化，人们生活在高度分割的领域内，有了更多的利益选择和满足欲望的途径，传统的利益共同体对人们的吸引力和约束力大大削弱，有效的协商途径大大减少。他倡导新亚里士多德主义，注重实践理性，反对表现主义的片面性和矛盾性，鼓励人们在社会实践中探究生活方式的善和利益的关系，认为如果有些人一意孤行，只顾满足自己的某种欲望，而根本不考虑在满足自己欲望的同时会达成什么样的善，那么这些人的所作所为就不是明智的行为，更不是合理的行为，无益于特定的利益共同体的发展和人之为人的文化传承。智慧、正义、勇气和节制是从古希腊到欧洲中世纪提倡的四主德，麦金泰尔则希望人们在现代民主社会的议事厅里悬挂上这样的口号：

> 让经济和政治知识不断地充实智慧，
> 在公会建构和股份分配中坚持正义，
> 在正确应对各种风险中要展现勇气，
> 面临市场的承诺和诱惑时保持节制。

《现代性冲突中的伦理学》毕竟是一部西方的学术著作，许多读者可能对书中出现的学术词汇、概念和人物不太熟悉，对一些学术争论的是非曲直难以做出自己的判断。麦金泰尔批评了一些现代哲学家和社会科学家，特别是那些极力提倡自由市场经济的学院派经济学家。他认为马克思学习和吸收了亚里士多德的思想，科学而深刻地批判了资本主义社会，揭示了资本主义的欺骗性、破坏性和自我毁灭性。尽管现代科学和艺术为人类的解放和发展做出了巨大的贡献，但在这样的现代性进程中，即便经济最发达的国家也不断地产生着新的压迫、剥削和不平等，差异巨大的物质贫困和精神贫困依然存在。尽管现代福利国家在某种程度上弥补了资本主义的弊端，提高了大多数人的生活水平，但没有根本消除资本主义更大的弊端，经常让人们在欲望满足中疲惫不堪和误入歧途，难以进行充分的利益权衡和维持真正的合作性生活。麦金泰尔希望人们能够思考和研究这些问题，理解自己的社会生活状况，知道如何进行协商和做出正确的道德选择，成为实践理性者。

我作为一位伦理学者和翻译工作者，阅读完本书的英文原著之后，第一个想法就是决心把这部伦理学研究的经典著作翻译成中文，介绍给更多的读者。在此感谢中国人民大学出版社的杨宗元、罗晶、张杰等编辑为出版本书做出的大量工作。翻译工作需要译者在精力和思想上高度投入，所以我在这一年多的翻译时间内毅然决然地停止了自己的学术写作。这对我自己来说当然有所损失，但只要想到该书的中文版会让众多读者受益，会促进我国的伦理学研究，一切都甘之如饴。在具体的翻译工作中，我努力在语言、文化、思想等方面和原作者的写作状态保持高度一致，但肯定还会出现翻译上的错误和瑕疵，敬请指正。我在译稿里基本没有添加注释（只有几处关于经典引文出处的说明），是因为我有信心让读者看懂译稿；我也没有写一个关于本书的总结性导论，是因为我不想误导读者。许多读者看翻译的书，往往引用译者的评论，反而忽视了原著。实际上，阅读本书需要大量的背景知识，麦金泰尔本人不想添加相关参考文献，担心让读者在阅读时分心，但对大多数中文读者来讲，这些背景知识等参考资料还是有必要的。我想等本书出版之后，收集读者的评价和要求，再决定如何在本书的修订版里添加相关的注释和解读。恳请各位提出宝贵意见。

李茂森

中国人民大学

2019 年 12 月 23 日

守望者书目

001　正义的前沿

［美］玛莎・C. 纳斯鲍姆（Martha C. Nussbaum）/著

陈文娟　谢惠媛　朱慧玲/译

002　寻求有尊严的生活——正义的能力理论

［美］玛莎・C. 纳斯鲍姆（Martha C. Nussbaum）/著　田雷/译

003　教育与公共价值的危机

［美］亨利・A. 吉鲁（Henry A. Giroux）/著　吴万伟/译

004　康德的自由学说

卢雪崑/著

005　康德的形而上学

卢雪崑/著

006　客居忆往

洪汉鼎/著

007　西方思想的起源

聂敏里/著

008　现象学：一部历史的和批评的导论

［爱尔兰］德尔默・莫兰（Dermot Moran）/著　李幼蒸/译

009 自身关系

[德] 迪特尔·亨利希 (Dieter Henrich)/著　郑辟瑞/译

010 佛之主事们——殖民主义下的佛教研究

[美] 唐纳德·S. 洛佩兹 (Donald S. Lopez, Jr.)/编

中国人民大学国学院西域历史语言研究所/译

011 10个道德悖论

[以] 索尔·史密兰斯基 (Saul Smilansky)/著　王习胜/译

012 现代性与主体的命运

杨大春/著

013 认识的价值与我们所在意的东西

[美] 琳达·扎格泽博斯基 (Linda Zagzebski)/著　方环非/译

014 众生家园：捍卫大地伦理与生态文明

[美] J. 贝尔德·卡利科特 (J. Baird Callicott)/著

薛富兴/译　卢风　陈杨/校

015 判断与能动性

[美] 厄内斯特·索萨 (Ernest Sosa)/著　方红庆/译

016 知识论

[美] 理查德·费尔德曼 (Richard Feldman)/著　文学平　盈俐/译

017 含混性

[英] 蒂莫西·威廉姆森 (Timothy Williamson)/著　苏庆辉/译

018　德国观念论的终结——谢林晚期哲学研究

［德］瓦尔特·舒尔茨（Walter Schulz）/著　韩隽/译

019　奢望：社会生物学与人性的探求

［英］菲利普·基切尔（Philip Kitcher）/著　郝苑/译

020　德国哲学 1760—1860：观念论的遗产

［美］特里·平卡德（Terry Pinkard）/著　侯振武/译

021　对话、交往、参与——走进国际哲学共同体

陈波/著

022　找回民主的未来——青年的力量

［美］亨利·A. 吉鲁（Henry A. Giroux）/著　吴万伟/译

023　康德的道德宗教

［美］艾伦·W. 伍德（Allen W. Wood）/著　李科政/译

024　悖论（第 3 版）

［英］R. M. 塞恩斯伯里（R. M. Sainsbury）/著

刘叶涛　雒自新　冯立荣/译

025　严复与福泽谕吉——中日启蒙思想比较（修订版）

王中江/著

026　女性与人类发展——能力进路的研究

［美］玛莎·C.努斯鲍姆（Martha C. Nussbaum）/著　左稀/译

027 信念悖论与策略合理性
［美］罗伯特·C.孔斯（Robert C.Koons）/著　张建军/等译

028 康德的遗产与哥白尼式革命：费希特、柯恩、海德格尔
［法］朱尔·维耶曼（Jules Vuillemin）/著　安靖/译

029 悖论：根源、范围及其消解
［美］尼古拉斯·雷歇尔（Nicholas Rescher）/著　赵震　徐召清/译

030 作为社会建构的人权——从乌托邦到人类解放
［美］本杰明·格雷格（Benjamin Gregg）/著　李仙飞/译

031 黑格尔《逻辑学》开篇：从存在到无限性
［英］斯蒂芬·霍尔盖特（Stephen Houlgate）/著　刘一/译

032 现代性冲突中的伦理学：论欲望、实践推理和叙事
［英］阿拉斯代尔·麦金泰尔（Alasdair MacIntyre）/著　李茂森/译

图书在版编目（CIP）数据

现代性冲突中的伦理学：论欲望、实践推理和叙事/
（英）阿拉斯代尔·麦金泰尔（Alasdair MacIntyre）著；
李茂森译. --北京：中国人民大学出版社，2021.5
ISBN 978-7-300-29414-8

Ⅰ.①现… Ⅱ.①阿…②李… Ⅲ.①政治伦理学
Ⅳ.①B82-051

中国版本图书馆 CIP 数据核字（2021）第 100143 号

现代性冲突中的伦理学：论欲望、实践推理和叙事
［英］阿拉斯代尔·麦金泰尔（Alasdair MacIntyre）　著
李茂森　译
Xiandaixing Chongtu Zhong De Lunlixue：Lun Yuwang、Shijian Tuili He Xushi

出版发行	中国人民大学出版社			
社　　址	北京中关村大街 31 号		**邮政编码**	100080
电　　话	010 - 62511242（总编室）		010 - 62511770（质管部）	
	010 - 82501766（邮购部）		010 - 62514148（门市部）	
	010 - 62515195（发行公司）		010 - 62515275（盗版举报）	
网　　址	http://www.crup.com.cn			
经　　销	新华书店			
印　　刷	北京联兴盛业印刷股份有限公司			
规　　格	160 mm×230 mm　16 开本		**版　　次**	2021 年 5 月第 1 版
印　　张	22.25　插页 2		**印　　次**	2021 年 5 月第 1 次印刷
字　　数	330 000		**定　　价**	98.00 元